北京市高等教育精品教材立项项目

高等硬岩采矿学

（第2版）

编著　杨　鹏　蔡嗣经
主审　刘华生

北　京
冶　金　工　业　出　版　社
2010

内容提要

本书为采矿工程专业硕士研究生专业教材。书中全面阐述了硬岩矿床开采所涉及的各种主要问题,包括国内外硬岩矿床露天开采和地下开采的理论研究进展以及新技术、新工艺的应用,矿区经济评价与矿业权评估,岩体工程地质特性分析、硬岩矿床开采地质灾害与防治,现代科学技术在采矿中的应用,特殊采矿方法等。

本书也可作为矿业、能源、环境等学科领域本科高年级学生的辅助教材,以及供从事矿业管理和研究工程技术人员参考。

图书在版编目(CIP)数据

高等硬岩采矿学/杨鹏,蔡嗣经编著.—2版.—北京:冶金工业出版社,2010.10

北京市高等教育精品教材立项项目

ISBN 978-7-5024-5409-8

Ⅰ.①高… Ⅱ.①杨… ②蔡… Ⅲ.①岩石—矿山开采—研究生—教材 Ⅳ.①TD8

中国版本图书馆CIP数据核字(2010)第197635号

出 版 人 曹胜利

地　　址 北京北河沿大街嵩祝院北巷39号,邮编100009

电　　话 (010)64027926 电子信箱 yjcbs@cnmip.com.cn

责任编辑 宋 良 美术编辑 张媛媛 版式设计 葛新霞

责任校对 侯 瑂 责任印制 牛晓波

ISBN 978-7-5024-5409-8

北京百善印刷厂印刷;冶金工业出版社发行;各地新华书店经销

1995年12月第1版,2010年10月第2版;2010年10月第1次印刷

787mm×1092mm 1/16;15.75印张;376千字;234页

32.00元

冶金工业出版社发行部 电话:(010)64044283 传真:(010)64027893

冶金书店 地址:北京东四西大街46号(100010) 电话:(010)65289081(兼传真)

(本书如有印装质量问题,本社发行部负责退换)

序

矿业是国民经济的基础产业，是各行业可持续发展的支柱。在科学技术飞速发展的今天，我国已然成为矿业大国，但还不是矿业强国，在生产工艺和装备条件，资源回收和综合利用程度，矿山数字化信息系统建设等方面，目前达到或接近世界先进水平的现代化矿山还为数不多。我国的金属矿业面临诸多挑战，任重道远。

我国正处于工业化中期阶段，是矿产资源消耗强度逐步接近高峰的时期。进入21世纪以来，我国已陆续建成或正在建设一批大中型矿山，国家对采矿科学技术研究也给予了前所未有的巨大投入，从而使我国金属矿业进入了一个新的发展时期。由于国家对金属矿物需求量的大幅增长和采矿科学技术的长足进步，我国金属矿业已将矿床开采目标逐步扩大到了开采条件和加工条件更加复杂的五类矿床，即深部矿床、贫矿床、风化破碎矿床、水体下矿床和高寒地区矿床，这给采矿科技工作者和采矿工程师们带来了许许多多科学技术难题。展望未来，矿业总的发展趋势是：以资源－经济－环境相协调为核心，以矿山安全为基础，向矿山生产高效化、数字化、智能化、无废化，以及提高矿产资源综合利用水平的方向发展。为了适应我国金属矿业的发展形势，高等学校的采矿工程学科要进一步加强深部矿床开采与特殊难采矿床开采的研究，推进科学技术的发展；要更加努力地提高采矿工程学科的教育质量，培养更多高层次、高水平的采矿工程技术人才。这是时代赋予我们的历史责任，我国采矿界的先辈们曾为我们树立了很好的榜样。

童光煦教授是我国金属矿业界的老前辈，上世纪40年代，他在南非、美国学习采矿工程和地质工程近十年；1948年回国后，先后在武汉大学矿冶系、北洋大学采矿系任教，同期还兼任过北京大学地质系和清华大学采煤系教授；1952年，到我国高等学校院系调整后成立的北京钢铁学院（现北京科技大学）采矿系任教，从教长达50余年。1978年我国恢复研究生招生制度后，他是我国首批采矿专业博士生导师，为国家培养了大批硕士和博士。他为研究生讲授“高等硬岩采矿学”学位课，并以授课多年积累下来的丰厚成果为素材，撰写了《高等硬岩采矿学》一书，于1995年由冶金工业出版社出版。这本教材对我国金属矿业界和高等学校采矿专业产生过很大的影响。为了传承和发扬童光煦教授的未竟事业，反映该学科的最新成果，由童先生的弟子、北京科技大学的杨鹏教授和蔡嗣经教授对《高等硬岩采矿学》（第1版）进行修订，使第2版得以付梓。这对提高采矿工程专业研究生的培养质量，完善学科教学体系，丰富专业教材品种，无疑是件极有意义的工作。

本书主要阐述金属矿床开采所涉及的主要工程技术问题,包括金属矿床露天开采和地下开采理论的研究进展,采矿新技术、新工艺和新设备的应用,矿区经济评价与矿业权评估方法,岩体工程地质特性分析及矿床开采地质灾害防治,现代科学技术在矿业中的应用,特殊矿产资源开采等。书中内容,既有作者多年来的教学研究所得,又有国内外其他学者的最新研究成果;既言简意赅,又涉猎广博。相信本书的出版,对于希望系统了解本学科的发展现状,并有志于继续深入研究下去的读者而言,不无裨益。

站在时代的前沿来审视世界矿业,可清晰看到,金属矿业与其他传统产业一样,在现代科学技术快速发展的推动下,正逐步走向现代化。现代采矿科学技术已突破了传统的学科范畴,深究了学科的深邃内涵,拓展了学科的发展空间。让我们继承采矿前辈爱国敬业的优良传统,共同把握和发展金属矿床开采科学技术的未来,为我国的采矿事业,作出新的贡献。

时值庚寅金秋,掩卷遐思,深感学界来者有继,欣慰之情难以言表。草此短文,是为序。

中国工程院院士　中南大学教授
教育部地矿学科教学指导委员会主任

2010年8月29日

第2版前言

童光煦先生编著的《高等硬岩采矿学》(第1版)自1995年由冶金工业出版社出版以来,在我国采矿界特别是高等学校产生了很大影响,对提高我国采矿工程专业研究生的培养质量起到了极大的促进作用。因童光煦先生已于2000年逝世,在征得先生亲属同意后,作为先生的弟子以及主讲本课程十余年的教师,我们义不容辞地承担起该书的修订工作。

本次修订,主要考虑的是要充分反映近十几年来硬岩矿床开采理论研究与工程实践的新进展。与原版相比较,这次修订的重点是增加了一些内容,主要有:矿业权评估,硬岩矿床开采地质灾害与防治,特殊地区矿产资源开发,现代科学技术在采矿工程中的应用等。至于其他方面的内容,基本上是在保留原版框架的同时适当补充了一些新的资料。

在修订工作中,引用了国内外许多专家、学者和矿山现场工程技术人员的新近研究成果,在此深表感谢。我们的同事吕文生、吴爱祥、胡乃联、姜福兴等,以及博士生唐志新、陈赞成、董宪伟、于跟波和硕士生何丹、卫欢乐、崔明、位哲、门瑞营、陈茂林等提供了各种帮助。本书初稿由北京科技大学刘华生教授审阅,特向他致以由衷的敬意。

在此我们特别要感谢古德生院士,正是他多年来对我们教学工作的大力支持和耐心指导,对我们研究工作的热忱鼓励和无私帮助,使我们得以顺利完成本书的编写工作。

作为北京市高等教育精品教材立项项目和北京科技大学“十一五”规划教材,本书的出版得到北京市教育委员会、北京科技大学教务处、北京科技大学研究生院教材建设基金的资助。

受水平所限,书中的不足之处,诚请读者批评指正。

北京科技大学土木与环境工程学院

杨　鹏　蔡嗣经

2010年8月

第1版前言

本书是作者对1978年以来所讲授硕士生学位课《高等采矿学》讲稿经过整理、改写和充实而完成的。由于该课程没有统一的教学大纲，而属于专题性的讲座，其目的是为了进一步扩大研究生的专业知识，深化专业内容，并掌握本专业各个领域出现的新成就，以适应当前科学技术高速发展的需要，在撰写中又因无类似的专门著作可供借鉴，而其所包含的内容既广泛又庞杂，深感难度很大。经过十多年不懈的努力，几易其稿现已初步形成一本具有一定特色而又比较系统的专著，并付诸出版，以此抛砖引玉，为发展采矿科学尽一份力量。

由于这本书是针对硬岩矿床开采而撰写的，故未涉及燃料矿床（即煤、石油和天然气）开采中所需要的专门知识，所以将本书定名为《高等硬岩采矿学》，以免引起误解。此外，由于在本书撰写过程中，结合了作者长期在教学和科研工作中的认识和经验，对其内容的取舍、体系的构成、论述和评价等各个方面，都强调了作者个人的观点、看法和认识，书中可能会出现偏见和不成熟之处，期盼各位读者多多提出宝贵意见。

在本书撰写过程中，得到了过去和现在的博士生蔡嗣经、杨鹏、金科学、魏一鸣、柴建设和陈浩生以及过去的硕士生李卓伟等同志在打字、整理插图和校对等方面的大力协助，如果没有他们的热情帮助，本书也无法交付出版；此外，本书的出版还承蒙冶金工业出版社和北京科技大学的鼓励和资助，在此一并表示衷心感谢！

北京科技大学采矿系

童光煦

1995年11月26日

目　录

1 绪　论

1.1 采矿与高等采矿学[1]

采矿是一种生产过程和作业，是以利用为目的，开采一切自然赋存的矿产资源（以固态、液态和气态形式存在于地球或其他天体）的技术和科学。采矿工程则是应用工程学知识和科学方法，来圈定、设计、开拓和回采有用矿物的矿床。它是运用多学科的理论、技术和方法，来系统研究和解决有关开采方面的问题，其所包括的内容见图 1－1[2]。而采矿工业是开采有用矿物的原材料工业，其活动是从赋存于地壳的矿床中进行矿物原料的初级生产，提供社会进步的物质财富，满足人类对各种矿物的需求。根据统计资料介绍，目前我国有95%以上的能源、80%以上的工业原料、70%以上的农业生产资料、30%农田灌溉用水和1/3人口的饮用水，来自矿产资源。由此可见，矿产对人类生活的影响很深，生活中不可能没有矿产。有人估计，世界人口每35 年增加一倍，而矿产的消耗大约只要 25 年就翻一番[1,2]。

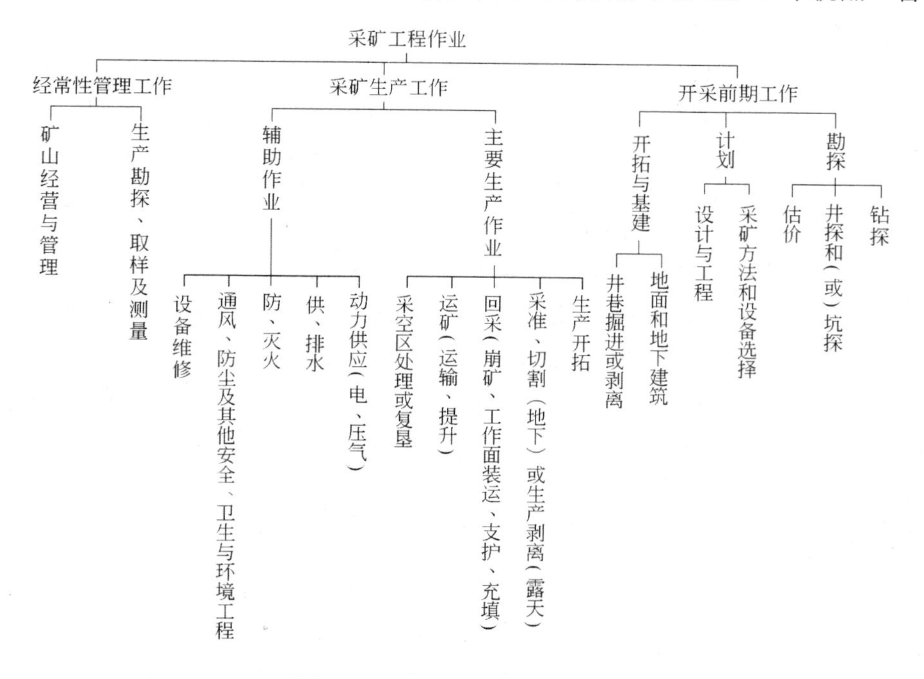

图 1－1　采矿工程作业关系图

采矿的对象是矿床。矿床是含有一种或多种有用矿物的集合体，并具有开采价值，即矿床所含有用矿物丰富，或者是矿床易于开发，矿床的地理位置有利，或者是大量需要这种矿产品。因此，矿床的价值并不是固定不变的，而是根据人们对它的需要并随着科学技术的进步而变化。

矿床一般分为三类,即金属矿床、非金属矿床和燃料矿床。金属矿床又分为黑色金属、有色金属、贵金属和放射性金属。非金属矿床为工业矿物,即石灰石、白云石、黏土、石膏、石棉、石墨、滑石、花岗岩、大理石、海泡石、金刚石等。燃料矿床主要有煤、石油和天然气。这三类矿床,在过去都是采矿所包括的范围。由于近代科学技术的进步,使行业间的作业差异愈来愈大,于是也使采矿名词的含义有所不同。如果是开采金属和非金属矿床,则称之为硬岩开采。煤炭开采,在技术、装备和方法上与硬岩开采大同小异,有时虽也称为采矿,但当今则常称之为采煤。至于石油和天然气,因开采方法、设备和工艺与硬岩开采完全不同,早在20世纪40年代就称其为采石油和采天然气。

至于"采矿学",则是研究有用矿物开采理论、方法、工艺和管理的一门应用科学。虽然前人曾将它视为一种技艺,但它是以经验为基础,具有多学科性和实用性的一门工程科学。进入21世纪以来,人们已将数学、物理学、化学等自然科学以及计算机技术的成就,应用于采矿的各个生产过程,来解释事物产生的基本原因及其作用机理。这有利于对采矿工程作业从感性认识上升到理性认识,因而初步形成了一门应用工程科学。高等采矿学,则是在大学采矿专业课程的基础上,重点、系统、有计划地总结半个世纪以来在采矿科学、技术和工程上的成就,以扩大采矿专业研究生或工程技术人员的视野,为日后从事科研、教学或专业技术工作奠定一个广泛的、近代的采矿专业知识基础。至于高等硬岩采矿学,则是重点阐述有关硬岩采矿的专业知识,以提高硬岩采矿的科研、设计和生产管理的技能为目标,而形成具有硬岩开采为特点的学术体系和内容。

历史证明,在自然界只有农业和矿业才能提供人类社会发展的物质财富,是人类文明两个不可缺少的基础,从史前到现在,采矿已经为人类的衣食住行提供了无数的矿物原料。因此,人类学家和历史学家都以矿物的利用来命名人类文明发展的各个阶段,即旧石器时代(公元前4000年)、新石器时代、青铜器时代、铁器时代、钢器时代及当前的原子时代,足见矿物对人类进步和社会发展起着巨大的推动作用,同时也说明了采矿工业的重要意义[2]。

再从采矿技术发展来看,原始社会人们是靠双手及其木制、骨制、石制的工具来进行采矿,后来改用简易的金属器具,如斧头和锤子,有所进步。16世纪采用了黑色火药爆破矿石,19世纪出现了风动凿岩机,20世纪初期露天矿采用蒸汽铲和蒸汽机车,都促进了采矿工业向前迈进。到20世纪中期,露天矿在设备大型化的基础上,实现了多排微差爆破,推广了间断连续开采工艺,即电铲－汽车－破碎机－运输机装运方式,大大提高了生产效率,增加了产量。当今矿山实现计算机化生产管理,使露天矿年产量增大了,有的达到了几千万吨,开采深度也大幅度增加。近十多年来,陡帮开采在露天矿得到了推广应用,部分矿山进入深凹露天矿阶段,边坡的监测技术得到了很大的发展;采矿工艺连续化或半连续化,运输方式多样化、高效化;设备大型化[3,4]。地下金属矿山充填采矿法和充填工艺技术发展迅速,崩落采矿法和空场采矿法的工艺技术也在不断地改进、创新,并形成了多种组合采矿方法[5~9];连续开采技术取得了一定成果[10];地下矿山广泛采用无轨自行设备、喷锚支护和微差爆破等先进回采技术,促使矿床开拓出现了斜坡道开拓方案;实现了露天转地下开采平稳过渡及联合开采的技术;开展了以矿山地压监测与模拟、控制技术为主线的矿山开采安全技术的研究[11];开采深度进一步加大,使深部开采技术得到了很大的发展[12];矿山自动化程度进一步提高,开始向智能化、数字化迈进[13];体视化等可视化技术使矿业软件得到了进一步的发展与应用[14,15]，推动矿山广泛使用数值模拟技术来分析工程问题；特殊条件下的采矿技术得到了发展，如“三下开采”、高寒地区开采[16]，并越来越重视矿山开采中的生态和环境控制技术[17,18]。21世纪采矿科学技术的发展，还应特别关注以下五个领域：高效率采矿、无废采矿、连续采矿、深部采矿、无人采矿[19]。现在，向海洋要矿[20]，向极地要矿，到月球寻宝藏等，这些都已提上日程，并预示着在开采设备、方法、技术和工艺等方面必将有一个更大的改变。可以说，一个崭新的采矿领域正在等待人们去开发。

人类物质文明的高度发展，对矿产资源的需求与日俱增，从19世纪到20世纪50年代，平均年增长率一直保持在4%左右。虽然后来有所衰减，但到20世纪80年代仍有1.9%的平均年增长率。1990～2002年，世界金属矿石开挖量增长了14.5%。特别是由于中国、印度等发展中大国的崛起，全球矿产资源需求旺盛，价格和产量双双攀升。从2004年到2007年，铁矿石的产量增长迅速，如表1－1所示。面对这样大的产量，矿山必须加强机械化、自动化和计算机管理，集中一切可以利用的先进技术，来改变现有矿山的面貌。虽然从2008年以来世界各国的经济都受到罕见的全球金融危机的重创，金属价格回落；矿物原料生产也正受到物料重复利用的威胁；另外，富矿资源面临枯竭，开采品位普遍下降，开采深度加大，开发的地区越来越偏僻，这些都增加了采矿成本。但是对矿物原料的需求，仍在继续增长，既要提高产量，又要降低成本，只有依靠技术进步，才有可能实现。未来矿山的现代化水平，较之今天，必有显著的改观。

表1－1 近年来铁矿石产量及价格变化

年份	世界铁矿石产量/亿吨	与上一年度相比价格变化/%	我国铁矿石产量/亿吨
2004	11.8	18.8	1.46
2005	13.2	71.5	2.00
2006	15	19.0	2.76
2007	16.3	9.5	3.32
2008	17.2	65.0	3.66

注：中国铁矿石产量按世界铁矿石铁平均含量计算。资料来源：Steel Statistical Yearbook 2008。

1.2 矿业中社会性因素评述

采矿工业有很强的社会性，即与政治、法律、经济和环保都有密切的关系。首先是政治因素，不论国家的社会制度如何，都有保护和发展本国矿产资源的方针政策。有一般性的政策，也有特殊的政策。如美国的矿产企业都是私营的，其在国家利益范围内，于1970年提出国家的采矿和矿物政策条例是：(1)经济上可靠地和稳定地发展本国的采矿、矿物原料、金属和矿物回收工业；(2)有计划地和经济地开发国内矿产资源、矿产储量以及回收金属和矿物，达到充分保证在工业安全和环保上的需要；(3)开展采矿、矿产和冶金的研究，包括废石的利用和再循环利用的研究，以促进合理地和有效地利用本国自然的和可回收的矿产资源；(4)研究和发展矿物废物的处理、控制和回收方法以及开采地区的复田工作，以便减少矿物开采和加工对自然环境的任何有害影响，这种影响是由于采矿活动引起的。其实，大多数国家的矿产政策，都是大同小异的，在研究政策时，都必须以本国的具体状况和矿产资源条件为基础。其所考虑的因素，面广而复杂，以加拿大为例，分为国际和国内两部分：(1)国际因素有:世界矿产供应基地,海洋采矿,消费国对矿产的需求,贸易集团,生产者国家的协定,关税及贸易总协定,国际股份有限公司,国际货币协定和货币稳定程度;(2)国内因素有:对社会需求所要履行的义务,社团、就业和收入的稳定程度,土地使用竞争和环境质量,原材料出口或进一步加工,矿产企业受外来控制的程度,行市波动的情况,以及改进国家协调机制。虽然许多国家都在鼓励各种采矿活动,但是由于缺乏资助措施,成效不大。近年来,多数西方国家由于本国资源日趋枯竭,本国环保要求十分严格,很难摆脱对国外矿产的依赖,再加上国际贸易又十分活跃,海运吨位猛增,既方便又便宜,使一些资源丰富的国家成为矿产资源出口大国和基地,促使矿产资源供应走上国际化途径,因而改变了很多国家的矿产资源政策。它们利用本国矿产资源的优势,开展国际贸易,促进本国经济繁荣。如澳大利亚,在澳西北地区富铁矿尚未开发之前,法律上是禁止铁矿出口的;但在20世纪60年代初期,由于利用外资开发比尔巴拉(Pillbara)富铁矿区,矿石出口日本,把人迹罕至、荒凉偏僻的地区,建成世界上一流的铁矿石供应中心。像这样的例子,还有巴西等其他国家[21]。由此可以看出,矿产资源的开发与合理利用,是与本国矿产资源政策有密切联系的。

采矿企业的法律性也很强。在20世纪这个矿业世纪,国际上共发生了三次大的矿业立法革命浪潮:推动工业化进程的第一次矿业立法革命、实现自然资源永久主权原则的第二次矿业立法革命与全球化背景下的第三次矿业立法革命。每一次革命均伴随着世界矿业结构的内在调整和全球矿产资源的重新配置,也相应地左右着国际矿业的走势。第一次矿业立法革命,始于1872年美国的通用矿业法,而主要发生于20世纪20~30年代。其基本特点包括:以特许权为基础,时限长,权利金费率很低;殖民地国家仿效其宗主国进行矿业立法;绝对鼓励矿产资源勘查开发活动。在这一阶段,全球矿产资源主要配置在提前实行工业化的国家。第二次矿业立法革命,发生于第二次世界大战后到冷战结束的这一段时间。二战后,民族解放运动蓬勃发展,越来越多的殖民地国家宣布独立,联合国大会最终确立了关于自然资源永久主权的原则。其基本特点包括:工业化国家逐步完善矿业权市场运作规则,并从鼓励资源开发转向了资源保护,强调协调矿产资源开发与环境保护的关系,协调矿产资源开发与矿产资源保护的关系;发展中国家多数均将特许权制度转变为合同制,或特许权制与合同制并存,一些国家对矿业实行全面的国有化。第三次矿业立法革命是在冷战结束后发生的,迄今仍在进行中。第三次矿业立法革命的基本特点包括:发展中国家的矿业部门重新对外开放;工业化国家特别强调协调矿产资源开发与环境保护的关系;发展中国家对在第二次矿业立法革命期间形成的合同制进行了重大调整。按照法律,矿产资源是要征税的,征收种类,在西方如美国等主要有三种类型:(1)从价税(Ad Valorem Tax),即按值计税,是建立在对厂矿和矿石储量进行估价的基础上,其所交付的款项是一种固定的经营费,适用于所有的矿山,与生产水平无关;由于不论矿山是否作业,都要征收从价税,这为各州提供了稳定的和可靠的税收来源;(2)专项税(Severance Tax)或专利税(Royalty),是按开采和装运的矿石数量来征收,为一种可变而不固定的经营费用,但对不作业的矿山不征收;(3)所得税(Income Tax),一般是按等级比例从利润中征收,既不是固定的,也不是可变的矿山费用[22]。我国自1994年开始,也对矿产资源征收土地使用税、增值税、资源税和资源补偿费,这对合理利用和保护矿产资源提供了保障。

矿产资源的经济价值是十分重要的。它对确定资源是否有经济意义,是否能算成储量,并作为开采对象起决定性的作用。所以在每一个勘查阶段或矿床开发技术方案实施以前,要估出它的经济价值，并比较分析不同技术方案的经济效益，帮助选用符合本地区自然经济条件和本矿床地质特点的技术方案，为下一步地质勘察工作或矿床开发提供依据。通常把评定矿床地质效果，称为地质评价；把评价矿床开发利用的经济价值和经济效益，称为矿山评价；而两者的联合，总称为矿区经济评价或矿床评价。它的基本任务，是对投资建设的各个方面，进行详细的调查研究，对是否投资建设，做出最后的决策。一座矿山，甚至于在遥远的荒僻无人峡谷中的矿山遗迹，都可被证明在此特定地点，矿产在某一时间对某个企业是有价值的。如果现在该矿产在某一地点还有足够的价值，那么此已报废的矿山就可获得新生。另外，必须注意矿产的价值，常以某一时间内市场的价格来表示，而时间是关键，这便导致勘探对于矿产价值随时间的变化特别敏感。但是矿产价格反映了市场的需要，而且与政治相关，是极为不稳定的。这与生产国家的操纵、生产者的控制等许多因素有关。国家的利益及国际市场，赋予矿产以时间价值。战争和战争威胁引发紧张的经济状态，生产和进口所需要的矿产，就很少考虑成本、储量减少或正常市场的特点。在大多数国家，即使那里矿产价格不是由政府完全控制，在一定时期内，也对进口矿产采用限额和苛税以及采用刺激本国生产的办法，以支持和推动本国工业的发展。在国际贸易中，有些时间和有些地方，差不多每种有适当有用成分含量的矿产，都有市场可以交易；大部分金属矿石和特殊的工业矿物，只要它们能精选达到有经济价值的品位，就能在国际市场范围内，以反映国际供求平衡的价格出售。另一方面，较为普通的工业矿物和岩石，如制造水泥的岩石，市场就在附近，矿床就在那里，就具有高度的地方价值，一般很少进入国际贸易。以上所述，仅仅是对矿产的经济价值给予概略的介绍和分析，不难看出其在采矿工业中的重要意义。

矿山环境保护是在20世纪60年代才开始受到重视，并列为一种社会性的重大问题，强制矿山建设者必须加以重视，而且通过法律监督严格执行，其目的一是控制公害，二是确保作业人员健康，做到文明生产。矿山在整个建设和开采过程中，对周围环境的影响和破坏都很大，如生产作业中所产生的粉尘和噪声，露天矿的废石场和尾矿坝对地貌、植被和自然景观的破坏以及可能造成泥石流的威胁，废水对周围农田、河塘和水源的污染等，都是不可避免的。但是由于矿山地处偏僻，远离城市，长期以来，这个问题没有引起人们的足够重视，直到近40年来才有所关注。美国在20世纪70年代以后，开始重视矿山环境保护工作，现在大部分州都制定了土地复垦工作规程，有些州还规定矿山在设计阶段和开采初期，必须把环保措施和费用考虑在内，并对强化环境保护，治理水、气污染以及土地复垦等工作，要求设立专门机构进行控制和管理，这样就使得一些企业的环保费用，达到了约占整个企业投资的10%～20%。在加拿大，国家环境保护委员会也建议，在新建矿山的设计中，应包括一项占基建投资5%～20%的用于恢复环境或复田的费用，并成立了地貌构造公司，以制定矿山企业环境保护的设计方案，作为批准矿山设计和投产时必不可少的文件。根据调查统计资料，采矿工业对土地的破坏，数量是很大的，露天矿比地下矿更大。在露天矿方面，美国和加拿大每年破坏土地约6万公顷，其中废石场占56%；前苏联每年约有3万到3.5万公顷土地被矿山所占用；前联邦德国仅开采褐煤一项，每年要占2.1万公顷。现在土地破坏要求复垦，并已列入法律条款中，美国的50个州，从1930年到1971年，采矿占地140多万公顷，已恢复了59万公顷，复田率达40%，其中1971年为80%；前联邦德国褐煤区到20世纪60年代末期，复田率为55%，恢复后的土地用于植树造林、务农和改造成人工湖；加拿大对地貌恢复要求较高，都要植草、种树，有条件的还可以种花或农作物，由农艺师指导，与矿山公司共同进行。矿山废水包括矿区地表与坑内的排水、生产过程中的废水以及雨水。这三种水量大而难处理，特别是酸性水，威胁周围农田、植物和鱼类的生长，甚至可能污染工业与民用的水源。在这种废水中，通常含有大量被溶解的金属或金属的悬浮物，以及炸药和其他残杂物等，还可能被柴油和废润滑油所污染。常规的处理办法，是用石灰或石灰石中和酸性水，提高其 pH 值，使重金属沉淀，经过过滤回收其金属；废水则用凝絮沉淀法处理后再用，提高循环用水率。对于含有浆状炸药中硝基苯类的废水，则多用活性炭作为吸附剂的方法来处理，工艺简单，效果良好。至于矿山大气污染，主要来自爆破产生的有毒气体，废石堆逸出的气体和柴油动力设备的废气，以及凿岩爆破和装运等作业产生的粉尘。所有这些，在西方国家早已实现井下风量、尘量、有害气体、温度、湿度的自动监控，并已形成计算机管理系统；对深凹露天矿也在研究大量自动控制调节系统，以便在各种主要设备的作业场所，调节氧化碳、氧化氮、二氧化硫等气体的含量和粉尘量，并测定风速和风向、大气压力、气温、湿度等，并已取得可喜的成果。我国的环境保护事业，起步于 20 世纪 70 年代，国务院相继颁布有《中华人民共和国环境保护法》(1989. 12. 26)、《中华人民共和国土地管理办法》(1986. 6. 25/2004. 8. 28)和《中华人民共和国矿产资源法》(1986. 3. 19/1996. 8. 29)，以及 1988 年公布的《土地复垦规定》等法令及条例，这对我国开展矿山环境保护工作，起了积极的促进作用。在开展尾矿和废石综合利用，促进露天开采土地复垦，维护生态平衡等方面都已初见成效。可是由于矿山的机械化作业水平低，生产技术组织管理差，并且很大部分矿石产量出自中小型企业，环境保护条例在执行中也有困难。实现已颁布的矿山环境保护的要求，本身是一个只有投入而难见经济效益的措施，只有在大力宣传、讲清道理，提高认识的基础上，在严格的法律监督下，才能坚决实行。为了人类生存所必须具备的文明修养和道德标准，为了保护地球免于毁灭，更应有效地开展矿山环境保护工作，这是当前世界各国必须努力的艰巨任务[22]。

最后必须指出，采矿工业的社会性，较之其他工业更为明显，特别是与国家的政治和经济环境，有不可分割的依赖关系。这种由自然科学与社会科学共同组合的采矿科学，它所面临的是一种古老的工业企业，既可以人工开采，又能高度机械化和自动化生产。在当前产量大、经济效益低、工作条件艰苦、环保形势要求严峻的情况下，必须采用高新技术，实现科学管理，彻底改造现有企业的面貌，才能走上向前发展的康庄大道。

1.3　采矿科学理论研究的进展

自古以来，人们总是把采矿认为是一种工艺，靠经验来办事，所以作为一名好的采矿工程技术人员，就是经验愈丰富愈好。如矿块崩落法在世界得到推广，那是由于美国克莱墨格斯(Climax)钼矿已退休的技术人员，到别的国家如菲律宾、智利等国的类似矿山工作时，介绍经验所取得的。实践证实，在采矿工程技术项目中，可以说都是一些多因素、多指标、多目标的复杂系统，目前在很大程度上仍然是在靠经验办事，而且还是很成功的，如果能把这些经验进行科学总结，并加以规律化和系统化，那就要解决两个问题：一是把一些尚未理解的东西，找出理论解答；二是将一些不确定的和不精确的因素和指标，做到有定量的概念。由于近半个世纪来，在自然科学中的数学和力学，技术科学中的计算机技术和测试手段，都有了很大的进步，其成就有可能把采矿工程中的一些感性认识的知识上升到理论阶段，可以将一些零碎的知识汇集起来，相互渗透，形成一门采矿科学的理论体系，其中有许多内容是建立在地质统计学、工程地质学、数值分析方法、运筹学和近代数学及计算机技术的基础之上的。

1.3.1 地质统计学

地质统计学是以区域化变量理论(Theory of regionalized variable)为基础，以变异函数(Variogram)为基本工具，来研究那些展布于空间，并呈现出一定的结构性和随机性的自然现象的科学。它最早应用于矿产储量计算，因其较之传统储量计算方法，既能充分考虑矿石品位的空间变异性，又可以考虑矿化程度的空间分布特征，还能适应经济条件、矿产品市场价格以及采矿方法的改变所引起的变化。所以计算精度高，风险少，故在地质、采矿、环境保护等十多个领域中，都有不同程度的应用。但是地质统计学主要还是在结构分析的基础上，采用各种克立格(Kriging)法，来评估或解决实际问题。而克立格法就是一种求优、线性、无偏内插估计量的方法；常用约有十多种，其中普通克立格法(Ordinary Kriging)目前应用最为广泛，也很成熟，特别是在矿产储量计算、勘探网度研究、采矿设计和矿山地质中应用很成功。至于简单克立格法(Simple K.)、对数正态克立格法(Lognormal K.)、指示克立格法(Indicator K.)及条件模拟等的应用，也较为成熟。在处理观测中存在的特高品位，用指示克立格法很有效，美国纽蒙特金矿公司(Newmont Gold Company)，用此法计算矿石储量，估算品位及其变化情况，圈定矿体边界，指导采矿工程布置和安排进度计划等，颇为成功。对于小块段的估值，大都采用多元高斯克立格法(Multi - Variate Gaussion K.)和概率克立格法(Probability K.)，效果较好，估值准确。其他如点克立格法(Point K.)、块段克立格法(Block K.)、随机克立格法(Random K.)、泛克立格法(Universal K.)、析取克立格法(Disjunctive K.)、因子克立格法(Factor K.)、协同克立格法(Cokriging)等，也都各有特点，在处理一些地质和采矿问题时都有成效。地质统计学在理论上不断趋于成熟，应用领域也在不断扩大和深入。但是作为与工程实践密切相关的一门学科，其理论体系亟待完善，各种估值方法需要改进，以更好地满足生产实践的需要[26]。

地质统计学可以用来构造矿体模型。矿体模型是设计和生产的基础资料，因此用计算机来构造矿体形态的研究，在20世纪60年代初便已开始。所采用的构模方法，通常分为线框造型、表面造型和实体造型三类。线框造型是用三维直线或曲线勾绘物体的轮廓；表面造型是用平面或曲面描绘物体的表面；实体造型则是用简单形体来组合复杂形体。

所常见的模型，有块段模型、层状网格模型和几何模型。而块段模型又分为规则块段模型和可变块段模型，它是模型中研究和应用得最早的一种，主要适用于矿化程度呈渐变的浸染状和块状矿体，多用于大型露天矿。其中规则块段模型是用一系列大小相同的立方体或长方体的集合来表达矿体，并要求毗临各个块段间无间隙；而用克立格法、距离反比法或其他估值方法，确定每个块段的品位，作为该块段品位的常数值。这种模型的优点是形态简单、规律性强和编程容易，便于用克立格等估值方法估值块段品位。因此，绝大多数品位和储量计算程序，都是在这种模型基础上建立的。但它也存在很大的缺点，就是描述矿体形态的能力差，在矿体边界处误差大，对于复杂矿体，模拟效果更不理想。因此，出现了可变块段模型，它是指在某一方向上，块段的尺寸可以变化。在可变块段模型中，是使矿体中间的块段尺寸加大，而边界上的块段尺寸变小，从而增大了边界模拟精度；也可以在矿体各部位随意变换块段尺寸,来表示品位的细致变化,还能处理较复杂的地质结构。但是为了更精确地模拟边界,就需将边界部分的块段划得很小,会使计算机容量增大,并且这些小块段的估值不一定可靠,常会将废石估成矿石或把矿石认为是废石。至于层状网格模型,是在矿体层面上或投影面上,划分二维平面网格,网格形状为正方形或矩形,对每一网格进行估值运算,并在网格的垂直柱体方向,记录矿体厚度。这种模型通常用于层状矿体或较薄的矿脉,也可以用来构造具有严重褶皱和断层的矿体。其优点是将三维问题,简化成二维问题,提高了模型的效率;缺点仍然是矿体边界确定不准,适用范围也比较狭窄。由于上述两种模型都存有边界误差大,又不够细致等缺陷,于是出现了模拟矿体形态和估值分开的设想:先以几何模型来描绘矿体形态,估值则用块段模型,形成一种混合模型,两者依据一定的条件可以相互转换,于是出现了三维实体矿化模型。它可以理解为能够表示矿体真实情况,如矿体、围岩及其地质结构的空间几何形态、矿石品位空间变化等的一种全新模型。至于在构造三维矿化模型上,一般要经过编辑准备、数字输入、数据处理和模型构造四个阶段。现在的矿业三维软件以矿床开采资源信息和工程信息高度共享为核心,以计算机矿化模型为基础,利用可视化、集成化技术和方法,通过矿床地质勘探、生产勘探以及采矿生产、设计各阶段数据和信息的综合利用,实现地质数据库管理子系统、地质绘图子系统、矿床三维可视化子系统、采矿工程可视化子系统的集成,实现矿床品位估值、储量计算以及三维钻孔图、矿体三维显示图、矿体任意平剖面显示图以及采矿工程布置图的实时绘制与显示,为地矿空间信息管理与处理提供一个交互的真三维仿真平台[24]。目前国际上较为流行的软件比较多,如英国 Datamine 公司开发的 Datamine 采矿软件、澳大利亚 Maptek 和 Surpac 公司分别开发的 Vulcan 和 Surpac 软件、美国 Intergraph 公司开发的 Intergraph 交互式图形处理系统,加拿大 Lynx 公司开发的 MINCAD 系统,美国 Rockwell 公司开发的 Whittle Four - D 典型的露天矿优化设计软件,美国 Mintec 公司开发的 MineSight 软件,此外,还有澳大利亚 MicroMine、Gemcom、Mincom、Minemap 等公司开发的矿业软件系统,在世界很多国家广为使用;北京科技大学是国内较早研究采矿设计软件的研究单位之一;鞍山冶金设计研究院以 AutoCAD 软件为基础,在国内率先开发了露天矿采剥计划 CAD 软件包及采矿、地质总图优化软件;长沙有色冶金设计研究院曾经研制出一套矿化模型 CAD 软件系统;中南大学基于线框模型和块段模型开发了 DM&MCAD 软件系统,并由迪迈科技公司推出 Dimine 应用软件。除此之外,中国矿业大学、东北大学、马鞍山矿山研究院、长沙矿山研究院、中国科学院地理科学与资源研究所等单位,也在矿床三维构模、估值方法以及矿床开采辅助设计等方面做了大量的研究和应用工作,取得了可喜的成果[14,15,25~29]。

1.3.2　工程地质学

工程地质学是评价各类工程建设场地的地质条件,主要是有关地形地貌、地层岩性、地质构造、水文地质特征和自然地质现象(如滑坡、崩塌、岩溶、泥石流、风沙移动、河岸冲淤)等对工程建设的影响;预测在工程建设实施中,地质条件可能出现的变化和产生的结果。为选定最佳建筑场地,为在不良地质条件下确定采取怎样的应对措施,提供可靠的依据。

其所研究的主要内容是有关岩体的稳定性问题,包括地基、边坡、地下建筑物围岩的稳定等。在研究中,首先要弄清岩体的物质组成及其物理力学性质,判明破坏岩体完整性的地质作用,最重要的还是岩体中结构面所形成的组合体及其间的应力关系。还要注意到地下水压力，如孔隙水压力、裂隙水渗透压力等，因其是影响岩体强度、降低岩体稳定性的重要因素，故不能忽视。此外，对地应力和其他外力的作用，也应有所考虑。

这门学科所涉及的内容，与采矿工程密切相关，故有许多理论与技术完全可以借用，特别是在地应力分析、岩体稳定性分类、结构面赤平极射投影、地下水渗流破坏等方面，不仅已在采用，而且有所发展。这些内容，对确定矿区岩层和矿体的稳定性及其分类，为合理选择开采工程布置、采矿方法及其参数和施工顺序，提供决策依据。关于以上内容的阐述，参见本书第7章。

1.3.3 数值分析方法

数值分析方法源于工程力学，后来才用于采矿工程。一般最早的应力分析技术，是利用精确的数学解－精确解算法，即使是相当简单的问题，也需要花大量的时间求解，结果还不实用。直到20世纪60年代计算机问世，使那些建立在弹性、塑性或黏弹性力学基础上的复杂计算，才能迎刃而解，且发展到能解决复杂模拟问题，开发出多种数值方法，并以适中的费用，使大部分模型的应用成为可能。

近几十年来，随着计算机运算速度和容量的提高，许多数值模拟方法应运而生，并在采矿工程和科学领域内得到越来越广泛的应用。目前，数值模拟计算方法已经成为现代工程技术分析、计算、预测预报工程稳定性、可靠性的重要手段。根据有限元、边界元和离散元等数值模拟原理所开发出的大型应用程序如ADINA、SAP5、$FLAC^{3D}$等已在大型工程计算中发挥了很大作用。

在矿山岩体力学计算中，常用的数值法可分为边界法和区域法两大类。前者是将采场或巷道的边界划分成单元，而内部的岩体作为无限连续介质。后者是将内部岩体划分成几何形状简单的区，而每个区都有其假定的特性，这些简化区性质的集合和相互作用，可以模拟出较为复杂的和其他方法不能预测的岩体整体变形特性。

1.3.3.1 边界法

边界法中的边界元法（BEM），是将采场、巷道或边坡的表面、所需考虑的节理面以及多种介质中的界面等的边界离散化，即划分成单元，而将其外围介质作为无限连续介质处理，并要求其表面条件，应与在保留介质整个范围内所有的状态相关联，甚至与无穷不连续点相关联。它的理论基础是表述Betti互等理论的积分方程。这种方法又分三类：第一类为间接法，是先确定边界点上的应力状态，然后才应用独立的关系式，确定边界的位移；第二类称直接法，是直接根据所给定的边界条件，解算未知的应力和位移；第三类是位移不连续法，描述在弹性连续介质中的裂缝问题。边界元法具有降维作用，计算精度高，对于解决无限域或半无限域问题尤为理想。这种方法通常用于采场或巷道的应力状态模拟，其中位移不连续法可以解决节理模拟问题，并且在板状矿体的应力模拟中，获得广泛的应用。

1.3.3.2 区域法

在区域法中，包括有限元法（FEM）、有限差分法（FDM）和离散元法（DEM）。前两者都是属于将岩体视为连续介质的区域法，而离散元法却是一种将各个岩块模拟为独特单元的区域法。通常很难区别有限元法与有限差分法，所以常被视为相同的方法。

有限元法的理论基础，是表述最小总势能的变分原理。它是使模型离散化，分成许多区，工作量大；在模型复杂时，如含有多条巷道的模型，离散化就变得十分困难。这种离散化模型的外部边界，要在距离开凿区足够远的地方，使边界和开凿区相互作用所产生的误差，降低到可以允许的最小值。有限元法的特点，是将介质内少数几点（节点）的条件，与由这些点形成的有限闭合区域（单元）的状态相关联。为了把实际问题用数值法模拟，就是使要解决问题的区段离散化，一旦模型已经离散化，介质的性质和荷载已确定，就必须用某种方法，如矩阵解算法（隐式）或动态松弛解算法（显式）重新分配不平衡的荷载，并求出新平衡状态下的解。这种方法，可借助于一种特殊的“节理元”来明确地表示节理，但是，所提出的各种各样的方法用来处理节理元时，尚未见到一种方法能达到普遍应用的状况。实践证明，有限元法最适合用来解算涉及非均质或非线性介质性质的问题，因其每个单元都明确地模拟所包含介质的特性，但不适合模拟无限边界上的问题。

1.3.3.3 离散元法

离散元法是以受到裂隙切割形成分离的块体为出发点，块与块之间的相互作用，是块体的角与面或面与面之间的接触作用，且块体可以允许有较大的位移，这是有限元法难以处理的问题。它的基本原理是牛顿第二定律，对解决离散的非连续体问题，是一种重要方法，在研究巷道稳定性、边坡工程和放矿力学中，已得到了广泛的应用。

上述各种数值法的相对优点和缺点汇总列入表1－2。

表1－2 各种数值方法对比表

方 法	优 点	缺 点
边界元法	能表示远场状态；仅边界要离散化，与有限元法相比，变量的数量少	系数矩阵不可缺项；随使用的单元数量的增大，计算时间按指数律增加；处理非均质和线性介质的能力有限
有限元法和有限差分法	易于处理非均质介质；能有效地处理介质和几何体的非线性，应用显示解算法时，更是如此； 应用显示解算法时，矩阵是带状矩阵，也降低了对使用者确定数值收敛的技能要求	必须使整个区域离散化，要计算变量的数量比边界元多； 远场状态必须近似地估算，显示算法解算线性问题速度较慢； 随使用的单元数量的增大，隐式解算法的解算时间按指数律增加
离散元法	数据组适合于模拟有许多交错节理所引起的高度非线性系统，可以应用非常普通的本构关系式，而计算费用增加很少； 解算时间仅随所用单元数量，呈线性增加	解算时间比解线性问题慢得多； 结果对模拟参数的假定值，非常敏感（这是所模拟系统性质的必然后果，因为目前尚无处理这种问题的其他方法，就应正确对待这一缺点）

除了表1－2中三种主要的数值分析方法之外，还有刚体节理元法（RJM）、无界元法（IDEM）、半解析元法、不连续变形分析法（DDM）、流形元法以及常用数值模拟方法的耦合

等等。在岩土工程或矿山工程中可采用的数值分析或数值模拟方法虽比较多，但由于有限元法对各种边界和边界条件的组合比较容易处理，在工程实践中，至今应用最广泛的仍为有限元法，或有限元法与其他方法的结合[11]。

虽然前面所讨论的数值计算方法都已用于研究某些问题，且获得一定程度的成功，但一直没有一种方法可以适合于所有类型的模拟。因此，可以将两种截然不同的计算方法结合在一起，构成一个复合模型，从而最大限度地利用每种方法的优点，避开其缺点，于是出现了耦合法。如在节理发育的巷道内，巷道近处的破碎的岩石，可用离散元来模拟；破碎带以外的无限区域，则用布置在界面上的边界元来处理。在界面上布置单元时，应使离散元的一边与边界元相重合。耦合的关键在于将边界元的面力化为节点力。如是在节点处，根据节点力平衡和位移一致的条件，使边界元法和离散元法结合起来。

应该指出，上述的计算方法，已有许多可供借用的程序，但尚须根据研究内容，编制合适的前后处理程序，才能发挥工作效率。还要明了岩体力学问题的特点，即资料少，认识水平也低，不能像结构工程那样，很容易取得满意的结果。因此，斯塔费尔德（Starfield A. M.）和坎达尔（Cundall P. A.）对数值法的模型，提出了下列建议：(1)模型应该是实际情况的简化，而不是模仿；(2)设计模型的着眼点，应该是模型必须回答的问题，而不是所要模拟系统的细节；(3)最好是建立几个简单的模型，而不是建立一个复杂的模型，从不同角度提出相同的问题；(4)模型的目标，不应力图有效，而应是获取对模型的信任，并边用边改进。在岩体力学模型应用上，无论什么时候都应当谨慎，考虑要周全，绝不应只运行一次。参数和内容条件改变，结果也会敏感地发生变化。尽管还存在前述的一些问题，但是数值计算方法在矿山岩体力学研究上，仍是一种很有效且常用的方法，并在不断的发展和创新，具有扩大应用的远景[30]。

1.3.4 运筹学和近代数学

运筹学是系统工程的主要理论基础，在20世纪50年代就迅速得到发展。它的主要功能是对现实生活中发生的确定性问题和随机性问题，进行优化构模和优化决策，其基本特征是力图在满足一组约束条件的前提下，优化设计参数。运筹学用在确定性问题上的主要方法，有线性规划、混合整数规划、整数规划、图论/网络理论、目标规划、非线性规划和动态规划；而用在随机性问题上的主要方法，有随机规划、随机过程、排队论和决策论[31,32]。

在矿业中，运筹学的应用领域很广，通常用于生产计划、物料运输、经济评价、设备选择、通风环保、给料控制、边界品位、生产能力、选矿和露天采场设计以及设备可靠性上。

生产计划受到经济目标和经营目标的制约，由于其复杂性，各种运筹学方法都尝试过。它是应用运筹学最普遍的领域，尤以线性规划用得最广泛，因其适合于解决配矿和采掘进度计划问题；再就是可用动态规划、目标规划和图论/网络理论；而混合整数规划，则是构造长期计划模型的有效方法。

物料运输有矿内和矿外两类，所采用的方法和设备，因物料不同而有所区别。线性规划是最常用的一种方法，有时也用动态规划、非线性规划、图论和排队论。

矿床经济评价是研究勘探、开采及销售中一次性投资问题，因要确定最优勘探和开采策略，必须考虑有关变量的某些约束，可用到许多运筹学的方法，其中非线性规划、线性规划和动态规划是很重要的。开采评价是确定矿山企业经济活力或经营风险的检查过程，必须考虑评价项目的全部工程、环境、地质和其他可变因素，通过经济分析来确定投资能否达到目标，或哪种投资方案更为适合，所采用的运筹学方法，有非线性规划和决策论。

设备选择受地理位置、技术现状、经济环境等多种因素的影响，如能合理布局和安排，则可以保证设备能得到有效的利用。要解决此类问题，一般要考虑短期生产计划中主要约束条件和目标函数，常用的运筹学方法有非线性规划和线性规划，还有整数规划、图论、随机规划、动态规划及排队论。

通风系统设计包括风量、风流路线及风机能力和位置，必须对可选方案进行效率和经济评价，而图论/网络理论是解决上述问题最有效的方法。

环境保护涉及废石处理、水污染、有害气体排放、地表下沉及复田等问题，常以制约生产过程的形式出现，其评定所采用的方法，主要是线性规划和目标规划。

给料控制是指有顺序、有组织地将多种物料混合成所要求的质量，以满足选厂入选品位的要求或矿山产品的标准，常用的运筹学方法是线性规划和非线性规划。

矿山生产能力是指单位时间内采出或选出的矿石量，其影响因素有单位产品成本、边界品位、矿石回收率及总投资等，确定生产能力是在成本和利润之间的权衡；其中边界品位的选取非常重要，因其直接影响到矿石平均品位和储量，与采矿效益有很大的关系。两者的确定，最常用的方法有非线性规划和动态规划。

选矿是采矿的后续工艺，其有关参数由过程控制动态地调整和制约。所采用的运筹学方法，是非线性规划、线性规划和动态规划。

露天采场设计包括建立储量模型和长期开采计划计算机系统，解决后一个问题需要确定最终采场境界、矿岩总量及矿石品位等，其所用的优化技术，包括线性规划、混合整数规划和0－1规划、图论和网络理论、非线性规划、动态规划及决策论，其中以图论和网络理论的算法效率高，应用最为成功。

设备可靠性是指系统在规定环境和时期内，会良好地执行设计功能的概率，目的是编制最优的设备检修及更换计划，以优化生产力和经济合理性。随机过程是解决这一问题最主要的方法。

综上所述，在采矿工业中遇到的大多数问题，可以用运筹学方法，以公式的形式来表达和解决。这些方法可用来优化任何预定系统的目标，并使经济参数具体化，较之其他的描述性模型，如数学模拟等，则要优越得多。但是，运筹学模型需要做简化问题的假设，这就会降低可靠性。因此，将运筹学方法和模拟技术、数理统计、数理方法等其他计算技术中的优点结合起来，是发展运筹学和解决采矿工程问题的一种新途径[31]。

近代数学也是发展当代科学技术的理论基础，除了上述的数值分析法和运筹学中所涉及的内容外，与不确定性理论密切相关的，有概率论、数理统计、随机过程、可靠性理论及模糊数学。近代数学之一的模糊数学，是研究和处理模糊现象的数学。所谓的模糊性，是指客观事物的差异，其在中间过渡阶段所呈现出的不“分明”现象：如岩层是稳定或不稳定，有用成分分布是均匀或不均匀，矿体产状是复杂或不复杂，管理水平是高或不高，采矿方案是好或不好等。像这样的模糊现象，在采矿中比比皆是。它是以模糊集合为基础，用隶属度来描述事物的模糊性。由于模糊数学的内容十分丰富，不少理论和方法在矿业系统中得到应用，其中以模式识别、综合评判和模糊规划用得较多：如用在矿产经济多目标决策，正确地选择采矿方法，评价矿山建设投资经济效果，确定岩体稳定性分类，评判矿岩爆破效果等，便是一些有价值的实例[32]。

1.3.5 计算机技术

在采矿工业中,计算机作为科研与管理人员的辅助工具,主要用来进行数值计算、数据管理、绘图模拟,后来发展到知识处理和图像分析。采矿系统的规划与决策、矿岩稳定性分析与力学性质的预测、工程设计参数的确定与优化等,都离不开数值计算,尤其是其中一些计算方法(如有限元法)复杂、计算量大,需借助计算机来实现。采矿工业在数值计算方面的发展主要是采用和研究一些新的算法和数学理论,如神经网络计算、遗传算法、灰色理论、模糊数学、小波分析或与其他算法相结合,以便解决采矿工业中不确定因素较多、数学模型难以建立的实际问题。图像分析技术也逐渐应用于采矿工业中。利用摄像或CT探测技术获取图像,由计算机对图像进行分析处理,从中获取某些特征参数或信息。此外,现在应用较多的还有人工智能和虚拟现实技术。下面简要介绍它们在采矿中的应用。

1.3.5.1 人工智能

自20世纪80年代中后期以来,人们已开始应用人工智能理论与技术来解决采矿工业中的各种实际问题。就其研究成果和发展趋势来看,人工智能大致包括符号智能、计算智能和人工生命三个类别。

A 符号智能

符号智能是以物理符号系统为基础,研究知识的表示、获取和推理。专家系统是典型代表,从20世纪80年代起就开始广泛应用。其主要特点在于能灵活有效地表达和利用知识,并具有学习、联想等功能,适宜于解决定量与定性混合型决策问题,为集中各个专业的专家知识来统筹规划和高速解决大规模复杂问题,提供了强有力的手段。但在成功后面隐藏着困难,主要是:知识获取的瓶颈问题,知识间上下文敏感性问题和不确定性推理问题;从目前水平来看,基本上是适宜于“窄而深”的知识领域,而矿业中所面临的大都是“宽而浅”的问题,因此专家系统在矿业中的应用,虽有广阔前途,但仍在开拓和发展之中。在20世纪90年代,各种各样的矿业专家系统纷纷面世,比如:岩石力学与工程专家系统,矿山井巷工程专家系统、采矿方案与设备选择专家系统、矿山安全专家系统等,应用几乎涉及采矿生产过程的各个方面。

B 计算智能

计算智能是以数据为基础,不需要严格建模就能实现非线性映射或推理功能,它包括人工神经网络、模糊系统、以遗传算法为代表的进化计算等。人工神经网络是试图以模仿人脑神经的组织方式,来构成新型的信息处理系统,是由大量的处理单元(神经元,即网络节点),组成高度并行的非线性动力学系统,其功能主要由网络拓扑结构和网络节点的处理功能所决定,是一种低层次的数值模型。常见的模型有两大类,一类是以霍普费尔德(Hopfield)网络模型为代表的反馈型模型,主要用于联想记忆及解决非线性优化问题;另一类是以多层感知器为基础的前馈模型,主要用于分类、自组织和联想记忆,以反向传播(Back Propagation)网络模型最为典型。这两类模型的学习,都是需要指导;另外还有一种无需指导的自组织神经网络模型。神经网络模型引入采矿工程是近十几年的事,它的显著特点是具有可学习性和巨量并行性,使其为推动采矿科学技术的进步,提供了强有力的工具,它已在编制生产计划、确定地质参数、诊断机械故障等方面进行了试用[33]。

C　人工生命

人工生命是指用计算机、机械等人工媒体模拟或构造表现自然生命行为特点的仿真系统或模型系统。它的研究需要将信息科学与生命科学结合,为人工智能研究开辟了新的途径。在采矿工业中,将来可望采用的高新技术是机器人技术。以往计算机技术与人工智能在矿业中主要是作为辅助分析问题的"软"手段,只有将软件与硬件结合,将信息科技直接应用于采矿生产实践,研制出智能化的采矿设备或采矿机器人,才能使人们彻底从艰辛、危险的采矿作业中解脱出来。除了溶浸法采矿外,这是一条实现无人采矿的途径。

1.3.5.2 虚拟现实

虚拟现实技术(VR)包括实时三维图形生成技术、多传感器交互技术以及高分辨率显示技术。虚拟现实技术在采矿中的应用主要体现在以下五个方面[34]:

(1)在矿山系统设计及施工工艺研究中的应用。应用虚拟现实技术可以根据设计内容即时生成矿山系统的三维虚拟模型,设计者们可以通过交互操作来校验设计的结果,并且在调整参数和进行修改后能够马上再现模型,这样不但节省了时间、资金,并且能够避免一些不恰当的设计带来的危险。虚拟现实技术还能对采矿作业进行模拟,工程师可以在虚拟现场进行操作,从而确定矿井施工工艺的最佳参数、最佳施工方法和步骤。

(2)在矿山培训中的应用。应用 VR 系统模拟井下各种复杂的作业环境,供采矿工程技术人员的实习训练,可降低培训费用,缩短在现场的培训时间。

(3)在矿山管理中的应用。VR 在矿山管理的应用主要着眼于生产调度、安全环保、设备管理等方面,实现这些方面的功能主要利用 VR 的实时监控、动态生成场景的能力。

(4)在矿山安全中的应用。矿井火灾和瓦斯爆炸是井下工作人员所面临的主要灾害,计算机技术的高速发展,使得在灾变条件下复杂通风网络的快速解算成为可能,从而指导井下火灾发生时正确地控制风流,确保井下工作人员安全撤出,防止火灾和有害气体、烟尘等的蔓延。

(5)在特殊采矿环境中的应用。如对于深部开采,可通过地质勘探获取地下相应深度的水文地质资料、地压地温状况资料,利用 VR 建立相应的虚拟环境,采矿工程师可在这个环境中进行交互式的设计,以确定适合这种环境的特殊采矿方法、巷道布置方式、通风方式及矿井开采参数,并虚拟确定矿山施工工艺参数。对于海洋采矿和太空开采环境同样可以利用 VR 技术对海洋和太空的特殊的地理环境信息进行模拟,以确立海洋和太空环境下的开采方式和开采参数。

综评上述,可见采矿工业中有关地质储量、矿体形态、矿床开拓、采矿方法、矿岩爆破、岩石力学及支护、矿山运输、通风和环保、矿山组织、计划、设计和管理等一系列的基本问题,都已进入理论计算和计算机分析的阶段,并取得了显著的成就。但是这些内容的全面整理、归纳、完善和补充,还须做大量工作。应该明确,解决采矿工业中的问题,在很大程度上仍然要靠成熟和丰富的经验;而各种理论的探索,其目的在于进一步完善已有的知识,使其科学化和系统化,并能指出其提高的途径,为今后发展采矿工业,提供理论指导。

最后必须指出,采矿工业是一个庞大的系统,涉及各行各业和多种学科,既古老又有发展前景,同时又是国民经济发展中不可缺少的基础支柱。它应随着时代进步而发展,但由于种种原因,已出现滞后迹象。这可能是由于借用现代技术不够,再就是本身科学系统性尚未形成,未能发挥理论指导生产的作用,应该引起采矿同行们的共识。

第1章参考文献

[1] 童光煦. 采矿与采矿科学[J]. 中国矿业,1992(1):19~22.

[2] 美国采矿工程师协会 A. B. 卡明斯,等. 采矿工程手册. 第一分册[M]. 北京:冶金工业出版社,1982:6~12,24~43.

[3] Howard L. Hartman, Jan M. Mutmansky. Introductory Mining Engineering[M]. John Wiley&Sons, Inc., 2nd Edition, 2002.

[4] 古德生,等. 现代金属矿床开采科学技术[M]. 北京:冶金工业出版社,2006.

[5] 于润沧,唐建. 略论我国有色金属矿山科技发展战略[J]. 中国工程科学,2005,(7)10:1~4.

[6] 郭树林,金家瑞. 地下金属矿山采矿技术进展及研究方向[J]. 黄金,2003,(24)1:17~21.

[7] 王晓秋,郭冬岩. 我国地下金属矿山采矿技术的发展与展望[J]. 河北理工大学学报,2008,(30)1:7~11.

[8] 郭金峰. 我国地下金属矿山采矿现状和发展趋势[J]. 金属矿山,2005(9):1~5.

[9] 古德生. 地下金属矿采矿科学的发展趋势[J]. 黄金,2004,25(1):18~22.

[10] 吴爱祥. 我国地下金属矿山连续开采技术研究的发展[J]. 有色矿山,2002(2):1~5.

[11] 蔡美峰. 岩石力学在金属矿山中的应用[J]. 金属矿山,2006(1):28~33.

[12] 蔡嗣经,张禄华,周文略. 深井硬岩矿山岩爆灾害预测研究[J]. 中国安全生产科学技术,2005,1(5):17~20.

[13] 李仲学,李翠平. 金属矿床地下自动化开采的前沿技术及其发展途径[J]. 中国工程科学,2007,9(11):16~20.

[14] 刘晨,杨鹏,吕文生. 基于体视化技术的地下采矿方法设计系统研究[J]. 矿山工程,2006(2):23~25.

[15] 僧德文,李仲学. 地矿工程三维可视化仿真系统设计及实现[J]. 辽宁工程技术大学学报,2008,27(1):9~12.

[16] Tang Zhixin, Yang Peng. Research on Oxygen - increasing Ventilation in Alpine Region[C]. The 3rd International Symposium on Modern Mining & Safety Technology Proceedings, Beijing: Coal Industry Publishing House, 2008:494~497.

[17] 蒋仲安主编. 矿山环境工程[M]. 北京:冶金工业出版社,2009.

[18] 彭怀生等. 矿床无废开采的规划与评价[M]. 北京:冶金工业出版社,2001.

[19] 于润沧主编. 采矿工程师手册(上、下)[M]. 北京:冶金工业出版社,2009.

[20] 中国大洋协会编. 进军大洋十五年[M]. 北京:海洋出版社,2006.

[21] 张新安,陈丽萍. 国际上矿业立法上的世纪演变[J]. 国际动态与参考,2000(25).

[22] C J Parr. Mining Engineering Handbook[M]: Chapter 3.2, Mining Law. 2nd Edition, SME. Inc., Littleton, Colorado, 1992:140~161.

[23] W C Peters. Exploration and Mining Geology[M]. John Wiley & Sons, Inc., 1988:211~240.

[24] 陈科文,古德生. 信息科技在采矿工业中的应用与展望[J]. 金属矿山,2002(5):5~7.

[25] 侯运炳. 新城金矿实体矿化模型及计算机辅助采矿设计的研究:学位论文[D]. 北京:北京科技大学,1991.

[26] 杨晓雷. 山东新城金矿的矿化模型构造及采掘计划编制:学位论文[D]. 北京:北京科技大学,1992.

[27] 柴建设. 集成化三维实体矿化模型理论及应用的研究:学位论文[D]. 北京:北京科技大学,1995.

[28] 李翠平. 面向地矿工程的体视化技术及其应用:学位论文[D]. 北京:北京科技大学,2002.

[29] 陈建宏.可视化集成采矿 CAD 系统研究:学位论文[D].长沙:中南大学,2002.
[30] 施建俊,孟海利,汪旭光.数值模拟在矿山的应用[J].中国矿业,2004,13(7):53~56.
[31] 托普兹.运筹学在矿业中的应用[J].国外金属矿山,1990(1):102~104.
[32] 况礼澄等.矿业系统工程[M].重庆大学出版社,1990:148~171.
[33] 吴立新,殷作如,钟亚平.再论数字矿山:特征、框架与关键技术[J].煤炭学报,2003(2).
[34] 张能福等.虚拟现实技术及其在采矿中的应用[J].金属矿山,2002(11):23~25.

2 矿区经济评价与矿业权评估

2.1 概　　述

矿区经济评价是对矿区内的有用矿床,从经济上、可利用的价值角度上进行分析和论证,预估矿床未来开发的经济价值,并对其经济效果做出估价,供决策者参考。矿区开采的经济价值,取决于矿床的规模、品位、开采方案、技术加工条件、经济地理环境以及产品价格、成本、国民经济需要程度等因素。要把这个多因素的复杂问题,以货币数量表现出来,作为将要为国家可能提供价值的参考数据。这是一项比较困难而又必须要做的工作,已引起地质和采矿界的充分注意,在实际工作中早就贯彻实施,已为正确评价矿区,奠定了一种基本模式。

本章所谓"矿区经济评价",是指对矿区内的矿床在各个开发阶段中经济评价的总称。各个阶段的要求和关系如图 2－1 所示。

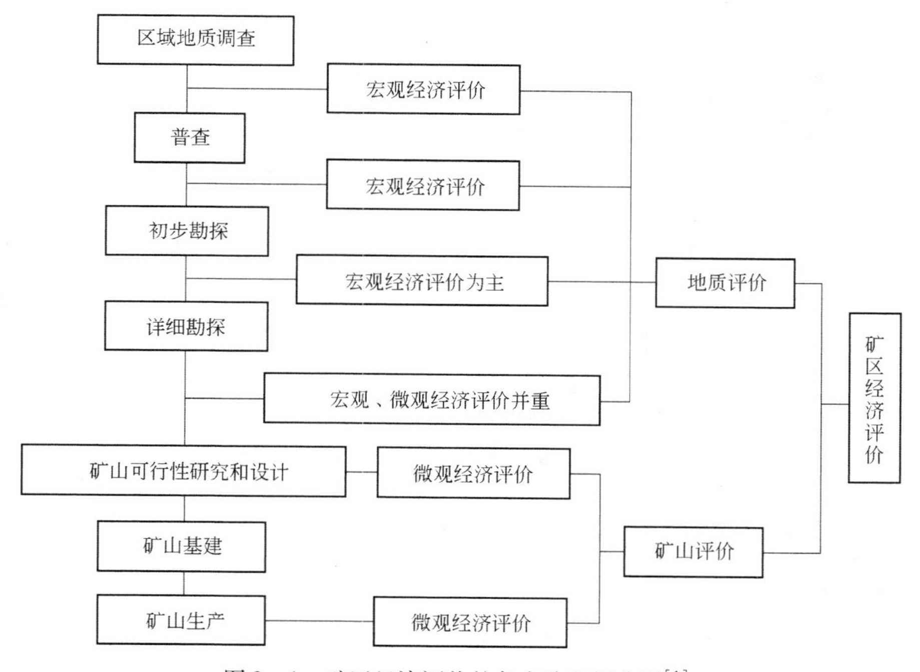

图 2－1　矿区经济评价的各个阶段划分图[1]

从图 2－1 可知,矿区经济评价分为地质评价和矿山评价。地质评价是在区域地质调查、矿床的普查和勘探阶段,对投资项目和方案进行经济评价工作。矿山评价则是在矿山规划、设计和生产阶段所进行的经济评价。如果按照经济评价的性质,又可以分为微观经济评价和宏观经济评价。微观经济评价是从企业的获利能力出发,通过企业内部经济核算和分析比较,来判别矿山企业投资优劣和是否可行,也称企业经济评价。如果是从整个国民经济的长远利益出发,对实现国民经济发展战略目标所做贡献大小进行评价,称为矿床的国民经济评价,即宏观经济评价。我国是具有中国特色的社会主义国家,所以国民经济评价是矿区经济评价的重要内容,其评价结果是对项目决策的主要依据。一般项目均应先进行企业经济评价,然后再进行国民经济评价;至于何时用微观经济评价,何时用宏观经济评价,虽有所规定,但也要视其具体情况来决定。

由于矿山建设在投资方面常常带有很大的风险性,所以在其建设过程中,应不断地进行经济评价。一旦发现没有经济效益,就应该停止下来,以免继续遭受经济损失。西方两位有丰富经验的勘查专家——纽蒙特矿业公司(Newmant Mining Corporation)的布莱特(Brant A.)和黄金联合公司(Consolidated Goldfields Organization)的摩根(Morgan D. A. O.)都认为,在所有找矿工作中,能够建设成功的矿山数,大约为1%。加拿大科明可(Cominco)公司的勘探经验指出:该公司曾在过去40年内勘查了1000个矿点,其中有78处做了详探工作,只有18处进行了开拓建矿,最后只有7处是盈利矿山,其成功率为千分之七。这是一种风险性很高的工业建设,必须小心谨慎。图2-2是表示有关巴布亚新几内亚的布干维尔(Bougainville)铜矿建设项目中各个计划阶段的投资关系。在评价报告提出前,就已花掉约两千万澳元;当报告完成时,共计花费了三千万澳元;最后是共用了三年时间和三亿五千万澳元才达到了投产[2,3]。

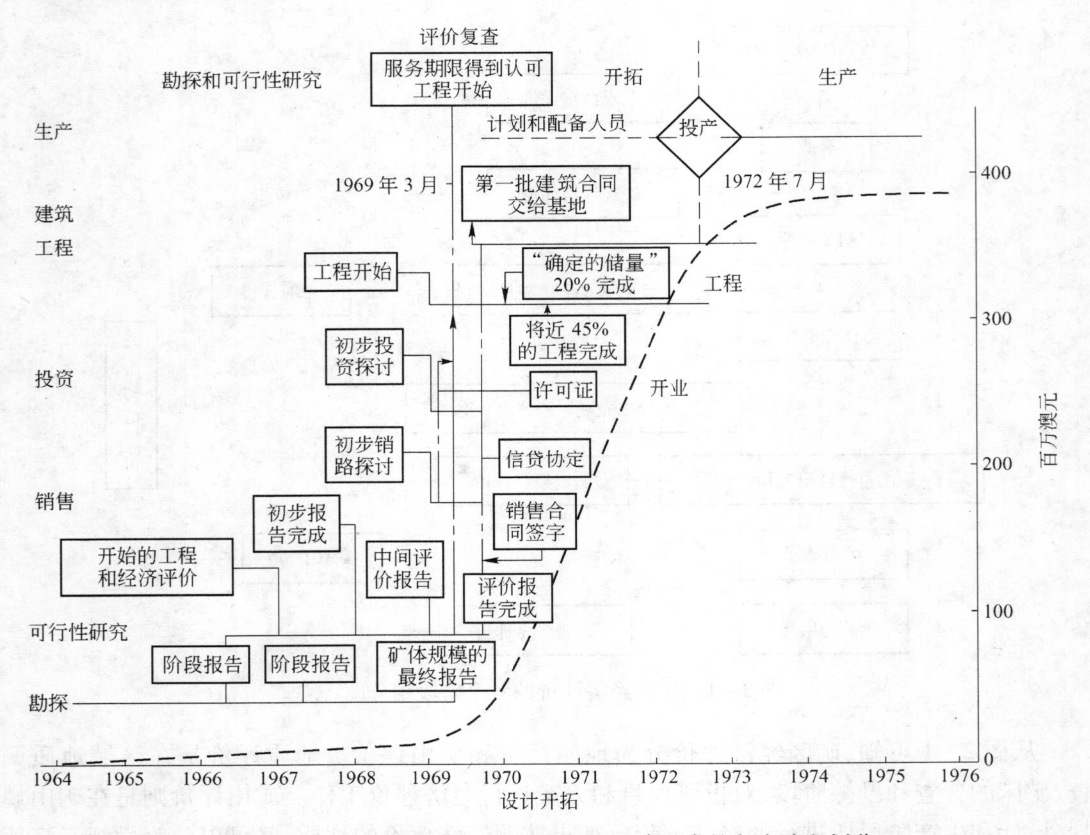

图2-2　巴布亚新几内亚布干维尔铜矿建设中的各个阶段划分

应当指出,图 2-2 中各个计划阶段,在我国还可分为若干步骤,如勘探分为普查、初步勘探和详细勘探;工程设计分为初步设计、技术设计和施工图。而在初步设计中,则仅初步评价是否有经济效益,或者对现有矿山是否能继续开采做出评价;技术设计是采用详细方法计算出每吨矿石的盈利和投资的返本期限;施工图则是具体工程设计和订货。

在我国,矿山从地质勘探到建成投产,其项目建设程序见图 2-3。在国外,自勘探到投产,建矿条件好的矿床,所需时间为 2~5 年;矿石价值低,加工问题复杂和大型的矿床,则需 5~7 年;至于自然条件困难,技术障碍重重以及有大量经济问题的矿山,可能需要 10~15 年,甚至更长时间。如美国密执安(Michigan)州白松(White Pine)地区的一个大型铜矿,1929 年发现,但直到 1955 年才投产;又如加拿大不列颠哥伦比亚(British Columbia)省的莱达克(Leduc)河上游的矿化带,早在 1931 年已标为采矿用地,而到 1953 年才组成格兰达克(Granduc)矿业有限公司,矿山于 1970 年开始生产[3]。而我国,在新中国成立后的 10 年中,建矿速度基本上达到国际一般水平;可是以后勘探到建矿的时间有所缩短,而建矿到投产却增长了,至于投产到达产则更加增大,少数年产几百万吨的地下矿山,甚至十多年到二十多年后,也未达到设计产量。其原因是急于求成,未认真进行可行性研究,贻害很大。虽然近十年来有所重视,也仅是在起步,尚未提出一套成熟的办法,应该予以重视。

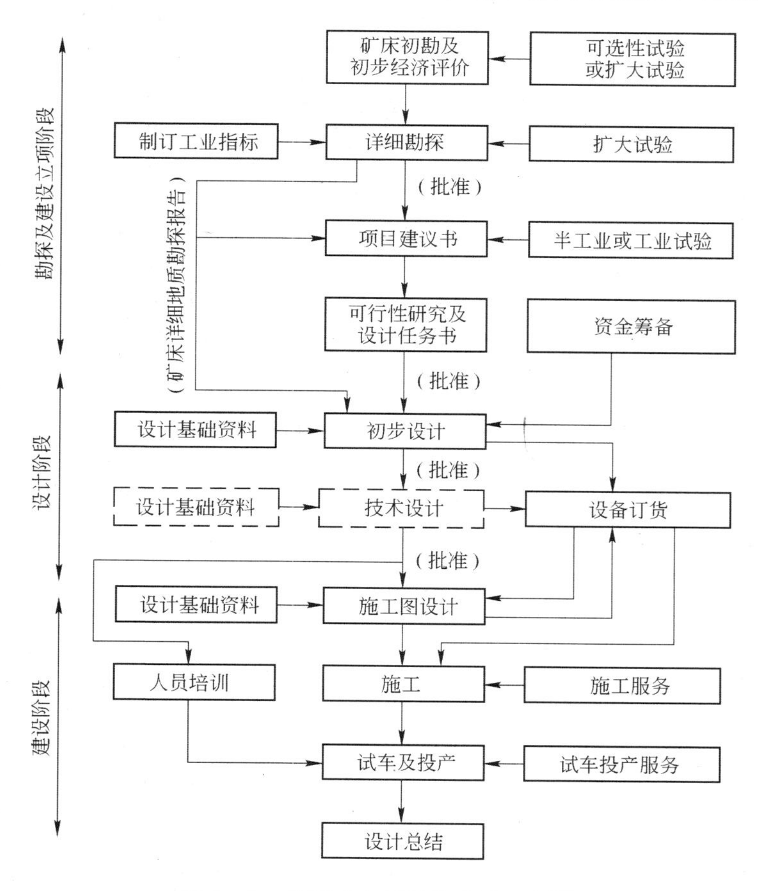

图 2-3 我国矿山项目的建设程序[4]

由于当前的科学技术突飞猛进,矿山生产水平在不断地提高,社会物质条件也在高速发展,势必会影响到矿区经济评价的因素,不同时期会得出不同结论。如过去被划为无开采价值的低品位矿床,现在由于采选技术进步了,而且社会经济发展对矿产资源的需求量激增,就可能成为有开采价值的矿床。这种情况,已经出现在几乎所有的金属矿床。因此,无论是新发现的矿床,还是以前评价过而被否定的矿床,都需要定期按阶段重新进行评价。当然,不同阶段的评价目的和要求不同,所依据的材料和考虑的因素的精度相异,故评价结果的可靠程度,自然也不一样。

评价已经成为矿床开采中一项经常性的任务,应该得到重视,这是毫无疑问的。

2.2 矿床储量

矿床储量是作为技术经济评价的主要对象,也是评定其开发利用的经济价值。各个国家因其社会情况不同,对矿床储量概念的理解就有所差异,常将“矿床储量”和“矿产资源”相互混淆。“矿产资源”是指赋存在地球上的固体、液体或气体,其从形态上和数量上潜在有可供开采和提取的有用矿产物。而“矿床储量”则仅是“矿产资源”中已被证实,并从技术和经济上能立即开采和回收的那一部分。矿床储量又因其确定可靠性的程度不同,还要进行分类。虽然各国间有所差别,但大同小异。表2－1中表明了我国与几个发达国家储量分类的对比情况。

表2－1　国内外矿产资源储量分类概略对比表

<table>
<tr><td>标准名称</td><td colspan="5">分类对比</td></tr>
<tr><td rowspan="3">中国标准《固体矿产资源储量分类》(GB/T 17766—1999)</td><td colspan="4">查明矿产资源</td><td>潜在矿产资源</td></tr>
<tr><td>储量</td><td colspan="2">基础储量</td><td>资源量</td><td rowspan="2">预测的资源量</td></tr>
<tr><td>可采储量
预可采储量</td><td>经济基础储量</td><td>边际经济
基础储量</td><td>次边际经济资源量、
内蕴经济资源量</td></tr>
<tr><td rowspan="2">中国标准《固体矿产地质勘探规范总则》(GB 13908—92)</td><td rowspan="2"></td><td colspan="2">能利用储量</td><td rowspan="2">尚难利用储量</td><td rowspan="2"></td></tr>
<tr><td>a 亚类</td><td>b 亚类</td></tr>
<tr><td rowspan="2">《联合国国际储量/资源分类框架》(1997)</td><td colspan="5">矿产资源总量</td></tr>
<tr><td>证实矿产储量
概略矿产储量</td><td colspan="2">可行性矿产资源　推定的矿产资源
预可行性矿产资源　推测的矿产资源
确定的矿产资源</td><td colspan="2">踏勘矿产资源</td></tr>
<tr><td>CMMI 系统(1997)</td><td>证实矿产储量
概略矿产储量</td><td colspan="2">确定矿产资源　推定矿产资源
推测矿产资源</td><td colspan="2">矿产潜力</td></tr>
<tr><td rowspan="2">《矿产资源和储量分类原则》(美国地质调查局,1980)</td><td colspan="4">查明资源</td><td>未经发现资源</td></tr>
<tr><td>经济储量
边际经济储量</td><td colspan="2">经济—边际经济储量基础</td><td>次经济资源</td><td>假定资源
假想资源</td></tr>
</table>

我国新的国家标准《固体矿产资源/储量分类》(GB/T 17766—1999)于1999年6月8日发布,同年12月1日起实施。它主要参照联合国欧洲经济委员会1997年提出的《联合国国际储量/资源分类框架》和美国矿业局、地调局1980年制定的《矿产资源和储量分类原

则》,并结合我国国情,依据矿产勘查阶段和可行性评价及其结果、地质可靠程度和经济意义,将固体矿产资源/储量分为储量、基础储量和资源量三大类16种类型,分别用三维形式(图2-4)、矩阵形式(表2-2)和编码表示[4]。

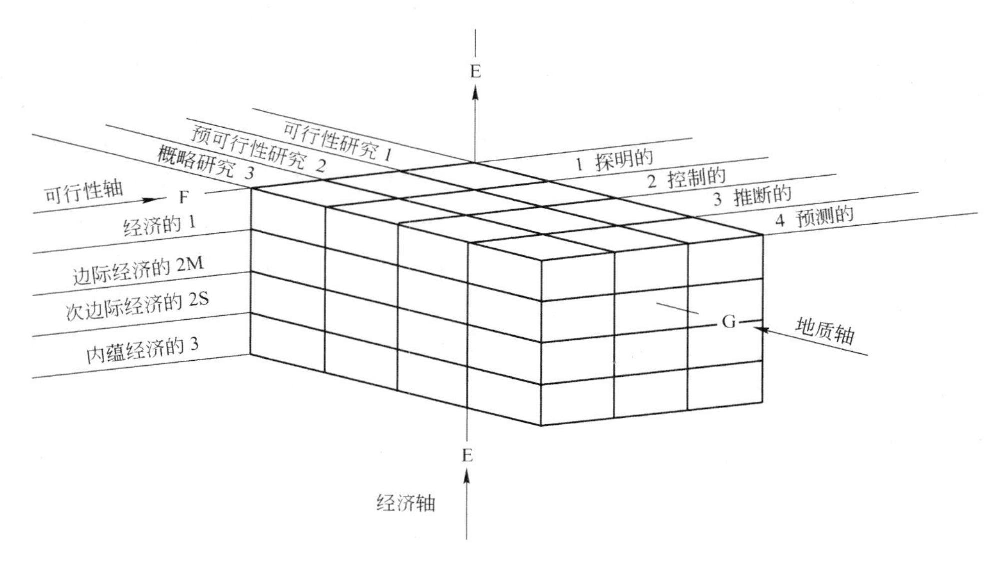

图2-4 固体矿产资源/储量分类结构图

表2-2 固体矿产资源储量分类表

经济意义 \ 分类类型 \ 地质可靠程度	查明矿产资源			潜在矿产资源
	探 明 的	控 制 的	推 断 的	预 测 的
经济的	可采储量(111) 基础储量(111b) 预采储量(121) 基础储量(121b)	预可采储量(122) 基础储量(122b)		
边际经济的	基础储量(2M11) 基础储量(2M21)	基础储量(2M22)		
次边际经济的	资源量(2S11) 资源量(2S21)	资源量(2S22)		
内蕴经济的	资源量(331)	资源量(332)	资源量(333)	资源量(334)?

注:表中所用编码(111~334),第1位数表示经济意义:1—经济的,2M—边际经济的,2S—次边际经济的,3—内蕴经济的,?—经济意义未定的;第2位数表示可行性评价阶段:1—可行性研究,2—预可行性研究,3—概略研究;第3位数表示地质可靠程度:1—探明的,2—控制的,3—推断的,4—预测的;b—未扣除设计、采矿损失的可采储量。

储量是指基础储量中的经济可采部分。在预可行性研究、可行性研究或编制年度采掘计划时,经过了对经济、开采、选冶、环境、法律、市场、社会和政府等诸因素的研究及相应修改,结果表明在当时是经济可采或已经开采的部分。用扣除了设计、采矿损失的可实际开采数量表述,依据地质可靠程度和可行性评价阶段不同,又可分为可采储量和预可采储量。

基础储量是查明矿产资源的一部分。它能满足现行采矿和生产所需的指标要求（包括品位、质量、厚度、开采技术条件等），是经详查、勘探所获控制的、探明的，并通过可行性研究、预可行性研究认为属于经济的、边际经济的部分，用未扣除设计、采矿损失的数量表述。

资源量是指查明矿产资源的一部分和潜在矿产资源。包括经可行性研究或预可行性研究证实为次边际经济的矿产资源以及经过勘查而未进行可行性研究或预可行性研究的内蕴经济的矿产资源以及经过预查后预测的矿产资源。

在评价矿床储量时，上述各级储量的比例及在空间分布位置，是确定矿床勘探程度的重要内容，与矿山能否及时投产、达产、持续生产，甚至能否获得应有的经济效益，都有密切的联系。根据矿床规模、形态、厚度、地质构造变化、矿化程度和品位分布等因素，一般将矿区勘探类别按其勘探难易，而分为Ⅰ～Ⅳ类，并对每类矿床在勘探完毕后，所要求达到的储量等级均有所规定，甚至不同种类的矿石也有所区别。

事实上，造成资源量/储量偏差的原因最直接的就是地质复杂程度。不同的储量级别，它们有着内在的差别。两个同等数量而级别不同的矿产储量，在数量上无法区别，但在质量上却存在着明显的差异。首先，不同的勘查阶段，投入的勘探成本是不相同的，一个高级别储量的矿产地的勘查重置成本显然要高于相对低级别储量的矿产地。不同勘探类型条件下，要获得同一级别储量，所需要的勘查成本也是不相等的。

2.3　矿区评价的主要阶段和影响因素

2.3.1　矿区评价主要阶段

众所周知，社会主义国家的生产建设，首先应当服从社会主义的基本经济原则，其主要目的是最大限度地满足劳动人民在物质和文化生活方面的需要。矿区评价应该按照这一原则办理，但也要重视利润，讲求经济效益。在社会主义制度下，矿产资源首先是它的使用价值，虽然可以通过货币的形式来表示，但一定要从国民经济效益和政治、外贸、社会需要等方面全盘考虑，才能对矿区做出真正科学的经济评价。

矿区经济评价工作是伴随着矿床勘查和建设的整个过程，而受到认识规律和经济规律的制约。认识规律要求认识过程必须遵守“循序渐进”的原则，即逐步开展和不断深入地进行。经济规律应根据国家经济的需要，在保证必须的勘探程度的前提下，用最合理的方法，最少的人力、物力和财力，在最短的时间内，取得最多、最好的地质成果和最大的社会经济效益，确保后续的勘查和开发投资的合理性和可靠性，使投资风险性最小。

矿床从发现到开采，需经历一个较长的勘探过程和多次评价阶段。在整个勘查时期，可划分为区域地质调查、矿床普查、初探和详探四个阶段，与其相对应的经济评价为矿产资源评价、概略技术经济评价、初步技术经济评价和详细技术经济评价。在进入建设和生产时期后，还要进行各种开发性的技术经济评价，也可称为可行性研究的经济评价。由此可见，为了避免建矿的风险性，必须在矿区经济评价的各个步骤中，慎重地进行分析评审工作。

A　区域矿产资源评价阶段

在区域地质调查阶段，依据区域内成矿规律及其预测，对矿产资源的成矿远景，如矿种、数量、质量及开发利用条件，结合当地的自然地理、政治和经济因素，做出评价，并估算资源的潜在价值,作为制定建设长远规划和部署普查勘探工作的依据,报告由地质单位提出[5]。

B　*矿床的概略技术经济评价阶段*

在地质普查后,所获得的地质信息及基础资料较少,基础资料的可靠性较差,只能粗略地了解到矿床规模、开采地质条件、矿石质量及技术加工性能以及矿区自然经济条件等。对未来建设中的生产规模、开采方法、产品方案、产品流向等,只是作为概略的设想,对矿山未来开发的技术经济指标尚难确定。这时所进行的经济评价,采用估算的方法,目的是对矿床能否转入初步勘探,从技术经济方面提供决策依据。概略经济评价工作,一般由地质勘察单位完成,只要求提交矿床开发条件预测性的技术经济评价意见书[6]。

C　*矿床初步技术经济评价阶段*

矿床在初探阶段后,基本查明矿床地质结构条件,矿床空间分布形态、产状和规模,矿石物质组成的含量、变化及赋存状态,矿石技术加工性能,矿区水文地质条件和工程地质等开采技术信息以及矿山建设基础资料。这些资料可以大致确定未来矿山建设和生产中技术经济指标,并进行经济评价,称之为初步技术经济评价,其目的是为能否转入详探以及矿山建设的初步设计,从技术经济方面提供决策依据。初步经济评价报告,一般要求根据具体条件,作宏观和微观的经济分析,进行各项经济效益指标的计算。通常由地质勘察单位编制,必要时可聘请有关设计和研究单位参加。

D　*矿床详细技术经济评价阶段*

详探后的矿区,对矿床的储量、质量、空间状态和技术加工特性等有了比较充分的信息和资料。还对矿床的开采技术条件及水文地质条件等方面,也都进行了深入的研究,这就可能比较精确地计算出地质储量和确定未来矿山建设和生产中技术经济指标,并进行经济评价,称之为矿床详细技术经济评价,应能满足矿山设计的需要,达到最终可行性研究的深度。详细技术评价工作,要求计算矿床开发的企业经济效益和国民经济效益,还要对有明显影响的因素进行不确定性分析。这项工作一般由矿山设计部门承担,地质勘察部门参加,给予配合。

E　*矿床开发工作中技术经济评价阶段*

矿床开发工作中技术经济评价阶段是一个很长而又相当复杂的技术过程,包括矿山基本建设和进行生产两个时期。首先是基建前根据地质详探报告,做出矿山建设可行性研究,它是设计前不可缺少的文件。此后由于矿床的进一步揭露,会出现某些地质情况的变化;或由于采选技术进步,有许多先进的技术可以应用;甚至由于国内外市场的波动,影响到产品的需要量和价格等等。这些在基建和生产中,特别是在生产时,经常要出现完善和改变所使用的技术方案,以及采取这样或那样的技术措施,来保证基建和生产能有效地完成而进行的项目可行性研究,其目的就是使矿山生产能达到最佳的经济效益。其所进行的经济计算,是采用微观评价的方法,由设计单位承担。

在上述五个阶段中,第2、3和4阶段是属于矿床勘查范围,其中2和3阶段是最重要的阶段。它们是矿床从定点后到确定要建设的两次极其关键性的评价过程。而其费用据估计分别占总地质勘探费用3%~6%和4%~7%;即使矿床被否定后,其损失也不会超过总勘探费用7%~13%[7]。至于第1阶段,属于地区调查中的一部分内容;而第5阶段,则为矿床在开发前或开发中所需要解决一些问题上的可行性研究。

虽然矿区技术经济评价分上述五个阶段,但并非严格照搬进行,而要根据矿床的规模和复杂程度而定。只要能达到最终目的即是否能建矿,也可以减少评价层次。各阶段的内容也基本相似，只是在深度和可靠性上有所差异。在经济评价时，基本按照五个步骤进行，即基础资料、方案、估算、分析和决策。图2－5表明了矿区开发决策的全过程。在这个过程中，有许多内容将在后面论述，此处从略[7]。

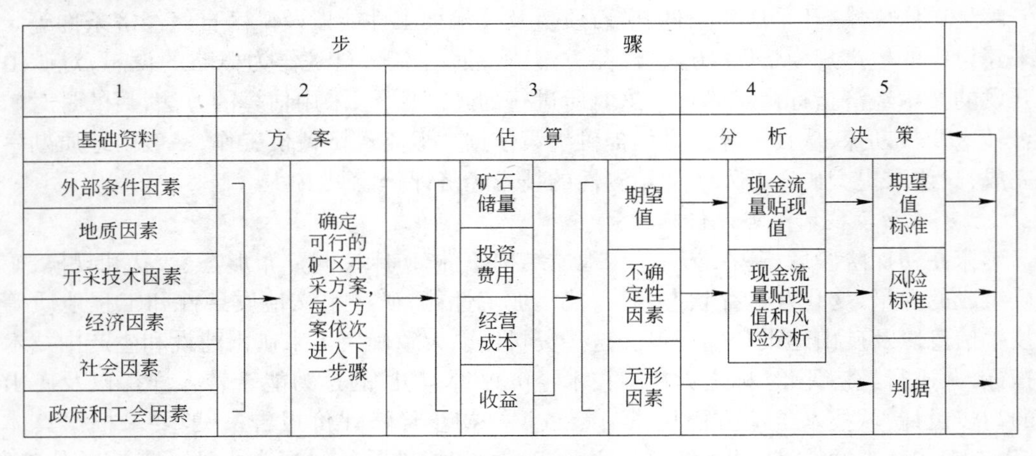

图2－5　矿区开发决策过程示意图[7]

2.3.2　影响矿区评价的主要因素

在矿区评价中，各个阶段所考虑的因素基本相同，可以分为外部条件因素、地质因素、开采技术因素、经济因素，社会因素、政府与工会因素等。

2.3.2.1　外部条件因素

外部条件因素与矿床赋存的地理环境位置有关，主要包括：

(1)矿石或产品外运和矿区供应的条件；

(2)劳动力、住房、学校和文娱设施的具备条件；

(3)能源和水源情况，如煤炭、石油、水力和电站可能的供应量和距离，工业用水和生活用水的水源、供应量、距离和质量；

(4)工业场地和生活福利占地面积所能提供的条件；

(5)矿区气候、地震烈度以及环境地质的情况。

从上述这些外部条件来说，最好是矿区邻近有城市，则上述一系列问题可以很好解决。如我国鞍山地区和冀东地区的铁矿床开发，都有邻近城市这一优越条件。又如在澳大利亚许多煤矿，都靠近大城市，其中新南威尔士(New South Wales)煤田分布，是在新加斯特(New Castle)、悉尼(Sydney)和伍伦贡(Wollongong)等一带城市周围，所以劳动力易于解决；原有的公路和铁路直通港口和新加斯特、武兰岗的钢铁厂以及有色金属冶炼厂；城市电站可以直接用皮带从煤矿取得燃料，故能提供市民和矿山便宜的电力；水的供应也充足并且便宜。这就能使新南威尔士新的和大的地下矿开采煤炭的成本，能与远离各莱斯通(Cladstone)和海波英堤(Hay Point)港口2000公里的昆士兰(Queensland)大型露天矿相竞争。

不过，有色金属矿矿区有上述条件的却极少。如我国云南兰坪铅锌矿，不仅储量大，品位高，而且大部分适合露天开采，剥采比也比较小。但是，因其位于云南西部怒江傈僳族自治州兰坪县金顶公社，距下关和昆明市公路里程分别为246km和646km，距现有铁路线最近点（广通站）500km。这就需要修几百千米的滇西铁路，还要建一个150万千瓦的水电站，就给建矿增加了极大困难。又如澳大利亚的西澳比尔巴拉地区，发现有高品位的赤铁矿，但位于半沙漠地带，远离海岸400~500km，夏季白天温度超过40℃，在1960年代初期尚无交通路线，无城市，无港口，无地面水。由于矿区适合于露天开采，后来又找到可以购买4~6万吨/日的日本商品市场，并与之签订了长期合同。这样就可以解决矿山建设和外部建设（住房、学校、交通等）的经费。由于要建铁路和港口，还有水和电的供应，必须要建大矿才能解决问题。到1970年底，汉马斯列铁矿公司（Hamersley Iron）对矿石和球团矿的生产设施，以及联络唐孟卜锐斯（Tom Price）到丹蒙皮尔（Dampier）港口的铁路，投资就超过了3亿3千万美元，其中仅有6千万美元用于矿山，此时已能年产1750万吨矿石和250万吨球团。据估计，花在矿山建设和球团厂建设上每1美元的投资，就要花2.5美元服务项目的投资。后来铁路、港口和城市建设由澳大利亚政府付款，使汉马斯列铁矿公司投资就可减少2.25亿美元。矿石离岸税收每年超过5千万美元，也就是每卖出1吨矿石或球团矿，可以回收3美元，用来回收外部建设的费用22.5千万美元。除了上述开支外，在西澳的矿山公司，还有一个如何招募和保留足够数目的生产矿工问题。在汉马斯列工程基建期间有3000名工人，但是到生产时却没有一人留下来。工人流动比工人固定要多开销不少的费用。比如汉马斯列工程的1300人中，如果是每年百分之一百要更换，势必增加很贵的招募和培训的费用。因此，公司尽量设法，如增加一些刺激性的条件，比如从工作点到城市交通免费、食品和住房补贴以及高工资等，另外还为工人提供俱乐部、游泳池和空调住宅以及免费的中小学。上述这一切开支，都由公司支付，并且优先招收已婚工人。还提出工作六个月后，就有附加奖金，年终又有奖金和节假日，可以免费去大城市等，以求稳定工人队伍。在美国阿拉斯加（Alaska）州和加拿大近北极地区，也早就实施这些优惠条件，只是那里冬季长，常在零下40℃，必须取暖；又由于加拿大冻土易融，不能修路，所以这两个地区都采用飞机或直升机作为交通工具，为职工提供方便[2]。

另外，矿区的地面条件，也常常影响到矿区的设计工作。如是否有足够的场地安置厂房、办公室、选矿厂、铁路支线、仓库等，最好有一块平整的土地以便建筑居民区。如在澳大利亚塔斯马尼亚（Tasmania）的萨非给江（Savage River）铁矿，由于矿区内没有平整土地，只好削平山头建造城市。巴布亚新几内亚的布干维尔工程，因在山区，不易找平地，只好分建成两个城镇。一个叫潘古纳（Panguna）镇，靠近矿区，可容2000人，仅限公司的值勤人员。另一个叫阿拉瓦（Arawa）城在海岸边，可以住任何人，总数可达到12000。再者，地面地形也会影响井筒位置、平窿口或露天矿进出道的选择；还会影响铁路或公路线路、矿石装载点位置、尾矿坝地点以及废石场场址等。另外，还有火药库的位置问题。所有这些，都与矿区地形条件有关，在评价时应引起重视[2]。

2.3.2.2　地质因素

地质因素与矿体开采有直接关系，也是一个比较复杂的因素，主要包括：

（1）矿体的形态、产状、延深、空间分布、连续性、储量、有用成分种类、品位及其赋存形式和变化特征；

（2）表土或覆盖岩层和围岩的种类及厚度；

(3)矿体和围岩的含水层厚度、渗水系数、地下水位、地表水系及洪水位、氧化带深度;

(4)矿体和围岩的稳固性、硬度、强度和腐蚀性以及其他的物理性质;

(5)伴生有害组成的含量及其分布变化情况;

(6)不同品级和不同类型矿石的数量及其在矿体内的分布;

(7)矿石和围岩的有害特性,如自燃性、黏结性、对金属的腐蚀性、对人身危害性等;

(8)地下温度的梯度;

(9)是否含有黏土、页岩或其他影响矿石开采和选矿流程不利的岩层;

(10)对矿石处理复杂性的考虑。

在矿床开采方面,矿体规模、产状、延深、有用成分和伴生成分的平均含量,都占有很重要的地位。规模决定着未来企业的年产量、投资额、生产过程的机械设备、自动化程度、生产年限,以及今后扩大产量、延长服务年限的可能性。矿体空间分布的状态,如产状、延深、矿化连续性等,决定了开采方式、井田划分、开拓方案、开采方法及运输方法的选择,开采深度及开采顺序的确定,出入沟或运输巷道的布置和长度[2]。

矿区地形、埋藏深度和覆盖层厚度在研究矿床开采时,都是一些很重要的因素。不仅决定了开采方式和开拓方法,还可确定剥离系数。而地形、矿体形态及产状,既与开拓方法有密切的关系,还影响到矿山企业工业场地、废石场、厂房和建筑物的设置地点。要求在开采时,要有开阔的场地,又要保证在建筑物和废石场下没有工业矿体,以免造成矿石损失,或者造成地表建筑物的破坏或搬移[6]。

矿石和围岩的稳定性、硬度及其他物理机械性质,可以用来决定矿岩崩落方法和巷道维护方法,并对确定开采时的支护方法及支柱密度,爆破效率和炸药消耗量,露天采场的边坡角,以及采矿方法等,都具有重要意义。

矿床水文地质条件的复杂程度,如含水层和隔水层的岩性、厚度、产状和分布,含水层的渗透系数和喀斯特发育情况,地下水补给径流和排泄条件,地表水的基本特征及其与地下水联系情况,地下水位和地表水系的洪水位等,决定了开采时井筒和巷道布置、排水方法及设备以及开采成本。特别是对于一些易溶的盐类矿床,水的影响更大。对一般建筑材料矿床,目前也只是开采地下水位以上的矿体。

在矿石技术加工方面,矿石性质及加工特性是确定产品方案、选冶工艺、资源综合利用和制定环保措施等重大技术方案的主要依据,并对矿山产品产量及其综合经济效果,都有很大影响。对于金属和部分非金属矿产(如磷、硫、钾等),一般要考虑矿石主要成分的含量(品位)及其赋存形式、品位变化和空间分布特点,伴生有害成分的种类、含量及其分布情况,不同品级、不同类型矿石的数量及其在矿体中的分布等。实践证明,有用成分种类和含量的不同,对矿石的生产成本和采、选、冶规模和投资,起着重要的影响。对于用作建筑、造型、研磨、压电、熔剂、耐火等用途的非金属矿床,主要是考虑它们的各种物理性质和加工性能,如块度、强度、颜色完好程度、裂隙度等。这些因素会直接影响矿石的质量和加工利用时的技术复杂程度。另外,在评价主要有用成分时,要充分回收并利用伴生有用成分,对于新的矿物原料和贫而巨大的矿床,更应特别注意技术加工特性的研究。

2.3.2.3 开采技术因素

在对矿区进行经济评价时,既要研究矿床的自然因素,还要考虑与采矿和矿石加工有关的开采技术因素，即所谓开采和选矿的主要技术指标，包括矿山企业年生产能力、有用成分品位指标、最低可采厚度、夹石剔除厚度、最大剥离系数、露天矿边坡角、采矿损失率和贫化率、选矿回收率等。此外，还可按矿床的不同的工业用途，需要增加某些指标，如矿石有害成分最大允许量，有用成分综合利用的最低品位，矿石工业类型及品级的划分标准等。要把上述各种矿山主要技术因素都作为变量进行优化评价，势必使计算工作极端困难，即便是采用电子计算机，也是一项很复杂的计算。

因此，通常是以每吨精矿的最大利润为目标函数，确定出采矿的损失率、贫化率和选矿的回收率后，就把它们当常数看待。并且只是考虑对矿床经济评价影响较大的少数因素，如矿山生产能力和各种品位指标，对露天开采，还要增加最大剥离系数。所以对大多数金属矿山来说，把矿山生产能力和矿床工业指标作为矿山经济评价的主要因素是非常适合的。

矿床工业指标包括最低工业品位、边界品位、最小可采厚度和夹石剔除厚度等，它们影响着矿床储量的大小，平均品位的高低，甚至影响到矿体的厚薄及形态的复杂程度。通过这些因素，进而可影响到生产规模、采矿和选矿工艺、开采中的损失率和贫化率、入选品位、选矿回收率以及精矿品位等其他矿山经营参数，并最终影响到矿山生产的经济效益和矿产资源的回收利用程度[25]。在它们当中，有两个厚度指标，与采矿方法密切相关，而两个品位指标，则更为重要。在西方国家，主要是采用单品位指标制——边际品位。所谓边际品位，即选别开采单元的最低可采品位。某单元若其平均品位高于或等于此指标，则属于可以回采的单元，否则属于不可开采的废石。所谓选别开采单元，即可分采的最小单位。可采单元中可以含有围岩或夹石，但其整个单元的平均品位必须达到边际品位要求。而俄罗斯和我国则运用双品位指标制——边界品位及最低工业品位。所谓最低工业品位，是指某一被圈定的矿段内，其平均品位不能低于此数值；而边界品位则是圈定矿体时，其边界品位的最低值，并且低于工业品位的数值。求算这两种品位的方法，目前常用的有类比法、统计分析法、价格法和方案法四种。方案法虽然结果比较准确，但所需基础资料和参数往往难于收集齐全，而且计算复杂费事，只是在前三者计算后尚难确定时才采用。这四种工业指标确定方法的详细介绍，可参阅文献[5]，此处从略。在不同矿种的勘查规范中，也规定了该矿产资源的基本工业指标。另外，还可以采用三维矿床块段模型法，先将整个矿体划分如 50m × 50m × 15m 的块段，利用已知勘探资料，采用克立格法估出每个块段的品位，再用校正系数计算出 25m × 25m × 15m 块段品位，即成为矿床块段模型，据此可求算各种不同边界品位的矿石量，作为确定最佳工业品位指标的地质依据[8,25]。

矿山企业的年生产能力，常用年产矿岩量或矿石量来表示，是决定建设规模和生产面貌的关键因素。随着它的确定，矿山的其他大量问题也就随之确定了，如露天矿或地下矿的技术装备——采矿设备、选矿设备、运输手段、辅助车间规模等。它对基建工程量、投资数量、投资回收期、企业生产年限、产品成本和开采经济效益、职工人数及占地面积等也有影响。因此，确定年生产能力要慎重从事，当年产量发生变化时，要对矿山进行改造和补充投资。但是，矿山年生产能力是在工业部门的总规划基础上确定的，原则上服从于国民经济的需求、技术上的可能和经济上的合理。年生产能力 A 可由矿床的总采出矿石量 Q_c，除以矿山开采年限 T 求得，如下式所示：

$$A = \frac{Q_c}{T} = \frac{Q \times K_p}{T(1-\rho)} \tag{2-1}$$

式中　Q——地质储量,t;

K_p——采矿回收率;

ρ——采矿贫化率。

在用上式确定年生产能力后,还要考虑采矿技术条件的可能性、选厂设备的能力和经济上的合理性。根据国土资源部“关于调整部分矿种矿山生产建设规模标准的通知(国土资发[2004] 208 号)”,部分矿山规模的划分见表 2 – 3,应该指出,该建设规模是在矿床储量规模的基础上确定的,针对不同矿种的储量规模划分见“国土资源部关于印发《矿产资源储量规模划分标准》的通知(国土资发[2000]133 号)”。至于矿山开采年限 T,则是具有最佳经济效益年产量时的开采年限,一般矿山的开采服务年限见表 2 – 4。在西方国家工业水平和管理水平的条件下,以大量经验为依据的泰勒 Taylar 法则所总结出的地质储量、矿山年生产能力和开采年限三者之间的关系,如下式所示:

$$A = 5Q^{3/4} \quad 或 \quad T = 0.2Q^{1/4} \tag{2-2a}$$

表 2 – 3　我国部分矿种矿山规模划分标准[26]

矿种类别	矿山生产建设规模				最低生产建设规模	备注
	计量单位/年	大型	中型	小型		
煤(地下开采)	原煤万吨	≥120	120 ~ 45	<45	注	新调整
煤(露天开采)	原煤万吨	≥400	400 ~ 100	<100		新调整
放射性矿产	矿石万吨	≥10	10 ~ 5	<5		
金(岩金)	矿石万吨	≥15	15 ~ 6	<6	1.5 万吨/年	
银	矿石万吨	≥30	30 ~ 20	<20		
其他贵金属	矿石万吨	≥10	10 ~ 5	<5		
铁(地下开采)	矿石万吨	≥100	100 ~ 30	<30	3 万吨/年	新调整
铁(露天开采)	矿石万吨	≥200	200 ~ 60	<60	5 万吨/年	新调整
锰	矿石万吨	≥10	10 ~ 5	<5	2 万吨/年	
铬、钛、钒	矿石万吨	≥10	10 ~ 5	<5		
铜	矿石万吨	≥100	100 ~ 30	<30	3 万吨/年	
铅	矿石万吨	≥100	100 ~ 30	<30	3 万吨/年	
锌	矿石万吨	≥100	100 ~ 30	<30	3 万吨/年	
钨	矿石万吨	≥100	100 ~ 30	<30	3 万吨/年	
锡	矿石万吨	≥100	100 ~ 30	<30	3 万吨/年	
锑	矿石万吨	≥100	100 ~ 30	<30	3 万吨/年	
铝土矿	矿石万吨	≥100	100 ~ 30	<30	6 万吨/年	
钼	矿石万吨	≥100	100 ~ 30	<30	3 万吨/年	
镍	矿石万吨	≥100	100 ~ 30	<30	3 万吨/年	
钴	矿石万吨	≥100	100 ~ 30	<30		
镁	矿石万吨	≥100	100 ~ 30	<30		
铋	矿石万吨	≥100	100 ~ 30	<30		
汞	矿石万吨	≥100	100 ~ 30	<30		

续表 2-3

矿种类别	矿山生产建设规模				最低生产建设规模	备注
	计量单位/年	大型	中型	小型		
稀土、稀有金属	矿石万吨	≥100	100~30	<30	6万吨/年	新调整
石灰岩	矿石万吨	≥100	100~50	<50		
萤石	矿石万吨	≥10	10~5	<5		
硫铁矿	矿石万吨	≥50	50~20	<20	5万吨/年	
磷矿	矿石万吨	≥100	100~30	<30	10万吨/年	新调整
碘	矿石万吨	按小型矿山归类				
金刚石	万克拉	≥10	10~3	<3		
石膏	矿石万吨	≥30	30~10	<10		
高岭土、瓷土等	矿石万吨	≥10	10~5	<5		新调整

注：富煤地区山西、内蒙古、陕西为15万吨/年；北京、河北、辽宁、吉林、黑龙江、山东、安徽、甘肃、青海、宁夏、新疆为9万吨/年；云南、贵州、四川为6万吨/年；湖北、湖南、浙江、广东、广西、福建、江西等南方缺煤地区为3万吨/年。

表2-4 一般矿山的开采服务年限[8]

矿山规模类型	特大型	大 型	中 型	小 型
开采年限/年	>30	>25	>20	>10

如果结合我国的实际情况，式(2-1)可调整如下[8]：

$$A=1.25Q^{4/5} \quad 或 \quad T=0.8Q^{1/5} \tag{2-2b}$$

关于矿山年生产能力，还可以按照下列技术因素：露天用工程年下降速度、新水平准备速度或可能布置电铲台数，地下用中段下降速度、新中段准备速度或矿块排产法进行验算。并且还能按下列经济因素：用最终产品计划需要量、经济合理服务年限或贴现现金流量进行验证。而开采年限，则按建设周期或固定资产折旧年限来检查。有关计算方法可参阅文献[8]。

2.3.2.4 经济因素

矿区评价中，常常要用到许多技术经济指标，如价格和价值，投资、回收期和折旧，成本和利润，利率和贴现率等价值指标和效益指标。这些指标的准确率和可靠性，都直接影响到评价的成果。

其中价格、投资和成本三者均是评价中经济计算的主要依据。本节仅就各因素基本概念和计算方法，给予简明介绍。如果要进一步深入研究，可参考文献[8]。

A 价格和价值

无论计算生产成本还是产品价值，产品价格是很重要的，而且是经济分析中非常敏感和不可缺少的参数。从理论上，价格是以货币的形式，表现出产品的社会生产费用，即价值。价格、价值和成本三者的关系见表2-5[9]。

表2-5 产品价格、价值和成本的关系表[11]

<table>
<tr><td colspan="3">产品价值（社会生产费用）</td></tr>
<tr><td rowspan="2">生产资料耗费的价值
（物化劳动）</td><td colspan="2">新创造的产品价值（活动劳动）</td></tr>
<tr><td>工 资
（为自己劳动创造的价值）</td><td rowspan="2">利润+税金
为社会劳动创造的价值</td></tr>
<tr><td colspan="2">产 品 成 本</td></tr>
<tr><td colspan="3">产 品 价 格</td></tr>
</table>

总之，产品的价格等于产品的平均生产成本加利润及所应纳税金之和。这是尚未进入流通领域的原价，在我国称为出厂价格，也就是所谓国家调拨价格。此外尚有供应价格、批发价格和零售价格。而在矿区评价中，仅用到调拨价格，通常都是用精矿的调拨价格。其与金属价格的区别，在于没有考虑冶金或化工的加工费用和利润。关于调拨价格的确定，虽然在表2-5中给出了一个原则，而到具体计算却很复杂。西方国家一般是通过市场的供应变化，自发调节。我国则以价值和价格理论为基础，按几种盈利率（有成本盈利率、工资盈利率、资金盈利率和综合盈利率四种计算方法）来确定价格。并认为第四种比较全面地考虑了劳动者和资金的作用，既肯定了劳动价值，又考虑了技术装备先进程度的作用，是一种较完善的确定产品价格的方法，具体计算公式见参考文献[10]。

B 成本和利润

成本是指企业用于生产和销售产品所消耗的全部费用，其中有辅助材料、燃料及动力、生产工人工资及附加费、维简费、大修折旧费以及车间经费和企业管理费等。至于成本的确定，常用的有：单位成本估算法、成本项目计算法和作业成本计算法三种，可参见参考文献[11]。其中第一种方法比较简单，是根据单位成本扩大指标或类似企业实际单位成本直接选取，故在矿山评价中常用。

利润是商品生产与交换中为社会提供的积累，是衡量企业生产状况好坏的一个重要综合指标，也是矿床经济评价中一个不可缺少的数据。利润分类是一个复杂的问题，按其考核范围，有下列五种[9]：

(1)毛利润=销售收入-销售成本-营业外支出=销售收入-总经营成本；

(2)实现利润=毛利润-工商税；

(3)净利润=实现利润-所得税-交通能源税-其他税收；

(4)企业利润=实现利润+上缴折旧费+工商税；

(5)国家利润=实现利润+上缴所得税+工商税+各种利息。

在衡量企业的经济效果时，不能只用利润总额一个指标。因利润额大小与投资额及企业生产规模有关，只在同类企业间可以比较，能衡量出同类企业的经济效益。常用的衡量方法有成本利润率、产值利润率、资金利润率和销售利润率四种，其计算方法见文献[8]。

C 投资、折旧和维简费

矿山建设投资一般包括基建投资和流动资金两部分，称之为总投资。而我国所谓的投资费用，常是指基建投资。从理论上看，基建投资是指花费在工程建设上的全部活化劳动和物化劳动的总和，其中绝大部分用于建设厂房及构筑物、井巷工程、购买设备等，并形成固定资产；另一小部分用于施工管理、生产准备及人员培训等方面。还应增加地质勘探、技术加工试验、矿山企业设计和可行性研究等费用。至于外部工程（运输、供水、供电）和居宅生活等投资，应根据具体情况另行计算，一般按特殊方式偿还，不包括在产品成本之中。基建投资在国外还包括复田、景观复原、环境保护等，有时还包括集体农场。基建投资的计算方法，有按单位产品投资指标、专业投资比例、综合投资估算等估算方法[5]和按设计投资计算的概算方法两种，后者是计算投资的最准确方法，其结果可被作为审批设计的依据。

矿山的固定资产，都有一定的期限，因逐渐磨损或陈旧而报废；即使搁置不用，也会因腐蚀而损坏，要以新的来代替。为了更换原有的固定资产，在使用期内将其价值在产品收入中及时回收并累积起来。这种更新固定资产的资金，叫做折旧费。不仅固定资产要折旧，全部初期基建费用都要折旧。在我国，根据国家规定，对矿山企业不再提取基本折旧费，而代以“维持简单再生产费用”，简称“维简费”。其提取额按矿石产量计算，对不同矿种提取金额是不一样的。1990 年，铁矿石维简费是 10 元/吨，2003 年到 2005 年铁矿石价格上涨，维简费标准也逐步提高。考虑铁矿山企业生产经营需要和将来的持续发展，根据不同矿山企业的规模、承受能力和当前的物价水平情况，建议新标准应具有弹性，分档调高矿山维简费，计提标准可以从当时的每吨 9 元上调到每吨 15、20、25 元 3 个档次，这样便于不同类型的矿山企业根据自己的能力，采用不同的计提标准[13]。财政部、国家安全生产监管总局关于印发《高危行业企业安全生产费用财务管理暂行办法》的通知（财企[2006]478 号）规定，企业按照规定标准提取的安全费用在成本中列支，作为专门用于完善和改进企业安全生产条件的资金。从 2004 年 5 月 21 日起，河北、山西、山东、安徽、江苏、河南、宁夏、新疆、云南等省（自治区）煤矿，吨煤计提维简费 8～50 元；黑龙江、吉林、辽宁等省煤矿，吨煤 8～70 元；内蒙古自治区煤矿，吨煤计提维简费 9～50 元；其他省（自治区、直辖市）煤矿，吨煤计提维简费 10～50 元，计提的维简费包括井巷费，即煤炭企业不再提取井巷工程费（财建〔2004〕119 号文件）。从以上变化可见，煤炭企业维简费的标准由国家确定，且不断变化。虽然国家充分考虑了全国煤炭企业的平均水平进行综合确定，但并不能完全反映各个企业的实际情况[12]。

为了充分利用固定资产，要求矿山服务年限应与其固定资产平均使用年限相对应，具体反映在各类固定资产平均折旧年限和平均折旧率上。我国各类矿山固定资产平均折旧年限见表 2-6。据统计，矿山固定资产总值中，建筑物和构筑物占 50%，设备及安装占 45%，其他占 5%[8]。

表 2-6 矿山各类固定资产平均折旧年限[8]

固定资产类别	折旧服务年限/年		
	大型矿山	中型矿山	小型矿山
建筑物和构筑物	40	30	20
设备及安装	18	15	8
其 他	15	10	5

流动资金是矿山企业生产经营过程中周转的资金，用于购买或支付生产中必须储备的原材料、燃料、辅助材料、电力及工资等所需的费用。它在企业的产、供、销过程中持续地从一种形态转变为另一种形态，即从货币→原材料→在制品→半成品→成品→货币的一种往复流动状态，所以称为流动资金。它在生产过程中被消耗掉，其价值也相应计入成本，并随

产品销售而回收，与固定资产利用折旧回收有所不同。它也和固定资产一样，在占用时按一定利率来支付利息，可真实地反映投资的经济效果。一般企业的流动资金，可分为：储备资金（原材料、辅助材料、燃料、低值易耗品、修理用备件、包装物和外购半成品所占用资金）、生产资金（在制品、制成半成品和待摊费用所占用资金）、成品资金（库存成品、待售半成品和外购商品占用资金）、结算资金（发出商品应收和预付款项占用资金）和货币资金（银行存款、库存现金和备用金）五类。前三类称为定额流动资金，占全金额的绝大部分；后两类称为非定额流动资金，所占比例甚微，故一般总是求算定额流动资金。估算方法有：按固定资产流动资金率、销售收入流动资金率、年经营费用流动资金率和年总成本流动资金率来估算，见参考文献[10]。定额流动资金是到企业结束时，一次性全部回收。

D　利率和贴现率

只在矿山评价使用计时评价法时，才需要考虑利率和贴现率。利率是在一定时期内利息和本金之比值，按年或月计算，称为年利率或月利率。用来把过去的金额计算成现值。由于计息方法的不同，可分为单利和复利两类，单利是只计算本金的利息；而复利除本金外，其利息在未支付前也应计息。这是表示资金在不同时期内，是有不同价值，作为衡量资金效益的计算基础。其计算方法参见参考文献[9]。

贴现率是将不同时期的金额，折算成某一时期的现值。它的取值，一般高于利率，是投资利润率（也叫动态投资收益率），为企业年平均净利润与总投资的比率。对利润而言，在贴现后的毛利润称为毛利现值，净利润称为净现值，总利润称为总利润现值。在矿床经济评价中，常常是以开采后整个采期总利润的期望值和贴现总利润的期望值，来表达开发后的经济效益。所谓期望值，是因为计算所得到的数值，不一定能实现，只能算是一个愿望。其中期望的总利润，是一个静态指标，为矿床自然丰度和经营管理水平的综合反映。在期望总利润的贴现后，则是计时的动态指标，是反映矿床的现值[9]。

上述这些经济指标，主要与社会经济条件有关，不是矿山企业本身所能决定的。它们不是长久不变的，往往随着矿山经营管理水平、技术条件、产品市场供求关系而变动。如果矿山生产管理不善，会使成本增高，造成企业亏损；采选技术的进步，或采用新技术、新方法，可以降低产品的成本和价格；矿石产品供不应求，可使价格提高等等。在我国，这些因素在一定时期内或在一定条件下，目前还是比较稳定的，变动很小。所以在进行矿山评价时，一般都把这些因素视为常数，特别是在普查评价和勘探评价中，更是这样。只是在开采过程中，对矿床进行重复评价时，有某些情况发生变化，这些因素才作变动。

在矿床开发中，从经济效益出发，通常都是大公司开采储量大的矿山；近地表矿体则采用露天开采，可降低成本，储量和品位也可以低一些；一般是品位高了，矿体就小，只宜小公司开采，可能采用成本昂贵的地下开采方法。西方国家当今筹集资金的最好方法，是寻找先期合同和得到银行和矿山投资公司的最大可能固定利息贷款，以及一小部分股票证券投资。这种高比例的贷/股（loan/equity）投资，以达到60/40 ~ 70/30为宜[2]。

我国也在积极寻求多种形式的矿业融资及管理模式，如与国际基于“赤道原则”融资模式接轨的绿色信贷、绿色证券、生态补偿、排污权抵押、排污权交易等。

E　社会因素

在采矿生产所面临的社会问题，既复杂又不易解决，并且因地而异。首先要重视环境保护问题，因其涉及可能的爆破震动、粉尘、噪声、空气污染和增加交通流量密度。当然，近代的开采技术，对爆破震动、粉尘、噪声及污染等，已经能够控制。但是在国外，如美、英、澳大利亚等国政府，还要求能够得到矿企的保证：要在几年内，对采矿破坏了的土地要能够复原，包括变为良田、游览区、恢复原状等，就要花费很大的投资。如在70年代，澳大利亚某些矿山公司，对每公顷不值12.5美元（每亩约5美元）的土地，花费了每公顷1250～2500美元进行恢复工作。至于所谓增加交通流量密度，有时还可以认为是一个有利的因素。因为矿山公司必须加宽、加固和整理路面，对所在地区是有好处的。另外，有时为了反对公害，迫使露天开采不能采用，所幸许多露天矿都是远离城市的[2]。在我国，这种社会问题也是很多的，如征购土地、修路、居民搬迁、水源、税收等，情况非常复杂，也应予以重视。

另外，在进行跨国投资时，就要考虑所在国的政治稳定情况，以及该国人民对外国企业的看法等等，必须进行详细调查研究，以免失误。

F 政府和工会要求

政府要负责制订和推行矿产政策，以确保矿产投资活动能最大限度地满足国民经济和社会需要。这些政策必须与政府的总目标相一致，必须要与矿产供应活动有关，即与刺激和限制采矿公司调整投资决策有关系。西方国家政府有关决策过程，大致如图2－6所示。评价标准的基础，是矿产政策目标和利润－成本分析。通过这种分析，可以为评价和选择政策方案提供一个系统的概念。无论考虑哪一套方案，在能进行利润－成本分析之前，都要解决几个经常遇到的问题：谁的利润，怎样对比现在和未来，怎样应付风险？

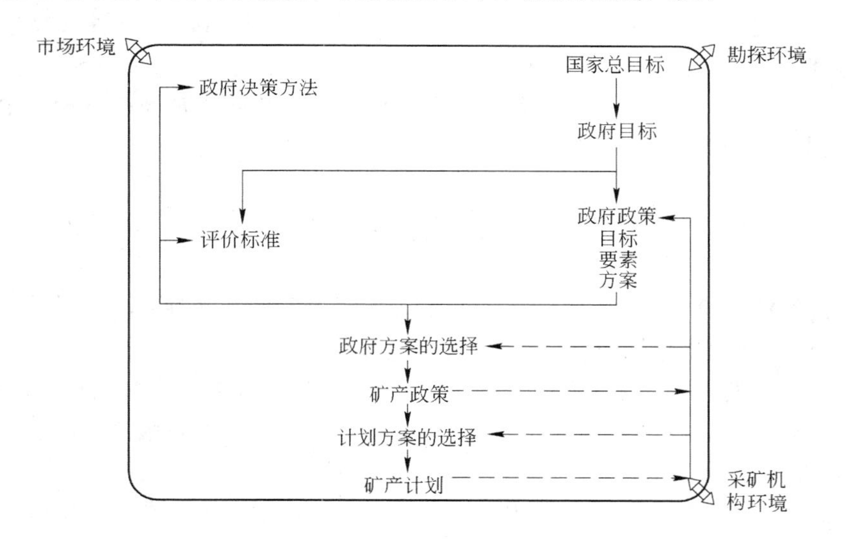

图2－6 西方国家政府决策过程示意图[6]

在选择矿产政策时，应该考虑对外汇的直接影响和间接影响，考虑国内供应、就业、投资、政府收益和各种社会问题[7]。矿产政策要素包括有：

（1）矿产投资资金的来源：财务机构，政府和私人的作用，双边援助和多边援助，外国所有权和控制权；

（2）贸易政策：矿产销售协议，出口价格，贸易障碍；

（3）采矿课税的水平和结构；

(4)矿产品在国内的加工;

(5)矿产保护:利用率、小型采矿活动、矿产回收率;

(6)环境质量:剥离废石、冶炼废气和尾矿的处理;

(7)区域开发:主要矿产基地、不具备经济价值的萧条地区、新的边远矿产地区等的基本结构问题;

(8)能源政策:国内的供应问题,各种可选择能源间的平衡;

(9)政府的情报战略:地质调查、半工业试验、选矿以及产品的研究与开发。

在制订了评价标准,并评价了各种政策方案以后,必须比较巧妙地评价和选择为实现特定政策而编制的计划[7]。

在做矿山评价时,除要了解有关政府的矿产政策外,还要知晓各级政府所颁布的有关开发矿产的法令和规章,诸如矿产资源法、环境保护法、水资源法,等等。有些国家还要求所有地表工作必须符合美学要求,甚至对废石场和建筑物高度也有限制;有的条例还不让地表有所塌陷,公共场地不能破坏;还有炸药条例、矿山救护条例、工人赔偿条例等等。另外,有一些条例也需要公司来承担,如工人赔偿保险、长期离职补助、疾病福利等等。上述这些法律和条例,如果执行,就要花钱,通常是加到采出矿石成本内。还有陷落赔偿、救护站开支、矿工福利、工会福利,也都需要计划在成本里列支。总之,上述的法令、规章、条例和规定等,在矿山评价前,都应该有所了解和熟悉,才能正确运用[2]。

在西方国家,企业还要注意与工会的关系,了解工会的要求。各个地区的工会都有其特殊的要求。要知道,在西方国家,罢工和劳资争议可使一个公司破产;这种长期争议也会使矿山丧失盈利[2]。

上述六个因素中,外部条件和地质因素应占主导地位,但也不能忽视其他四个因素。它们之间都有相互依赖的关系。

2.4　微观经济评价

关于矿区经济评价方法,根据不同的要求,分为微观和宏观两种。微观是从拟建矿山企业自身出发,而宏观则要考虑到整个国民经济利益。

在评定矿床开发利用的未来经济价值和经济效果时,是根据现行财税制度和价格,分别测算企业开发后的效益,考察其获利和偿还贷款能力等,以判别其在财务上的可行性。这种评价称为矿床的微观经济评价或财务评价或企业经济评价。它的目的,就是谋求矿床未来开采利用的经济收益,能够补偿勘探、建设和开采的全部投入,并有盈余,也就是还有利润。在微观经济评价方法中,根据在计算中是否考虑了时间这个因素,而分为企业静态经济评价方法和企业动态经济评价方法两类。

2.4.1　企业静态经济评价方法

企业静态经济评价方法是一种简易的经济评价方法。由于未考虑时间的价值因素,所以评价结果仅是一个大概的数据,主要用于矿床初步评价阶段。这种方法的评价指标,常用的有总利润、静态投资利润率和静态投资回收期。

2.4.1.1 企业总利润（净收益总额或期望总利润）

这是要求在可行的开采建设方案和可能的生产服务年限内，选择适当的开采技术参数（如损失率、贫化率、边界品位、工业品位、选矿回收率、精矿品位，年产量等）和现行的经济参数（如生产成本、产品价格、基建投资额、占用流动资金额、利率、贴现率等），估算出矿床开采完毕后的利润总和。它的计算方法是用每吨采出的矿石所获得的利润，来计算出总利润；也有从整个开采期间总收支来计算出总利润；还有先计算出各个生产年代的利润，再求其总和。

式（2－3a）被视为是一种较完善的计算公式[9]：

$$R_t = \sum_{t=0}^{T} Q_t\left[\frac{\alpha\varepsilon}{\beta}J - C_t\right] - f_n A - G \tag{2-3a}$$

式中 R_t——企业总利润（净收益总额），元；

Q_t——年开采储量，t/年；

α——矿石平均品位，%；

ε——选矿回收率，%；

β——精矿品位，%；

J——精矿价格，元/t；

C_t——矿石开采成本，元/t，$C_t = \dfrac{C}{1-\rho}$

C——矿石生产成本，元/t；

ρ——贫化率，%；

f_n——年吨矿石估算的基建投资，元；

A——估算年产量，t/年；

G——资源有偿费，元；

t——开采年数，1，2，3，…，T，年。

如果每年的开采储量（Q_t），精矿价格（J）和矿石成本（C）不变时，则上式可改写为：

$$R_t = TQ_t\left[\frac{\alpha\varepsilon}{\beta}J - C_t\right] - f_n A - G \tag{2-3b}$$

式中 T——服务年限，年。

式（3－2b）中总利润（R_t）与许多技术和经济参数有关，如矿石平均品位（α）和矿床年开采储量（Q_t）是边界品位（C_0）的函数；矿石成本（C）和每吨矿石的基建投资（f_n）又是年产量（A）的函数。因此，要求算出最大的总利润，必须先求出最佳的边界品位（C_0）和年产量（A）。

式（2－3b）求出的总利润额，可以很明显地对矿床开采是否盈利及其大小做出迅速评价。正值反映盈利，负值则是亏损。但这一评价指标却对投资效果无法作出评价。故须进行投资利润率和投资回收期的计算。

2.4.1.2 企业静态投资利润率（静态投资收益率）

这是企业在正常年份或年平均的期望净利润与总投资额的比率，表明单位投资所创造的利润。它与企业生产规模大小无关，在同类型而不同规模的企业中，具有可比性。此指标一般适用于简单项目的方案选择和最终评价，常用的计算公式[10]为：

$$i_s = \frac{R_y}{f_T} \tag{2-4a}$$

或

$$R_y = \frac{R_t}{T} \tag{2-4b}$$

式中 i_s——企业静态投资利润率，%；

R_y——企业年平均利润（净收益额），万元；

f_T——企业总投资（固定资产＋流动资金＋基建期利息），万元；

R_t和 T 同式（2－3b）。

在我国，各类硬岩矿山的平均投资利润率（又称基准投资利润率）为：黑色金属矿山为7%；有色金属矿山为4%；建筑材料及非金属矿山为7%；土砂石开采为10%；耐火材料开采为6%；化学矿山为2%。当计算出的投资利润率（i_s）大于平均投资利润率，则投资项目是可以接受的。并且投资利润率（i_s）越大，说明经济效益越好[10]。

文献[13]提出有关静态投资收益率与静态投资利润率是有差异的，理由是在静态投资利润率公式（2－4a）的分子上，应增加一笔"企业留成的年基建投资折旧费"。但是该文献却又认为，这笔折旧费很难计算，常常被忽略不计，故可以看做是等值的。

2.4.1.3 企业静态投资回收期

企业静态投资回收期是表明所建矿山，在生产期内年平均销售收入中，扣除年生产成本、偿还利息、上缴税金等总额后，所剩的净利润在多少年内能够回收基建投资额。按照现金流量来计算，其公式如下[13]：

$$T_1 = t_1 - 1 + \frac{A_1}{B_1} \tag{2-5}$$

式中 T_1——静态投资回收期，年；

t_1——累计现金流量在出现正值时的年数（从基建开始计算），年；

A_1——出现正值前的累计净现金流量绝对值，万元；

B_1——出现正值时的当年净现金流量额，万元。

静态投资回收期是反映企业在财务上偿还贷款能力的重要指标。一般要求标准为：大型矿山10～15年；中型矿山5～10年；小型矿山3～5年。不同规模的矿山，其投资回收期如果小于上述参考数字，则可认为是有经济效益的[10]。

上述三种静态经济评价指标，在使用中可以相互协调配合，尚能较全面地反映出矿山企业的开采经济效益。此外还有总费用法、计算费用法和返本期法等，可参阅文献[9]。

2.4.2 企业动态经济评价方法

企业动态经济评价方法是考虑货币时间价值的一种经济评价方法，又叫计时法或贴现法，也是当前一种常用的方法。它是按照一定的贴现率，将矿山生产期间多年可能获得的净利润，折算为评价时的现值，真实的反映矿床价值的大小，来表明矿床开发的经济价值和经济效益。其所常用的方法有：净现值、动态投资收益率和动态投资回收期。

2.4.2.1 净现值

净现值是把计算年限内各年净现金流量，分别折算为基准年的总现值额，即历年净现金流量现值的代数和，其表达式为[9]：

$$R_n = \sum_{t=0}^{T} R'_y a_t \tag{2-6a}$$

$$a_t = \frac{1}{(1+i)^t} = (1+i)^{-t} \tag{2-6b}$$

式中 R_n——净现值，万元；

R'_y——各年的净现金流量，万元；

i——贴现率；

a_t——贴现率为 i(基准投资收益率)时的贴现系数，%；

T——服务年限(基建加生产)，年。

上式的计算结果，净现值高的方案经济效益最好，但不能小于零。当方案投资不同时，不能使用此法对比。

2.4.2.2 企业动态投资收益率

企业动态投资收益率又名财务内部收益率，是指当净现值等于零时的贴现率。也就是采用该投资收益率时，能使逐年现金流入的现值和，恰好等于逐年现金流出的现值和，可以用式(2-7a)和式(2-7b)求算：

$$R_n = \sum_{t=0}^{T} R'_y a_t = \sum_{t=0}^{T} R'_y (1+i_E)^{-t} = 0 \tag{2-7a}$$

式中 i_E——企业动态投资收益率，%。

在求算投资收益率 i_E 时，先求算出各年度的现金流入、现金流出和净现金流量。再通过试算找出两个相邻的贴现率 i_1 和 i_2，其所求得的两个净现值 R_{n1} 和 R_{n2}，分别为一正和一负两值，然后由插入法按下式求算出企业动态投资收益率[11]：

$$i_E = \frac{|R_{n1}| i_2 + |R_{n2}| i_1}{|R_{n1}| + |R_{n2}|} = i_1 + \frac{|R_{n1}|}{|R_{n1}| + |R_{n2}|}(i_2 - i_1) \tag{2-7b}$$

从上式中求出的投资收益率愈高，则投资效果愈好，矿床经济价值也高；并要求其值不小于同类矿山的平均内部收益率。根据文献[10]所提供1985年关于 i_E 的规定：黑色金属矿山采选企业为10%，有色金属矿山采选企业为6%，建筑材料及其他非金属矿山采选企业9%，土砂石开采企业12%，耐火材料开采企业9%，化学矿山采选企业3%。

2.4.2.3 企业动态投资回收期

企业动态投资回收期是反映企业在财务活动上，偿还贷款能力的重要指标，也是矿床经济评价计算的一项重要内容。按照现金流量现值来计算，其公式为[13]：

$$T_2 = t_2 - 1 + \frac{A_2}{B_2} \tag{2-8}$$

式中 T_2——动态投资回收期，年；

t_2——累计净现金流量现值在出现正值前的年数(从基建开始计算),年;

A_2——出现正值前累计净现金流量现值的绝对值,万元;

B_2——出现正值时的当年净现金流量现值额,万元。

上式所求出的动态投资回收期,要求不大于标准回收期(见静态回收期中的标准值)。

从上述三个动态评价指标,不难看出它们的相互配合,可以满足对矿山企业的经济评价要求。由于动态经济评价方法是常用的,所以它还有许多其他评价指标,如各种现值、级差矿利、年成本、年金终值、现值比较、现值比等。这些评价指标各有利弊,参见参考文献[9]。

2.5　宏观经济评价

宏观经济评价,又称为国民经济评价,是从国家的角度出发,分析矿床勘探及其开发对实现国民经济发展战略目标的贡献。它是在微观经济评价的基础上,把评价范围扩大到某些直接的和主要的相关部门,如原材料、能源、交通运输等部门;既要考虑横向联系,又要重视与纵向部门的关系。也就是说,一个投资项目的建设和实施,除了企业自身的经济效益外,必然要对地区、部门和整个国民经济产生作用和影响。这些就是宏观经济评价的内容。

关于宏观经济评价与微观经济评价的不同之处,首先在内容上是要从国民经济、政治、国防、环境保护、生态平衡、资源保护和合理利用等一系列方面,进行全面评价;其次在微观评价中有些被认为支出项目,如工资、贷款利息和资金占用费、租金和税金等,此时则作为收入;还有在某些主要评价指标上,改用影子(调整)价格、影子(调整)贴现率、影子(调整)汇率和影子(调整)工资。这是因为现行的数据不合理,不能确切地反映开发矿床能给国民经济带来的真实效益和费用,故要改用一些处于理想经济体系中的数值。其中影子价格是在供求双方处于平衡状态下,达到资源充分利用,并在社会经济体系中,其经济效益最好时的价格;由于这种影子价格指标很难计算,故常以国际市场指标为基础,估计其近似值。影子贴现率的确定,应体现国家的经济发展目标和宏观调控意图,根据我国当前投资收益水平、机会成本、资金供求状况、合理的投资规模以及近几年项目国民经济评价的实际情况,调整为12%;影子汇率即外汇的影子价格,以美元与人民币的比价表示,目前为1美元折算6元多人民币。影子工资主要包括劳动力的机会成本,即该劳动力在原来岗位上为社会创造的净效益,还有社会为劳动力就业而付出的代价,如搬迁费、培训费、城市交通费等,通常由财务评价中的工资及提取的福利基金之和乘以工资换算系数。其值一般为1,就业压力大的地区和占用大量非熟练劳动力项目,可取小于1,反之则大于1。虽然在微观和宏观两种评价方法的应用范围上,微观评价方法是常用的。但大、中型矿床因涉及部门多,又与其他企业关系密切,对国民经济影响很大,还是要进行宏观经济评价。并对其中难以定量的社会效益部分,仅提供定性的参考意见,供决策部门参考。当两种经济评价的结果一致时,则结论无异议。如果两者发生矛盾,应从国民经济效益出发,企业利益应服从国家利益[10]。

在我国,宏观经济评价现有两种评价体系和方法,一种是20世纪50年代从苏联引入的,仍以企业(投资项目)为核心,但考虑到所影响相关部门的投资和效益,实际上是一个扩大了范围的微观经济评价方法;另一种是来自西方国家,虽也是以企业为评价对象,但却站在国民经济的角度,运用影子(调整)数据来计算国民经济评价指标,是一种比较全面的国民经济评价方法。目前这两种方法都在应用,而主要用的是后一种。它所使用的评价指标,有国家净收益额和国家收益率，并适当辅以其他辅助性指标；对于难以定量部分，则逐项提出定性的评述。下面对这些效益评价指标，分别进行介绍。

A 国家净收益额

国家净收益额又叫投资社会纯收入值[14]。它是用影子（调整）价格和影子（调整）汇率计算的矿山企业在服务年限内产出与投入的差，包括有各种税金、国内贷款利息和净利润，用来评价国民收益额和计算国家收益率。它反映了国家净收益的大小，其计算公式如下：

（1）国家年净收益额（静态），也叫社会纯收入值：

$$R''_y = W_t - (M_t + f_t + N_t + R_t) \tag{2-9a}$$

式中 R''_y——国家年净收益额，万元；

W_t——年销售收入额，万元；

M_t——年经营费（不包括工资、职工福利基金、流动资金利息和折旧等），万元；

f_t——年基建投资（包括基建投资及利息、流动资金等），万元；

N_t——工资及附加工资，万元；

R_t——流出国外的资金（国外贷款利息、合资经营的国外股本及红利、支付外籍人员的工资等），万元。

（2）服务年限内国家净收益总额（静态）：

$$R_T = \sum_{t=0}^{n} R''_y = \sum_{t=0}^{n} [W_t - (M_t + f_t + N_t + R_t)] \tag{2-9b}$$

式中 R_T——国家（社会）净收益总额，万元；

t——年数，$t=0,1,2,3,\cdots,n$。

（3）国家净收益总额现值（动态）：

$$R_0 = \sum_{t=0}^{n} R''_y a_T = \sum_{t=0}^{n} [W_t - (M_t + f_t + N_t + R_t)] a_T \tag{2-9c}$$

式中 R_0——国家净收益总额现值，万元；

a_T——贴现率为 i（一般与基准收益率相对应）时的贴现系数 $= \dfrac{1}{(1+i)^T}$，%；

T——服务年限。

B 国家投资收益率

国家投资收益率是评价企业达到正常生产年度，其所能创造的国民收入高低指标，分为国家静态收益率和社会内部收益率。

（1）国家静态收益率。其计算公式如下：

$$i'_s = \frac{R''_y}{f_T} \tag{2-10a}$$

式中 i'_s——国家静态收益率，%；

R''_y——国家年净收益额，万元；

f_T——总投资额，万元。

据文献[13]所提供的国家基准投资收益率（1986年）：冶金19%，有色13%，化工22%和建材20%。如果上式所求得的 i'_s 等于或大于基准投资国家收益率时，则投资项目可以采用。

(2)社会内部收益率。这是一项动态指标,又叫国家收益率。它是表明企业按照影子价格、影子汇率,计算在建设和生产服务期间内,各年国家收益额现值累计等于零时的贴现率,可由式(2-9b)等于零来求算:

$$\sum_{t=0}^{n}\left[W_{\mathrm{t}}-(M_{\mathrm{t}}+f_{\mathrm{t}}+N_{\mathrm{t}}+R_{\mathrm{t}})\right]a'_{\mathrm{T}}=0 \tag{2-10b}$$

$$a'_{\mathrm{T}}=\frac{1}{(1+i'_{\mathrm{E}})^{t}} \tag{2-10c}$$

式中　a'_{T}——贴现率为 i'_{E}(社会内部收益率)时的贴现系数,%;

其他符号意义同式(2-9a)。

关于社会内部收益率 i'_{E} 的求算方法,见式(2-7b)。所求得的 i'_{E} 大于或等于国家基准投资收益率时,则项目可取。

C　*矿产资源的充分利用和保护*

矿产是开采后不能再生产的自然资源。因此,对矿产资源必须采取充分利用和保护的方针政策。在《中华人民共和国矿产资源法》中,规定了一系列充分利用和保护矿产资源的措施。在矿产资源的宏观经济评价中,必须考虑充分利用矿产资源的经济效果。其中包括确定合理的边界品位、最小可采厚度和夹石剔除厚度等指标,降低采矿损失率与贫化率,提高选矿回收率等等。此外,还必须高度重视矿产资源的综合利用,否则就会导致单纯追求微观经济效益,而牺牲宏观经济效益的错误决策。

D　*对其他部门的影响*

矿产投资活动,必然与国民经济的其他部门发生联系,第一是与国内为矿山企业投入各种生产的企业有关,诸如采矿机械、炸药和运输设备等;第二是与在国内为矿产品加工的企业有关;第三是与消费品的生产和消费服务有关。这对国家和地方的文化、科技、环境和经济发展都有所贡献,对地区的社会面貌、工业布局、人口结构、交通运输、给水供电、住宅及公共设施等,应有所改善。所有这些,都要做出定性评述。在可能的条件下,也可用指标做定量分析。

E　*就业效果*

就业效果是指单位投资所创造的就业机会,用新的工作岗位数与投资额之比来表示。从这一观点出发,对每项矿产投资的机械化和自动化程度,应根据实际情况持慎重态度。在宏观经济评价中,不但要考虑上述直接就业效果,还要考虑投资项目能为辅助生产部门和有关服务行业创造多少就业机会。

F　*净外汇效果*

净外汇效果是指外汇流入与流出的差额,用现值表示。外汇流入包括出口产品销售收入,可以取代进口所节约的外汇价值、国外贷款、国外股本等。外汇流出包括购买国外设备、原材料、专利等费用,支付外籍人员工资,偿还国外贷款本金和利息等。在目前我国外汇比较紧张的情况下,这个指标的重要性是很明显的。

G　*国际竞争能力*

在考虑某种产品是否应该出口的时候,就应该把产品的国际竞争能力,当作一项重要指标。一般认为,矿产品的国际竞争能力,是指出口创汇流入和流出的差额,与国内资源投入的现值之比。国内资源的投入,是指国家投资、物料投入费用和工资。该比值应大于1表明产品有国际竞争能力，出口这种产品合算。该比值越大，说明其能承受的国际市场风险能力越大，则国际竞争能力越强。

H　能源利用效果

能源是发展国民经济的基础。而我国能源供应，当前还不能充分满足需要。因此，能源利用效果（元/吨），当作宏观经济评价的一个指标，其计算方法为国家净收益总额（元）与标准能源消耗量（吨）的比值，以最高者为优。

I　环境保护

近年来，在矿产资源开采和加工利用的设计中，几乎都安排了环境质量评价及相应的环保技术措施等内容，以确保矿区生态环境得以保护。但是在我国仅是对废水、废气、粉尘等制定了排放标准，要求采取技术措施，而对废石、废渣和地表破坏及景观恢复，却涉及甚少，而这恰恰是一些不可忽视的问题。因此，在矿产投资的宏观经济评价中，应该有适合国情的环境质量评价标准及其环保技术措施；还要有矿区土地、农田、草原、林场等的保护和复垦方案及费用。对环境保护成果，目前尚难用实物量或价值量加以计量，而多是采用估算、套算等方法。因此，环保经济效果指标往往带来很大的假定性。

综上所述，所谓矿产投资宏观经济评价，是一个多目标的决策过程。只有其中的每个目标达到最优，则宏观经济效果的最优总目标才能实现。当然，对不同的投资项目以及同一项目的不同评价阶段，上述各个指标的重要程度，不尽相同。但是，在正常年度内和整个生产时期，前面的两个国民经济效果指标在宏观经济评价中，应起主导作用。

2.6　矿业权评估及评估准则体系

新中国成立以来，国家已经投入了近千亿元人民币的地勘费进行地质勘察工作，发现了大量的可供进一步勘查或开采矿产资源的矿产地，形成了大量的探矿权、采矿权。评估的作用是通过评估对国家出资勘查形成的探矿权或采矿权的现实价值进行评价和估算。确定在这个探矿权或采矿权中国家的投资所创造的潜在价值。这个价值就是《探矿权采矿权转让管理办法》第5条、第6条中所称的探矿权价款、采矿权价款，统称矿业权价款。矿业权价款是由矿业权管理机关确定的特殊概念，目前一般是指国家出资勘查投入的权益价值和国家作为矿产资源所有权人所分享的权益价值，包括矿业权登记管理部门出让国家出资勘查形成的矿产地、依法收归国有的矿产地、无风险或低风险矿产的矿业权，或者矿业权人转让未进行有偿处置的国家出资勘查形成的矿产地的矿业权，以及根据国家矿业权有偿取得政策规定，向矿业权受让人或矿业权人收取的款项。探矿权价款是探矿权人申请国家出资勘查形成的探矿权投资进行的一种补偿。采矿权价款是采矿权人申请国家出资探明矿产地采矿权的一种经济回报，当该探矿权或采矿权转让实现，探矿权或采矿权转让人应当将收入的这笔价款交还国家。作此规定是为了防止国有资产流失和国家财产权收益被各类不同经济成分的地勘单位或矿山企业白白占有。

《转让管理办法》第9条第一款规定，凡持有由国家出资勘查形成的探矿权、采矿权的地勘单位或者各类矿山企业在转让其探矿权或者采矿权时，必须对无偿取得的探矿权、采矿权进行评估。同时在国土资源部1999年3月发布的《探矿权采矿权评估管理暂行办法》中规定：在中华人民共和国领域及管辖的其他海域，对国家出资形成的探矿权、采矿权进行出让、转让评估和评估结果的确认,必须遵守评估管理办法。对非国家出资形成的探矿权、采矿权需进行转让评估的,可参照管理办法执行。

在2007年以前,对矿业权的评估主要依据"矿业权评估指南",但该指南在实际应用中还有不少不尽如人意之处,因此对评估过程及评估结果的争论也比较多。2007年5月,中国矿业权评估师协会推出了"中国矿业权评估体系框架",国土资源部颁发了《矿业权评估管理办法(试行)》;同时,中国矿业权评估师协会于2008年5月推出了《矿业权价款评估应用指南》以及一系列基本准则及规范。

中国矿业权评估准则体系由四个层次组成(详见图2-7),分别为:矿业权评估基本准则、矿业权评估规范、矿业权评估指南、矿业权评估指导意见。

A　*矿业权评估基本准则*

包括《评估师职业道德基本准则》和《矿业权评估技术基本准则》两部分。前者规范职业道德行为,后者规范评估中的技术行为。基本准则是强制性执行的行为准则,评估师必须遵守。

《评估师职业道德基本准则》是规范评估师执业行为的道德准绳,适用于矿业权评估师、矿产储量评估师及相关执业人员(执业会员),是对执业人员在职业道德方面的基本要求,主要规范专业胜任能力的把握、评估师与委托方和相关当事方的关系、评估师与其他评估师的关系、执业中必须遵守的行为守则(行规)和义务,以及不得从事的若干事项(禁则)等。以后根据发展的需要,也可以对道德准则中的某些单项进一步细化规定。

《矿业权评估技术基本准则》是矿业权评估师在执行各种类型矿业权评估(探矿权、采矿权)、各种评估目的矿业权评估业务中必须遵守的技术方面的基本规定。主要包括术语定义、评估适用范围、价值内涵、评估原则、评估执业胜任能力与责任、评估报告提交责任等强烈约束型内容。

B　*矿业权评估技术规范*

矿业权评估技术规范是非强制性技术要求,但是最佳优化的方案,强烈建议评估师采用。技术规范分为评估程序规范和评估方法规范两个部分:

(1)评估程序规范,是关于矿业权评估师通过履行必要的程序完成评估业务、保证评估质量的规范。评估程序规范的制定需要与目前我国矿业权评估行业的理论研究、实践发展、行业管理要求相结合。评估程序规范包括但不限于以下具体规范:

1)矿业权评估程序规范;

2)矿业权评估业务约定书规范;

3)评估工作计划;

4)矿业权评估工作底稿规范;

5)矿业权档案管理规范;

6)矿业权评估报告书规范。

(2)评估方法规范,是关于目前评估界使用的评估方法进行最优化约定,对各类评估方法的定义、模型、适用条件、适用范围、选取原则和操作程序和注意事项进行规定,并推荐使用表格。评估方法规范包括但不限于以下具体规范:

1)收益途径评估规范;

2)成本途径评估规范;

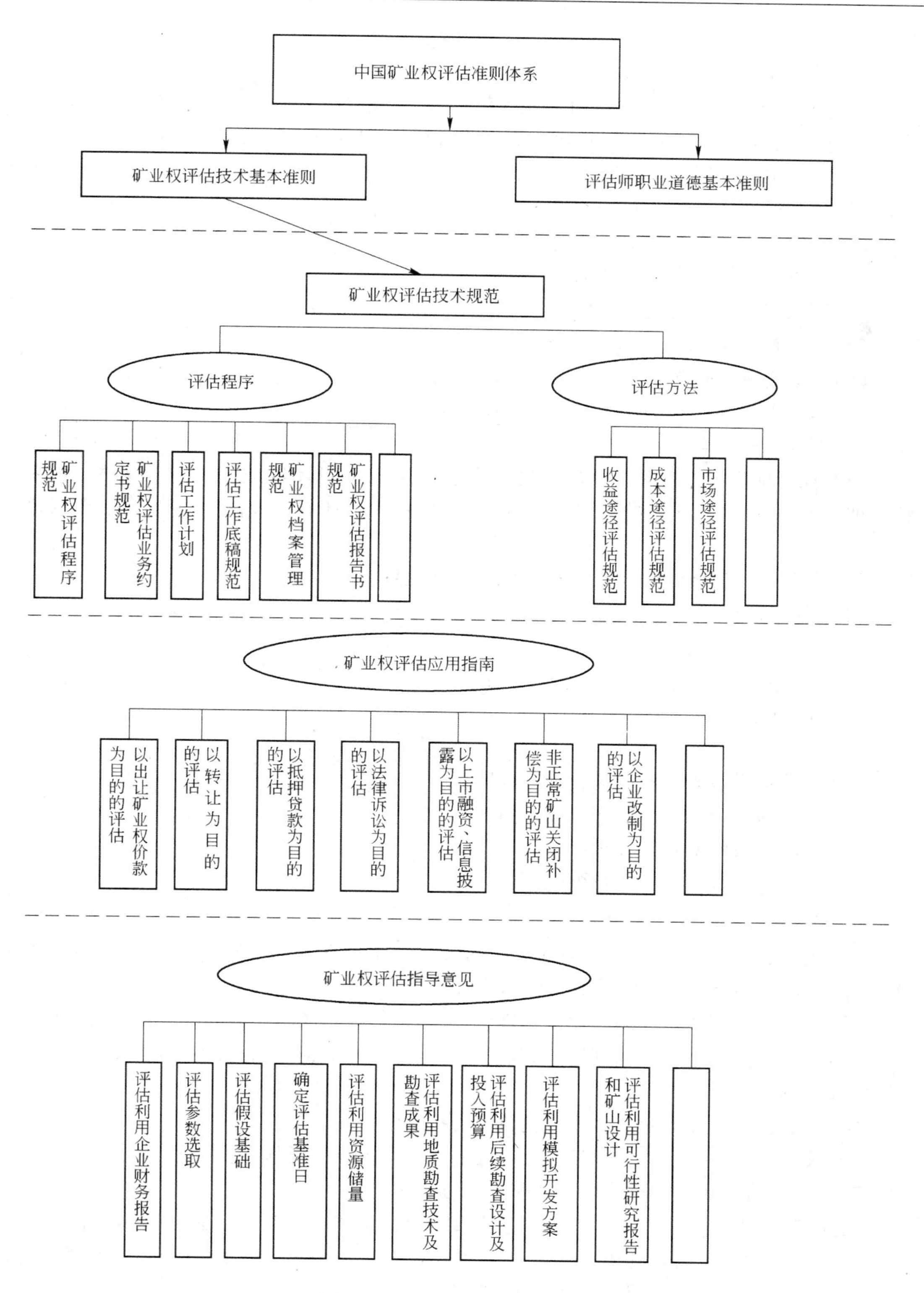

图2-7 矿业权评估准则体系

3)市场途径评估规范。

C 矿业权评估应用指南

矿业权评估应用指南主要是对不同评估目的、不同资产类别的特殊要求、重要事项进行专门的约定,以解决各种评估业务类型特殊性问题。评估指南是最常用的方法,积极建议评估师采用。《矿业权评估应用指南》包括但不限于以下具体指南:

(1)出让矿业权价款为目的的评估;

(2)以转让为目的的评估;

(3)以抵押贷款为目的的评估;

(4)以法律诉讼为目的的评估;

(5)以上市融资、信息披露为目的;

(6)以非正常矿山关闭补偿为目的的评估;

(7)以企业改制为目的的评估应用指南。

D 矿业权评估指导意见

矿业权评估指导意见是针对矿业权评估业务中的某些具体问题的指导性文件。主要是帮助理解的解释、如何运用的说明、具体操作的办法等,属于在行业内的一般做法,建议评估师采用。

《矿业权评估指导意见》包括但不限于以下内容:

(1)评估利用企业财务报告;

(2)评估参数选取;

(3)评估假设基础;

(4)确定评估基准日;

(5)评估利用资源储量;

(6)评估利用地质勘察技术及勘查成果;

(7)评估利用后续勘查设计及投入预算;

(8)评估利用模拟开发方案;

(9)评估利用可行性研究及矿山设计。

在评估准则的指定与应用中,始终贯彻以下原则:

(1)统一性。在行业内部,必须把执业行为与技术要求统一起来,以严格的职业道德准则来规范引导评估实践,道德建设与技术建设并重。

(2)专业性。需要深厚的专业评估理论、较丰富的评估实践经验和专业技术来支撑。

(3)开放性。矿业权评估理论和方法在不断地完善发展,形势发展也需要相适应的评估理论和技术。

(4)实务性。各项规定和技术规范具有可操作性。

(5)灵活性。矿业资源的复杂性规定了矿业权评估具有很强的主观能动性,必须是在遵循基本原则的基础上,最大限度的发挥评估师的作用。

因此,对评估准则体系要有清晰的定位,即:评估准则≠手册,评估准则≠教科书,评估准则≠政府规定。要充分贯彻统一性、专业性、开放性、实务性、灵活性的原则,在遵循基本原则的基础上,最大限度的发挥评估师的作用。

另外还必须注意,不要把矿产资源的资产评估与探矿权、采矿权评估混为一谈。前者以所有者身份出现，为了把属于他的矿产资源实物形态转化为货币形态而进行的评估，此时矿产资源国家所有的经济权益已通过资源补偿费的形式给予补偿。后者是投资者在有偿取得探矿权、采矿权并进行了投资后，由于种种原因尚要转让探矿权、采矿权时进行的一种产权价值评估，是民事主体之间的经济关系。即使国家出资而发现的矿产地，其探矿权、采矿权转让时，国家也以特殊的民事主体身份出现。因此，这是两种不同经济关系的评估。

2.7 矿业权评估方法

进行矿业权评估的途径主要有3条：

(1)收益途径。通过估算未来预期收益并折算成现值，来确定被评估资产价值的一类评估方法。

(2)市场途径。仅用于探矿权评估，探矿权价值由成本和修正系数两部分决定；但须明确，探矿权价值与成本有关，但并不是由成本决定，探矿权价值与成本无固定比例关系。

(3)成本途径。通过被比较评估矿业权与最近交易的矿业权的异同，调整某些参数，从而确定被评估矿业权价值。

2.7.1 收益途径评估方法

收益途径是基于预期收益原则和效用原则，通过计算待估矿业权所指向的未开发矿产资源储量，在未来开发获得预期收益的现值，估算待估矿业权价值的技术路径。是一类评估方法的总称。收益途径评估方法包括：折现现金流量法、折现剩余现金流量法、销售收入权益法和折现现金流量风险系数调整法四种。

评估中用到的基本概念：

预期收益：是矿业权所指向的未被开发矿产资源储量，未来开发所获得的收益额。本规范中，预期收益通过净现金流量、销售收入表示。

预期获利年限：指矿业权所指向的未被开发矿产资源储量，未来开发的收益年限。

评估计算年限：包括后续勘察年限(评估基准日后需地质勘察工作的期限)、建设期(拟建、在建、改扩建矿山)及评估确定的生产年限。

投资收益：指在矿业权评估计算年限内，投资应获得的合理报酬。

折现率：指将预期收益折算成现值的比率。

收益途径应用的前提条件是：预期收益和风险可以预测并以货币计量；预期获利年限可以预测或确定。

在采用收益途径进行矿业权评估时，除应按矿业权评估程序规范规定程序操作外，还应执行以下应用程序：

(1)选择适当的收益口径及评估方法；

(2)分析引用评估利用的矿产资源储量，估算可采储量；

(3)合理确定评估假设条件、分析确定评估参数；

(4)进行评定估算。

选择收益途径评估方法，应考虑的因素包括但不限于：

(1)对应的经济行为；

(2)勘察开发阶段或状况;

(3)可获取信息资料的范围及可靠程度;

(4)委托方的特殊要求。

采用收益途径评估方法,应根据折现率确定指导意见的规定,合理确定与收益口径相匹配的折现率。收益途径评估方法所采用的其他评估参数,应根据相关应用指南、指导意见确定。收益途径评估方法所采用参数,国土资源主管部门有规定的,可从其规定,但注册矿业权评估师应在明确其含义、分析其使用条件的前提下,合理确定评估参数。

2.7.1.1　折现现金流量法

A　一般原理

折现现金流量法,即DCF法(Discounted Cash Flow Method),是将项目或资产在生命期内未来产生的现金流折现,计算出当前价值的一种方法,或者为了预期的未来现金流所愿付出的当前代价,通常用于项目投资分析和资产估值领域。用折现现金流量进行资产估值是基于“现金流量及其现值”原理,将一项资产的价值认定为该资产预期在未来所产生的全部现金流量现值总和的一种估价方法。

折现现金流量法确定的矿业权评估价值为,将矿业权所指向的矿产资源勘察、开发作为现金流量系统,将评估计算期内各年的净现金流量,以与净现金流量口径相匹配的折现率,折现到评估基准日的现值之和。

B　计算公式

$$P_n = \sum_{t=1}^{n} (CI - CO)_i \cdot \frac{1}{(1+r)^t}$$

式中　P_n——矿业权评估价值;

CI——年现金流入量;

CO——年现金流出量;

r——折现率;

i——年序号($i = 1, 2, \cdots, n$);

n——计算年限。

上式中的折现系数 $[1/(1+r)^i]$,采用“假设年初法”计算:

(1)当评估基准日为年末时,第二年现金流折现到年初。如2007年12月31日为基准日时,2008年 $i = 1$。

(2)当评估基准日不为年末时,当年现金流折现到评估基准日。如2007年9月30日为基准日时,2007年 $i = 3/12$,2008年时 $i = 1 + 3/12$,依此推算。

C　评估模型

现金流入量(+)

销售收入

回收固定资产残(余)值

回收流动资金

现金流出量(-)

　后续地质勘察投资

固定资产投资(评估基准日已形成固定资产和未来建设固定资产投资)
更新改造资金
流动资金
经营成本
销售税金及附加
企业所得税
净现金流量(即现金流入量－现金流出量)
折现系数
净现金流量现值(净现金流量×折现系数)
矿业权评估价值(净现金流量现值之和)

D 适用范围

折现现金流量法适用于详查及以上勘察阶段的探矿权评估和赋存稳定的沉积型矿种的大、中型矿床的普查探矿权评估;适用于拟建、在建、改扩建矿山的采矿权评估,以及具备折现现金流量法适用条件的生产矿山的采矿权评估。

2.7.1.2 折现剩余现金流量法

A 一般原理

折现剩余现金流量法同样基于折现现金流量估价的基本原理,即将未来现金流转换成现值。折现剩余现金流量法,即 DRCF 法(discounted remained cash flow method),定义为,将矿业权所指向的矿产资源勘察、开发作为现金流量系统,将评估计算期内各年的净现金流量,逐年扣减评估基准日已形成固定资产投资合理报酬后的剩余净现金流量,以与剩余净现金流量口径相匹配的折现率,折现到评估基准日的现值之和,即剩余净现金流量现值之和,作为矿业权评估价值。

该方法中,评估基准日已形成的固定资产投资不计入现金流出项目,评估对象未来实施中的固定资产投资、更新改造资金和流动资金计入相应年度的现金流出项目。

B 计算公式

$$P_i = \sum_{t=1}^{n} (CI - CO - I_{\mathrm{P}})_i \cdot \frac{1}{(1+r)^t}$$

式中 P_i——矿业权评估价值;
CI——年现金流入量;
CO——年现金流出量;
I_{P}——评估基准日已形成固定资产的投资收益;
r——折现率;
i——年序号($i=1,2,\cdots,n$);
n——计算年限。

式中的折现系数计算,与折现现金流量法原则相同。

C 评估模型

现金流入量(+):与折现现金流量法模型项目相同;
现金流出量(－):评估基准日已形成的固定资产投资不计入现金流出项目,其他与折现现金流量法模型项目相同；

净现金流量（即现金流入量 - 现金流出量）

投资收益额（即当年固定资产净值 × 固定资产投资收益率）

剩余净现金流量（净现金流量 - 投资收益额）

折现系数（$1/(1+r)i$）

剩余净现金流量现值（剩余净现金流量 × 折现系数）

矿业权评估价值（剩余净现金流量现值之和）

D　适用范围和运用中需注意的问题

折现剩余现金流量法适用于在建、改扩建矿山的采矿权评估，以及具备条件的生产矿山的采矿权评估。未建矿山的采矿权评估应选用折现现金流量法。

2.7.1.3　销售收入权益法

A　一般原理

销售收入权益法是基于替代原则的一种间接估算采矿权价值的方法。具体通过采矿权权益系数调整销售收入现值，估算采矿权价值的一种评估方法。采矿权权益系数反映采矿权评估价值与销售收入现值的比例关系。

B　计算公式

$$P_s = \sum_{t=1}^{n}\left[SI_i \cdot \frac{1}{(1+r)^t}\right] \cdot K$$

式中　P_s——采矿权评估价值；

SI_i——年销售收入；

K——采矿权权益系数；

r——折现率；

i——年序号（$i=1,2,\cdots,n$）；

n——计算年限。

式中的折现系数计算，与折现现金流量法原则相同。

C　评估模型

销售收入

折现系数

销售收入现值（销售收入 × 折现系数）

销售收入现值之和

采矿权权益系数

采矿权评估价值（销售收入现值之和 × 采矿权权益系数）

D　适用范围

销售收入权益法适用于矿产资源储量规模和矿山生产规模均为小型，且不具备采用折现现金流量法等其他收益途径评估方法的条件。或者服务年限较短，采用折现现金流量法等其他收益途径评估方法可能导致评估结论不合理的采矿权评估。适用于资源接近枯竭的大中型矿山，其剩余服务年限小于5年的采矿权评估。

2.7.1.4 折现现金流量风险系数调整法

A 一般原理

根据地质勘察程度较低的、稳定分布的大中型沉积矿产的地质特点，假设评估对象的资源储量是可靠的，可以预测其未来收益，可以用折现现金流量法或折现剩余现金流量法估算其价值，但任何矿床未经必要的勘察工作控制，其资源储量的可靠性是很低的，因而根据假设所估算的价值必须通过一定的修正才能趋向于较合理地反映探矿权价值。

具体方法为：首先根据毗邻区矿产勘察开发的情况，采用折现现金流量法或折现剩余现金流量法估算出具有上述特点评估对象的基础价值，然后用系数进行修正，从而得到评估对象的价值。

该调整系数是对一些能反映因地质勘察工作程度不足所存在的地质可靠性低、开发风险高的地质、采矿、选矿因素进行主观半定量化构成的，该调整系数是一组系数，统称为矿产开发地质风险系数。

B 计算公式

$$P_R = P_n \cdot (1 - R)$$

式中 P_R——探矿权价值；

P_n——采用折现现金流量法估算的探矿权基础价值；

R——矿产开发地质风险系数；

$1 - R$——调整系数。

C 使用的基本假设及前提

评估对象范围属于大中型沉积矿床的一部分，其周边已进行过较高程度的勘察或进行了开发，假定根据已有的较少的地质信息所估算得出的资源储量大致可靠；假定方法中考虑的地质因素已最大程度地代表了可能的来自于地质的开发风险因素。

折现现金流量风险系数调整法，是针对地质勘察程度较低的稳定分布的大中型沉积矿产的探矿权价值评估而提出的一种评估方法。

区域内矿层的层位和厚度基本稳定，赋存状况好；评估对象与毗邻区已开发矿产有相同地质成矿环境或者是毗邻区矿床的延续部分；毗邻区有同类型矿产勘查开发背景、评估对象周边已进行过较高程度的勘察或已进行开发，相关地质信息可以收集到，通过类比和推断可以预测出评估对象的资源储量、矿层赋存情况和开采条件等开发利用所必需的参数。

具备矿产开发利用方案或相似资料；通过对本地区生产的矿山企业的类比，对评估对象未来矿山建成后的收益可以预测。

区域内勘察程度低、地质信息不确定，可以通过对风险要素的分析和类比初步预测、量化因矿产开发地质风险因素所不能达到的价值量。

D 适用范围

该方法主要适用于赋存稳定的沉积型矿种的大中型矿床中勘察程度较低的预查及普查区，且采用成本途径等难以合理体现探矿权价值的探矿权评估。

2.7.2 成本途径评估方法

成本途径是指基于贡献原则和重置成本的原理，即现时成本贡献于价值的原理，以成本反映价值的技术路径。是一类评估方法的总称。是对有关、有效的勘察工作重置成本进行修正或调整,估算矿业权价值的一类评估方法。成本途径评估方法适用于矿产资源的预查和普查阶段的探矿权评估,但不适用于赋存稳定的沉积型大中型矿床中勘察程度较低的预查和普查阶段的探矿权评估。成本途径评估方法包括勘察成本效用法和地质要素评序法。

评估中的有关术语:

有关:是指在评估范围内,与目标矿种有关。

目标矿种:是指批准或许可的勘察矿种。

与目标矿种有关:是指能为目标矿种及其共、伴生组分勘察利用的所有实物工作。

有效:是指主要勘察技术手段符合当时的勘查规范要求。

重置成本:是按照当时的勘察规范要求,对所确定的有关、有效实物工作量,以现行价格和费用标准估算的现时成本。

现行价格:是指评估基准日适用的各类勘察技术手段实物工作的价格和费用标准。

勘察工作质量系数:是为反映有关、有效各类勘察工作的质量而设定的系数。勘查工作的质量根据现行的地质勘察规范要求评判。各类勘察工作质量系数与各类勘察工作的重置成本的加权平均值,定义为勘察工作加权平均质量系数。

勘察工作布置合理性系数:是为反映有关、有效勘查工作布置的合理性、必要性和使用效果而设定的系数。勘查工作布置的合理性、必要性和使用效果,根据现行勘查规范的要求评判。

效用系数:是为了反映成本对价值的贡献程度,设定的对重置成本进行溢价或折价的修正系数,本规范定义为勘察工作加权平均质量系数和勘察工作布置合理性系数的乘积。

基础成本:是指经效用系数修正后的重置成本。

地质要素:是指能显示评估对象找矿潜力和资源开发前景的要素。

价值指数:指利用本规范规定的专家对各地质要素分别进行评判,在一定范围内给出一个显示评估对象的找矿潜力和资源开发前景的溢价或折扣的系数。

调整系数:显示出评估对象的找矿潜力和资源的开发前景,反映了成本对价值的贡献,定义为各价值指数的乘积。

注册矿业权评估师采用成本途径进行评估时,除应遵守矿业权评估程序规范外,还应执行确定勘察程度、选择相应的评估方法、核实实物工作量、专家评判等的应用程序。

2.7.2.1　勘察成本效用法

A　一般原理

本规范定义的勘察成本效用法,是指采用效用系数对地质勘察重置成本进行修正,估算探矿权价值的方法。

B　计算公式

公式(1)　$$P_c = C_r \times F = \left[\sum_{i=1}^{n} U_i \times P_i \times (1+\varepsilon)\right] \times F$$

式中　P_c——勘察成本效用法探矿权评估价值;

C_r——重置成本;

U_i——各类地质勘察技术方法完成的实物工作量;

P_i——各类地质勘察实物工作量相对应的现行价格和费用标准；

ε——岩矿测试、其他地质工作（含综合研究及编写报告）、工地建筑等间接费用的分摊系数。

F——效用系数，$F = f_1 \times f_2$

f_1——勘查工作布置合理性系数；

f_2——勘查工作加权平均质量系数；

i——各实物工作量序号（$i = 1, 2, 3, \cdots, n$）；

n——勘察实物工作量项数。

公式（2）
$$P_c = C_r \times F = \left[\sum_{i=1}^{n} U_i \times P_i + C\right] \times F$$

式中，P_c、C_r、U_i、P_i、F、i、n 含义与公式（1）相同；C 为岩矿测试、其他地质工作（含综合研究及编写报告）、工地建筑等间接费用。

成本途径评估方法主要适用于投入少量地表或浅部地质工作的预查阶段的探矿权评估，或者经一定勘查工作后找矿前景仍不明朗的普查探矿权评估。

公式（1）适用于通过占各类勘察技术方法实物工作重置成本的一定比例（分摊系数）的方式估算间接费用的情形，一般取30%；公式（2）适用于分项估算间接费用的情形，一般应根据现行费用水平确定。

2.7.2.2 地质要素评序法

A 一般原理

地质要素评序法是基于替代原则的一种间接估算探矿权价值的方法。具体是将勘察成本效用法估算所得的价值作为基础成本，对其进行调整，得出探矿权价值。

调整的根据是评估对象的找矿潜力和矿产资源的开发前景。

B 计算公式

公式（1）
$$P_g = P_c \times \alpha = \left[\sum_{i=1}^{n} U_i \times P_i \times (1 + \varepsilon)\right] \times F \times \prod_{j=1}^{m} \alpha_j$$

式中 P_g——地质要素评序法探矿权评估价值；

P_c——基础成本（勘察成本效用法探矿权评估价值）；

α_j——第 j 个地质要素的价值指数（$j = 1, 2, \cdots, m$）；

α——调整系数（价值指数的乘积，$\alpha = \alpha_1 \times \alpha_2 \times \alpha_3 \times \cdots \times \alpha_m$）；

m——地质要素的个数。

公式（2）
$$P_g = P_c \times \alpha = \left[\sum_{i=1}^{n} U_i \times P_i + C\right] \times F \times \prod_{j=1}^{m} \alpha_j$$

式中 P_g——地质要素评序法探矿权评估价值；

P_c——基础成本（勘查成本效用法探矿权评估价值）；

α_j——第 j 个地质要素的价值指数（$j = 1, 2, \cdots, m$）；

α——调整系数（价值指数的乘积，$\alpha = \alpha_1 \times \alpha_2 \times \alpha_3 \times \cdots \times \alpha_m$）；

m——地质要素的个数。

C　价值指数(α)的确定

价值指数一般采用专家评判方式进行。专家评判基本要求为：

聘用的专家应具有丰富实践经验和高级以上技术职称。一般以地质矿产专业为主，根据评判需要兼顾物化探、矿业经济等专业。聘用专家人数不少于5名。

聘用专家与评估机构和矿业权交易双方均不存在直接利害关系和可能关联的利益关系。

注册矿业权评估师应当将收集的有关地质报告、图件等资料，提供给评判专家，并向其说明价值指数的构成和分级评判标准。

聘用专家应按地质要素分类及价值指数表和价值评判的要求，独立、公正、客观地评判并赋值，填写《探矿权地质要素价值指数评判表》。

注册矿业权评估师应对评判结果进行审查、汇总，并分析其合理性。

D　运用的前提条件

勘查区块内已进行较系统的地质勘察工作，有符合勘察规范要求的地质勘察报告或地质资料，并具备比较具体的、可满足评判指数所需的地质、矿产信息，在勘察区块外围有符合要求的区域地质矿产资料。

E　适用范围

适用于除成本途径的一般要求外，主要用于普查阶段的探矿权评估，也用于能够满足要求的预查阶段的探矿权评估。

2.7.3　市场途径评估方法

市场途径是指根据替代原理，通过分析、比较评估对象与市场上已有矿业权交易案例异同，间接估算评估对象价值的技术路径。是一类评估方法的总称。市场途径评估方法适用于所有矿业权评估业务。矿业权评估市场途径评估方法包括可比销售法、单位面积探矿权价值评判法、资源品级探矿权价值估算法。

评估中的相关术语：

相似的参照物：是指近期相似交易环境成交的，与被评估对象主矿种相同、勘察程度相同或接近，具有可比条件的矿业权交易案例。

权重：可比因素对矿业权价值的影响程度。

单位资源品级价值：是指勘察范围内的矿产资源单位品位（质级）资源价值。

资源毛价值：勘察区内的资源储量与单位资源品级价值的乘积。

2.7.3.1　可比销售法

A　一般原理

基于替代原则，将评估对象与在近期相似交易环境中成交，满足各项可比条件的矿业权的地、采、选等各项技术、经济参数进行对照比较，分析其差异，对相似参照物的成交价格进行调整估算评估对象的价值。

应用的前提条件：有一个较发育的、正常的、活跃的矿业权市场；可以找到相似的参照物；具有可比量化的指标、技术经济参数等资料。

B 可比因素种类、计算公式及调整系数

可比因素通常包括：可采储量、矿石品位（质级）、生产规模、产品价格、矿体赋存开发条件、区位基础设施条件、资源储量、物化探异常、地质环境与矿化类型。

不同的地质勘察工作阶段，选取不同的可比因素，其计算公式不同：

（1）详查以上探矿权及采矿权评估（含简单勘查或调查即可达到矿山建设和开采要求的无风险的地表矿产的采矿权评估）计算公式：

$$P=\frac{\sum_{i=1}^{n}(P_i\cdot(\mu\cdot\omega\cdot t\cdot\theta\cdot\lambda\cdot\delta))_i}{n}$$

式中 P——评估对象的评估价值；

P_i——相似参照物的成交价格；

μ——可采储量调整系数；

ω——矿石品位（质级）调整系数；

t——生产规模调整系数；

θ——产品价格调整系数；

λ——矿体赋存开采条件的调整系数；

δ——区位与基础设施条件的调整系数；

n——相似参照物个数。

（2）勘查程度较低阶段的探矿权评估计算公式：

$$P=\frac{\sum_{i=1}^{n}(P_i\cdot(P_a\cdot\xi\cdot\omega\cdot\nu\cdot\varphi\cdot\delta))_i}{n}$$

式中 P——评估对象的评估价值；

P_i——相似参照物的成交价格；

P_a——勘查投入调整系数；

ξ——资源储量调整系数；

ω——矿石品位（品质）调整系数；

ν——物化探异常调整系数；

φ——地质环境与矿化类型调整系数；

δ——区位与基础设施条件调整系数；

n——相似参照物个数。

（3）可比因素调整系数的确定

$$调整系数=1-\left(1-\frac{评估对象的可比因素评判值}{参照矿业权的可比因素评判值}\right)\times 该可比因素的权重$$

C 应用程序

注册矿业权评估师采用可比销售法进行矿业权评估时，除应遵守矿业权评估程序规范外，还应执行下列应用程序：

（1）选择相似参照物。根据已掌握的评估对象的详细情况，收集相同、相类似的矿业权市场交易信息、交易形式、交易背景资料，从中选择可对比的相似参照物；

(2)确定可比因素。根据不同地质勘察工作阶段选取不同的可比因素的基本要求和计算公式,合理确定可比因素;

(3)确定可比因素的调整系数。在充分对比分析待估矿业权与相似参照物可比因素差异的基础上,采用本规范可比因素调整系数的计算公式,确定可比因素调整系数;

(4)估算矿业权评估价值。

2.7.3.2 单位面积探矿权价值评判法

A 一般原理

在收集国内地质勘察相关统计资料、矿产资源储量动态信息、上市公司公开披露的地质信息报告、招、拍、挂公开披露的地质资料、公开市场类似矿业权交易情况信息、有关部门和组织发布或矿业权评估师掌握的有关信息的基础上,综合分析评估对象实际情况,分析确定单位面积探矿权价值,从而估算评估对象价值的一种方法。

单位面积探矿权价值评判法的应用必须具备的前提条件:勘察区应做过相关的研究工作,并以其成果为基础;勘察区地质矿产特征能够得到充分了解;具备可以分析影响该评估对象价值的资料。

通常适用于勘察程度较低、地质信息较少的探矿权价值评估。

B 计算公式

$$P = S \times P_{\mathrm{al}}$$

式中 P——评估对象的评估价值;

S——评估对象勘察区面积;

P_{al}——单位面积探矿权价值。

C 应用程序

注册矿业权评估师采用单位面积探矿权价值评判法进行探矿权评估时,除应遵守矿业权评估程序规范外,还应执行下列应用程序:充分了解、分析评估对象的详细情况;利用已掌握资料对评估对象做出充分、综合的评判;分析确定单位面积探矿权价值;估算探矿权评估价值。

单位面积探矿权价值应为该区域所有矿产资源所反映的综合单位面积探矿权价值。单位面积探矿权价值应按区域成矿地质条件、外部建设条件划分区域。

2.7.3.3 资源品级探矿权价值估算法

A 一般原理

在了解勘察区内金属矿产资源的品位和质级数据或有关信息的基础上,与已知矿产地的品位质级价值进行比较,分析确定单位资源品级价值,然后分析并合理确定矿业权价值占资源毛价值的比例,从而估算矿业权价值的一种评估方法。

资源品级探矿权价值估算法应用的前提条件包括:该区域的地质矿产特征能够得到充分了解;具备可以分析影响该评估对象价值的资料。

通常适用于勘察程度较低、地质信息较少的金属矿产探矿权价值评估。

B 计算公式

$$P = Q_{\mathrm{d}} \times \varepsilon \times \omega \times c$$

式中 P——评估价值；

Q_d——资源储量；

ε——单位资源品级价值；

ω——资源品级；

c——矿业权价值占资源毛价值的比例。

C 应用程序

注册矿业权评估师采用资源品级探矿权价值估算法进行探矿权评估时，除应遵守矿业权评估程序规范外，还应执行下列应用程序：收集勘察区内的资源储量及资源品级资料；估算资源毛价值；分析确定矿业权价值占资源毛价值的比例；估算矿业权评估价值。

资源品级探矿权价值估算法是建立在资源本身丰度基础上的估价方法，原矿产品含有用组分越高，售价越高，获得净收益越高，矿业权价值越高。

2.8 矿业投资风险分析

矿床的勘探和开发是一项极其复杂的综合工程，对此进行投资决策必然会遇到一个风险问题，因为在决策时刻无法完全查明矿床的特点，而且各种环境参数只有事后才能完全搞清楚，如市场条件，经营成本等。这种风险决策通常包括：进一步圈定矿床、确定边界品位和矿山生产能力，选择采矿方法、确定选矿流程、生产矿山的大规模改造以及更新等。

一般来说，采矿工程的风险（或不确定性）主要来自三方面：

(1)矿产自然条件的不确定性。主要包括地质条件的不确定性，矿岩物理力学性质、工程、水文条件的不确定性，品位和储量的不确定性等。

(2)社会环境的不确定性。矿产资源的特点（有限性、不均衡性、隐蔽性、复杂性）决定了矿产资源的开发受到错综复杂因素的影响，其中包括市场供需、政府的矿业政策、环境保护法规、国际政策形势等。

(3)基础资料的不确定性。由于矿床经济评价和矿山可行性研究的大部分基础资料，来自类似矿山或者经验，因此其正确性难以保证[21]。

由于矿山工程建设期和投资回收期长，面临着大量不确定因素，从而导致投资支出能否取得预期效益具有很大的不稳定性，加上投资数量巨大，矿山一旦基建，很难再改变投资方向。因此，在矿山可行性研究中，风险分析绝不是可有可无的，必须给予足够重视。

2.8.1 盈亏平衡分析

盈亏平衡分析是研究在一定的市场、生产能力和经营管理条件下，项目成本与收益的平衡关系，确定在项目收益为零时的盈亏平衡点，即在该点上收入等于成本，不赔不赚。在销售价格、年固定成本、单位变动成本等不变，而生产量与销售量相等的条件下，成本与产量、销售收入与销售量呈线性关系，是线性平衡点；否则是非线性盈亏平衡点。实际上，半固定半变动费用在总成本中所占比重较小，在选择方案的评价中，重点是研究线性盈亏平衡点问题，其计算公式如下：

$$X_0 = \frac{C_k}{J_c - d - C_p} \tag{2-11}$$

式中　X_0——盈亏平衡点的产量，万吨；

C_k——年固定总成本，其中包括基建折旧，万元；

J_c——单位产品价格，万元；

d——单位产品销售税金，万元；

C_p——单位产品可变成本，万元。

若以图解法（参见图2－8）来确定盈亏平衡点时，其销售收入方程和生产成本方程分别表达如式（2－17）和式（2－18）。

销售收入表达式：

$$S = PX \quad (2-12)$$

式中　S——项目的销售收入，万元；

P——单位产品的销售价格，万元；

X——产品销售量，万吨。

生产成本表达式：

$$C_T = VX + F \quad (2-13)$$

式中　C_T——项目的产品总成本，万元；

V——单位产品可变成本，万元；

X——产品销售量，万吨；

F——产品的固定成本总额，万元。

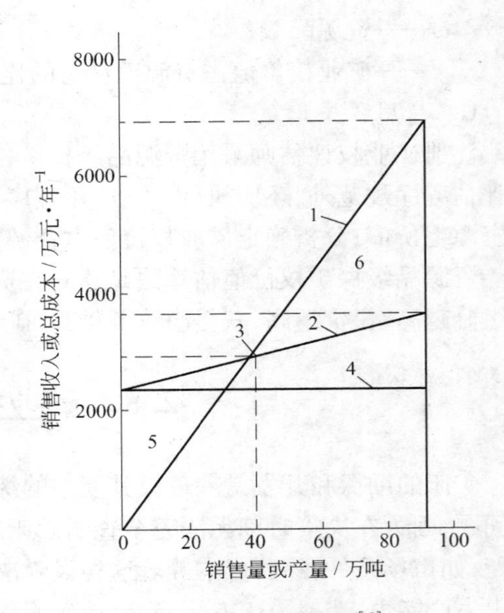

图2－8　盈亏平衡图[6]

1—销售收入（税后）线；2—总成本线；3—盈亏平衡点；4—固定成本线；5—亏损区；6—盈利区

以上是用产量（销售量）来求算盈亏平衡点，还有用生产能力利用率、销售收入、销售单价等来求算的。盈亏平衡点越低，则项目能承受减产、滞销，降价等风险的程度越大，而不会亏损。实际上，由于上述假设条件随着时间的推移不是一成不变的，就要影响盈亏分析结果的准确性，所以它只能作为其他方法的一种辅助手段。

2.8.2　敏感性分析

敏感性分析（Sensitivity Analysis）用来研究不确定因素对项目经济效果的影响程度，具体说，它是研究各种投入变量数值发生变化时，在项目进行决策中各种经济指标的变化程度。例如，矿山储量、品位、售价发生变化时，表征项目经济效果的各种指标（如IRR、NPV等）的变化程度。不同的不确定因素，对投资项目评价指标的影响程度是不同的，即投资项目的评价指标对于不同的不确定因素的敏感程度是不相同的。敏感分析的目的就是要从这些不确定因素中，找出特别敏感的因素，以便提出相应的控制对策，供决策时参考。

最常用的敏感性分析，是分析全部投资内部收益率指标，对以上诸因素的敏感程度（即列表来表示某种因素单独变化或多种因素同时变化时，引起内部收益率变化的幅度），不但应分析有利因素和有利的变化，而且还应着重分析不利因素和不利的变化。一般是从项目的财务现金流量计算中，求算出基本方案的财务内部收益率（i_E），然后从中找出几个因素，将其变动作敏感性分析。如图2－9所示，是改变产品（矿石）价格、产品产量、可变成本和固定资产投资，来考察内部收益率的变化，并与财务或国民经济评价的内部收益率临界点对比。由图可见，产品价格和产量下降，不能超过10.05%和14%；而可变成本和固定资产投资的增加,不能超过11.5%和31%。并且可以看出,产品价格是最敏感的因素。此外,根据需要也可以用其他的评价指标,如投资回收期、贷款偿还期等进行分析,方法也相同[22]。

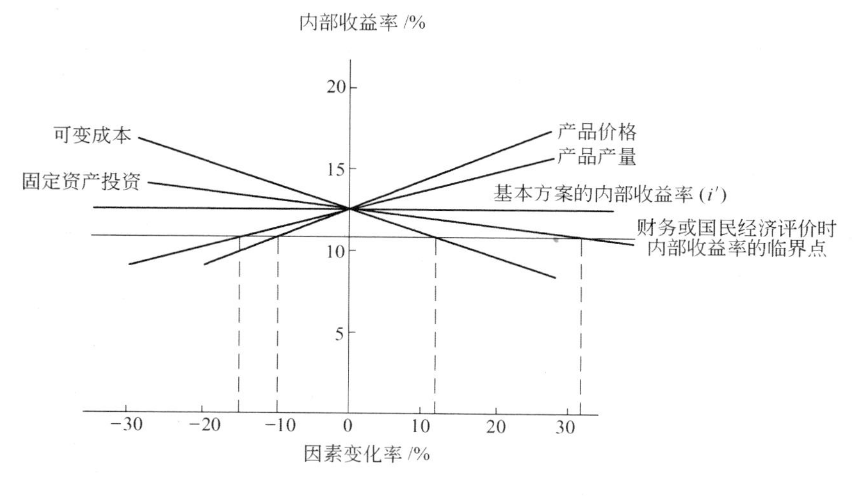

图2-9 敏感性分析图

2.8.3 概率分析

概率分析,是对那些从敏感性分析中得出来的关键因素,进行定量分析。目的是确定影响项目经济效益的关键因素变量及其可能变动范围,并在此范围内的概率基础上,进行概率期望值计算,得出定量分析的结果。把本来是不确定的因素通过分析研究其规律,转变为"确定"性的因素,为决策提供依据。通常是计算项目净现值的期望值及净现值大于或等于零的概率,也可以以内部收益率作为分析指标。

概率分析为判断各种投资方案之间的相对效果,可以提供较好的基础,但对减小风险不起作用。当然,某些风险如技术问题、费用、市场预测等,通过进一步调查研究,是可以减少的。而适应性的设计,可以使项目有更大的灵活性,以适应将来环境中所发生的出乎意料的变化。

概率分析的步骤如下:

(1)确定几个不确定因素,如投资、成本、收益等;

(2)估计不确定因素可能出现的概率;

(3)计算变量的期望值:

$$E(x) = \sum_{i=1}^{n} x_i \cdot p_i \tag{2-14}$$

式中 x_i——随机变量的各种取值;

$p_i = p(x_i)$,对应出现变量 x_i 的概率值。

(4)根据各变量的期望值,求得项目经济效益指标的期望值[23]。

简单的概率分析,可以计算项目净现值的期望值及净现值大于或等于零的累计概率。在方案比选时,可以只计算净现值的期望值。下面以某矿为例,说明净现值的期望值的求法,某矿年产量为150万吨,设产品销售价格、销售量和经营成本相互独立。其投资、产品售价和年经营成本可能发生的数值及概率变化见表 2 - 7 ~ 表 2 - 9[24]。

表 2 - 7　项目年投资值及其概率值

	投资/万元			
年份	1		2	
可能发生情况	Ⅰ	Ⅱ	Ⅰ	Ⅱ
数值	1000	1200	2000	2400
概率	0.8	0.2	0.7	0.3

表 2 - 8　项目产品售价及其概率值

	产品售价/万元		
年份	3 ~ 12		
可能发生情况	Ⅰ	Ⅱ	Ⅲ
数值	5	6	7
概率	0.4	0.4	0.2

表 2 - 9　项目年经营成本及其概率值

	年经营成本/万元		
年份	3 ~ 12		
可能发生情况	Ⅰ	Ⅱ	Ⅲ
数值	150	200	250
概率	0.2	0.6	0.2

净现值的期望值的计算步骤：

第一步先求出各年净现金流量 R'_y 如下：

第 1 年　$R'_{y1} = -1000 \times 0.8 - 1200 \times 0.2 = -1040$（万元）

第 2 年　$R'_{y2} = -2000 \times 0.7 - 2400 \times 0.3 = -2120$（万元）

第 3 ~ 12 年　$R'_{y3\sim12} = 150 \times (5 \times 0.4 + 6 \times 0.4 + 7 \times 0.2) - (150 \times 0.2 + 200 \times 0.6 + 250 \times 0.2) = 670$（万元）

第二步再求净现值（按折现率 10% 计算）：

$$R_n = \sum_{t=1}^{12} R'_y (1+i)^{-t} = 704.35\text{（万元）}$$

计算结果表明，在对投资、售价和经营成本三者的概率分析基础上，项目是盈利的。但是也应该知道，为了确定各种状态下发生的概率，必须进行大量研究，取得大量的统计数据和资料。这是一项繁琐且艰巨的任务，也是分析结果可靠与否的关键。

2.8.4 不确定性分析

对矿山工程项目的评价通常都是算"未来"的账。计算中所用的数据都是有条件的,其中许多数据来自预测和估计,而且任何预测和估计都是建立在某种假设、判断和数据统计基础上的。无论采用哪种方法作经济评价,总是带来一些不确定因素。各种不确定性因素综合作用的结果,可能给评价项目带来风险。一般说来,不确定因素和风险的存在是不可避免的,而技术经济工作的任务,就在于面对风险采取正确的策略、方针,因势利导,力争把风险降到最低程度。为了分析这些因素对企业经济效益的影响,就要进行不确定性分析[23,24]。

不确定性分析与风险分析既有联系,又有区别。由于人们对未来事物认识的局限性、可获信息的有限性以及未来事物本身的不确定性,使得投资建设项目的实施结果可能偏离预期目标。这就形成了投资建设项目预期目标的不确定性,从而使项目可能得到高于或低于预期的效益,甚至遭受一定的损失,导致投资建设项目"有风险"。通过不确定性分析,可以找出影响项目效益的敏感因素,确定敏感程度,但不知这种不确定性因素发生的可能性及影响程度。借助于风险分析,可以得知不确定性因素发生的可能性以及给项目带来经济损失的程度;不确定性分析找出的敏感因素,又可以作为风险因素识别和风险估计的依据。

总之,矿业投资风险分析在矿业经济学中,是一个很重要的内容,也是应用数学一个复杂的分支。当今现代化的矿业公司可以用蒙特卡洛(Monte Carlo)(随机的)计算程序,随机采用不同的收益和费用,对矿山一些不同的年产量和服务年限中各个步骤进行计算,从最终结果找出高利润的年生产能力;也可以把税收和折旧率输入,对未来市场趋向和矿产价格进行预测。这里仅是对盈亏平衡分析、敏感性分析和概率分析,介绍了一个基本概念,未做深入的论述。

最后应指出,本章仅对矿区经济评价和矿业权评估进行了简略阐述。矿区经济评价在采矿专业是一门技术和经济密切结合的学科,涉及政治、法律和数理统计等内容,对采矿专业的工程技术人员和专家,是必须具备的知识。矿区评价总的原则应是:既要满足社会主义建设和劳动人民的需要,又要考虑利润,讲求经济效益。那种只强调需要,而不讲求经济效益的做法,或者单纯追求利润,而置国民经济需要于不顾的做法,都是不适当的。所以,在学习西方国家、俄罗斯、东欧等国的矿区评价的经验和方法为我所用时,应该有所选择。可以借鉴,却不能完全套用,研究我国矿区评价问题时,对此应该特别注意。当前我国正要大力开发矿业,以适应社会主义建设的需要,更应予以重视,特别是要形成一套适合我国具体情况的矿区评价方法。这是我国采矿工作者,尤其是矿业经济工作者,所面临的迫切任务。对于矿业权评估,由于矿业权市场的复杂性以及影响矿业权价值因素的复杂性,决定了矿业权评估工作是一项主观性强的困难工作。迄今为止,矿业权评估问题在西方国家没有得以完全解决,特别是探矿权评估,更加复杂、更加困难。这也是西方国家的矿业经济学家们目前所主要研究的问题之一。就客观情况而言,我国现行的矿业权评估方法还是处于边实践、边完善的阶段,还有许多问题需要进行认真而细致地研究,尤其是在各评估方法重要参数选择上,还需要进一步统一。

第 2 章参考文献

[1] 高光溥. 矿业经济学——一门新兴的边缘学科[C]. 冶金矿山采矿技术进展论文集,冶金部黑色金属

矿山情报网,1986:198 ~ 207.
[2] L. J. Thomas. An introduction to mining[M]. Methuen of Australia,1978:59 ~ 79.
[3] 彼得斯. 勘查和矿山地质学[M]. 北京:冶金工业出版社,1988:347 ~ 348.
[4] 李小平. 固体矿产资源/储量分类及其编码意义[J]. 煤,2005,14(3):49 ~ 50.
[5] 李万亨. 矿床经济评价概论[M]. 北京:冶金工业出版社,1989:6 ~ 30.
[6] 赵鹏大等. 矿床勘查与评价[M]. 北京:地质出版社,1987:224 ~ 241.
[7] 麦肯齐. 矿产经济学[M]. 冀东黑色冶金矿山设计研究院情报室,1985:4 ~ 7.
[8]《采矿手册》编辑委员会编,采矿手册(第7卷)[M]. 北京:冶金工业出版社,1991:33 ~ 49,345.
[9] 高德福,吴双生. 矿山开发地质评价概论[M]. 北京:冶金工业出版社,1991:8 ~ 75.
[10] 陈希廉等. 矿产经济学[M]. 北京:中国国际广播出版社,1992:16 ~ 59.
[11] 彭善斌. 关于提高冶金矿山维简费标准的探讨[J]. 矿业工程,2005,3(2):1 ~ 2.
[12] 张锦河,朱学义. 煤矿维简费核算的新焦点[J]. 财会与审计,2009(1):66.
[13]《采矿设计手册》编委会. 采矿设计手册,矿产地质卷(上)[M]. 北京:中国建筑工业出版社,1989:40 ~ 48,84 ~ 88,650 ~ 772.
[14] 周日乐. 矿山投资项目可行性研究计算[J]. 中国矿山技术经济研究会,1984:40 ~ 65.
[15] 张钦礼,王新民,刘保卫. 矿产资源评估学[M]. 长沙:中南大学出版社,2007:189 ~ 193.
[16] 李永兴. 探矿权评估理论与方法探索(博士学位论文)[D]. 北京:中国地质大学(北京),2008:19 ~ 20.
[17] 晁坤. 矿产资源有偿使用制度与矿业权评估方法[M]. 北京:石油工业出版社,2007:84 ~ 89.
[18] 陈宏建,古德生. 矿业经济学[M]. 长沙:中南大学出版社,2007:105 ~ 117.
[19] 王文才,蔡嗣经. 采矿权急需推广可比销售法[J]. 有色金属(矿山部分),2005,57(2):4.
[20] 袁怀雨,苏迅,刘保顺,盖静. 矿业权评估——理论、方法、参数概论[M]. 北京:中国大地出版社,2004:46 ~ 47.
[21] 邓培蒂. 矿业投资风险分析[J]. 安徽冶金科学职业学院学报,2004,14(4).
[22] 李祥仪. 矿业工程经济评价[讲义]. 北京科技大学,1989:49 ~ 51.
[23] 万海川. 经济决策分析[M]. 北京:冶金工业出版社,1990:74 ~ 84,166 ~ 196.
[24] F. J. Stermole. Economic evaluation and investment decision methods[M]. Investment Evaluation Corporation, Golden, Colorado, 1982:155 ~ 199.
[25]《采矿手册》编辑委员会编. 采矿手册(第1卷)[M]. 北京:冶金工业出版社,1988:186 ~ 187.
[26] 国土资源部. 关于调整部分矿种矿山生产建设规模标准的通知(国土资发 [2004] 208 号),2004. 9.

3 硬岩矿床露天开采新进展

露天开采中的技术问题，属于应用科学范畴，主要是保证采矿工业拥有现代化的技术和装备，来实现安全生产及经济管理，达到高效和高产。

从世界矿业的现状来看，未来矿物原料基地的特点是：矿石质量不断下降，开采深度急剧增大，矿山地质条件和地理条件日趋困难，以及越来越严峻的环境保护和水土保持问题。这是全世界采矿业面临的亟待解决的难题。由于矿石产量需求大，只有再建成一些大型露天矿后，才能完成使命。这类大型露天矿应拥有高效的自动化设备，实现主要和辅助的露天开采工艺过程机械化，保证综合地开发矿床，并能恢复环境。因此，要尽可能地建设深达700～800m，矿岩量达2～3亿吨/年的特大型露天矿。同时，还必须在不同地区和不同工业部门，因地制宜地开发一些中小型露天矿。

近年来，露天矿在某些技术开发上已取得有效的进展。当今露天开采的技术水平，是采用高台阶、大区微差爆破、大型电铲、大吨位汽车、高效旋回破碎机和胶带运输机，以及在开采过程中实现了计算机管理和大量应用模拟技术，使露天矿成为无人矿山或少人矿山已为期不远了。但环境保护问题却日趋严峻，迫使露天开采在废石处理、土地复垦以及废气、废水处理等方面要做大量研究工作。

3.1 开采设备

近年来，露天采矿设备的发展趋势是大型化、高效化和自动化。露天采矿设备按用途可分为穿孔设备、装载设备、运输设备和辅助设备。

3.1.1 穿孔设备

国内重点冶金矿山穿孔设备是潜孔钻与牙轮钻共存，牙轮钻比例较高（占88%），钻孔直径以250mm、310mm为主；中型矿山以潜孔钻为主，钻孔直径以200mm为主。国外普遍采用牙轮钻，直径大多为310～380mm，有的达559mm，孔深可达73m[1]。如美国露天矿90%的生产钻孔量由牙轮钻机完成。现代牙轮钻机普遍使用三轮钻头设计和碳化钨硬质合金钻齿，钻头寿命在坚硬岩石中穿孔延米可达500～1000m，在中硬岩石中可达1000～3000m。同时，牙轮钻机还装有脉冲除尘装置，以降低粉尘污染[2]。

目前的科技发展水平已经可以将计算机技术应用到牙轮钻机上，大幅提高了工作效率。如首钢矿业公司水厂铁矿对Y－55牙轮钻机采用神经网络进行负荷分配控制，获得了高精度、高质量的控制效果，较好地实现了钻杆工作力矩的均衡，提高了工作效率。改造后，其钻杆打孔效率提高一倍，故障率基本为零。实践证明，结合计算机技术的创新具有应用价值，在牙轮钻控制中具有良好的应用前景[3]。

3.1.2　装载设备

国外液压铲的应用在不断扩大(占26%),电动铲仍占优势(占48%)。斗容以$16.8m^3$、$21m^3$、$30m^3$、$38m^3$、$43m^3$为主。国内重点露天矿主要以电铲为主,斗容最大为$16.8m^3$。

电铲工作可靠,使用寿命长,生产效率高,操作费用低。在液压挖掘机、轮式装载机迅猛发展的今天,大型电铲仍为露天矿山的主要装载设备。目前主要的制造公司有美国的B－E公司、P&H公司、Marion公司。这些公司不断地推出新型设备,其产品几乎垄断了全球电铲市场。各公司为保持自己产品在市场上的竞争力,在产品开发上广泛采用新技术、新结构和新工艺,使各类大型电铲变得更先进、更可靠、更高效[4]。

世界上最大的电铲是用于露天煤矿的剥离电铲Marion6360,其斗容为$138m^3$,自重14000t,驱动功率达37300kW。现代大型金属露天矿最常用的电铲单斗斗容为$9 \sim 25m^3$[5]。

液压挖掘机具有重量轻,行走速度快,机动灵活,作业率高,售价低,设备更新快;传动装置简单,平稳可靠,维修保养方便;易于实现无级调速和自动控制,操作省力,工作环境好;液压元件可靠性高,能耗低,需要辅助设备少等特点,发展迅猛,无论是新建大型矿山还是老矿山,设备更新中都广泛使用。

德国Krupp公司于1978年制造的世界上最大的挖掘机——BAGGER288轮斗铲,如图3－1所示。该机规格为:高95m,长215m,重45000t,铲斗机轮的直径为21m,共有20个铲斗,每个铲斗斗容为$15m^3$,铲斗内可以站立一个1.8m高的人。挖掘机依靠12个用于行进的轮状物前进(每个轮状物宽×高×长＝66m×2.44m×14.03m),8个在前,4个在后,共需5人进行操作。

图3－1　BAGGER288轮斗铲

近年来,液压挖掘机的各大制造公司围绕提高产品可靠性和工作效率,降低生产成本,继续向大型化发展,着眼于动力传动系统的改进,以达到高效节能,并加快液压挖掘机自动化、智能化发展进程。

3.1.3　运输设备

目前各类金属露天矿大约80%的矿岩量由汽车运输完成,因此,汽车是露天矿生产的主导运输设备。德国于2004年制造的LIEBHERR(利勃海尔)T282B为目前世界上最大的矿用自卸汽车,如图3-2所示。该车不仅是世界上最大的柴油机动力驱动的双轴四轮卡车,也是世界上最大的交流电混合动力卡车。该车自重达203t,高7.4m,长14.5m,轮子底座为6.6m,载重量为363t。其动力装置为一台功率为3650马力的柴油发动机。该车采用交流传动系统,多种动力配置,最大的一款柴油机为V型20缸,排量90L,重达10.5t,扭矩为14457N·m;柴油机带动交流发电机发电,由位于后轮内的轮毂电动机驱动;轮胎为Michelin的55/80R63(直径约3.8m);最大车速为64km/h。该车工作特点为运程短、承载重,外形尺寸不受限制。

图3-2 利勃海尔(Liebherr)T282B矿用自卸汽车

目前国外大型矿山,无论是液力机械传动的,还是交流驱动的电动轮汽车,其载重量大多为240t、320t、150t。我国大型露天矿山汽车的最大载重量也达到了120t和170t。

国外露天采矿场使用电机车运输的国家主要是前苏联的一些国家,这些国家深凹露天矿电机车一般是直流电机或交流电机驱动的联动机组,粘重一般300t以上,最大粘重为480t。国内电机车一般为直流电机驱动,粘重一般为150t。

随着露天矿开采深度的增加,单一汽车或机车运输的条件显著恶化,采场尺寸和线路坡度都使展线受限。由于运距增大及线路扩帮工程量的增加造成运费的增加,国内外露天矿山广泛采用联合运输工艺。近年来矿山设备的制造商开发了可移式破碎站、大倾角输送机、大功率的牵引机组、大载重量翻斗车和振动放矿转载站,以提高深凹露天矿联合运输工艺的效率,降低运输成本,增加经济效益。

可移式破碎站,不具备完善的移动装置,需要为其配备专门的移动设备——履带式运输车。其主要制造商有德国Krupp公司、Weserhutte otto wolff公司、Esch-Werke公司等,它们是世界上能力较强的厂商,产品规格较多,并各有独到之处。目前使用的旋回破碎机多为美国Allis-Chalmers公司、Fuller公司和Rexnord公司所生产的产品,具有使用寿命长、操作方便、生产可靠、自动化水平高的优点。

大倾角运输技术在露天矿运输中具有明显的优越性。美国、前苏联、瑞典、德国、英国等都进行了这方面的研究,如美国大陆公司研制了由两条胶带组成的夹持式大倾角运输机;瑞典斯维特拉公司研制了带横隔板的波浪挡边大倾角运输机和由两条胶带牵引的袋式大倾角运输机;英国休伍德公司研制了链板与胶带组合的大倾角运输机等。这些运输机都实现了大于30°的大倾角连续运输,如图3-3所示。前南斯拉夫麦依丹佩克铜矿因采用了大陆公司的大倾角运输系统，使采场内的汽车用量减少 2/3，运距缩短 4km，其中 3.5km 是连续陡坡，大幅度降低了运输成本，每年可节省 1200 万美元。但这些大倾角运输机在黑色金属矿山的应用实例很少。马鞍山矿山研究院与澳大利亚西澳矿业学院合作开展了具有自己特色的大倾角运输技术的研究工作。试验装置能实现 50°以上大倾角连续运输，运行速度可达 2.4m/s，能运送与斗容积相似的大块矿石。

图 3－3　大倾角皮带运输现场

铁路－公路联合开拓运输在露天矿山也有着广泛的应用。随着露天矿采深增加到 150～180m 后，铁路展线受限、装载条件变差、新水平准备时间长、重载列车上坡运行效率下降，矿山持续发展受阻。采用汽车－陡坡铁路联合运输的生产实践表明：铁路运输可提高效率 42%、下降低成本 18%，将汽车运距控制在最佳范围内。

振动放矿转载站是汽车－铁路联合运输的转载设备。它转载能力大、基建投资少、转载成本低、占地面积小、节省能耗，是一项安全、高效、经济、实用的转载技术。

3.1.4　辅助设备

露天矿山辅助作业不仅工作量大、劳动强度高、占用人员多，而且直接影响到露天矿采、装、运设备的生产能力的发挥。辅助作业设备不仅能完成采装运设备难以胜任的工作，而且能协调各生产环节，保证生产有序进行。

国外露天矿在机械化生产中，非常重视辅助作业的机械化问题。在露天采场和公路路面的清理和维护上，都配备有平路机、压道机、洒水车、撒砂车等。在设备维护和检修工作上，除设有机修车间外，还专门设有检修设备的车辆和润滑车、加油车、吊车等，可随时开赴现场对各种设备进行维修、润滑和加油。在生产作业上，采用凿岩台车与落锤式液压破碎机破碎大块，装药车装药，推土机或前端装载机归拢爆堆，清理工作面和排土。

露天矿的设备进步，对于提高产量和效益，仍起着主导作用。近年来，我国在自主研发矿业设备方面加大了力度，这对于我国矿业的发展有着重大意义。

3.2 先进技术和工艺的采用

露天矿的开采工艺和技术，与所使用的设备有密切的关系。设备大型化和多样化了，爆破器材也有了很大的变化。

3.2.1 爆破技术

爆破作业是矿山生产的重要工序。控制爆破技术广泛应用挤压、微差爆破、孔内微差爆破、大爆区微差爆破等技术，解决了难爆矿岩的破碎块度问题和爆破减振问题。新型炸药以及爆破器材不断问世：铵油炸药及各种衍生含水炸药，如防水浆状炸药、水胶炸药、乳化炸药以及硝酸型液体炸药；新的起爆器材层出不穷，如毫秒继爆管、电雷管、塑料导爆索起爆系统、气体传爆管起爆系统等新型爆破器材的使用，对提高爆破精度、改善爆破质量、加强爆破安全等都有重大的影响[6]。

当前我国矿山炸药使用乳化炸药约占40%，多孔粒状铵油炸药约占45%；其他如铵梯炸药、粉状铵油炸药、铵沥蜡炸药、铵松蜡炸药等约占15%，主要在地方中小型矿山使用。乳化炸药是指用乳化技术制备的油包水型（W/O）乳胶型抗水工业炸药，经过30多年的研究发展，实现了产品的系列化、制造的连续自动化和使用的机械化。乳化炸药成为目前适用范围和适用条件最广的工业炸药。多孔粒状铵油炸药由硝酸铵和燃料油混合制成，其制造方法和过程都比较简单且容易实施，易于装药，非常适合在露天矿山开采中的干孔爆破作业。乳化铵油炸药（即重铵油炸药）是乳化基质与多孔粒状铵油炸药按一定比例进行物理混合的炸药，利用不同的掺和比例调节乳化铵油炸药的爆炸性能。利用乳化铵油炸药体积威力大的特点，可克服大抵抗线和破碎坚硬矿岩；可以调节乳化铵油炸药的黏度，适宜采矿爆破中的压气装药。实践证明，压气装填乳化铵油炸药，返药少、粉尘低，爆破效果好，爆破后有毒气体含量少。这三种炸药是目前原材料和制造成本最低廉的工业炸药，其流动性或松散性好，计量准确，非常适合机械化生产和作业[7]。

爆破的有害效应有地震波、飞石、冲击波、有毒气体、噪声和灰尘。作为露天深孔爆破，必须对地震波、飞石、冲击波三项分别进行安全距离计算，保证符合要求，同时起爆网路的可靠起爆也是安全控制的重点。

实践表明，降低露天深孔爆破振动最经济、最有效的办法，是增加分段数，减小最大单响药量。理论上露天深孔爆破采用非电导爆管起爆网路可实现无穷多段，当分段不超过30段时，可用孔内非电导爆管微差、孔外电雷管延时来实现；超过30个段别后，需用非电雷管接力延时。如果单靠减小单段炮数还不能够保证爆破震动安全，应采用预裂爆破方法，在最后排与未爆区之间形成一条裂缝，即可有效阻隔40%的振动波能量向外传播。其他方法还可采用如：选用低威力低爆速的炸药；限制一次爆破的最大药量；选用适当的炸药单耗；选择适当的装药结构；调整爆破传爆方向；改变与被保护物的方位关系；充分利用地形条件，如河沟、渠道、断层等，都有显著的隔震作用。

露天深孔爆破的飞石主要产生于孔口和前排。对于孔口飞石，可在孔口加压砂包，既能消除冲炮隐患，又能限制孔口松动石块的飞出，同时又能有效降低大块率。因此，在孔口加压砂包是操作方便、效果显著的防止飞石的有效办法。对前排飞石的防护，一方面可采用多排微差爆破,减少前排出现次数;另一方面,可根据前排抵抗线和结构面变化情况,在抵抗线太小的位置堵塞岩粉做间隔装药。如果使用铵油炸药,须防止过量的炸药流入前排裂缝,否则必将造成大量飞石,发生重大事故。一旦发现炮孔与贯通裂缝或空洞相连,应将该段炮孔堵塞,分段装药。如果发现有过量铵油流入裂缝中,须注水溶解,然后再回填石末,堵塞裂缝贯通段。

为了减少爆破冲击波的破坏作用,可从两方面采取措施,一是防止产生强烈的空气冲击波,二是利用各种条件来削弱已经产生了的空气冲击波。通过合理确定爆破参数,避免采用过大的最小抵抗线,防止产生冲天炮;合理选择微差起爆方案和微差间隔时间,保证岩石能充分松动,消除夹制爆破条件;保证堵塞质量和采用反向起爆,防止高压气体从孔口冲出;推广导爆管或电雷管起爆,尽量不用高能导爆索起爆。这些措施都能提高爆破时的爆炸能量利用率,有效防止产生强烈空气冲击波。此外,尽量避免爆区正面朝向被保护物,无法避免时,也应将建筑物的门窗打开,必要时搭设防护架,也可有效减小冲击波的危害。

如使用电爆网路,则要根据爆区气象水文条件、爆破要求、成本等方面综合考虑,选用普通瞬发、秒、毫秒延期电雷管,以及抗杂电雷管、BJ－1型安全电雷管、无起爆药雷管,预防杂散电流、射频电、雷电等的影响,提高电爆网路的安全性和可靠性,防止发生早爆事故。导爆管网路由于操作简单,不受外来电影响(雷电除外)、成本低、可实现等间隔微差起爆并且起爆段数和炮孔不受雷管段数限制而得到广泛推广应用(图3－4所示系澳大利亚纽曼山铁矿的典型爆破网路)。其缺点是起爆前无法用仪表检查;爆区太长或延期段数太多时,采用孔外延期网路容易被空气冲击波或地震波、飞石破坏;在高寒地区,塑料管硬化会恶化导爆管的传爆性能。

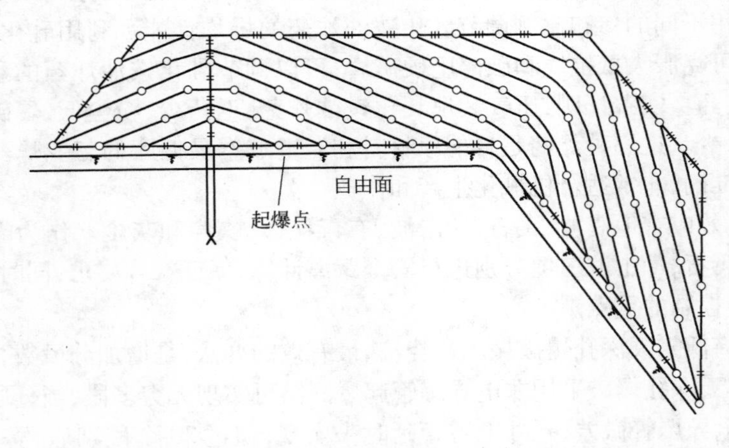

图3－4　典型爆破网路(澳大利亚纽曼山铁矿)

3.2.2　生产工艺

露天矿的生产工艺,是随着所采用的设备和爆破工艺而有所变化。在当前认为比较成功而有发展前途的,主要的有下列三个方面。

3.2.2.1　间断－连续运输工艺

由于露天矿开采深度不断增加,最大深度已超过800m。利用电铲、铁路和汽车运输的现代间断工艺，已不能保证开采强度和整个采矿效率所要求的增长速度，于是出现了包括以移动式破碎站和胶带运输为主体的间断－连续运输工艺，并得到推广。按照矿岩运输方式的不同，间断－连续运输工艺主要有四种典型的工艺系统，即：(1)汽车—胶带运输机—铁路运输(如图3－5a)；(2)汽车—胶带运输机运输(图3－5b)；(3)胶带运输机运输(图3－5c)；(4)汽车—重力—胶带运输机运输(图3－5d)，它们都带有破碎机，否则大块矿石无法进入胶带运输机。

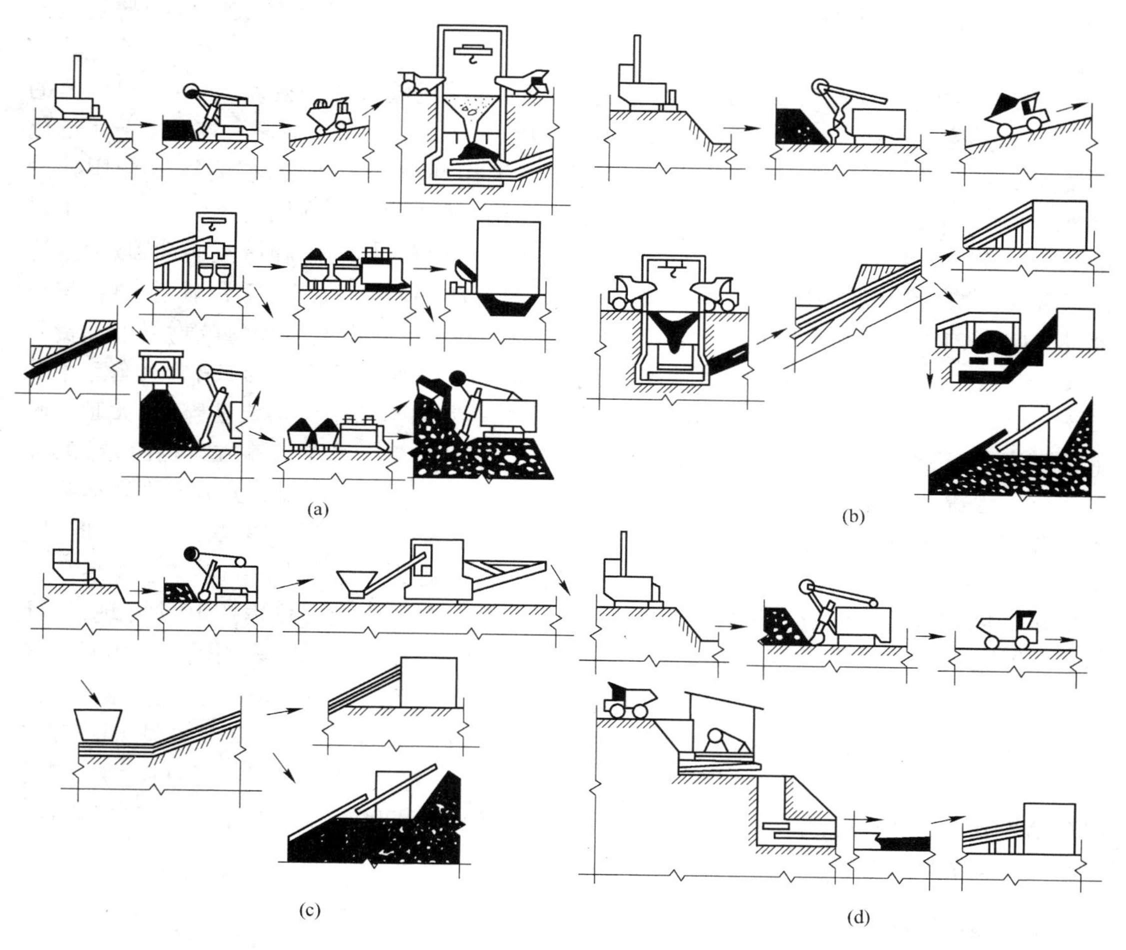

图3－5 采用不同运输方式的间断－连续工艺系统

(a)汽车—胶带运输机—铁路运输；(b)汽车—胶带运输机运输；
(c)胶带运输机运输；(d)汽车—重力—胶带运输机运输

间断－连续运输系统不仅技术可行、经济合理，而且有良好的节能、环保特点。发挥这些优越性的关键是要有大型汽车、可移式破碎站和胶带输送机，特别是大倾角胶带输送机，而且要合理选型，以及从间断环节到连续环节的最佳配套工艺。

早在20世纪50年代末，间断－连续运输系统首次应用在德国的石灰石矿山，60年代逐步在金属露天矿山应用。当时主要是采用固定式破碎站，破碎机设置在混凝土基础上，并开凿胶带斜井，施工时间长、费用高。随采场延深，汽车运距不断加大，导致汽车运费增加。

进入80年代,许多金属露天矿开始由山坡开采向深凹开采过渡,随着采深增加,矿石品位下降,燃油价格上涨并且供应紧张,在这种不利的情况下,迫使许多矿山采用间断－连续工艺系统,解决深部开采运输的难题,以降低成本,延长矿山服务年限。同时,为克服固定式破碎站的缺点,开发了可移式破碎站,并应用到金属露天矿。90年代,这一工艺系统数量逐年增加,技术水平不断提高,应用范围不断扩大,铁矿、铜矿、金矿、铝土矿、油砂和煤矿均有应用。可移式破碎站生产能力也由早期的每小时几百吨增加到每小时几千吨,最大生产能力达到9600t/h,在大中型金属露天矿其应用越来越广泛,并已成为金属露天矿破碎系统的发展方向。

近年来,国外金属露天矿已建成30多套间断－连续运输系统并投入运行,取得明显的效果。如独联体国家的研究与生产实践表明,在开采深水平条件下,间断－连续工艺系统比传统间断工艺劳动生产率提高20%～50%,而且工作环境大为改善,矿岩运输费用减少15%～20%,开采成本降低10%～15%,电耗可节省25%;美国西雅里塔铜钼矿1978年以前间断－连续运输系统采用半固定破碎站,为缩短汽车运距,提高破碎站灵活性,减少搬迁次数和安装费,于1982年改用可移式破碎站后,使每台电铲需配汽车从7台减至3台,汽车循环时间从21.5min减为9.1min,汽车运输爬坡垂高减少了150m,可使每吨物料处理费降低29美分;南非帕拉博拉露天铜矿使用可移式破碎站－胶带运输系统,可减少汽车配用量22%,降低矿岩运输费用10%;南斯拉夫Majdanpek露天铜矿采用可移式破碎站、大倾角胶带输送机的间断－连续运输系统,其经济分析结果表明:与单一汽车运输方案相比,到2002年共节省运费1.42亿美元。根据鞍钢矿山公司设计院对鞍钢齐大山铁矿扩建排岩运输方案的对比,看出间断－连续运输系统比汽车直排方案的基建投资多6919万元,后期随运距增加,汽车直排多追加投资7224万元,由于汽车直排运距比该间断－连续运输系统长4.43km,在计算期内多花运营费用10.87亿元,在25年内把总投入费用按10%贴现,累计现值比汽车直排方案省现值5.27亿元。首钢水厂铁矿扩建工程采矿修改设计于1996年4月完成。在设计中,将可移式破碎－胶带运输系统和半固定破碎站－胶带运输系统两方案对比表明,前者总投资合计55724.6万元,后者57972.3万元,前者比后者节省投资2247.7万元。南芬铁矿一号排岩系统的间断－连续运输工艺研究,是国家“八五”科技攻关课题,研究结果表明,间断－连续运输比单一汽车运输投资节省8200多万元,经营费年平均节省2700万元,劳动生产率提高52%[8]。

3.2.2.2 陡帮开采工艺

在我国过去实行缓帮开采,工作帮坡角8°～15°,其优点是可以为日后的生产创造非常便利的工作条件。可是西方国家都普遍在应用陡帮开采,使工作帮坡角达到20°～35°,有时更大。其所采用的基本结构的参数,是台阶高12～15m,工作平台宽度40～60m,临时非工作平台宽度3～10m。这些仅是通过缩小工作平台宽度和采用组合台阶开采方式,来提高工作帮坡角。在钻机能保证孔深的情况下,可以提高台阶高度到20～25m,甚至更高,来增大工作帮坡度,还能减少运输平台数目。经研究表明,当露天矿深度为100～200m、300m和500m时,较为适宜的台阶高度,分别为24～27m、30m和45m。当露天矿采用分期开采时(10～15年),第一期工作帮坡角不应超过12°,相应的台阶高度为24～27m;达到300m深时,工作帮坡角应在16°～25°的范围,相应的台阶高度为30m。当达到最大深度时,工作帮坡角为24°~32°，相应台阶高度达45m[9]。至于陡帮开采的形成，是通过各种采剥方式来使露天矿的工作帮坡角陡起来的。最常见的方式有[10]：

（1）倾斜条带开采方式，又称削帮开采方式。它是在整个帮上只有一个作业台阶，从上到下轮流作业，其余不作业的台阶，只留有较窄的平台，故加大了工作帮的坡度，见图3-6。

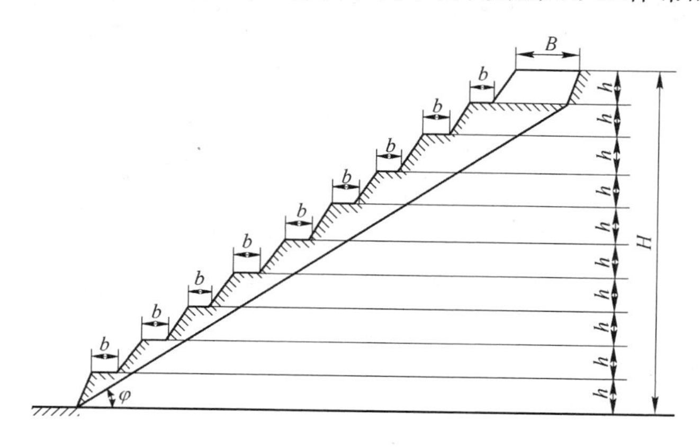

图3-6　倾斜条带开采方式

（2）组合台阶开采方式。用一台电铲负责开采2~5个台阶，自成一组。开采时自上而下，一个一个台阶地开采，其中不作业的台阶只留有较窄的平台，故能加陡工作帮坡角，见图3-7。

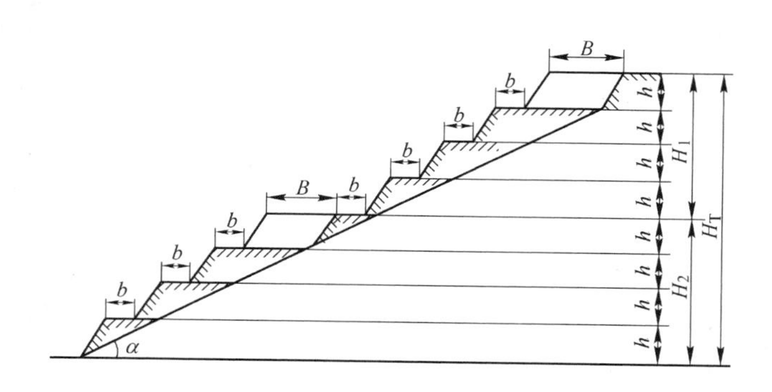

图3-7　组合台阶开采方式

（3）电铲尾随开采方式。所有工作面同时向前，电铲尾随构成一组，组内有若干台电铲同时作业。从图3-8中可以看到，在工作帮任何一个垂直剖面上，组内只有一个作业台阶保留工作平台宽度，其他台阶只留暂不作业的平台，故可以加陡帮坡角。

（4）并段爆破，分段采装作业方式。工作台阶并段进行穿孔爆破，然后在爆堆上分段进行采装。它是靠增大高度和减少爆堆占用的宽度来加陡工作帮坡角的作业方式，如图3-9所示。此方式只有在钻机的穿孔深度得到保证时才能使用[11]。

陡帮开采工艺优点较多，主要是基建剥岩量小，基建投资少，基建期短，投产快，达产快，可以缓剥大量岩石和降低前期生产剥采比；还可以均衡生产剥采比，推迟非工作帮的暴露时间，减少非工作帮的清理工作量和清理费用。

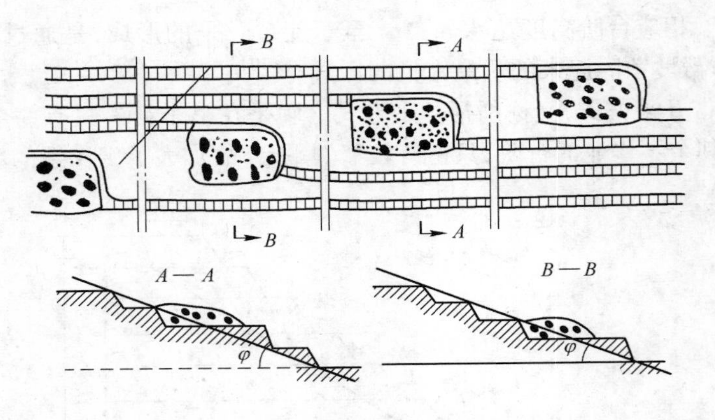

图 3－8　电铲尾随开采方式

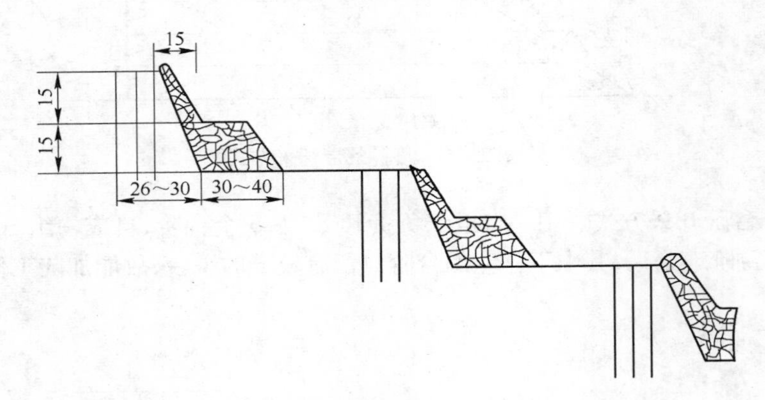

图 3－9　并段穿爆、分段采装的作业方式[11]

3.2.2.3　排土新工艺

全世界露天矿每年要剥离废石的总量约 300 亿吨。国外大型露天排土场，每百万立方米容积废石要占地 2 ~ 3 公顷。美国矿山全年排弃的废石量约 25 亿吨，总计占地 8 万公顷，其中排土场占地 4.8 万公顷，是矿山企业占地总面积的 56%。据估计，一个露天矿排土场占地面积是全矿占地面积的 40% ~ 55%，这个数字是相当可观的。因此，当今露天矿都在采用增加排土场高度来降低占地面积。有条件的矿山一般都将价值不大的土地（或天然沟谷，或报废矿坑），作为排弃废石的排土场。并且尽量利用报废露天坑作为内部排土场，其深度常达 100 ~ 150m 或更深。由于利用电铲、索斗铲、推土机排土，排土场的台阶增高了。实践证明：最终高度比原设计大 1 ~ 4 倍。下面介绍近十几年国外为减少排土场占地和增加堆置容量的三种排土新工艺。

A　*倾斜分层排土法*

这种方法配合铁路运输，将列车内废石卸入受料坑，再用推土机推到上部分段（见图 3－10），然后由另一台推土机沿着斜坡（坡度小于散体废石自然安息角）推到下部分段，于是形成一个排土台阶。当台阶上分段堆积宽度达到最佳的移道步距后，就将铁路移到新的位置。还有一种做法适用于选择性岩土分排和复垦，用推土机将汽车卸下的坚硬岩石按

10°～20°的坡度推移到下部分段，岩石按自然安息角滚到坡底，随之在上部分段堆置软岩或垦殖土以利复垦，见图3－11[12]。

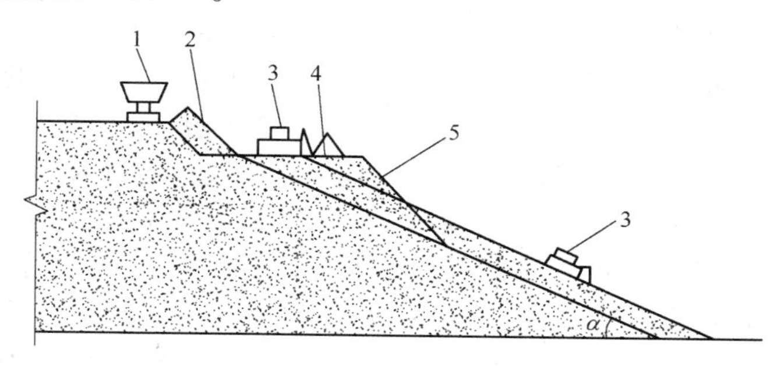

图3－10　倾斜分层排土新工艺

1—铁路运输；2—受料坑；3—推土机；4—中间岩堆；5—上分段

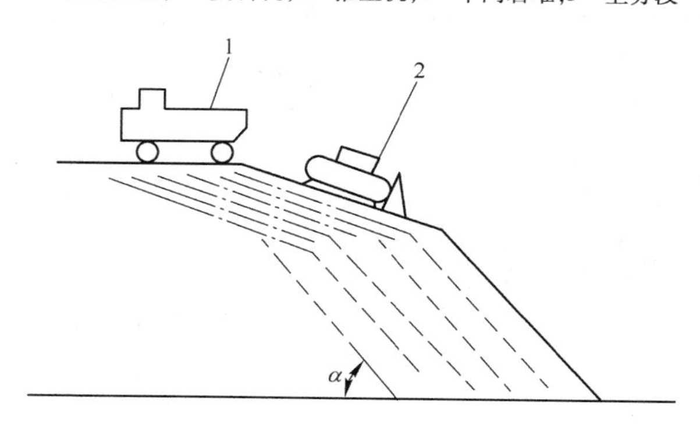

图3－11　倾斜分层选择性分排工艺

1—汽车运输；2—推土机

B　控制排土场坡面变形堆置法

在倾斜地基上堆置排土场时，预先在潜在的滑动面位置下部安放管状爆破容器，然后继续排土。当排土平台推到临界稳定宽度时，便停止排土，向容器内装填炸药。首先起爆坡角处的爆破容器，再用微差爆破起爆上部的炸药，见图3－12。在安放爆破容器时，其倾角应等于岩石的自然安息角，容器的一端必须露出岩堆表面约0.4～0.5m，以便装填炸药。设计炸药的爆力和地震效应，须根据稳定性计算，以下滑力稍大于抗滑力为准则[12]。

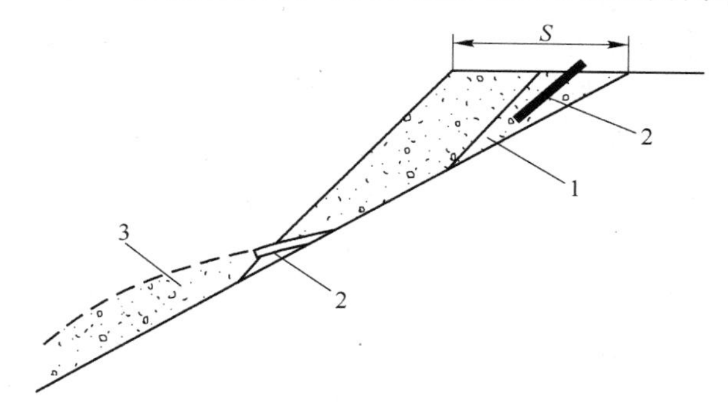

图3－12　控制排土场坡面变形的排土新工艺

1—边坡潜在滑动面；2—管状爆破容器；3—滑移岩石堆；S—滑动体宽度

C　*在尾矿库上建设高边坡排土场*

为了环境保护、节约用地和节省投资,要充分利用矿区废弃的尾矿库及采空区建设排土场,或者采用排土场与尾矿库的联合堆置方案。俄罗斯库尔斯克磁力异常地区的古布金采选联合企业和斯托连采选联合企业,采用了在尾矿库上同时设计排土场的方案,只是尾矿库干坡区段比排土场作业线超前形成一个区段。图3-13所示是一个典型的分区段堆置尾矿库-排土场联合方案,尾矿库分区段放进尾矿,而每个区段库容量为$(3\sim7)\times10^7\mathrm{m}^3$,当第一区段堆满后,第二区段投入使用,随后在第一区段尾矿库上堆置排土场第一台阶,如此循环堆置,直到排土场高度可达40~50m,最后在排土场顶部进行复垦。另一个方案是倾斜分层堆置尾矿库-排土场联合方案,如图3-14所示。一般在第一分层尾矿结束后两年,便可在其上面堆置排土场(即等于尾矿管移动的步距l)。尾矿堆积厚度为40m,堆置多层台阶的排土场总高度可达100m。因第一个台阶对于软弱地基的压实和固结起决定性作用,故要求排土场第一个台阶高度不超过10~12m和超前后继台阶50~100m,其他台阶不限。

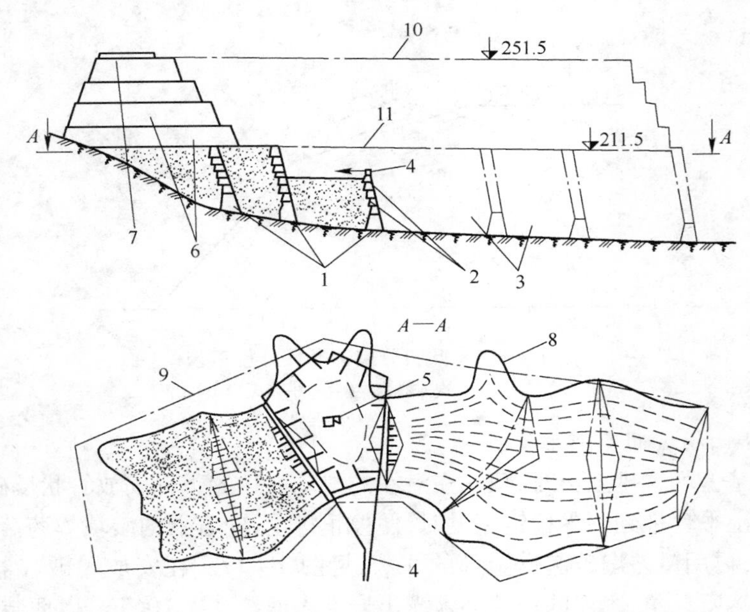

图3-13　分区段堆置尾矿库-排土场联合方案[13]

1—坝基;2—逐级加高坝基;3—区段库容;4—尾矿管道;
5—漂浮泵站;6—排土场台阶;7—复垦平台;8—尾矿区边界;
9—排土场边界;10—排土场顶部界限;11—尾矿库最终标高

近年来,在研究排土场堆置技术上做了很多的工作,主要有:(1)采用频繁移动排土设备,堆置高效率的单台阶高排土场,以代替需要占地面积大和运费高的多台阶排土场;(2)为了使排土场的岩石以后可供其他用途,采用了不同岩石的分别堆置,可以多种岩石分别堆置在一个排土场和按岩石类型单独堆积在几个排土场;(3)采用铁路运输和机动设备排土的倾斜分层排土方法,具有很好的推广前景;(4)排土工艺中的一个发展方向,是朝向允许变形条件下的排土工艺方案过渡,当排土场上部平台产生超过20cm/d的位移时,将排土工作转移到备用区段进行,直到排土区段的岩石变形停止为止;(5)能控制排土场变形的排土方法,是最有前途和效益的方法;(6)在多数情况下,利用露天采空区堆置剥离的岩石

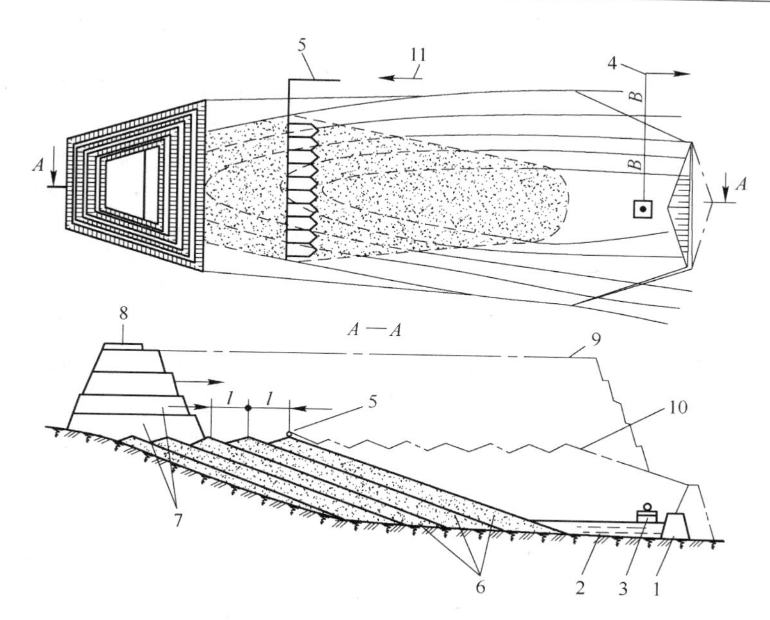

图3－14 倾斜分层堆置尾矿库－排土场联合方案[13]

1—尾矿坝;2—库内回水;3—回水泵站;4—排水管;5—尾矿排放管;6—倾斜尾矿层;
7—排土台阶;8—复垦平台;9—排土场顶部界限;
10—尾矿区边界;11—尾矿从选厂来的方向

是合理的。

露天矿的生产工艺比地下矿要单纯,过去一向被忽视,直到近几十年来才为人们所关注,在爆破、高台阶、陡帮,运输工艺、废石场等方面,都取得了较好的成绩。目前的焦点是深凹露天开采工艺问题,这是一项综合性的技艺,需要应用许多新的科学技术,对进一步发展露天开采,将会有所促进。

露天矿排土场的安全非常重要,山西忻州"5.18"尾矿库溃坝事件等,给人类露天开采的排土场安全防患敲响了警钟,特别是在洪水季节,更应做好预防、预警、防患未然。

3.3 边坡工程

露天矿边坡工程的研究,已有悠久的历史。这是因为采掘工业起源于露天开采,露天矿采深后常会出现边坡塌落,就得想办法增强其稳定性。所以几个世纪以来,人们积累了丰富的生产经验,构成了一笔宝贵的知识财富,在不断完善和创新的过程中,成为指导边坡建设的科学依据。

经验证明,露天矿的边坡,除上部20～100m外,通常由硬岩构成。硬岩的特点是在没有不利方向的结构面存在条件下,对于天然的边坡,其边坡角在达到70°～80°和边坡高度超过300～500m时,也不会出现滑坡或崩塌。所以露天矿的边帮在废止时,由于上面保留有很多运输平台和安全平台,虽然这些平台的台阶坡面角很陡(大于70°),可是露天矿总体边坡角(边帮)不会超过50°～55°,因此更不易滑落。

露天矿是由于岩体的开挖,在垂直方向增加了临空面,使部分岩体暴露,改变了岩体中原岩的应力状态，也改变了岩体中地下水流状态，加上岩体风化和爆破震动，使边坡岩体发生变形和破坏。破坏形式有崩落、散落、倾倒和滑动，前三者只是发生在台阶上，而滑动则涉及许多台阶乃至露天矿的整个边坡的破坏，是边坡塌落的主要形式，占稳定性破坏的85%。研究边坡的稳定性，就是要达到最陡的边坡角，而不会出现岩体滑落，做到尽量减少废石剥离量，实现最好的经济效益。至于影响边坡稳定性的因素，原因众多而又非常复杂，主要有：大的断裂面对边坡的相对位置和断裂面的抗剪强度指标；主要裂隙系统彼此间以及和边坡间的相对位置、裂隙发育程度、裂隙张开度、裂隙中充填物类型；开挖露天矿堑沟时，形成了应力卸载区，边帮近区岩体中应力和变形的变化状态；露天矿境界近区岩体内裂隙中地下水压力及其变化；边帮近区岩体受爆破震动的破坏影响；由矿床开拓系统和开采顺序，来全面确定最终境界上平台数量和平台宽度，以及各个台阶和边坡存在的时间[14]。这些因素综合起来，可以分为工程地质、水文地质和开采工艺三大类，分别评述如下。

3.3.1　工程地质

当边坡处于某一地质构造体系和构造应力场中，其稳定性必然与该地区的岩性、结构面和构造应力有密切联系。如容重和纵波速度大的岩石，通常有较高的力学强度，有利于边坡稳定；岩石的湿度大、可溶性强、吸水性强、软化性大、抗冻性差，则力学性质弱化，极不利于边坡的稳定；岩石的孔隙度较大，透水性较好，会使岩石力学强度减弱，造成边坡不稳，但又因能降低临近边坡的地下水位和静水压力，而有助于临近边坡的稳定。在结构面方面，由于分割岩体使其失去了均一性和连续性，造成各向异性，并降低岩体的整体强度，尤其是抗剪强度，又造成地表水渗入和地下水活动的通路，故对边坡的稳定性产生不利影响；还有当边坡的优势结构面的组合面，同边坡的走向、倾向处于某种不利组合时，会出现边坡倾倒、平面滑坡、楔形滑坡等破坏的倾向，取决于结构面的强度，就要看结构面的特征、成因和结构类型；粗糙度或起伏度大的结构面，具有较高的抗剪强度；结构面内充填物的性质和厚度，也影响抗剪强度，沉积型结构面和构造型结构面会造成边坡失稳而滑塌，块状结构岩体的边坡最稳定，而散体结构的边坡岩体易于坍塌和形成弧形滑坡。至于构造应力，是以水平方向为主，由于不均匀释放，会引起岩体向采空区方向回弹变形和膨胀，使原有裂隙进一步扩大或造成新的卸荷裂隙，从而降低岩体强度；又由于边坡坡角处出现应力集中，而且成倍增加，故而影响边坡稳定；还有区域构造应力中最大主应力的方向对边坡方位的关系，也十分重要，如果是垂直边坡，则破坏性较大；并且在有构造应力地区，随着露天矿的延深，构造应力对边坡稳定性的影响，将逐渐加剧[14]。

3.3.2　水文地质

地下水能使露天矿边坡滑坡，且多会发生在雨季或解冻时期。在低纬度的湿热地带，因大气降水频繁，水对边坡稳定性的影响就比干旱地区严重。其影响的作用机理，首先是由于边坡岩体位移而产生张裂隙充满水时，则沿裂隙两壁产生静水压力，作用方向垂直于裂隙壁，是促使边坡破坏的推动力。如果此张裂隙中的水沿破坏面继续向下流动，而从坡脚逸出，则会沿此段破坏面产生水的浮托力，从而减小了沿该面的摩擦力，对边坡不利。再就是动水压力或渗透力，主要是在土体或破碎岩体中，水的流动受到土粒或碎块的阻力，要流动就得对土粒或碎块施以作用力，以克服它们对水的阻力。由于动水压力是一种体积力，其方向与水流方向一致,故在计算土边坡和散体岩石边坡时,要考虑动水压力的作用。最后是水的物理化学破坏作用,水在结冰时,体积可增大10%左右,导致岩体沿着原有裂隙迅速开裂和分解;水还可以促进一些可溶性岩石的溶解或蚀变,而发生水化和脱水作用,引起矿物体积的膨胀或收缩,从而导致岩体松散、破碎或改变其化学成分。这种水化作用,会向深部发展和扩散,使岩体破坏更为严重[15]。

3.3.3 开采工艺及监测

最终边坡是由台阶高度、台阶坡面角及平台宽度等几何要素决定的。台阶高度主要依采装设备选型和开采条件而定。台阶坡面角的大小,与岩石性质有密切关系,在采用控制爆破时,坚硬岩石可达60°~70°,表土则不宜大于45°。运输平台的宽度,按运输设备类型及单双线路而定;安全平台和清扫平台设计中分别为3~6m和6~10m;当推到境界时,采取合并台阶以加陡边坡角,则应适当加宽平台;又由于运输量上部比下部集中,故要求上部运输平台应加宽;并且露天矿的深部往往采用陡沟开拓,使边坡上缓下陡。在边坡断面形状上,凹形边坡比直线边坡稳定,凹形的曲率半径愈小,则愈稳定,凸形的稳定性就差一些。采掘工作线的走向(即台阶坡顶线),在与倾向采空区的地质结构面走向相交的夹角愈小,在±20°以内,对边坡稳定愈是不利;如果能改变采掘方向,使两者近于垂直,就可以大大地促进稳定。爆破所产生的震动,特别是所产生的纵波较横波影响大,而频繁爆破震动对边坡稳定也不利;震动波可使岩石节理面张开,甚至使岩石破碎,其原因是给潜在破坏面以额外的动应力,促进边坡塌落;所以要求在生产中控制一次爆破的炸药量,或微差爆破中一段的药量,并在靠近最终边界时,采用减震或缓冲爆破技术。此外,在边坡上堆积废石或设置重型设备及建筑物等,会加大边坡的承重,增大岩体的下滑力;还有挖掘坡脚,会减小岩体的抗滑能力,都会使边坡稳定性恶化;而且露天矿的服务年限愈长,则边坡风化愈厉害,宜减小边坡角;如果推行横向工作线,分期开采或组合台阶开采,推迟台阶到境界,则有利于边坡稳定[16,17]。

矿山露天边坡工程的特点决定了工程的开挖设计稳定性分析的困难。寻求适应于矿山边坡工程特点的分析理论和分析方法,是提高矿山开采效益,降低采矿风险的重要保证。矿山边坡工程等效模型的动态预测理论与方法,是提高矿山边坡稳定性分析的重要途径之一。

众所周知,合理的边坡设计,是岩体工程地质、水文地质、采矿技术条件、经济效果、环境因素以及政府指令的综合优化结果。而传统的边坡设计,都是单独地考虑边坡工程方面的约束和限制。地质块段模型的形成,为建立边坡岩体的岩土工程模型提供了可能。地质模型、采矿模型和岩土工程模型的结合,为边坡整体化设计,做了必要的技术准备,才开始了边坡整体化设计的研究和实践,最终产生了矿山边坡工程等效模型的动态预测理论与方法。

矿山边坡工程等效模型的核心,体现在“等效模型”的建立和“动态分析”的预测技术两个方面。等效模型的建立是基于所建立的等效智能模型,图3-15为矿山边坡工程等效智能模型的建立与动态模型的计算框图。

边坡的失稳破坏,一般都有从渐变到突变的发展过程和破坏前的某种前兆。但由于提高边坡稳定的影响因素复杂,边坡岩土体的力学参数和稳定状态不仅难以确定,而且也不是一成不变的,因此单凭人们的直觉和经验难以发现边坡状态的发展过程,必须设置各种监测

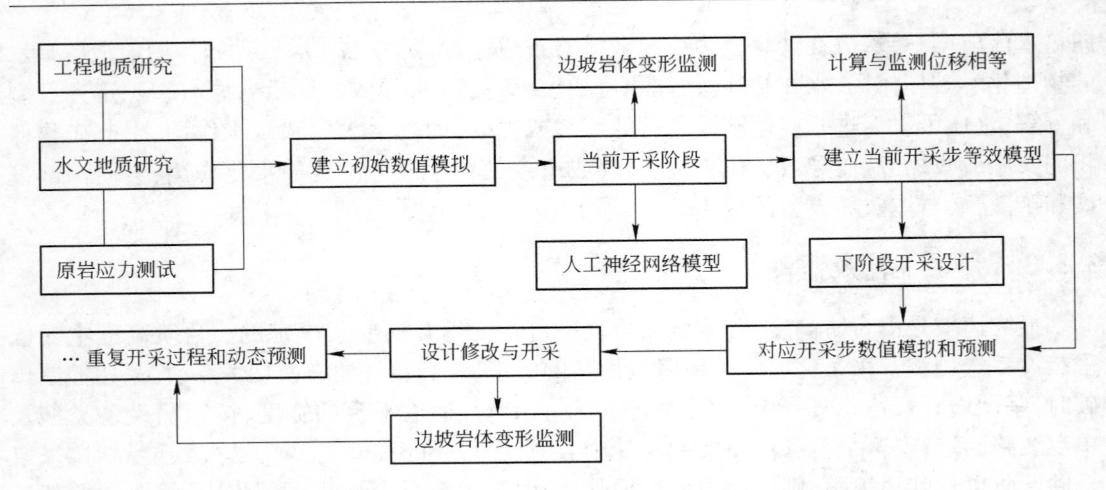

图 3－15　矿山边坡工程等效智能模型研究与动态预测框图[18]

仪器对岩土体进行周密的监测。由于安全监测能够得到坡体在不同时间的真实状态且适合做长期评价，已成为判断坡体稳定状态的一个重要方法。

边坡监测方法分为外观位移监测法、深部位移监测法、松弛范围监测法、地表裂缝监测法、地下水及渗流渗压监测法及锚杆锚索应力监测法等。

(1)外观位移监测以坡体表面位移为观测对象。地表位移监测常用的仪器有：①大地测量仪器，如红外仪、经纬仪、水准仪等；②专门用于边坡变形监测的设备，如裂缝计、钢带、简易观测标桩、地表位移伸长计等。其中精密大地测量技术最为成熟、精度最高，是目前广泛使用的最有效的外观方法。另外，GPS 测量技术、近景摄影测量和 INSAR 干涉雷达测量等，在近年也取得了明显的进步。其中 GPS 测量技术由于观测精度的不断提高，目前逐步进入实用阶段，发展前景较乐观。

(2)深部位移监测是将仪器埋入坡体内部，监测坡体在工程实施过程中的坡体变形，可以准确掌握边坡滑动面的位置、边坡位移的速率、边坡体随深度的位移变化情况，为边坡的稳定性评价、预测预报及防治工程设计提供直接依据。深部位移监测通常在钻孔中进行，既可监测边坡岩体不同深度的水平位移，也可监测不同深度的垂直位移或倾斜钻孔的轴向位移。监测仪器主要有：多点式位移计、钻孔测斜仪、TS 变位计、滑动测微计等。

(3)松弛范围监测采用声波仪或地震仪监测由于开挖爆破震动和地应力释放引起岩体扩容而在边坡表层形成的松弛带的范围，主要用于边坡局部稳定性评价和作为锚杆锚索优化设计的科学依据。

(4)地表裂缝监测的内容包括裂缝的张拉速度和两端扩展情况，如果速度突然连续增大或裂缝外侧岩土体出现显著的垂直下降位移或转动时，预示边坡即将失稳破坏。地表裂缝位移监测可采用钢卷尺、游标卡尺、位移计、伸缩仪、位错计或千分卡等直接测量。

(5)地下水是边坡失稳的重要触发因素。利用勘探阶段的钻孔或平洞内的钻孔用电测水位计进行地下水位监测，采用量水堰监测地下水的渗流情况，采用渗压计法监测地下水的渗流压力。

目前，边坡的安全监测仍以变形监测为主。由于位移变形监测能够为边坡工程信息化施工的安全进行、评价预测边坡的稳定性及发展趋势等提供重要信息，已成为边坡监测中最主要的内容，并在许多水利水电工程、采矿工程中得到了应用。

露天矿的边坡工程，既有古老的优秀历史，又有新的快速发展的现实，当前的工作已从经验分析转向定量化和模型化，从人工判断转向系统化和智能化，也就是利用最新的技术成就，把基础理论研究与实际工程项目结合起来。这是近年来的新趋势，对进一步发展露天边坡工程，是一个有益的推动。

3.4 露天转地下开采

露天转地下开采的矿山通常是矿体延伸较深、覆盖层不厚，多为中厚或厚大的急倾斜矿床。由于这类矿床采用露天开采方法，具有投产快、初期建设投资少、贫损指标小等优点，前期一般采用露天开采方式进行采矿；但当露天开采不断延深后，这些矿山将逐步由露天开采向地下开采过渡，最终全面转向地下开采。因此，要求露天转地下开采的矿山，在进行露天转地下开采的设计时，对前（露天）后（地下）期开采应统一全面规划。露天开采后期的开拓系统既要考虑地下巷道的利用，同时在向地下开采过渡时，地下开采也应尽可能利用露天开采的相关工程和设施等有利因素，使露天开采平稳地过渡到地下开采，使矿山产量和经济效益保持稳定。

露天转地下开采的矿山，整个矿山的开采期一般要经过露天开采期、露天与地下联合开采的过渡期和地下开采期三个阶段，在这三个阶段中，矿山的开采强度和矿山企业的生产能力是各不相同的。因此，在考虑露天转地下开采的开采工艺及工程布置时，必须研究确定与矿山矿床赋存条件及开采技术条件相适应的开采强度和生产能力，以求获得经济效益的最大化。

国内外露天转地下开采矿山的经验表明，当矿山充分利用了露天与地下开采的有利工艺特点时，统筹规划露天与地下开采的工程布置，可以使矿山的基建投资减少 25% ~50%，生产成本降低 25% 左右。

3.4.1 国外露天转地下开采的技术发展现状

国外露天转地下开采的矿山较多，涉及的矿山有金属矿山、非金属矿山和煤矿等，如瑞典的基鲁纳瓦拉矿、南非的科菲丰坦金刚石矿、加拿大的基德格里克铜矿、芬兰的皮哈萨尔米铁矿、前苏联的阿巴岗斯基铁矿、澳大利亚的蒙特莱尔铜矿等，上述矿山根据地质、资源、生产、环境和经济等因素不同的情况，并就合理确定露天开采的极限深度、露天开采向地下开采过渡时期的产量衔接、露天坑底盆的顶柱与缓冲层、露天开采的开拓系统与地下开采的开拓系统衔接、露天开采的边坡管理与残柱回采、坑内通风与防排水系统等主要问题进行了研究，取得了较好的效果。

瑞典基鲁纳瓦拉矿的矿床由三个透镜状矿体组成，长 7000m，倾角 55° ~65°，其中基鲁纳瓦拉矿走向长 3000m，平均厚度 90m。该矿从 1952 年开始由露天向地下开采过渡，1962 年全部转入地下开采，矿山生产能力为 2300 ~2500 万吨/年。矿山开采的特点为：深部露天的矿石用溜井通过坑内巷道运出，减少了露天剥离量并缩短了运输距离；地下采用竖井斜坡道开拓，使凿岩、装运等无轨设备可直接进出坑内采场工作面；井下运输提升全部实现自动化。

芬兰皮哈萨尔米矿为黄铁矿床,矿体埋深在地表以下500m,走向长650m,中部宽75m,两端变窄,矿体倾角北部50°~70°,其余部分为垂直。该矿采用露天、地下同时开拓建设,露天超前地下开采的方式,并利用统一的地下巷道,使过渡时期拉长,确保地下开采有充分的时间进行采矿方法试验;露天转地下共同使用井下破碎站和提升系统,减少了基建投资和露天剥离量;深部露天矿石通过溜井下放到地下开采的运输系统中,采用竖井提升方式比地面汽车运输节约了开采成本;从地面有斜坡道直通井下各个工作面,有利于提高采场的机械化程度和设备的工作效率[19]。

3.4.2 国内露天转地下开采的技术发展现状

国内露天转地下开采的老矿山有江苏的凤凰山铁矿和冶山铁矿、安徽的铜官山铜矿、湖北的红安萤石矿、甘肃的白银折腰铜矿、江西的良山铁矿、浙江的漓渚铁矿和山东的金岭铁矿等,通过试验和研究也积累了很多宝贵的经验,为进一步研究适合我国露天转地下开采的方法和手段创造了条件。

随着露天矿山开采深度的增加,有规模较大的金属矿山开始由露天向地下开采转化,如通钢板石铁矿、首钢密云铁矿、首钢大石河铁矿、首钢杏山铁矿、承钢黑山铁矿、唐钢石人沟铁矿等。国内有关学者从实际工程出发,对露天转地下开采的相应的技术做了大量的研究工作[20,21]。

唐钢石人沟铁矿从2000年着手进行由露天转入地下开采的建设,经过了转地下一期建设、二期建设及当前的三期扩大规模建设。该矿的转地下开采建设过渡期间基本上实现了平稳过渡,产量保持了基本稳定。李占金等采用ANSYS三维有限元数值模拟方法,对石人沟铁矿北区9种不同的采场结构参数进行数值模拟分析[22]。同时,运用模糊数学理论,建立了考虑安全和经济效益的综合模糊评判模型,最终确立了矿房长度50m、顶柱5m、间柱10m、底柱12m的最优矿房结构参数。中段回采结果证明采场十分稳定。乔国刚等以石人沟铁矿为实例,从覆盖层的功用分析入手,重点阐述了放矿工艺要求和覆盖层厚度的关系,并推导了放矿椭球体和松动体高度的关系模型;还通过试验测得了不同粒级散体矿岩所形成的覆盖层厚度的渗漏系数,依此计算覆盖层厚度和渗透时间的关系,从而确定出合理的覆盖层厚度。该研究成果按放矿工艺要求和散体渗漏规律计算合理的覆盖层厚度,为露天转地下开采的矿山提供了重要的参考[23]。卢宏建等将传统生产规模优化方法与现代数学理论结合,运用层次分析法结合综合评价的理论与方法,综合考虑了技术的、经济的和社会的因素,对石人沟铁矿的生产规模进行了优化确定,建立了规模优化模型,得到了石人沟铁矿露天转地下开采合理规模为215万吨/年,是矿山生产规模优化确定的一个尝试,为矿山决策及设计提供了有利的理论依据,使生产规模的确定更具全面性、科学性和合理性[24]。

通钢集团板石矿业公司隶属于通化钢铁集团,是吉林省最大的黑色冶金矿山。现有3个采矿单位,其中2个为地下开采、1个为露天开采。2000年前以露天开采为主,2000年后以地下开采为主。板石南露天矿于1996年转入地下开采,北露天矿于2002年转入地下开采。该矿科学地制定矿山中长期发展规划;合理地安排井下开拓及采准工程的施工顺序,对露天爆破采取减震措施,对井下的不稳固巷道及时采用树脂锚杆网支护,采取高强开采措施,保证投产当年达产;采取防排水、通风防寒的技术措施,保证矿山安全生产。矿山在露天转地下过渡期间实现了稳产和增产,并实现了当年投产即当年达产[25]。

李长洪等提出了一种基于支持向量机的露天转地下开采边坡变形模型，有效表达了地下开采扰动引起露天矿边坡变形的非线性变化关系[26]。采用RBF核函数学习现场监测数据，利用交叉验证选择模型参数，通过学习捕捉支持向量，建立模型预测未来变化趋势。将该模型应用于露天转地下开采的首钢杏山铁矿，结果表明，支持向量机对学习样本的拟合精度极高，其预测精度也很高。采用捕捉的支持向量进行预测，便捷快速且有较强泛化能力。

3.4.3 露天转地下开采的关键问题

A 充分研究矿山岩体力学特点，实现露天转地下平稳过渡

为提高资源回收率，在露天转地下的过渡期将形成露天开采、边坡之下挂帮矿体开采、主矿体地下开采的同时并存，矿山岩体力学条件极其复杂。为确保安全生产、平稳过渡，需要对过渡期地压进行模拟分析研究，并据其特点确定过渡期安全生产措施。其具体要求是：及时开采露采最终边坡之下的挂帮矿体，合理选择采矿方法及其构成要素；在转入地下开采之前，宜先行局部崩落矿体的上下盘边坡，覆盖露天边坡脚及坑下待采矿体的上部，以改善地下采空区矿岩应力。

B 充分利用已有工程设施，合理布置地采工程

在进行露天转地下开采设计时，一般露天已开采多年，且形成了选矿、尾矿、供水、供电、机修等一系列的工业和生活设施，如何充分、合理地将已有工业和生活设施用于地下开采，使露采工程与地采工程有机地结合，是露天转地下开采设计的重要课题。其具体要求是：在露天转地下开采中，为满足矿山生产规模的需要，必须尽量强化地下开采工艺，采用大型地下采掘设备、多中段作业等方式，以提高地下采矿强度。作为露采转地采的主要开拓工程——井筒位置的选择，既要考虑已有选矿厂的位置，以缩短地面运输距离；也要考虑充分利用露采已经形成的采矿工业场地，以降低工程建设投资；还要考虑露天已形成采坑，将井筒布置在采坑内，可缩短井筒长度，将井下废石堆存于露采坑内，可减少建设用地，充分利用矿山已有的运输及其配套设施。

C 切实做好露天转地下开采水害防治工作

露天转地下开采时，采区上部常留有一个或几个露天坑。汇水面积大，特别是降雨量大的地区，设计和生产中应合理制定防治措施。其具体要求是：堵塞径流通道，降低渗透系数，充分利用露天矿已有的防、排水设施减少井下排水量，做好雨季的预报，并采取防、排、堵、贮并举的措施等[27]。

D 安全技术与管理

（1）为避免露天矿爆破对地下井巷和采矿场的破坏，在地下工程与露天采场底坑之间应保持足够的距离。临近露天坑底的爆破作业不要超深，控制露天爆破的装药量，采用分段微差爆破等减震爆破方式。同时，要防止露天与地下爆破的相互影响。

（2）过渡时期的地下工程作业应不影响露天作业的正常进行和安全生产，应与露天采场作业密切配合，研究合理的回采顺序。露天坑底与地下采场之间留有必要的境界顶柱和矿房间矿柱。

（3）建立必要的岩石移动观察队伍，随时掌握地下采空区上覆岩层的移动规律，确保露天边坡和生产作业的安全。

（4）地下开采岩体移动界线以外的汇水方向上，应采取增设防洪堤、截洪沟等措施，拦

截地表径流经露天采场涌入井下。在地下与露天沟通的井巷和采场要采取防水措施，必要时设置防水闸门。要确保水泵房的正常运转和防止泥沙突然溃流涌入井下[28]。

露天矿转入地下开采，是一项综合工程，极其复杂。故在决定以前，必须通过调查研究，考虑周全，精心规划和设计，才能取得最佳效果。

3.5 露天矿信息技术的应用

3.5.1 企业管理信息系统

从20世纪80年代起，信息系统进入了飞速发展的阶段。一方面，各种管理模型在信息系统中得以应用；另一方面，数据库技术的发展以及计算机网络技术的出现，使计算机在管理活动中的地位，从单一的电子数据处理上升为完整的管理信息系统（management information system，简称MIS），从而翻开了计算机参与管理活动的一页。

企业MIS是一个能覆盖整个企业产、供、销、人、财、物等主要管理部门的人机协调的计算机辅助信息管理系统。它能够沟通企业内、外部信息，为企业的各级管理和决策人员提供生产、库存、销售、财务、设备等方面的生产经营的管理信息。在数据的传输、存储、处理、分析等方面，做到及时、准确、方便，提高了企业的经营管理水平，提升了企业的市场竞争力。

近年来，国内的企业越来越重视管理信息系统的建设，纷纷建立企业MIS系统，从而促进企业管理的科学化、现代化。目前，MIS已经在矿山、电子、水利、酒店管理、图书管理和商品零售等行业得到广泛应用，并显现出人工管理所无法比拟的优越性。

随着信息技术的迅速发展和市场竞争的加剧，现代企业生产经营活动所涉及的信息呈爆炸性增长趋势。同时，为了适应市场动态变化的要求，在竞争中立于不败之地，各种企业都在着手建立自己的Intranet，以便实现办公自动化，提高工作效率，获取信息，共享资源。国内许多矿山企业都纷纷开发管理信息系统，以期提高办公自动化程度，提高员工的工作热情和兴趣，实现部门间的资源共享，提高矿山公司的经济效益[29]。

3.5.2 露天矿生产汽车调度

国内外露天矿生产实践表明：露天矿采用汽车运输的运输费用占整个矿山生产费用的50%以上。随着开采标高逐年降低，运输费用也在不断增加。在这种情况下，许多露天矿的生产经营者、研究院所和高等院校的学者们深入矿山实际，研究其原因并寻求解决对策。结果表明，运输台班生产作业时间只占70%，非生产时间占30%。许多露天矿利用计算机信息技术，通过对采运设备（即汽车、电铲）的位置、状态、物料等信息进行采集，实现对汽车、电铲运行的实时跟踪与显示，优化汽车调度运行，及时准确查询统计当前的生产数据，以期此达到提高矿山产量，节省费用，取得较好经济效益的目的。

矿山生产调度系统是整个矿区生产过程的中枢，在生产中起着很重要的作用，不仅能实现对不同部门的管理，并能根据反馈的各类信息及时作出决策，指导生产。传统的管理模式是采用图纸资料，以人为主要因素进行管理。但由于资料繁多而分散，造成管理任务繁重，效率低下；凭经验和感观处理生产系统中的安全问题，没有定位、定量，准确性差。因此，传统的方式越来越不适应生产的发展，必须采用先进的管理方式和手段，才能更好地解决问题。随着应用计算机技术的地理信息系统(geographic information system,简称 GIS)的发展,为解决管理方式提供了先进手段。它是以采集、存储、管理、描述、分析地球表面、空间和地理分布有关的数据的信息系统,即以计算机为工具,具有地理图形和空间定位功能的空间型数据管理系统。地理信息系统与计算机工具(如 VB 等)相结合,可实现图纸管理、实时数据的采集与动态显示、生产信息显示与可视化分析,为决策者指挥安全生产提供了完备的生产调度信息和高效的分析手段[34]。图 3-16 为基于 GPS 的露天矿卡车调度系统。

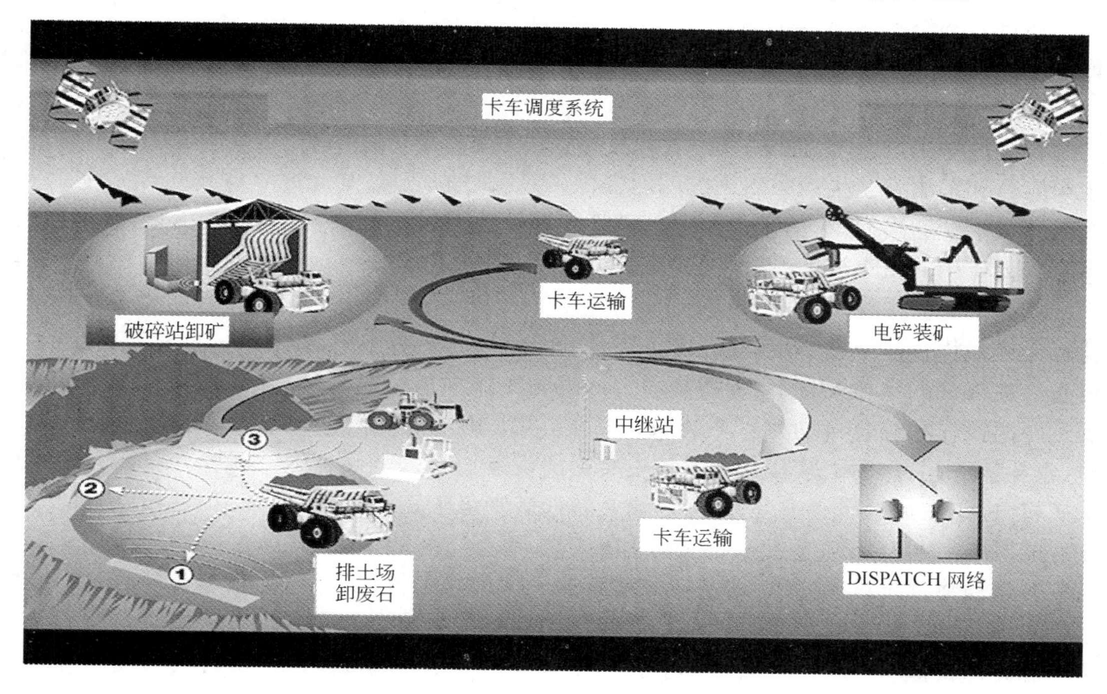

图 3-16 基于 GPS 的 DISPATCH 露天矿卡车调度系统

车用全球定位系统的主要用途是用户通过设备接收 GPS 卫星信号,再将信号通过无线电集群通信发射法使车辆调度部门通过该系统可获得车辆实时位置及速度等方面的信息,最终实现利用 GPS 进行导航、定位和车辆监控及调度业务。

通过将 GPS 车辆监控管理系统和调度指挥系统两者有效的结合应用,有利于管理者科学调度,协调运营,合理分配运输资源,从而提高生产运输效率,并建立一体的指挥控制体系,更有利于处理不可预见的突发状况,提高对紧急运输等应急任务的生产处理能力。

A 车辆跟踪

利用 GPS 和计算机电子地图,实时显示车辆的实际位置,实现了对电子地图进行任意放大、缩小、还原、换图等功能;使计算机监控窗口随被监控目标移动,使目标始终保持在屏幕上。该平台还实现了多窗口与多车辆的同时跟踪,准确且方便地实现对作业车辆的实时跟踪。

B 调度指挥

可以监测作业区域内车辆运行位置及运行数量,管理者可依据作业点的任务大小,及时调整和配置合适的车型及车数,从而对被监控区域车辆进行合理调配,科学指挥。

C　服务监控

通过 GPS 监控平台，实现了对现场车辆 24 小时不间断跟踪监控，便于生产管理部门随时掌握车辆运行状态，反馈作业场所最新动态，大大提高车辆作业效率，为科学、合理地组织生产提供了依据。同时，通过对单车运行轨迹进行分析和汇总，实现了单车、单人服务效果，还可以为上、下链单位相互监控服务提供依据。

D　实施救援

通过 GPS 定位和监控管理系统，可以对发生事故的车辆进行紧急救援。当调度员发现作业车辆长时间停驶时，可以主动了解情况，迅速制定应急处理措施。通过采取及时增补运力，通知车队快速修复故障车辆等措施，确保生产不受影响[35]。

在生产中引进 GPS 监控系统，能够及时了解运输作业现场动态，牢牢掌握生产节奏，为生产顺行和解决安全生产中出现的问题提供了最及时的信息，并通过对驾驶员的实时监督，大大减少了交通事故率，为矿山实现车辆管理现代化提供了强有力的技术支持。目前国内多家露天矿山的汽车调度系统中均引入了 GPS 技术。

露天矿的技术发展方向，是进一步完善设备大型化、工作连续化、操作自动化、管理科学化和生产最优化。但在当下，穿孔爆破仍是开采硬岩的主要作业，必须进一步完善其技术和设备。在未来的穿孔设备上，主要是增大钻机的工作参数和动力，加大孔径和孔深，以及实现远距离操作和综合自动化。在装载设备上，主流仍是大型电铲，而液压铲将与轮斗挖掘机、索斗铲一起，作为松软覆盖岩层的主要剥离设备。开采坚硬、耐磨蚀性岩石的露天连续采矿机，也正在加紧研制中。另外，运输是露天矿中最关键的环节，应在以自行式破碎机为核心的“间断 - 连续”工艺上有所突破和推广。随着时间的推移，在大型深凹露天矿中，单一汽车运输将逐步被“电铲 - 可移动式破碎机 - 大倾角运输机”连续运输工艺所代替，还有可能出现新的运输方式如胶带列车。现代化大型露天矿应全面实现计算机管理，使信息的采集和反馈快捷，提供的数据准确可靠，并且有利于系统分析，以保证各种决策的可靠性。未来的露天矿，将是无人或少人管理的矿山，这是人们对采矿工业的希望，也是为之奋斗的目标。

第 3 章参考文献

[1] 黄理坚．露天采矿技术的现状研究[J]．科技咨询，2008(18)：69 ~ 70.
[2] 康永．露天采矿技术发展方向及高校相关专业教学模式探讨[J]．高等建筑教育，2008，17(2)：11 ~ 15.
[3] 唐建方，刘惠康，王新立，刘云龙．神经网络在牙轮钻回转控制中的应用[J]．冶金自动化，2008，32(1)：59 ~ 61.
[4] 赵昱东．露天矿大型装运设备的新发展[J]．矿业快报，2001，10(19)：1 ~ 4.
[5] 赵昱东．露天矿大型装运设备的新发展[J]．矿业快报，2001，10(20)：1 ~ 5.
[6] 裴海兴．冶金矿山矿用炸药的现状及发展趋势[J]．矿业快报，2008(5)：7 ~ 9.
[7] 刘树岩．谈露天深孔爆破技术[J]．科技创新导报，2008(23)：122.
[8] 赵昱东．间断 - 连续运输系统在金属露天矿的应用与发展[J]．矿业快报，2001(15)：1 ~ 5.
[9] 张可能．高台阶开采技术[J]．国外深凹露天矿开采技术．冶金部情报标准研究总所，1991：36 ~ 38.
[10] 陈遵．试论陡帮开采中的几个问题[C]．冶金矿山采矿技术进展论文集，黑色金属矿山情报网，1986：34 ~ 42.

[11]《采矿手册》编辑委员会．采矿手册第3卷[M]．北京:冶金工业出版社,1991:83~84.
[12] 苏文贤．国外露天矿高台阶排土技术的发展[J]．国外金属矿山,1989(12):89~92.
[13] Н М Гордиенко. Совместное Складирование Отходов Оъогащенияи Вскрых Пород, Горный Журнал, 1988, No. 1, стр. 45~47.
[14] 佐捷耶夫．深露天矿边坡和台阶边坡稳定性[J]．国外金属矿山,1989(4):16.
[15] 熊传治,等．露天采矿手册[M]．北京:煤炭工业出版社,1987.
[16] 高磊,等．矿山岩石力学[M]．北京:机械工业出版社,1987.
[17] 王思静,高谦,孙世国．中国露天边坡工程研究进展与展望[C]．第二届岩土与工程学术大会论文集,北京:科学出版社,2006:901~917.
[18] 刘慧明,桑晓农．安全监测在边坡工程中的发展与研究现状[J]．山西建筑,2008,34(8):136~137.
[19] 孟桂芳．国内外露天转地下的发展现状[J]．化工矿物与加工,2009(4):33~34.
[20] 郭金峰．金属矿山露天转地下开采的发展现状与对策[J]．云南冶金,2003,32(1):7~10.
[21] 田泽军,南世卿．露天转地下开采前期关键技术措施研究[J]．金属矿山,2008,34(8):27~29.
[22] 李占金,韩现民,甘德清,张亚宾．石人沟铁矿露天转地下过渡期采场结构参数研究[J]．矿业研究与开发,2008,28(3):1~2.
[23] 乔国刚,李占金,杨丹丹,李睿等．露天转地下开采覆盖层厚度的影响因素分析[J]．金属矿山,2008(4):34~36.
[24] 卢宏建,高永涛,吴顺川,潘贵豪．石人沟铁矿露天转地下开采生产规模优化[J]．北京科技大学学报,2008,30(9):967~971.
[25] 李希平,徐彬．露天转地下稳产过渡生产实践[J]．矿业快报,2007(7):75~77.
[26] 李长洪,等．基于支持向量机的露天转地下开采边坡变形模型[J]．北京科技大学学报,2009,31(8):945~950.
[27] 龚清田．浅析露天转地下开采的几个问题[J]．有色冶金设计与研究,2005(4):1~3.
[28] 黄真劲．永平铜矿露天转地下开采过渡方案的讨论[J]．采矿技术,2006(3):231~232.
[29] 秦秀婵,苏海云．基于矿山企业管理信息系统的开发与研究[J]．黄金科学技术,2005,13(4):37~40.
[30] 席红胜．GPS定位技术在矿山中的应用[J]．轻金属,2007(4):8~10.
[31] 连勇军．浅析采用GPS技术建立矿区控制网[J]．江西煤炭科技,2009(3):155~157.
[32] 胡远新,赵奋军．GPS技术在矿山开采沉陷中的应用[J]．采矿技术,2009(3):68~69.
[33] 张映红．全球定位系统在矿山边坡变形监测上的应用[J]．铜业工程,2007(1):18~20.
[34] 王姝,华钢．GIS在矿山生产调度系统中的应用[J]．煤矿机电,2005(1):64~65.
[35] 钱钢．GPS在梅山车辆运输中的应用[J]．梅山科技,2008(4):15~16.

4 硬岩矿床地下开采新进展

近20年来,世界上用地下开采方法所采出的固体矿物,为开采总量的25%,虽然比露天矿采出量少,但是每年也有100多亿吨,而且主要是富矿和价值较高的矿物,产值很高。

20世纪60年代末到20世纪末,硬岩矿石中的金属产品价格,除黄金外,都处于持续疲软状态,但生产费用却在不断地增长,迫使矿山企业不得不从技术革命中求生存,在提高生产效率和降低生产成本上,取得了巨大的成就。

进入21世纪以来,一方面由于矿产品价格在2008年以前一直居高不下,使得矿山更加重视回采率的提高,一些在以前没有多大开采价值的矿块重新进入了开采计划,同时也加大了对残矿的回收力度,高利润也让成本较高的采矿方法得到了推广;另一方面,由于矿产资源的逐渐消耗,使得大规模、易采、高品位的矿床逐渐成为历史,地下开采进入了深井开采和复杂难采矿床开采的时代,开始了新一轮安全和高效开采方法的研究。

4.1 理论研究和技术革新

众所周知,采矿方法是地下开采的核心。地下开采中的重大变革,几乎都与采矿方法有关。而采矿方法变革的主要目标有:

(1)把矿房、矿柱和采空区处理作为一个整体同时考虑,以实现有计划、有步骤的全面回采,既减少了开采损失贫化,又消除了采空区隐患。

(2)改革采矿方法结构,实现强化开采,减轻繁重体力劳动,以提高劳动生产率,降低开采成本。

(3)更加重视安全和环保,提出了无废开采的理念,大量新技术引入到安全监测和防护方面。

(4)自动化、信息化水平进一步提高,智能矿山、数字矿山成为矿山发展的方向。

4.1.1 理论研究

为了实现上述目标,近30年来,在采矿科学技术研究中,为促进采矿方法变革,在矿山地质力学和计算机技术上,取得了一些有价值的成就,已能为硬岩矿山地下采矿方法的变革,提供一些有益的理论依据。现从两个方面简述如下。

4.1.1.1 矿山地质力学

在矿山地质力学方面,重视了原始地应力的测量和应用。目前普遍采用的地应力测量方法有应力解除法和水压致裂法两大类。其中,套孔应力解除法是发展时间最长、技术比较成熟的一种地应力测量方法。在测定原始应力的适用性和可靠性方面,目前还没有哪种方法可以和应力解除法相比。据统计,在全世界已经获得的地应力测量资料中,有80%是用应力解除法测得的。矿山有一系列的巷道、硐室可接近地下测点，采用应力解除法是最经济和可靠的。地应力有如下规律：

（1）在矿山地应力场的三个主应力中，均有两个接近于水平方向，另一个接近于垂直方向。

（2）最大主应力均位于近水平方向，最大水平主应力值为自重应力的2倍左右。说明这些矿山的地应力场是以水平构造应力为主导的，而不是以自重应力为主导的。

（3）最大水平主应力的走向基本上与区域构造地应力场最大主应力的方向相一致。而且在区域应力场内，局部地段的地应力方向和数值会由于局部地质构造的变化，也随之有所不同，如图4－1所示。

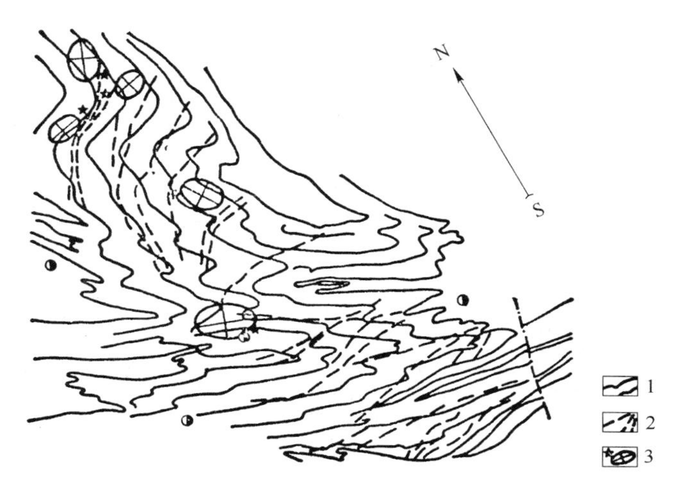

图4－1　水平主应力与岩层构造的关系图[1]

1—层理；2—断层；3—应力测量点和应力椭圆

（4）位于近水平面内的两个主应力的值，一般相差较大，显示出很强的方向性。按照莫尔－库仑强度理论，两个主应力的差值就是剪应力，而岩体的破坏通常是由于剪切破坏引起的。在水平面内存在的很大剪应力是引起地下巷道和采场变形和破坏的重要原因，必须予以足够的重视。

（5）垂直应力值基本上等于单位面积上覆岩层的质量。垂直应力的平均值多数矿山略大于自重应力，只有甘肃金川镍矿略小于自重应力。

（6）最大水平主应力、最小水平主应力和垂直主应力均随深度呈近似线性增长的关系。这就意味着在矿山深部将会遇到很大的地应力的作用，必须采取合理有效措施控制地应力的作用，维护地下采场、巷道的稳定性。

另外，在矿岩体的特性方面，按照岩石单轴抗压强度、RQD值、不连续面情况和地下水条件，对矿岩体进行分类，为选择支护类型和回采方案提供了指导。在硬岩矿床开采过程中，对采场上下盘和矿柱中的应力分布，回采步骤间的应力变化，充填体、支柱和人工支柱的作用机理，移动散体矿岩对采场四壁和底柱的破坏效应等，可采用数值法（有限元、边界元、离散元等）或模拟法（光弹、相似材料、物理模型等）找出规律，用以指导采矿方法设计和采场生产。由于采矿工程的复杂性和形状的多样性，利用理论解析的方法进行工程稳定性分析和计算几乎是不可能的。但是,计算机的应用和各种数值分析方法的不断发展,使采矿工程成为一门可以进行定量设计计算和分析的工程科学[2]。

4.1.1.2　计算机技术

在计算机技术方面,主要表现在四个层面:计算机辅助设计,数值模拟,人工智能以及虚拟现实技术。

在计算机应用上,对采场模拟的研究已有了较好的突破性开端。如把地质统计学和计算机几何造型技术结合起来,把矿体的形态、空间位置及其品位分布和岩层类别及其大构造等资料,用来构造矿床模型和地质统计模型,所构成的二维或三维图形,则显示在微机屏幕和打印在图纸上。然后再用 CAD(计算机辅助设计)的方法在屏幕上布置开拓、采准和切割巷道及采场结构,如图 4-2 所示。图中,网格代表矿体,从一侧可以看到进路平巷,这些平巷与井筒、斜坡道连接,将地下巷道网和地面联系起来。还可以在图中布置回采方案。从许多方案中,选择采切工作量小和损失贫化低的开采方案和采矿方法。这与人工作图法相比,有效率高、可靠性高、立体感强和方案多的优点。

此外,利用计算机还能够把数值法计算编成程序进行运算,把各种开挖情况下的应力状态反映出来,有利于设计和生产人员在决策中正确地分析问题,采取措施。如图 4-3 中是巴锐索(Pariseau W. G.)等人在美国霍姆斯特克(Homestake)金矿进行 VCR 采矿法试验中,应用有限单元法所得出的采场周围应力分布图。图中粗箭头表示拉应力,在采场上、下盘和顶柱中部都出现了,这就须在设计中加以考虑[4]。在计算机模拟爆破方面,其程序是以包括有爆破过程各方面的综合模型为基础,如岩石类型、炮孔排列、炸药类型、爆破顺序等,可用于地下矿的各种爆破条件,通过计算机模拟爆破,可以得出最佳方案。加拿大诺兰达技术中心(Noranda Technology Center)的 BLAST-CAD(爆破计算机辅助设计)系统,已在诺兰达矿业公司的大多数矿山中取得了推广应用。它包括炮孔设计、装药设计和雷管布置等内容,在一切准备完成后,即可生成爆破任务单,地下爆破人员可按照爆破任务单,实施爆破设计等。

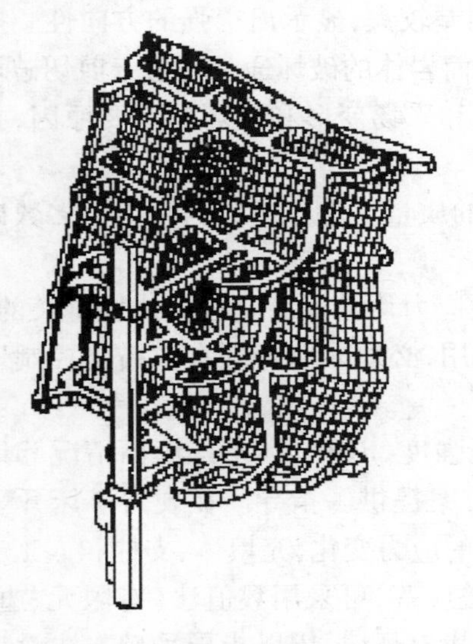

图 4-2　矿体几何形态和开采布置三维等轴图[3]

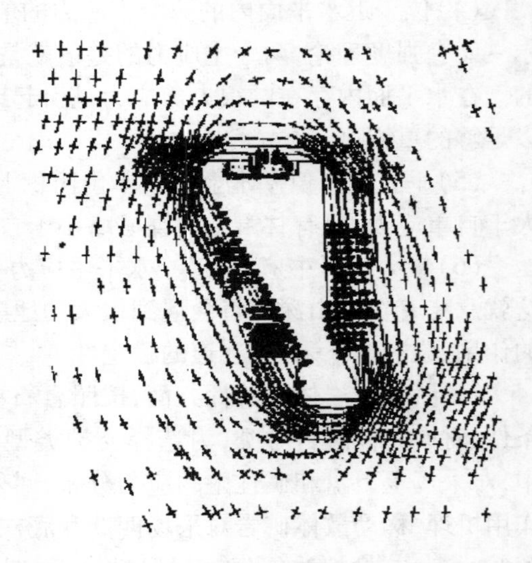

图 4-3　霍姆斯特克金矿 VCR 法采场周围应力分布图[4]

以计算机为基础的“专家系统”，是一个拥有大量专门知识与经验的计算机程序系统，一般包括一个存有事实和规则的知识库、一个提供巧妙推理的推断器、一个新知识采集的程序块、一个作为用户推理的解释接口和一个为用户提供人－机良好联系的输入/输出(I/O)装置等[5]。这是一种人工智能计算机程序，用知识和推理过程来解决那些人类卓越的专家才能解决的难题；它有许多功能，其中设计系统可以根据矿体和围岩的物理、地质和几何特征，用来解决多因素和复杂的开拓方案、生产进度计划、采矿方法以及爆破设计等优化选择问题。

在矿业领域内，利用虚拟现实技术已开发出多个虚拟现实系统，如英国诺丁汉大学AIMS研究中心开发出井下虚拟采矿环境SAFE－VR系统和矿山作业人员的安全技术培训等系统。人们通过这些矿山虚拟现实技术(VR)软件了解实际的矿山作业环境，进行风险预测和典型事故的分析和再现等。此外，VR技术在矿山灾害识别、救灾训练等方面也得到广泛的应用。虚拟现实技术的研究与应用无疑对提高矿山安全生产、矿工的安全意识具有重要的实用价值。

4.1.2 技术革新

为了实现前述地下开采和采矿方法变革的奋斗目标，在正确的理论知识指导下，近50年来，开始了下面几项技术改革工作[6]：

(1)采矿设备型号缓慢增大，向灵活机动和高效方向发展，注重智能化、自动化水平的提高。在过去的20多年里，由于采矿设备的遥控和自动控制技术的实现，提高了生产效率，降低了成本，增加了安全性[7]。

在铲运机自动化方面，首先出现的是视觉范围内的遥控技术，后来出现了借助控制导线实现铲运机的运行控制技术。操作人员通过视频监控器监控铲运机作业状态；或者通过铲运机上的摄像机和接收装置，铲运机由摄像机引导，沿着顶板和边帮的预定白色条带运行，使其自动完成出矿和卸矿的操作，操作人员只需在控制室内控制装卸工作。

世界上知名的铲运机的生产厂商有芬兰的Sandvik Tamrock公司的Toro铲运机分公司(产品见图4－4)，美国的Atlas Copco Wagner公司及德国的HFH公司等，这些公司除了一

图4－4 Toro 地下铲运机[8]

些系列产品外，还可以根据客户的需要进行定制。近年来，国外地下铲运机新机型的一个重要特点就是自动化程度越来越高。在危险地区或环境恶劣的地方，由广泛采用离开危险区的无线电遥控和电视遥控（早期的无线电遥控装置必须由人站在危险区附近操作）发展到今天的计算机控制。在中心控制室通过计算机直接控制一台或几台地下铲运机作业。在进行自动操作前，必须依靠人工输入大量信息，例如地下铲运机应首先依靠人为控制来识别工作循环过程，即司机在驾驶室内或利用电视遥控系统控制地下铲运机沿着设定的作业路线缓慢地移动，使地下铲运机一次就学会基本操作循环，其中包括行走及各种装卸作业，然后再返回原出发地。在室内则用电视遥控设备操纵地下铲运机，由计算机控制行走与卸料，一个操作人员能在控制室内同时监控两到三台地下铲运机[8]。

铲运机的完善和发展带动了井下汽车运输的进步和广泛应用，现在采深1000m，年产量150万吨的地下矿山大多都应用了汽车运输。如在澳大利亚，大约只有1/3的地下矿山使用竖井提升，其余则多采用斜坡道运输。世界上知名的专业生产汽车厂商有芬兰的Sandvik Tamrock公司，美国的Atlas Copco Wagner公司、Caterpillar Elphinstone公司、加拿大Dux Machinery Corp公司和瑞典的ABB公司。井下运输汽车从结构上可分为铰接式和整体结构式，按卸载方式可分为底卸式、侧卸式和后卸式，如图4－5所示。Tamrock公司推出的Super 0012H汽车载重可达110～120t，能够在6m×6m断面的巷道里行驶，在2%的坡道上行驶速度可达30km/h，并且驾驶舒适。

图4－5　VOLVO井下运输车

在国外，目前先进的钻机和凿岩台车大部分都是以电动或液压为动力，气动冲击钻机一般采用高风压（1MPa），国内使用的基本上还是低风压（0.5～0.6MPa）。在钻凿中深孔方面，国外有潜孔和牙轮两种形式的钻机，国内主要采用YQ系列或进口的潜孔钻；在浅孔和井巷掘进方面，先进国家广泛采用凿岩台车，国内小型矿山更多的是使用气腿式钻机。瑞典基律纳铁矿采用新式的潜孔液压钻机和凿岩台车，可以钻凿55m深的炮孔，将分段高度提高到30m左右。新式的液压台车采用模块化设计，易于装卸，并使用了计算机控制的钻进系统，可以提高方向精度和工作效率。

（2）广泛采用锚杆和锚索加固采场围岩，甚至矿体。这将有利于改变采场结构，使许多高效空场回采方案，能推广到破碎矿岩体中，并为实现采场机械化作业、保证生产安全，创造了有利条件。

(3)采用注浆理论和技术支护松软巷道。注浆理论是在水力学、流体力学、固体力学等相关理论的基础上发展起来的,对浆液的流动形式和固结方式进行分析,建立了扩散半径、注浆压力、流量等之间的关系。按照地质条件、注浆压力、浆液对土体的作用机理、浆液的运动形式和替代方式,可将注浆分为渗透注浆、劈裂注浆、压密注浆和高压喷射注浆四类。这些理论自问世以来,在大量工程实际中得到了广泛应用,发挥了巨大作用;同时,经过广大科研人员的潜心研究和不懈努力,其理论也得到了长足的发展。但是由于地质条件和浆液本身的不确定性,致使注浆成为一门实践性非常强的技术,因此在现场注浆中,应多加强试验理论研究和现场实测,才能获得最佳的设计方案和施工效果[9]。

(4)由于充填料管道机械化输送的成功,特别是砂浆质量浓度达到75%以后,形成了一种高粘塑性非牛顿流体,在管内不会发生沉淀和堵塞,使高浓度砂浆输送的水砂充填和胶结充填得到推广。这不仅扩大了充填法的应用范围,也改造了老式充填法的回采方案和回采顺序;甚至可以以人工矿柱代替顶底柱,并探索从井底向地表进行阶段向上行式回采创造条件,即一次开拓到矿井设计深度,先从最深水平开始采准和回采,而将上部水平所产出的掘进废石,放到下部阶段作为采场的充填料,既能满足充填法的地压管理需要,又实现了废石不出坑的设想。还可以以胶结充填回采矿房,再用其他方法回收矿柱,嗣后一次充填,以提高矿石回收率。

(5)研究改造矿块中难以施工的结构,减少采准工程量,特别是回避开掘那些短而小的施工天井和平巷。并尽可能地采用深孔拉底、切割和开漏斗,推行堑沟和平底底部结构,以及发展端部出矿结构;进一步完善和简化采场底部结构,以提高采场底部结构的稳定性和采场出矿强度。

由于采场作业机械化程度的不断提高,设备的计算机程序控制也在快速推进,新技术又在不断地得到应用和推广,新的采矿方法在不断出现,老的采矿方法也在改进中完善。这表明,硬岩矿床地下采矿方法正处在一个变革的时代,大的改革还有待于进一步地努力。

(6)微震监测在采矿工业中的应用。20世纪40年代初期,美国矿业局开发了世界上第一个用于矿山灾害研究的微震系统。60年代初,为了提高监测系统的灵敏度及事件定位的精度,南非开始在地下矿山建立微震监测网络。最近十几年来,随着数字技术、计算机技术、地球物理学和量化地震学的发展,特别是数字化地震监测技术的应用,矿山微震监测技术应用取得了非同寻常的成就。目前,南非矿山地震监测已成为采矿过程的一个必要环节,矿山管理者每天根据地震数据做出安全决策。波兰、印度、智利等国家也相继研究分析了采矿活动和产生微震事件的关系,通过调整开采计划和回采步骤,有效控制了产生岩爆的危险,确保了安全生产。

微震监测技术是目前对深井岩爆地压监测最完善的一项技术,当今世界上矿业发达国家有岩爆危害的矿山一般都建立了矿山微震监测系统。有关岩体应力应变状态通常是借助仪器对岩体自身或其附近工程结构进行监测,从获得的监测数据中,分析岩体应力应变状态的变化规律及其对岩体稳定性的影响。从应用效果看,微震监测系统对大范围开采区域岩体的地压活动规律进行动态的实时监测,具有显著的优势;但对局部小范围关键点的控制精度,仍难以满足生产的要求。

(7)由于采空区探测条件复杂,目前在地下采空区精细探测方面,国内外均处于起步和探索阶段,常规的采空区探测方法有地震法、电阻率法、电磁法、常规电法等,近年来又相继出现了精度更高的三维地震探测技术、地震 CT 探测技术、瑞雷波探测技术和探地雷达(GPR)探测技术。随着计算机处理技术的不断发展,计算机层析成像技术(CT)得到了飞跃发展,把 CT 技术应用到地球物理学,使得采空区的精细探测成为可能。

近年来,由于地质雷达具有精确、高效、直观等优点,在国外矿山已得到了广泛应用。美国 George A. McMechan 等人在得克萨斯州中部 Ellenburger 白云石矿,采用探地雷达层析成像技术探测坍塌的废空区。在加拿大的基德克里克矿,技术人员采用 100MHz 天线探测金属矿中地质不连续面、矿柱完整性和废石充填体中的空洞。探地雷达易受现场金属物干扰,并受探测目标尺寸和深度的局限,传统的物探方法仍发挥着重要的作用。一般情况下,地震法比探地雷达探测深度大,对那些潜伏较深,或者不适合探地雷达工作的隐患空区,常常采用地震法进行探测,如用于探明井下深部断层位置、隔水层厚度、岩体结构成像、深处煤层采空区、厚表土岩溶等。电阻率法用于探测隐患空区,由来已久。早在 20 世纪 70、80 年代,人们就已开始用二维自动电阻技术探测地下通道、矿山废弃巷道或老窿,目前已发展到高密度电阻率法,探测精度与效率均提高了不少,应用范围也不断扩大。对于覆盖层较厚的隐伏采空区,采用甚低频电磁法探测,可取得较好的效果。对于复杂赋存条件下的空区隐患探测,通常需要联合多种物探方法,进行综合探测。地震层析成像技术,以其分辨率高的特点,而主要用于地下精细构造和目标的探测。目前,它已应用到各行各业中,如采矿工程、水利水电工程、地质工程、岩土工程、建筑工程、公路工程、隧道工程和环境工程等领域,主要用于探测渗水裂隙、破碎带、断层、岩溶、采空区巷道围岩(扰动区)松动圈等[10,11]。

4.2　传统采矿方法的改进

硬岩地下采矿方法,通常分为空场法、充填法和崩落法三大类,而每类中又有许多方案,有人统计常用的有 122 种之多,而现在也许大大超过这个数字。但由于作业机械化的程度日益提高,设备的专业化和序列化是必然趋向,这就有可能促使采矿方法走向规范化,使其方案也会逐渐地减少,并且又要不断地改革和创新,使之日趋完善,这是当今地下采矿方法发展的大方向。

4.2.1　空场采矿法

进入 20 世纪 70 年代以来,随着无轨自行设备的推广,以及锚杆支护和充填技术的发展,开采水平和缓倾斜矿床的房柱法在变革中出现了许多新颖的回采方案,为这类采矿方法扩大应用创造了条件。由于地下大直径高风压在潜孔钻机和牙轮钻机的出现,以及在下向深孔球状药包爆破理论的指导下,1973 年末,加拿大首次在列瓦克(Levack)镍矿使用了下向深孔球状药包爆破阶段矿房法(VCR 法);长锚索加固岩体技术的应用,扩大了空场法在破碎矿岩体开采中的应用,等等。

(1)法国洛林(Lorraine)矿区的莫瓦耶夫尔(Moyeuvre)铁矿,是采用崩落顶板的房柱法,如图 4－6 所示。该矿为微倾斜(倾角 3°)沉积式较贫的(含铁 30% ~33%)褐铁矿床,共有三层,上层平均厚度为 2.8m,下层平均厚度为 4 ~4.5m,两层间距约为 6m,第三层很薄,位于上下两层之间,可与任何一层合采。矿床埋藏深度 200 ~300m。井下采用自行的采运设备,即大直径凿岩机台车和液压凿岩机台车凿岩,锚杆台车支护,70Y－18HR 型蟹爪式装载机、Cat 980 前端装载机及 Eimco 920 铲运机出矿，实现了全部机械化作业。回采方式采用盘区开采，盘区宽 150m。矿房宽度通常为 5.5～6m，中心间距约为 18m。在矿房推进到与上一盘区的崩落区贯通后，就开始回采矿房间的长条矿柱。从崩落区后退开始回收矿柱，用横巷切开长条矿柱，其宽度与矿房大致相同。所形成的靠崩落区的横条矿柱，称为“掩护矿柱”；切开“掩护矿柱”，使其成为两个较小的“残柱”；最后强制崩落“残柱”，顶板随即冒落。此种采矿方法的矿石总回收率可达到 85%，生产工人劳动生产率超过 56t/(人·班)，开采成本较以往有所降低。

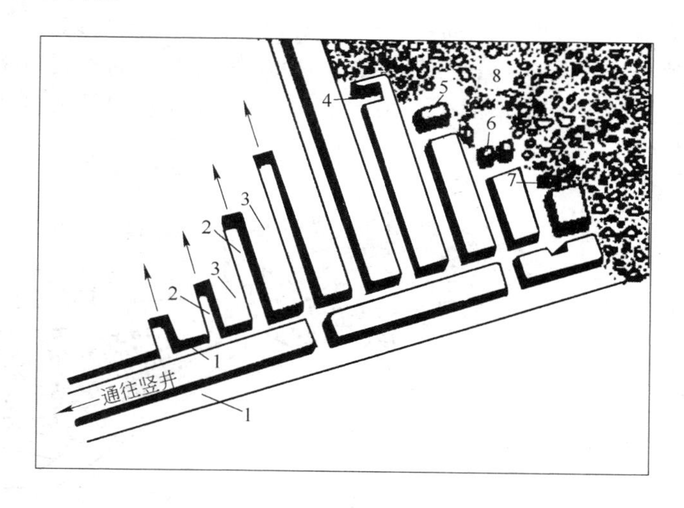

图 4－6　崩落顶板房柱法[12]

1—盘区运输平巷；2—矿房；3—矿柱；4—横巷；5—掩护矿柱；
6—残柱；7—残柱爆破；8—崩落区

(2) 德国瓦耳韦尔瓦特(Wahlverwahrt)铁矿采用对角式斜巷(斜坡道)运输的房柱法，是开采厚 3～6m、倾角 16°～18°的矿床的有效方法，如图 4－7 所示。它取消了通常的运输平巷，而代以 10% 坡度折返式运输斜巷，由三条平行巷道组成，其间以 4m 宽矿柱隔开。中间

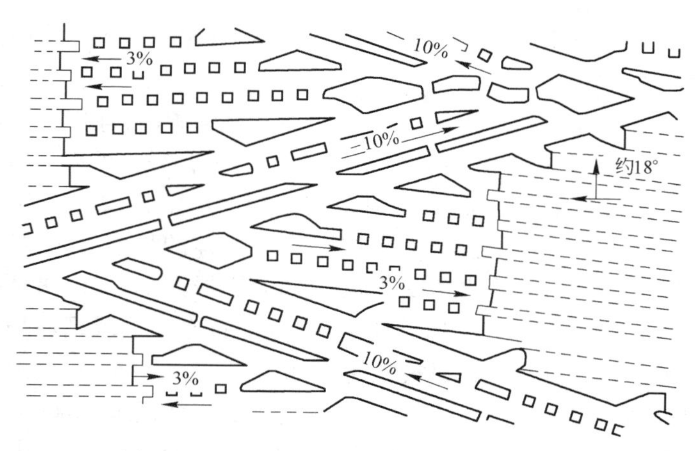

图 4－7　对角式运输斜巷房柱法新方案[13]

(矿房宽 9m，矿柱 4m×4m)

一条用于维修和供应,外侧两条用来运输矿石,分别行驶重车和空车。回采工作面以3%坡度推进。采矿设备全部大型化和无轨化,劳动生产率很高,井下工人达到90~100t/(人·班),比以前提高了近三倍[12]。

(3)德国麦根矿后退式开采嗣后充填的房柱法,是用来开采顶板较稳固的缓倾斜矿体。一般厚度小于4~5m时,将平行的采矿进路,掘进到开采边界。进路间保留有8~10m的矿柱。然后以后退式,从边界沿进路两侧,各扩大到5~6m,达到矿柱宽度的一半,来进行回采,如图4-8所示。在较好的顶板条件下,用铲运机把采下的矿石运走后,便留下一个顶板暴露面积达80m^{2}的采空区,再用抛掷充填机将采空区充填,接着可以进行下一步开采。这种方法,也可以用来开采中厚矿体,见图4-8"中厚矿体情况下的扩展"部分。并在后退回采两侧矿柱时,把在进路顶部留下的矿石采下来,再用抛掷充填机从较低进路向上充填,可达到充填后的接顶[25]。

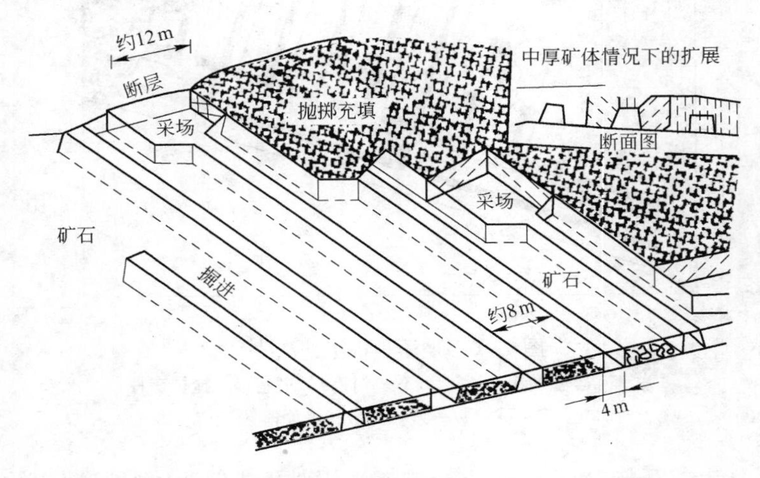

图4-8　缓倾斜矿体后退式嗣后充填的房柱法[25]

总体说来,房柱采矿法在发展变革中是针对所存在的缺点,把矿房矿柱回采和采空区处理结合起来,找到许多有效的新方案,不仅提高了矿石回收率,还及时消除了采空区。又因容易实现机械化,大大地提高了开采强度,并能有效地开采水平和缓倾斜的中厚(10m左右)矿床,扩大了应用范围。

(4)加拿大国际镍公司所属萨德伯里(Sudbury)盆地的矿山,有87%的矿石是用下向深孔球状药包爆破阶段矿房采矿法(VCR法)采出,这是一种高效率的采矿方法。采用这种方法一个采场只需5个月可以采完,而采用原来的分层充填法则要用3年。该公司的铜崖(Copper Cliff)北矿,还试验了一种新的开采方案,即从矿体的最下部阶段向上回采,下部采场采完后立即充填,用作上部采场的底板,而无需留有阶段间的矿柱,可使矿块的回收率达到100%[15]。此外,该公司还在采场出矿地点,进行矿石连续装载、破碎和运输的试验,已有6台CL-1000型摆动式连续装载机投入使用,把矿石装入卡车或运输机,并且还研究在装载机后面直接配置移动式破碎机。由于这种采矿方法的垂直深孔球状药包爆破的施工难度大,因而已有不少的矿山只用来开凿采场切割天井或切割槽,然后再用普通深孔方法,进行采场回采。

(5)还有一些国家采用锚索加固矿岩,使空场法用于开采破碎的矿岩体,扩大了深孔采矿法的应用范围。例如芬兰皮哈萨尔米(Pyhasalmi)铜锌矿,矿体走向长 300 ~ 500m,厚 10 ~ 40m,倾角 50°,围岩欠稳固,矿石坚硬且韧性大。在 400m 以下,水平应力高达 40 ~ 70MPa,比垂直应力大了 3 倍,故巷道普遍变形或破坏。由于地压大,以往沿用的水平分层充填法和无底柱分段崩落法,贫化率高达 20%。对含铜 0.8%、锌 2.8% 和硫 37% 的贫矿而言,经济效益差,所以改用图 4 - 9 所示的长锚索预支护分段空场法,嗣后充填。该方法的阶段高度 70m,分段高度 30 ~ 41m,长度为矿体厚度 30 ~ 40m,矿房、矿柱宽 12 ~ 16m。用直径 89mm、深 35m 炮孔崩矿,回采顺序如图 4 - 9 中罗马数字所示。采用该方法,把贫化率降低了 8% ~ 10%,经济效益显著。

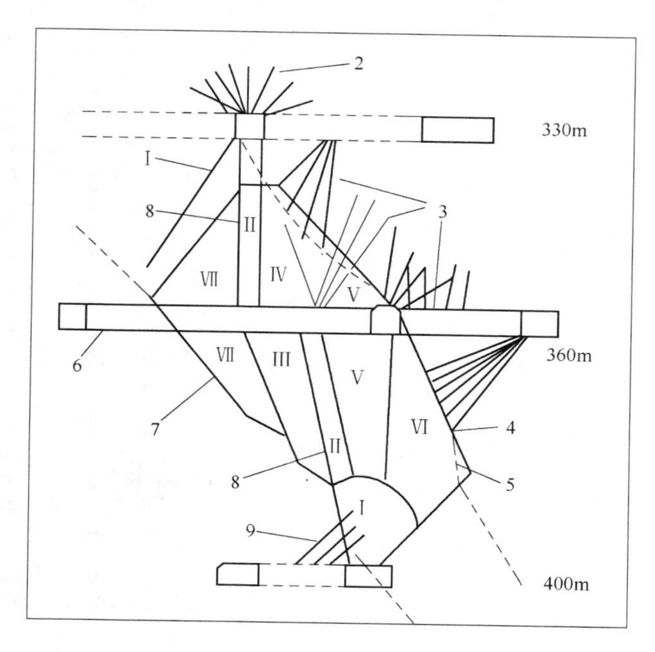

图 4 - 9 锚索加固的分段空场法[15]

1—琴弦式锚索;2—刺猬式锚索;3—放射状锚索;4—上盘;5—矿石边界;
6—扇形炮孔凿岩平巷;7—下盘;8—切割天井;9—放矿点锚索

4.2.2 崩落采矿法

20 世纪 50 年代,我国开始使用崩落采矿法。到 1991 年,中国大型地下铁矿山用崩落法采出的矿石就占到了 98.46%。随着地下大孔径深孔凿岩设备和无轨装运设备的兴起,回采工艺技术水平(如挤压爆破、无贫化放矿等)进一步提高,岩体工程地质分析研究的新发展,促进了分段崩落法新方案的产生,从而极大地提高了采出矿石的质量和采场开采强度。

(1)阶段强制崩落法是俄罗斯常用的一种开采厚矿体的采矿方法,克里沃罗格矿区和戈尔纳亚绍里亚矿山的经验表明,开掘切割槽和崩矿是这类采矿方法最耗费劳动力的两项作业。20 世纪 80 年代以来,广泛采用平行密集深孔方案,装药量为 100 ~ 200t,一次崩落矿石量为 20 ~ 100 万吨，已取得较好的效果。如在克里沃罗格矿区北组某矿，用 HKP - 100M 潜孔钻机打直线布置的平行密集深孔，钻机安装一次可打 5 个孔，向小补偿空间崩矿。平行密集深孔的布置，是在一条直线上，每隔 2.7m 打一串 4 ~ 5 个间距为 0.4m 的密集孔，成为一排，排与排之间距离，即最小抵抗线为 5，6 或 7m，见图 4 - 10a。有时也打圆形或半圆形的平行密集孔，见图 4 - 10b。这种崩落方案，是从出矿巷道内打上向或下向垂直深孔，因而减少了采切工程量；因崩矿的最小抵抗线增大到 4 ~ 7m，可以避免相邻排炮孔的交叉，提高了爆破效果[14]。该矿还为了取消补偿空间，采用向侧部松散体挤压崩矿，进行一步回采，既保证了矿石的破碎质量，又简化了回采工艺，作业也比较安全，见图 4 - 11。由于是采用振动出矿机出矿，可以实现连续放矿[16]。此外，为了进一步改进凿岩爆破作业，还研究了直径350 ~ 400mm 大孔，代替 105mm 直径束状炮孔的可能性，而从断面为 $10m^2$ 的巷道内钻凿直径 105mm 的炮孔，经过两次爆破扩大直径使其成为大孔。这一试验虽已取得一定经验，但尚需进一步完善[16]。

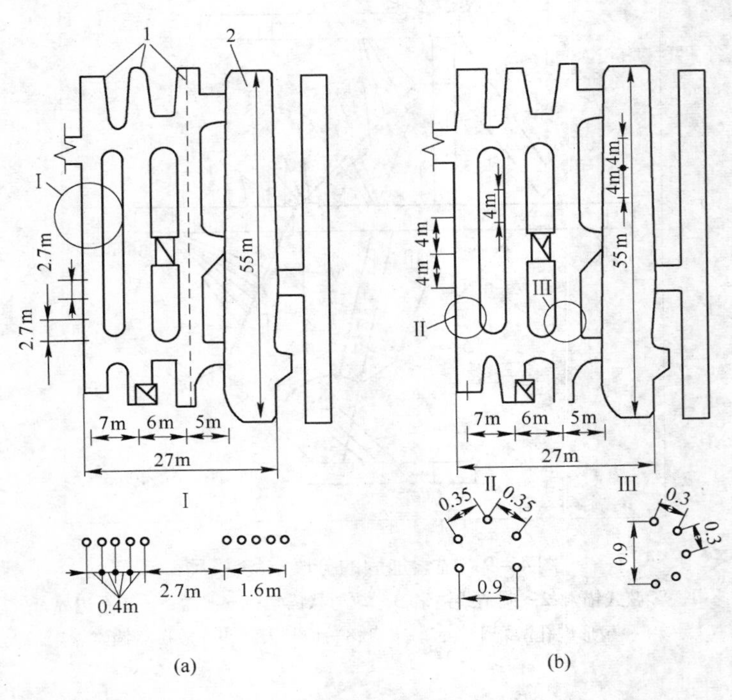

图 4 - 10　平行密集深孔布置方法[14]
(a)直线方式；(b)圆形和半圆形方式
1—凿岩硐室；2—切割槽

(2)基律纳铁矿是无底柱分段崩落法的发源地，最近设计出来的该种采矿方法，其采场高度高得惊人，达 154m，从分段巷道钻凿的上向炮孔达 24m，下向炮孔深 130m。有人把这种采场称之为超级采场。基律纳铁矿的矿体长 4km、平均厚度 85m，大规模采矿计划将该矿体划分成若干长 100m，高 154m 的矿块，每个矿块拥有矿量 500 万吨。每个矿块再分成 9 个采场，按顺序开采，如图 4 - 12 所示。图 4 - 13 是表示回采过程和深孔布置的示意图，当孔径为 165mm 时，预期每平方米的崩矿量为 65t，劳动生产率达到 150t/(人 · 班)[17]。

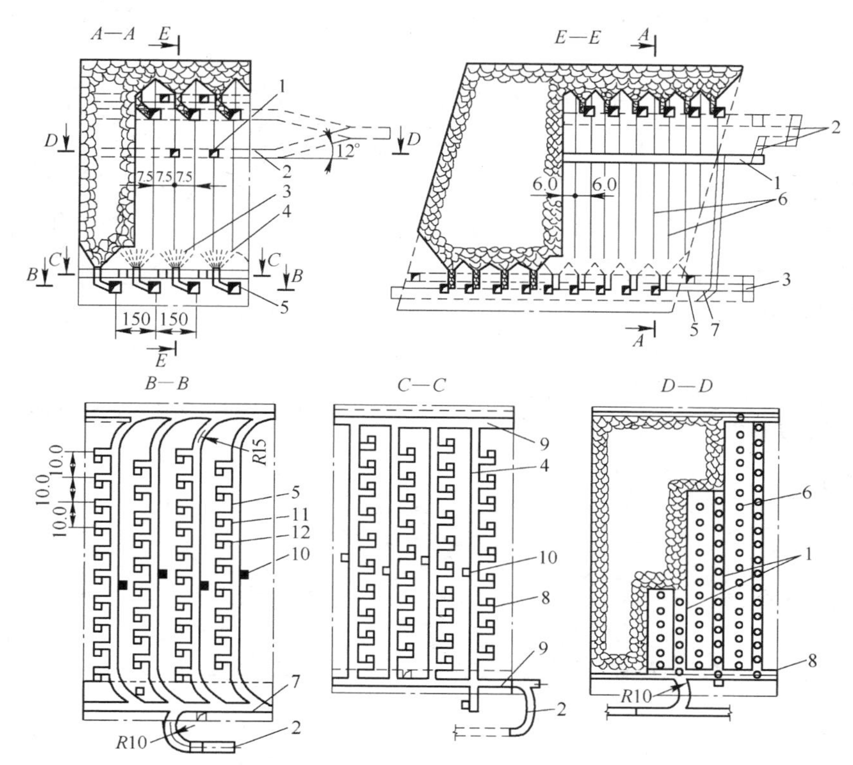

图 4－11 阶段落矿和振动放矿一步骤回采的采矿方法[16]

1—分段水平凿岩横巷；2—倾斜巷道；3—55～105mm 钻孔；4—人行穿脉巷道；5—运输沿脉巷道；6—150～250mm 钻孔；7—运输穿脉巷道；8—人行联络巷道；9—人行沿脉巷道；10—人行天井；11—放矿溜眼；12—振动出矿机

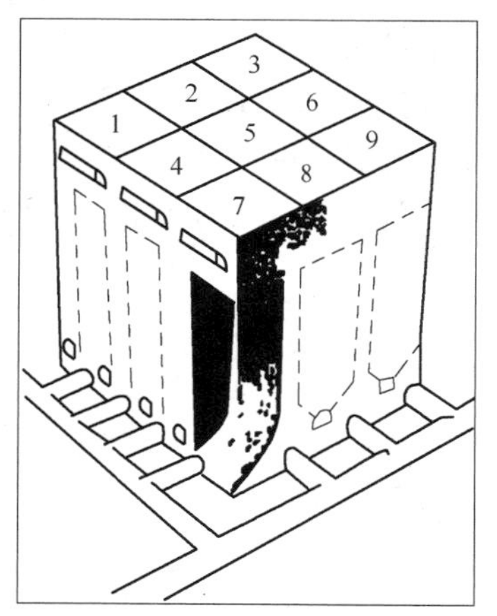

图 4－12 9 个超级采场布置的矿块示意图[17]

图 4－13 3 个超级采场作业示意图[17]

（3）自然崩落法自 1895 年在美国诞生以来，迄今已有 100 多年的历史，因其生产能力大，便于生产组织管理，作业安全，开采成本低，是目前唯一能与露天开采经济效益相媲美的采矿方法，备受各国采矿工作者青睐，在美国、智利、加拿大、南非、菲律宾、澳大利亚、赞比亚、俄罗斯等矿业大国得到广泛的应用[18]。

我国铜矿峪矿自然崩落法的拉底深孔，每排 9 个孔，呈对称布置，见图 4－14。孔底距为 2.2m，左右桃形体尖上深孔加密，排间距为 1.8m，孔径为 70mm。为避免主副层、副层与副层界面上形成较大的三角矿柱，在相邻副层间设置预裂孔。预裂孔每排 1 个，排间距为 0.9m[19]。

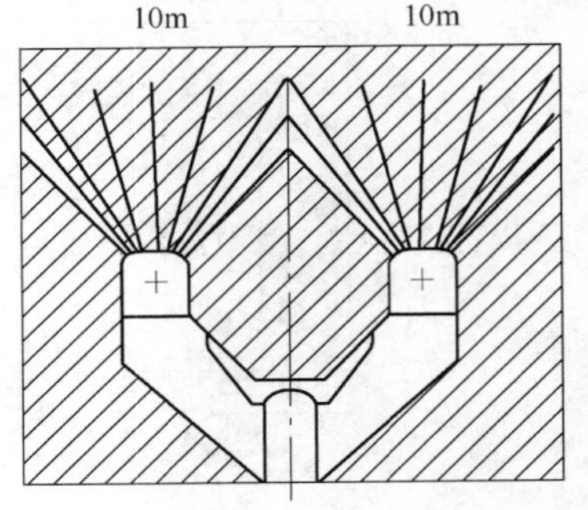

图 4－14　铜矿峪矿拉底深孔布置图

铜矿峪矿自然崩落法电耙出矿的底部结构空间分布关系见图 4－15。以中段运输水平为基准，运输水平以上 3m 是走向耙矿水平，耙矿水平以上 7m 是走向拉底平面，运输水平以下 4m 是穿脉进风水平，再往下 6m 为主通风水平。副层以阶梯状分布于底盘主层边界外。

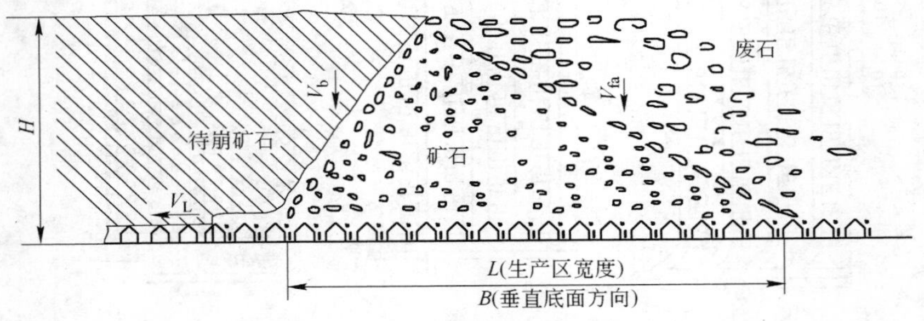

图 4－15　铜矿峪矿回采作业示意图

各项主要工程的施工空间分布关系是以拉底推进线为基准，穿脉运输平巷和回风平巷掘进线超前 150～180m，拉底平巷施工线超前 120～150m，耙道掘进线超前 90～120m，进风穿脉与耙道大致上齐头并进或稍迟，永久支护作业面超前 60～90m，拉底中深孔施工推进线超前 30～40m。副层工程滞后主层工程 30～60m 距离。由于拉底推进线与矿体走向有一个 30°～40°的夹角，使得拉底推进线的“前锋”与“后卫”之间有约 60～120m 的距离。同一条穿脉区间内，底盘耙道比顶盘耙道投产时间早，且只要有一条耙道投产，该穿脉就必须营运，所以上述的超前距离应从拉底前锋线起算（拉底孔除外）。施工空间关系见图 4－16[20]。

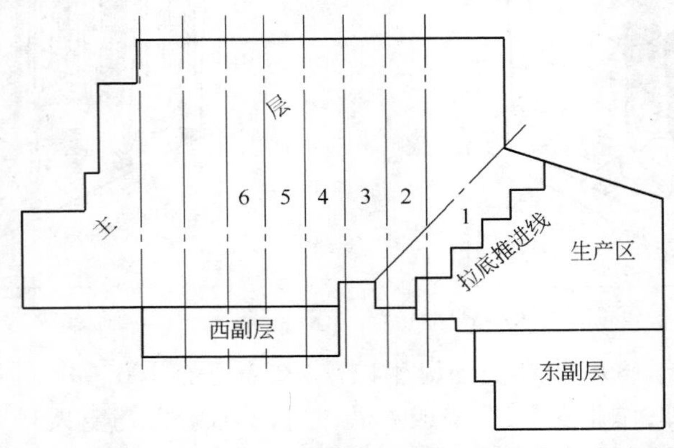

图 4－16　铜矿峪矿 810 首采中段主层准备工程分布关系示意图
1—拉底深孔区；2—工程完成区；3—支护工程区；4—耙道进风穿掘进区；
5—拉底巷掘进区；6—运输穿脉掘进区

（4）无贫化放矿方式经过10多年的研究和发展，其理论已逐步趋于完善，这就预示着无底柱分段崩落法具有更广阔的应用前景。无贫化放矿方式在我国镜铁山铁矿的应用取得了显著的效果，镜铁山矿总的岩石混入率由原来的13%～15%降至9.4%，创造了全国同类矿山最高水平，该指标在世界上同类矿山中也属于最佳指标。另外，马钢桃冲铁矿、甘肃白银公司深部铜矿以及山东小官庄铁矿等矿山，将无贫化放矿降低矿石贫化原理成功应用到矿山生产实践中，结合矿山实际情况改进原有的截止品位放矿方式，采取了“低贫化放矿”等方式降低放矿过程中的矿石贫化率，取得了显著的技术经济效果[21]。

4.2.3 充填采矿法

充填采矿法在开采高品位、高价值的矿床和赋存较深的矿体时效果明显。该方法能充分地回收矿石，减少贫化；如果充填密实，对地表还能起保护作用。因此，它是一种非常引人注目且具有良好发展前景的采矿方法。

按照采用的充填材料和物料的运输方式，充填法可以分为以下三种，即干式充填法、水砂充填法和胶结充填法。干式充填采矿法，是一种古老的采矿方法，到了20世纪50年代以后，逐渐不被采用，现在多被用在极薄矿脉中的削壁充填法和一些小型矿山以及采空区处理中。水砂充填法在煤矿的应用则有很长的历史，而在20世纪60年代才在硬岩矿山上应用，并多用于嗣后充填。而胶结充填是在20世纪70年代才发展起来的，由于充填工艺系统和采矿设备已日趋完善，且随着充填料输送和采场充填工艺机械化水平的提高，充填采矿法步入了高强高效的采矿方法行列，已经成为深部开采和保护地表的一种有效的采矿方法，应用范围日益扩大。充填采矿法除了有代替留矿法的趋势外，也是回采不稳定围岩和矿体的有效采矿方法。以加拿大一座生产长达80年之久的多姆（Dome）金矿为例，该矿在20世纪30年代引进了上向分层充填采矿法，采用砂子进行干式充填，后改为水砂充填来支护采空区，并作为上向回采的工作底板。该矿在20世纪60年代前，用留矿法开采急倾斜薄矿脉，并用小直径深孔崩落采矿法来回采留矿法老采场的矿壁和底柱，结果形成了一大片空场，而只有个别较小的空场才进行了充填。到20世纪70年代末，由于大空场数目在不断地增加，对整个矿区的稳定性产生了严重影响。为了日后开采安全，急需对空场进行充填，故选用“膏体充填”。这是一种经过脱水的全尾矿浆，其含水量为18%～23%（质量比），在尾砂浆中添加水灰比（<4.5:1）较低的水泥浆，使尾砂水泥填充料浆的平均质量浓度达到77%。如此高浓度的充填料浆，其稠度类似牙膏状。为了实现这一目标，该矿还采用了加拿大乔伊（JOY）公司研制的尾矿离心机（Tailspinner）来脱水。该机紧凑和坚固，非常适用在地下恶劣环境中进行脱水，是井下脱水的一项关键性设备。由于采取上述措施，使充填体弹性模量提高，足以阻止岩壁冒落，充填体暴露后能自立，取得了很好的支护效果[22]。该矿的充填方式由干式、水砂到胶结，很能代表充填工艺系统的发展过程；后两者一般又总称为水力充填。

水力充填系统主要由贮砂、制浆及输送三部分组成。两者的差别在于，胶结充填系统中配有水泥供给系统及制浆设施，而水砂充填系统则无胶凝材料供应及料浆制备工艺系统；水砂充填系统对制浆的浓度要求不严（当然料浆的浓度高更好），而胶结充填则要求满足充填体强度所需要的水泥砂浆浓度。在水力充填系统中，砂仓是一个关键性设施，因为它具有储存和制备的功能。砂仓有砂盆、圆形砂仓、矩形砂仓、卧式砂仓及立式砂仓五种类型，见图4-17。前三种主要用于水砂充填，用以储存河砂、破碎砂、炉渣等粒径较大的充填料，它们共同的缺点是放砂浓度低，且不稳定。后两种主要是在储存尾砂及细粒级破碎砂，其中卧式砂仓结构简单，造价低，容易调节充填浓度，可保证高浓度输送的需要，但因使用电耙不连续供砂，故尚需要另设一个中间砂仓和连续输送机；立式砂仓能连续地均匀地放出较高浓度的砂浆（质量浓度为60% ~70%），便于实现自动控制。砂仓有效容积大，有效利用率可达70% ~80%，但其结构较复杂、造价较高。检修造浆喷嘴时，需要将砂浆放空，放砂浓度易波动，满仓时浓度高，放砂后期浓度降低。由于有了这些充填系统和充填工艺上的进步，于是出现了下向分层胶结充填法、上向进路充填法、垂直分条充填法等等，大大地扩大了这类采矿法的应用范围，几乎在什么地质条件下都能采用。下面介绍几种充填采矿法，作为变革中的实例：

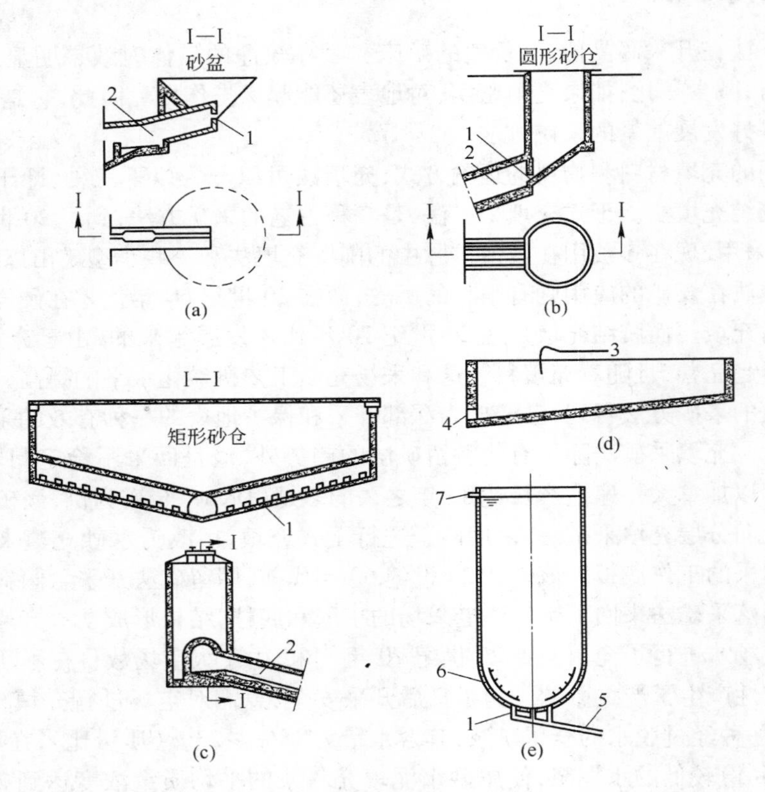

图 4 – 17　各种砂仓示意图[23]

(a)砂盆；(b)圆形砂仓；(c)矩形砂仓；(d)卧式砂仓；(e)立式砂仓

1—放砂口；2—注砂室；3—电耙；4—滤水口；

5—夹管阀；6—风口喷嘴；7—溢流管

(1)德国梅根(Meggen)矿是一个复杂的硫化矿体，含有黄铁矿、闪锌矿、方铅矿等矿物，矿体长3km，倾角从水平到垂直，厚1 ~6m。在急倾斜矿体中，一般是用分段落矿充填采矿法，见图4 – 18。因为是采用大铲斗（3.5m^3 或 6.0m^3）的铲运机出矿和充填，故生产效率高。最上部一个分段，运用一种抛掷充填车进行抛掷充填。如果上盘岩石破碎或是回采残柱，有时只能用单分段回采（见图4 – 19），并要及时向采空区抛掷充填料。利用抛掷充填车充填解决了独头巷道上向充填问题，在缓倾斜矿体开采中也得到了大量应用。

该工艺系统是从废石溜井直接装取充填料，通过机械称量装置，按需要量将水泥和炉渣

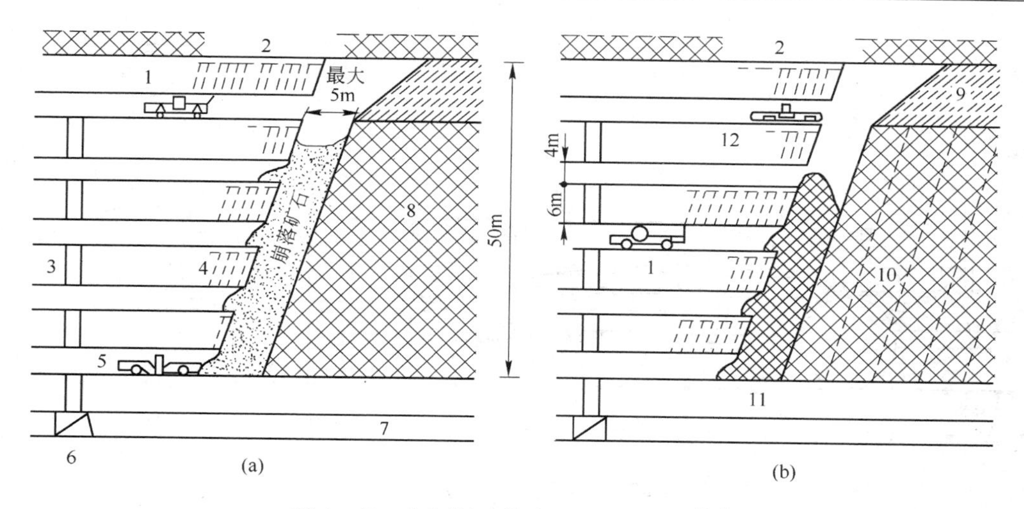

图 4－18　急倾斜矿体分段落矿充填法[24]

(a)回采作业;(b)充填作业

1—凿岩台车;2—旧充填体;3—溜井;4—深孔;5—铲运机; 6—装载站;7—运输平巷;
8—充填体;9—抛掷充填料; 10—倾斜充填料;11—阶段矿柱;12—抛掷充填车

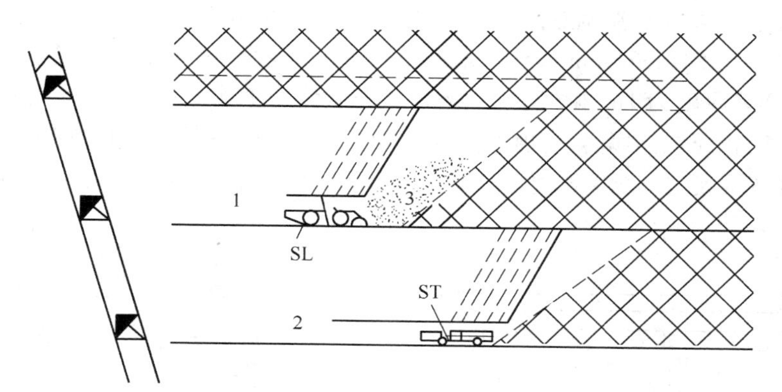

图 4－19　急倾斜矿体分段抛掷充填法[25]

SL—铲运机;ST—抛掷充填车; 1—第一分段平巷;2—第二分段平巷;3—崩落矿石

按比例混合成胶凝材料,与破碎废矸法混合制备,后来发展为机械化湿法加料(胶状),使投资明显减少。图 4－20 为抛掷充填车,车厢内有一块推料板,利用推板将充填料送往车身下面快速运转的抛掷胶带,抛掷胶带机由一台交流电动机驱动,借助这一装置将充填料抛向采空区,抛掷高度可达 8m,抛掷距离 14m,而且充填料可以密实接顶。每立方米充填料只需加入大约 50kg 胶凝材料,就足以使充填体的强度达到 1.5 ~3.5MPa。

(2)印度科拉尔(Kolar)金矿已采到地下 3200m,矿体厚度变化较大,平均厚度为 1 ~2m,倾角在浅部为 45° ~50°,深部近乎垂直。矿石为石英脉产于角闪石片岩中,外围是太古界花岗岩和片麻岩。计有矿脉 20 余条,主要开采的有两条,平均含金 6g/t。矿岩抗压强度高而性脆,节理发育故不稳固。早期是采用花岗岩护墙的坑木横撑支柱法。由于岩爆频繁,几经改革,于 1967 年改为垂直分条分层下向开采的废石及混凝土充填法,如图 4－21 所示。垂直分条宽 4 ~5m,分层高 2.4m,几个水平同时作业,下水平超前上水平,工作线成“^”形。

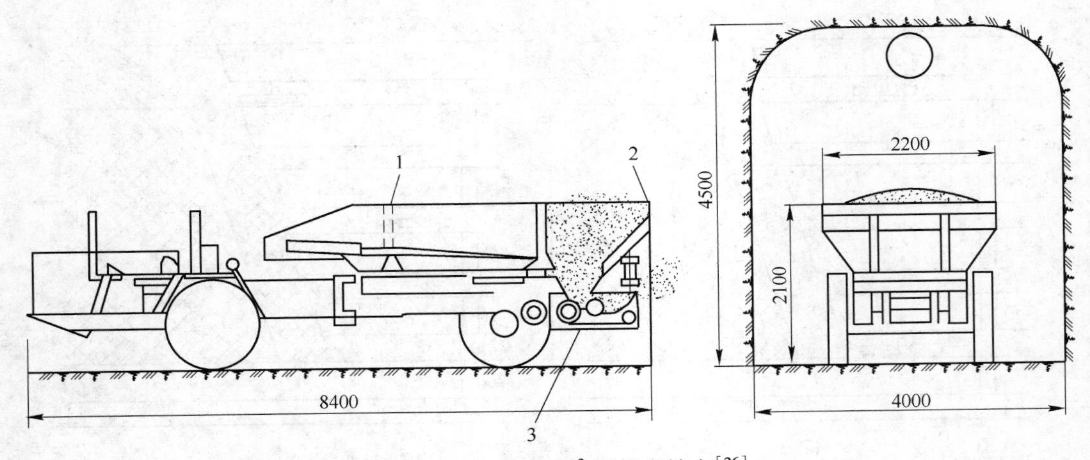

图 4-20　梅根矿 $6m^3$ 抛掷充填车[26]

1—推料板；2—摆动式尾板；3—抛掷胶带，胶带宽 500mm

采用此法后，只发生了五次岩爆，比以前大大地减少了。

(3)南非威堤瓦特斯兰德(Witwatersrand)金矿区，2006 年的最大开采深度为 4500m，岩爆和高温同样是开采中极端困难的两个问题，其常采用的采矿方法，都属于充填类型。该区的西德里方丹(West Driefontein)金矿，是采用高浓度尾砂分条充填法，布置见图 4-22。工作面长 35m，开采厚度为 1m，微倾斜，其条带状充填体与工作面平行，自下往上进行充填，全长 30m。为了防止充填体塌落，充填前用木材构筑挡墙。采空区用管柱支护，间距 1.8m。工作面前有三排液压支柱。充填体离后一排支柱 0.5m，离工作面 8m。靠近工作面的那排立柱，

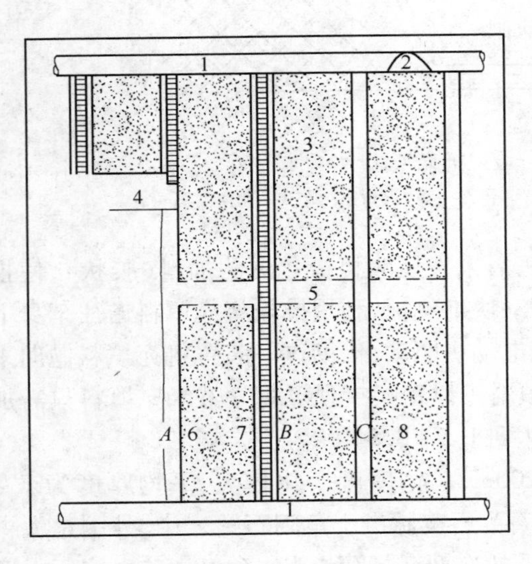

图 4-21　废石及混凝土充填法[27]

1—钢构件支护的中段平巷；2—穿脉；3—混凝土；4—下向回采工作面；5—中间平巷水平；6—溜矿井；7—人行通风天井；8—报废人行天井

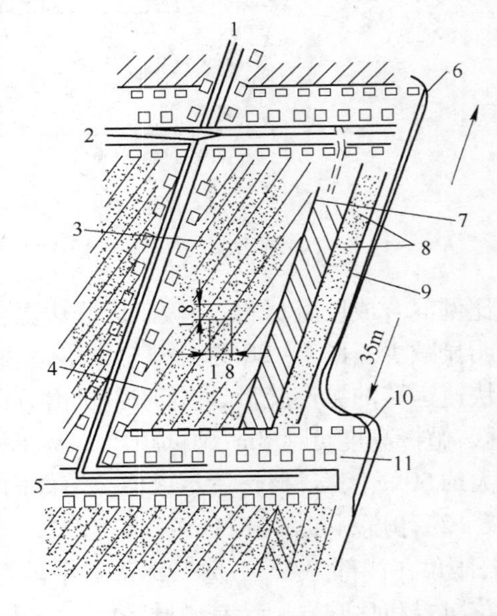

图 4-22　高浓度尾砂分条充填采矿法布置图[28]

1—150mm 充填管；2—高压胶管；3—管柱；4—尾矿充填；5—平巷；6—软管；7—木挡墙；8—液压支柱；9—防爆木挡板；10—0.55m×0.55m 木垛；11—1.65m×1.1m 木垛

要有防爆木挡板。充填材料是滤过后的尾砂加水造浆，再用管道送到地下，经乔伊离心机脱水后的质量浓度为70%，再用往复式混凝土泵送到采场充填。这种方法能有效地阻止或减缓采场顶底板的闭合，闭合度减少一半，工作面顶板状况有明显改善[26]。

（4）加拿大基德－克里克锌铜矿，为一急倾斜厚矿体，走向长670m，厚168m，矿石围岩稳固。在已采矿体下部的2号矿体中，采用空场法回采，嗣后充填，其回采和充填顺序见图4－23。采场拉底和拉槽用直径54mm炮孔，回采用直径114mm炮孔，潜孔凿岩机凿岩，5m^3铲运机出矿。由于暴露面积大，要求充填体强度达到5～7MPa，采用水泥浆胶结的块石作充填料，回采劳动生产率达到60.88t/（人·班），充填劳动生产率为145.34t/（人·班）[27]。

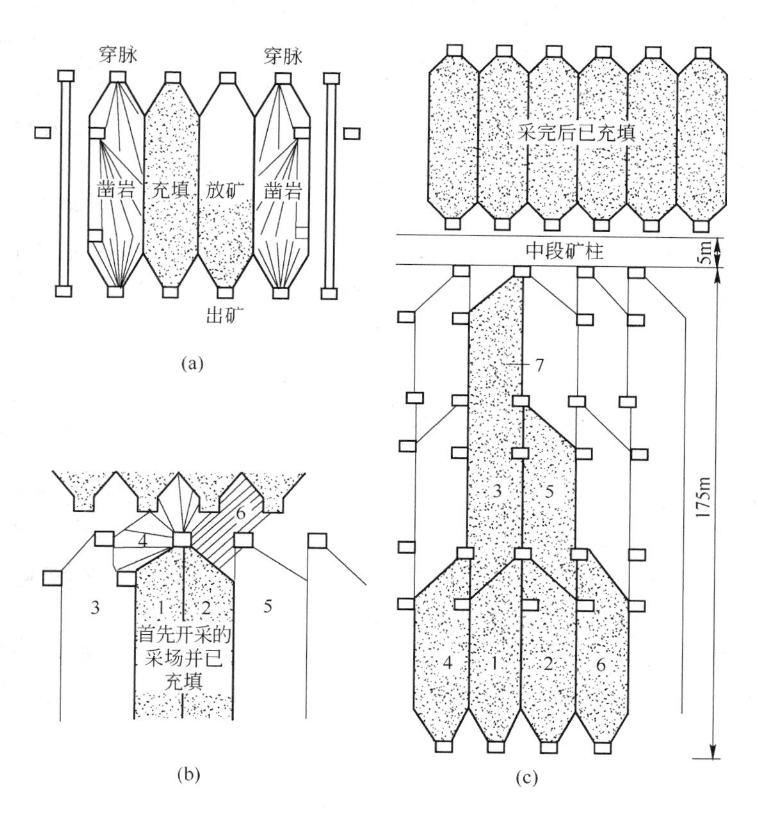

图4－23 厚大矿体中空场回采和嗣后充填的采矿法[26]
（a）采场开采顺序图；（b）中段矿柱的回采；（c）矿块内各采场开采顺序

点柱式充填采矿法是随着铲运机的广泛采用而发展起来的新型采矿方法。它实质上是房柱采矿法和充填采矿法的结合，因而兼有房柱法生产能力大和充填法有效控制地压的优点。点柱式充填采矿法主要应用于大水矿床的开采。大水矿床一般是指水文地质条件复杂，矿坑涌水量每日数万立方米以上的矿床。这类矿床在我国分布广泛。在这些大水矿床中，有的因水量大、效益差而被迫关闭或缓建，有的则因防治水难度大而迟迟得不到开采，也有的矿山因采矿方法选择不当而导致淹井事故。而更多的大水矿山因采取了合适的采矿方法和有效的防治水措施，使矿床得到了顺利开采。大水矿床的地下采矿方法有留隔水矿柱的房柱法，如谷家台铁矿、业庄矿区、泗顶铅锌矿等，有超前疏干的崩落法，如西石门铁矿、北洛河铁矿、程潮铁矿等,有空场嗣后充填采矿法,如南洛河铁矿、草楼铁矿等,发展到现阶段采用的点柱式充填采矿法,如南京铅锌银矿、三山岛金矿、白象山铁矿等。

由于硬岩矿床的开采深度不断加大,开采条件愈加复杂,开采难度进一步增加,因而充填采矿法必将得到更加广泛地应用,必将促使充填工艺技术进步的速度加快。20 世纪 70 年代开发的高浓度胶结充填工艺,80 年代创新的膏体泵送胶结充填工艺实现了:(1)最大限度地减少水泥消耗量,以降低充填成本;(2)提高充填体强度,改善充填体质量,更有效地发挥其支撑功能;(3)实现"三无矿山"设想,改善矿山环境条件;(4)解决尾砂供小于求的矛盾,以全尾砂和高浓度充填为标志,使胶结充填工艺发生了飞跃性的变化。20 世纪 70 年代以来,块石(碎石)胶结充填工艺的成功先例当推澳大利亚的芒特艾萨(Mount Isa)矿。这种充填工艺所形成的胶结充填体强度更高,稳定性更好;节省了更多的胶凝材料,使充填成本降低了 30% ~50%;并显著地收到了矿石贫化低,采场生产能力大,废石提升运输少,减少了地面废石场占地及对环境污染的效果。块石胶结充填可以看成是干式充填和细砂胶结充填工艺两者的结合,是胶结充填工艺发展方向之一。

胶结充填技术的发展,已将地下开采技术推向高新技术领域,使地下采矿方法获得了新的技术突破。胶结充填工艺将可以更好地满足充分利用资源,保护资源,保护环境,提高效益,保证矿山可持续发展的要求,并预示着胶结充填在 21 世纪的矿业发展中,将有更加广阔的前景。

4.3　深部矿床开采

据不完全统计,国外开采深度超过千米的金属矿山有 80 多座。其中最多的是在南非,绝大多数金矿的开采深度都超过 1000m,如 Anglogold 有限公司的西部深水平金矿开采深度已达 3800m,West Driefouten 金矿的矿体赋存从地下 600m 一直延伸到 6000m 以下。可见,深部开采已经成为世界矿业界面临的重大问题。

我国冬瓜山铜矿是埋深达 1000m 以上的特大型缓倾斜矽卡岩铜矿床,具有高应力、高温和岩爆倾向等深井开采的重要技术特征。开采这样一个深埋的、特大型矿床在我国尚属首次。

4.3.1　采矿方法

如图 4 - 24 所示,冬瓜山铜矿采用了暂留隔离矿柱阶段空场嗣后充填采矿方法,核心回采工艺技术为大盘区、大采场、大产能,实现了冬瓜山矿床安全高效大规模开采。该采矿方法的主要特点是:(1)盘区沿走向布置,盘区之间暂留隔离矿柱。在盘区内垂直矿体走向划分采场,同时布置深孔采场和中深孔采场,提高设备的利用率,维持生产的均衡。采场长轴与矿体走向基本一致,让采场处于较好的受力状态。(2)隔离矿柱长度为矿体宽度,约 350 ~420m,宽为 18m。采场长为 78m(尾砂充填采场)或 82m(胶结充填采场),宽为 18m。(3)盘区回采沿矿体走向推进。在沿矿体走向上由中央厚大部位向两端推进,局部遇断层和岩墙等地质弱面时,由弱面向远处推进。(4)盘区内由背斜轴部向两翼推进,开采厚大矿体时(大于 50m),采用"隔 3 采 1"回采方式;开采中厚矿体时,采用"隔 1 采 1"或"隔 3 采 1"回采方式。先采矿房,后采矿柱,矿房采用全尾砂胶结充填;矿柱采用全尾砂充填。不难

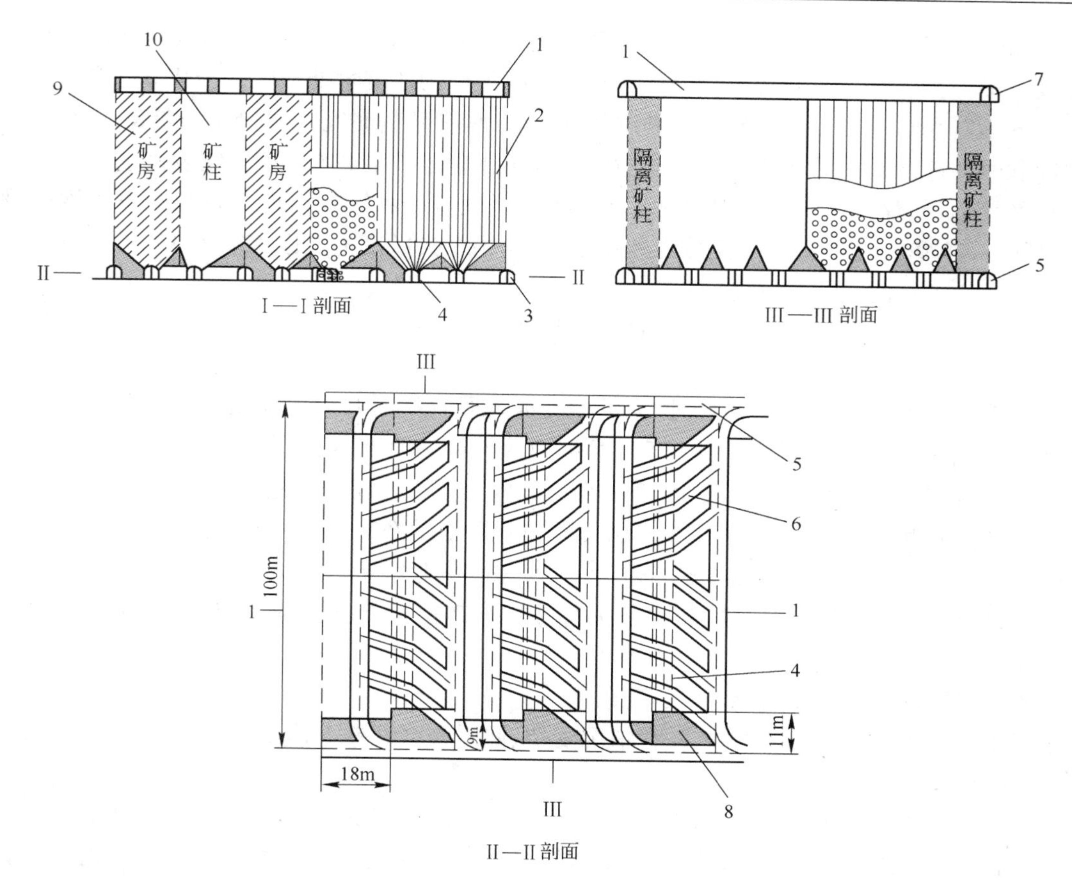

图 4－24 冬瓜山铜矿大直径深孔阶段空场嗣后充填采矿法

1—凿岩硐室;2—炮孔;3—出矿巷道;4—堑沟巷道;5—出矿联络道;6—出矿进路;7—凿岩联络道;8—隔离矿柱;9—矿房(胶结充填);10—矿柱(尾矿充填)

看出,优化后确定的暂留盘区隔离矿柱采矿方法具有回采工艺简单、效率高、产量大等特点,有利于实现安全、高效、大规模开采的目标,优势明显。

经统计,试验采场的实际采切比为 610m^3/万吨,比原设计的 840m^3/万吨降低了 27%,其采切比达到了国内先进指标,采准工程量大大减少。矿石损失率 10%,比设计值 13% 降低 23%;贫化率 8%,比设计值 10% 降低 20%。采场数比原设计推荐的开采方法减少 65%,采矿强度和采矿效率提高 20% 以上。采场出矿能力达到 2400t/d,采场及矿柱稳定,未发生大的地压活动,采场作业环境安全。

4.3.2 微震监测

冬瓜山铜矿首采地段微地震监测系统,硬件由 16 个传感器、4 个地震仪 QS、1 个地震仪转发器(QS_Rep)、1 个地下控制器、1 个地表监测控制中心及与之相连的通讯电缆组成。监测信号从控制器通过光缆经副井传输到网络中心,信号转换后再传到监测控制中心。传感器采集的地震模拟信号通过 QS 转换为数字信号后传输到井下通信控制中心,再通过光缆传输到地表监测控制中心进行处理和分析。

软件系统包括控制和管理微震监测系统运行的控制软件（RTS）；对采集的波形进行地震波波形分析、处理和参数计算，提供地震学分析平台的地震学处理软件（JMTS）；在三维窗口中显示对采集地震数据分析的各类图像，提供多种参数的时间序列曲线和图表，满足不同空间和时间范围地震活动研究需要的微震事件可视化解释软件（JDI）。地表控制中心可以监视系统运行状况，并发出控制指令，以控制和管理监测系统的运行。系统有效监测范围为：600m×400m×220m，震源定位误差小于10m，系统灵敏度为里氏震级2.0。

4.4　残矿回采

残矿回采是在矿石价格升高时，为了提高资源回收率而开采以前正常开采时遗留下来的矿柱或边缘残矿。正常开采时留下矿柱或边缘残矿的原因主要有：

（1）为防止地表塌陷，保护地面建（构）筑设施而留下的保安矿柱；

（2）初期勘探程度较低，不能为矿山设计与开采提供准确依据的薄小矿脉；

（3）因受地压活动影响，采场顶板不安全而停止作业留下的边角矿石；

（4）留下的采场顶柱、底柱、间柱及临时性护顶矿层及支护顶板的点柱，在正常回采时没有及时回收的矿石。

（5）浅部矿体民采损失、破坏的矿量。

残矿具有矿量少、分布零散、赋存情况复杂、回采安全性差等特点，需要投入大量的人力物力，且回收成本高。

赋存条件好的残留矿体可以采用常规的采矿方法，如有底柱分段崩落法、无底柱分段崩落法、空场法、充填法。这些采矿法在一些矿山的残矿回收中得到了很好的应用。由于残矿赋存情况的复杂多变，有时单一的采矿方法并不能达到很好的效果，需要多种采矿方法结合起来进行回收。大规模散体残矿是指一个较大范围的散体矿石，有比较稳定的品位，可以形成区域规模开采（见图4－25）。

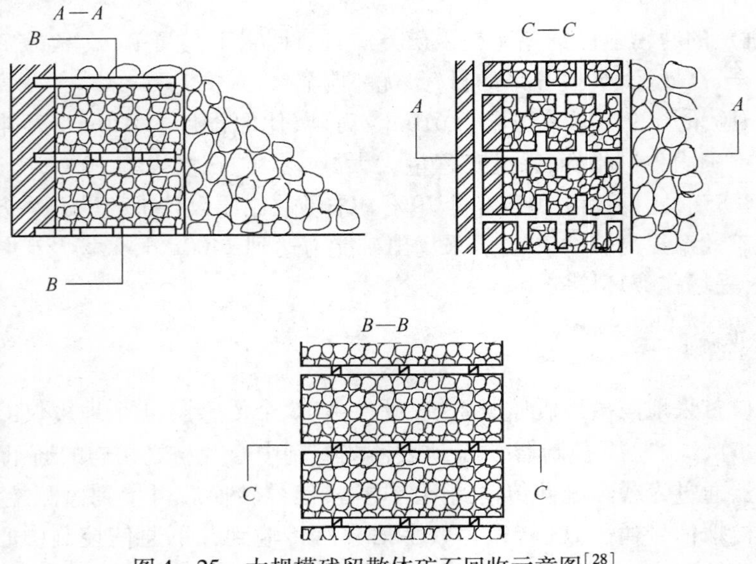

图4－25　大规模残留散体矿石回收示意图[28]

高峰矿开采大规模回收散体矿石的具体做法是：

(1)在可回收区域上面构筑人工假顶，为下面矿石的回收创造安全的作业环境。

(2)散体注浆固化，目的是为了使可采区域与非可采区域形成比较明显的界线，尽可能地防止在回收矿石的过程中混入过多的废石。同时，降低了可采区域内散体的流动性，有效地防止废石比矿石流动性好带来的一系列问题，有利于矿石的回收。

(3)采准切割工作。运输巷道布置在下盘围岩中，如果旧的溜井不能用，则需要在下盘岩石中布置放矿溜井。

(4)回采工作。从下盘固结体中掘进人工假巷，在上盘铺设人工沿脉联络道作为注浆点，同时控制回采边界。采用后退式放矿回收矿石，上一个阶段采完后，人工假顶自然下沉，保持与废石的接触，为下一个阶段的回收创造安全条件。

残柱回采的开采技术条件复杂，因而要求采用既特殊又不失经济合理性的工艺技术。铜绿山铜矿充分利用原有巷道工程，最大限度地减少采准工程量，无疑是残柱回采应遵循的原则。该矿据此并结合拟定的回采工艺，布置采准结构，如图 4－26 所示。

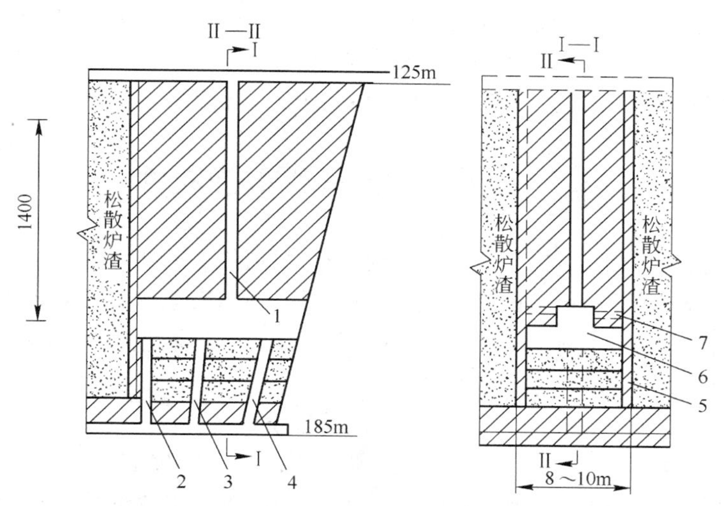

图 4－26 铜绿山矿残柱回采工艺示意图[29]

1—充填井；2—行人井；3—泄水井；4—出矿井；
5—预留矿壁；6—回采空间；7—扩采炮眼

中段运输巷道和上部充填、回风通道均利用原有穿脉。在采场的一端(位于矿体下盘)布置一个出矿溜井，充填泄水井和人行井分别设在采场的中部和另一端。这 3 条井从中段穿脉巷道上掘至拉底层，以后随回采顺路架设。充填通风井布置在采场中央，上部用联络道与原穿脉巷道连接。

采场系从被松散炉渣包裹的条形矿柱中开劈，周围(其中三面)必须预留隔离矿壁。矿壁厚度是该残柱开采中较敏感的因素，如果太薄，则安全难以保证，回采可能失败；如果太厚，则矿石回收率低，经济上不合理。因此，需确定合理的矿壁厚度。为此，采用有限元数值模拟技术对采场稳定性进行分析，并对不同的矿壁厚度和回采分层高度进行优化计算，得出最佳矿壁厚度为 0.8～1.0m，最佳回采分层高度为 1.8～2.0m。

回采工作从拉底层开始自下而上分层进行，实行采一充一的循环作业工序。回采工作面以梯段方式推进(如图4－26所示),即回采时先将超前落矿槽挑到预定高度,适当出矿后,再对落矿槽下部两侧进行扩帮崩矿,使整个采空区断面始终形成一个近似拱形的梯形面。采场控顶高度保持在3.6～3.8m,超前落矿槽宽度控制在3m左右;扩帮高度即为回采分层高度1.8～2.0m;扩帮宽度视残柱厚度而定,两侧保持1m的矿壁,沿采场全宽扩开。在每分层扩采之前,须探明残柱边缘位置与实际厚度。具体作法是:分层出矿清底后,在矿房边界顶板处用气腿式凿岩机钻凿与水平面成45°夹角的钻孔,钻孔平面垂直于采场侧壁。当钻头一接触炉渣时,就记下此时的钻孔深度,再根据此数据计算出残柱的边缘位置和实际厚度。回采工作与上向分层尾砂充填法相同。

采场凿岩配备YSP－45型上向式凿岩机和YT－27型气腿式凿岩机,分别钻凿上向挑顶浅眼和水平扩帮炮眼。需要强调的是,扩帮眼尽量不要超深。落矿使用2号岩石炸药,采用非电导爆系统起爆,多段顺序排间微差爆破,排间微差时间间隔为25～50μs。装药结构为柱状药卷不耦合连续装药,装药系数70%左右。为了给扩帮时侧向崩矿创造一定的初始自由面,在形成超前落矿槽时,以采场充填天井为自由面,同步形成侧向崩矿用的切割槽。这样就提供了充足的扩帮侧向崩矿自由面。实践证明,爆破效率高,效果好。崩落矿石用轻型电耙耙运。分层内出矿完毕,即进行尾砂胶结充填。充填料灰砂比一般为1:7,接近层面时将灰砂比提高到1:4。充填后,养护一天,即可进行下一回采分层的凿岩。

4.5　地下矿信息技术的应用

快速有效地获取矿山各方面的信息,实现信息之间的共享和交流,对各种信息进行综合分析、处理、利用,满足不同层次的信息需求,成为矿山现代化发展水平的重要标志。掌握信息、运用信息技术、数字化技术和网络技术,使现有各种资源得到充分、合理、有效地利用,成为信息时代矿山追求的主要目标。

应用先进的信息技术去整合井下矿山企业现有设计、生产、管理的各个环节,实现信息化,从而将准确、有效的信息便捷及时地传递到设计、生产、管理的各个层面,以便对各种情况及时做出合理的决策,提高矿山企业的竞争力。这是当前矿业形势及生产现实对我们提出的急需探讨的课题,也是数字化矿山的基础。

4.5.1　矿山信息化基础

矿山信息常常以多源异质的信息作为基础,这些信息不仅涉及到大量图纸、数据、文字、报表等属性信息,更为重要的是,它还与具有空间位置概念的地理空间、拓扑空间和工艺关联等密切相关,需要对各种信息进行空间表述、分析、处理和时序处理。为了使矿山整个流程的各种信息能有效地获取、识别、转换、存储、再生,便于勘探、设计、生产工作充分有效地利用这些矿床信息资料进行优化设计,建立数字化、可视化的矿床模型,准确如实地描述矿床赋存特点是必须的。矿床模型(mineral deposit model)是反映矿床基本属性、储存多种地质信息,进行各种技术分析研究和矿山工程应用的数学模型。矿床模型是矿床空间分布属性的数字化描述,它是品位和矿量估算、境界设计、开采规划、质量控制、经济评估等各项工作的基础 。

利用IT及相关技术,可以把一个极其复杂、难以描述的现场实际矿床抽象、提炼成一个简明扼要、近似反映系统实际的模型。人们可以利用这种数学模型进行大量的实验研究工作,可集中精力于重要环节、重要参数之间的关系上,设计出不同的方案进行运算与对比分析,并可对未来发展做出预测,为矿床的生产设计开发提供科学依据。目前,国际上涌现出了大量优秀矿业软件,如美国 Mintec 公司的 MineSight 软件、澳大利亚 Surpac 软件,英国 DataMine 软件等,以此为工具能实现矿山数据的集成及深层次挖掘[30]。

4.5.2 安全信息化建设

安全信息化建设是信息化矿山的一个重要组成部分,基本架构由核心控制系统、井下安全信息采集系统与基础数据库、动态监控与预警系统、安全决策支持系统、安全管理信息系统等组成。

随着我国经济的快速发展,自然矿产资源在经济发展中的需求量将越来越大。由于我国矿产开采集约化、现代化程度偏低,安全技术创新和强化管理则更加必要。我国矿山应充分利用信息化技术和高科技手段,建立以矿山安全信息实时监控为主,集隐患预警、事故报警、安全监管、安全调度、生产管理等功能为一体的监测监管的矿山安全信息化监控系统,应用计算机 3D 图形技术与虚拟现实仿真技术等进行事故模拟与调查分析,快速而有效地以三维图像的形式在计算机上清晰地再现各种事故的发生和演变过程,从而达到有效地防止事故的发生,促进矿山企业持续、稳定、健康地发展[31]。

4.5.3 地下矿山智能化

为了保持采矿业的竞争优势,芬兰提出了智能化矿山技术计划。该计划的主要目的是通过实现硬岩露天矿和地下矿山的实时生产控制、矿山设备自动化以及采用高新技术提高矿山生产效率和经济效益。智能化矿山就是根据矿山历史信息、开采现场信息和市场信息实时控制,达到最优经济生产的自动化、高技术的露天矿和地下矿 。

智能化的矿山的基本要素有如下 5 种:

(1)全矿信息与数据收集系统;

(2)高速双向全矿通讯与信息系统网络(实时监测和控制);

(3)计算机化信息管理、矿山计划、控制和维修系统;

(4)与矿山信息网络联网的自动和遥控的机械设备;

(5)与公共网络联网的通讯和监测系统。

地下矿山智能化开采的技术实现有如下 4 项:

(1)资源评估与开采计划。使用近来新兴的地理信息系统、三维可视化和计算机辅助设计技术,能够使复杂的地质体和矿体空间信息更容易理解,更容易使用。采用地质统计学的插值方法,将地质结构和矿石品位分布直观地显示在所建立的三维模型上。计算机辅助的地质和岩石力学建模技术,提高矿区初始布置、支护条件以及后续扩展的设计速度,从而降低投资费用。

(2)快速准确的信息收集系统。与全部开采过程有关的信息的数字化,是实施地下矿山智能化开采的基础,而开采现场信息的数字化是难点,也是实施智能化监测、控制与调度的关键。为此必须建立基于传感器技术的信息收集系统。

(3)构建井下综合通信网络。智能矿山的主体部分是全矿范围内的、高速度、大容量的双向通信网络,通称为井下综合通信网络。

(4)智能开采系统功能实现。以覆盖全矿的传感器网络和大容量的综合通信网络为基础,控制中心处理生产过程中产生的数据,确保连续实时监控、生产优化、远程控制以及自动运行。

地下矿山智能化开采系统,综合了各个领域的先进技术,能够提高产量、降低生产成本、减少环境对人体健康的影响,同时使矿工远离灾难。智能化开采系统还能够保持矿山企业的竞争力,拓展矿山企业的生存与发展空间[32]。

4.5.4 远程地压监控技术

随着地下开采深度的不断增加,地压活动将越来越严重,对地压的控制也越来越重要。由于采矿环境下的地质条件非常复杂,目前的岩体力学理论还不能完全解决采矿所带来的地压问题,其分析结果也往往与现场实际情况相差甚远。因此,地压活动的现场监测显得尤为重要。目前应用的远程地压监控自动化系统由两部分组成,即传感器与自动化系统。地压监控的主要对象为采场的应力变化与矿岩变形。

相比于人工测量,远程自动化地压监控系统能保护监测人员的人身安全,能测量到人工监测所不能监测到的而又非常重要的地压数据。更为重要的是,自动化监测系统能实时地获取地压数据,并让矿山技术人员能够快速地掌握地下的地压情况,对工程布置做出及时地调整。

随着地下开采深度的不断增加,地下开采中的地压问题将会越来越严重,地压监控将在地下采矿中起到越来越重要的作用[33]。

4.5.5 地下矿山专门信息技术的应用

国内矿山需借鉴国际现代化矿山的成功做法,采用国际上通用的优秀矿业软件为平台进行矿床三维模型的建立、储量评估、优化设计和采矿计划等,加强矿山现场的生产管理,全面提高矿山的技术水平和生产率,保证矿山设计和规划的实用性、有效性和及时性,从而提升矿山的竞争力。

地下矿山专门信息技术的应用主要有如下 5 项:

(1)构建三维地表及矿体模型。三维地表模型不仅直接影响到地表工程的设计、施工,而且对于选厂、排土场、井口等位置的最优布置有很大的影响,同时地表模型作为边界约束条件,还直接影响到技术经济指标和工程量的计算,是信息化工作中的一项重要内容。建立模型化、信息化的三维矿体模型,是整个矿山信息化的重要工作,是矿体石品位和资源评估、开采优化设计和规划、质量控制、市场经济评估等各项工作的基础。

(2)开拓系统优化设计。开拓巷道是矿山生产的咽喉,是联系井下与地面运输的枢纽,是通风、排水、压气及其他动力设施由地面导入地下的通路。井口附近也是其他各种生产和辅助设施的布置场地。因此,开拓系统巷道位置的布置是否合适,对矿山生产有着深远的影响。利用最优化理论,以建立的三维矿床模型为基础,进行模型化、虚拟化设计,显得尤为重要。

(3)采矿方法模拟。一旦三维矿床模型、三维开拓运输系统等建立之后,就可以随时根据市场变化及各种生产技术指标进行矿床经济分析,确定矿床的最佳开采品位,生成井下开采模型,并在三维图形环境中进行采矿方法的研究,实现图形化、虚拟化开采设计。

(4)爆破及炮孔优化设计。凿岩爆破直接影响后续的其他工序和整个采掘施工的速度、质量、安全和成本。在应用研究中,把爆破中的钻机类型和作业范围、作业高度,炮孔孔径、最小孔底距、炸药种类、装药方法和装药密度等进行参数化、数字化,在软件平台下实现炮孔的自动生成和自动/优化装药设计。

(5)综合集成技术。除需应用 IT 业的数据库、可视化、三维图形、计算机网络等先进技术外,还需依据矿床模型并与矿山开采理论相结合,用最优化理论进行专业的优化设计和工业应用。其关键是矿山数据库与采矿规划技术、可视化技术、虚拟现实技术等的综合集成。

实践表明,从矿山三维矿床模型着手,进行开拓系统优化、采矿方法模拟、爆破及炮孔优化设计等,可以实现从勘探、地质、测量、采矿的各专业数据的集成,使矿山整个开采流程的各种信息能有效地获取、识别、转换、存储、再生,能与市场紧密有效地结合在一起,从根本上优化矿山开采设计、生产及产品方案,提高矿山企业的产品质量及在国内外市场的竞争力和应变能力,实现矿山经济效益最优化[30]。

第 4 章参考文献

[1] 杰里米克. 岩石力学在硬岩开采中的应用[M]. 北京:冶金工业出版社,1990:118,249 ~ 251.

[2] 蔡美峰. 岩石力学在金属矿山采矿工程中的应用[J]. 金属矿山,2006(1):28 ~ 33.

[3] 法夫罗,等. BLASTCAD—诺兰达公司的三维计算机辅助地下矿爆破设计系统(一)、(二)[J]. 国外金属矿山,1994(1):54 ~ 57;1994(2):55 ~ 61.

[4] W G Pariseau, et al. Numerical assessment of the influence of anisotropy on steeply dipping VCR stopes [M]. Geomechanics Applications in Underground Hardrock Mining, SME of AIME, Inc. , NewYork, 1984:44 ~ 63.

[5] 饶敦朴,周光溪. 基于运算规则的采矿方法选择专家系统[J]. 采矿技术,1989(11):5 ~ 8.

[6] 童光煦. 论当前硬岩地下采矿方法的变革[J]. 金属矿山,1990(1):12 ~ 16.

[7] 王运敏. 冶金矿山采矿技术的发展趋势及科技发展战略[J]. 金属矿山,2006(1):19 ~ 24.

[8] 李枳,冯茂林. 无线遥控地下铲运机的发展及液压系统改进[J]. 冶金设备,2008,4(2):54 ~ 57.

[9] 谢猛,侯克鹏,赵洪. 地下工程注浆理论研究现状[J]. 云南冶金,2007,36(1):15 ~ 17.

[10] 杨承祥. 深井金属矿床高效开采及深井地压监测技术研究[D]. 学位论文:长沙:中南大学,2007.

[11] 黄仁东. 金属矿山隐患空区声波层析成像识别及其安全控制技术研究[D]. 学位论文:长沙:中南大学,2005.

[12] 胡际平. 国外缓倾斜、倾斜中厚矿体地下采矿方法的新进展[J]. 国外金属矿采矿,1984(12):63 ~ 73.

[13] John Stocks,等. 1988 年度地下开采年评[J]. 有色矿山,1989(1):1 ~ 26.

[14] 特拉别诺克,等. 厚矿体深孔崩矿的改进[J]. 国外金属矿采矿,1986(9):63 ~ 64.

[15] 潘键. 国外胶结充填空场采矿法的发展[C]. 第二届全国充填采矿法学术讨论会论文集,中国有色金属学会,1989:39 ~ 40.

[16] 佳杰奇金,等. 阶段崩落采矿法的改进[J]. 国外金属矿采矿,1987(4):62 ~ 63.

[17] 汉里姆. 基律纳铁矿的超级采场. 国外金属矿山,1990(11):37 ~ 40.

[18] 袁海平,曹平. 我国自然崩落法发展现状与应用展望[J]. 金属矿山,2004(8):25 ~ 29.

[19] 姚海斌. 铜矿峪矿自然崩落法副层设计浅析[J]. 中国矿山工程,2004,33(2):1 ~ 5.

[20] 常晋元. 铜矿峪矿自然崩落法生产的主要衔接关系[J]. 有色金属(矿山部分),1998(6):5 ~ 9.

[21] 张志贵,刘兴国,于国立. 无贫化放矿理论及其在矿山的实践[M]. 沈阳:东北大学出版社,2007.

[22] 佩里,丘彻. 高浓度膏体充填在多姆金矿的应用[J]. 国外金属矿山,1991(1):36 ~ 41.

[23]《采矿手册》编辑委员会．采矿手册第 4 卷[M]．北京:冶金工业出版社,1990:263 ~ 287.
[24] I Rohlfing. Slinger Belt Stowing Technique for Cemented Backfill at the Meggen Mine. Mining with Backfill, A. A. Balkema/Rotterdam,1983:189 ~ 198.
[25] 哈尼施马赫尔．梅根矿的采矿方法(二)[J]．国外金属矿山,1990(7):89 ~ 93.
[26] 童光煦,等．1983 年充填法国际会议技术评述(二)[J]．国外金属采矿,1984(5):27 ~ 34.
[27] 胡际平．现代地下采矿方法典型实例[五]—倾斜分条充填采矿法[J]．国外金属矿山,1990(6):51 ~ 52.
[28] 王湖鑫,陈何,孙忠铭．地下残矿回收方法研究[J]．矿冶,2008,17(2):24 ~ 27.
[29] 杨明．残留矿柱开采的新工艺技术研究[J]．矿业研究与开发,2000(6):8 ~ 12.
[30] 李淑芝,陈道贵．地下矿山信息化应用综述[J]．金属矿山,2005(12):51 ~ 53.
[31] 过江,古德生,罗周全．地下矿山安全监测与信息化技术[J]．安全与环境学报,2006,7(6):170 ~ 172.
[32] 荆永滨,等．地下矿山开采的智能化及其实施技术[J]．矿业研究与开发,2007, 27(3):49 ~ 52.
[33] 伍佑伦,等．远程地压监控技术在地下矿山中的应用研究[J]．岩石力学与工程学报,2007,26(增 1):2815 ~ 2819.

5 溶浸开采

溶浸开采是把采矿、选矿及水冶综合在一起，回收矿床内金属化合物的一种开采工艺。它是一项具有悠久历史的采矿技术，最早用于回收铜，20 世纪 50 年代发展到回收铀、金、银。目前有人认为镍、铝、锰等属于潜在的有可能利用溶浸法回收的矿种。溶浸采矿有四种类型：原矿堆浸(heap leaching)、废石堆浸(dump leaching)、搅拌浸出(agitated leaching)和原地浸出(in - situ leaching)。废石堆浸用于处理含矿废石、低品位矿石或尾矿。原矿堆浸用于处理新开采的中等品位的氧化矿、次生硫化矿，往往需要将矿石先行破碎，然后筑堆浸出。原生硫化矿，如黄铜矿的堆浸目前还处于试验阶段。搅拌浸出主要用于中等到高品位的原生硫化矿精矿的槽浸。原地浸出又分为原地爆破浸出、崩落区浸出、地表钻孔原地浸出(当矿体渗透率不能满足要求时辅以水压致裂)等不同的方式[1]。

在回收过程中，运用适当的化学溶剂，借助于某些微生物的生化作用，溶解、浸出、回收矿床或矿石中有价值的成分。溶浸开采常用于贫矿床、残留矿体、废石堆、报废矿柱、旧采场、尾矿、废渣等不能用常规采矿方法来经济地开采的潜在资源，也是一种能够充分地回收矿产资源的有效方法，具有广阔的发展前景。

溶浸开采起源很早，在我国，早在西汉时期(公元前 206 ~ 公元 25 年)就开始用铁从硫酸铜溶液中置换铜；唐代(公元 618 ~ 907 年)就在安徽、江西等地用来大量生产胆铜；到了北宋(公元 960 ~ 1127 年)期间，用胆水浸铜的地区达 11 处之多。北宋时撰写有两本有关矿冶的著作：沈括于公元 1086 ~ 1093 年写的《梦溪笔谈》，对胆铜及湿法冶铜技术有详细的记载；另一本为张潜于公元 1086 ~ 1100 年所著的《浸铜要略》，记述从胆水中提取铜，内容甚详。元末明初危素为此书作序，称书中胆铜法有“用费少而收功博”的经济价值[2,3]。在国外，16 世纪匈牙利从什莫依尔来梯兹(Schmoellnitz)矿水中回收铜，17 世纪西班牙在里约地多(Rio Tinto)铜矿进行堆浸采铜，19 世纪美国从布特(Butte)铜矿坑内水中提取海绵铜。至于铀、金、银的溶浸，则是 20 世纪 50 年代及以后的事情。因此，20 世纪以来，此法深受各国重视，发展很快，可处理的金属增多，有铜、铀、金、银、锰、镓、铝、铅、锌、铬、钛、镉、铊、汞、铋、砷、钇、铼等二十多种。但是应用较多的，还是铜、铀、金和银。20 世纪 80 年代初期，美国用此法生产的铜、金、银分别占其生产总量的 20%、40% 和 15%；而铀还可能占更高的比例。在整个西方国家，用此法生产的铜约占其总产量的 20%，而铀所占的比重则更大[4,5]。20 世纪 80 年代末期，俄罗斯用溶浸开采方法生产铀，年产量约 2000t，约占总产量的 35%。20 世纪 70 ~ 80 年代以来，溶浸开采已发展到相当的规模。

我国铜、铀、金等矿床的特点是：富矿不多，小矿体不少，赋存分散，且呈多金属共生状态。在很多地方，适用溶浸开采方法。从 20 世纪 50 年代开始，先后在安徽松树山铜矿、湖南柏坊铜矿、江西德兴铜矿、云南大姚铜矿、湖南龙王山金银矿、吉林二道岭金矿、内蒙东风金矿、广西高龙金矿、719 铀矿、794 铀矿等一百多个矿点用此法进行生产，已取得一些经验，正在进一步推广。该开采方法与常规的采、选、冶工艺相比，具有基建投资省、成本低、能耗少等优点。特别是近年来对其生产流程和技术工艺的改进，更显示出其处理贫矿和复杂矿石的优越性。比如，在铜、铀、金的边界品位分别降到0.16%、0.05%、1.5g/t的情况下，仍是有利可图的，其金属成品回收率可分别达到60%～70%、75%～85%、65%～80%。这对充分利用地下矿产资源，有着明显的经济效益。

5.1 溶浸开采理论基础

溶浸的主要作用，是溶解和浸出矿石或废石中的有用成分，通过收集含有有用成分的溶液，并从中回收其有用成分，以供人们加工利用。也就是说，溶浸液中的化学溶剂，在通过矿石或废石时，由于对流扩散和分子扩散，从溶浸液主体中得到扩散，并吸附在矿石或废石颗粒表面。然后溶液再从矿物颗粒表面通过分子扩散，经矿石或废石中孔隙和毛细裂隙，渗透至矿物内部，并排挤出其中原有的孔隙液。渗入的溶浸剂与矿石或废石中的有用成分发生化学反应，使其中的有用成分由固相转入液相，而生成含可溶性金属盐类的新孔隙液，浓度逐渐增加。这种新的孔隙液，从矿物颗粒内部再扩散流出外表，进入流动的液体中，形成浸出富液。这便是溶浸作用的机理。由此可见，溶浸过程不仅与溶浸化学反应过程有关，也与扩散过程有密切联系。

溶浸法的基本理论是建立在化学反应过程的基础之上的，是湿法冶金的一部分。要求矿石或废石中有用成分能很好地溶浸在液体中，从液体中回收后才有价值。所以，它应是溶浸开采方法中一个主要组成部分。就溶解化学反应过程而言，氢离子与可溶性阴离子结合的反应过程，是溶解化学的基础，其反应速度快，并取决于活化能量，而且是不可逆的。因此，液－固相界面上的化学反应速度，远较扩散过程速度快。不过，一个非稳态系统的溶解速度，是由速度最慢的子系统所决定的，所以浸出过程，一般并非由化学反应速度控制过程，而是由扩散过程所控制的多相反应动力学过程。这样在研究提高溶浸效率时，就要提高溶液中的溶浸剂浓度，改善矿石自身和矿石堆内部的渗透性，增强溶液流速，扩大并不断更新液－固相界面面积，减少界面层厚度和阻力，这才是堆浸取得成功的关键[5,6]。化学溶浸是运用酸性、碱性或中性的化学溶液，溶解矿石或废石中的金属及其矿物盐类，形成富液流出，然后从中回收并提取金属产品，其中常常是伴随有细菌溶浸，并为细菌生存、繁殖和活动提供条件，而细菌的生化作用又促进化学溶浸加快反应速度。两者中，化学溶浸是主要的。由于其被溶浸的矿石及其中有用矿物成分的物理化学性质不同，适用的溶浸剂及其化学反应各有区别。现将化学溶浸开采和细菌溶浸开采的化学反应分述如下。

5.1.1 化学溶浸开采

借助溶浸液与矿石接触后，除在表面形成一层薄膜外，在分子扩散的作用下，和沿着矿石裂隙向内部渗透过程中，溶浸液与矿石中的有用成分发生化学反应，通过氧化还原置换等作用，生成的可溶性化合物或络合物形成富液（产品液），再将富液输送到车间加工，回收其有用成分的方法。这一过程叫做化学溶浸开采。

关于几种常用的溶浸铜、铀和金银矿石的方法，其化学反应过程分别表述如下。

5.1.1.1 铜矿物

铜矿物的种类繁多，氧化矿物主要有孔雀石、硅孔雀石、蓝铜矿、赤铜矿、黑铜矿、透辉石、水胆凡等及自然铜；硫化矿物主要有辉铜矿、铜蓝、黄铜矿、斑铜矿、硫砷铜矿、黝铜矿、砷黝铜矿、方黄铜矿等。它们的溶解特性各不相同，适用的溶浸剂也各异。

（1）铜的氧化物中，有碳酸铜、氧化铜、硅酸铜和金属铜，在化学反应中各有特点[4~7]。

在碳酸铜类中，如孔雀石[$Cu_2CO_3 \cdot Cu(OH)_2$]和蓝铜矿[$CuCO_3 \cdot (OH)_2$]都易溶于稀硫酸，并产生 CO_2，反应式如下：

$$2CuCO_3 \cdot Cu(OH)_2 + 3H_2SO_4 \longrightarrow 3CuSO_4 + 4H_2O + 2CO_2 \quad (5-1)$$

$$Cu_2CO_3 \cdot (OH)_2 + 2H_2SO_4 \longrightarrow 2CuSO_4 + 3H_2O + CO_2 \quad (5-2)$$

在氧化铜类中，黑铜矿[CuO]易溶于稀硫酸，见反应式(5-3)；而赤铜矿[Cu_2O]则溶解较慢，但是在有氧或 Fe^{3+} 离子存在的情况下，常温下亦可迅速溶解于硫酸，如反应式(5-4)：

$$CuO + H_2SO_4 \longrightarrow CuSO_4 + H_2O \quad (5-3)$$

$$Cu_2O + 2H_2SO_4 + 1/2O_2 \longrightarrow 2CuSO_4 + 2H_2O \quad (5-4)$$

在硅酸铜类中，硅孔雀石[$CuSiO_3 \cdot 2H_2O$]在稀硫酸中可溶性很好，见反应式(5-5)；而透视石[$CuSiO_3 \cdot H_2O$]也同样溶解，但速度较慢。

$$CuSiO_3 \cdot 2H_2O + H_2SO_4 \longrightarrow CuSO_4 + SiO_2 + 3H_2O \quad (5-5)$$

自然铜则须先行氧化，再溶于硫酸：

$$Cu + H_2SO_4 + 1/2O_2 \longrightarrow CuSO_4 + H_2O \quad (5-6)$$

（2）铜的硫化矿物，难溶于硫酸，但易溶于酸性硫酸铁溶液中。黄铜矿[$CuFeS_2$]、铜蓝[CuS]、辉铜矿[Cu_2S]和斑铜矿[Cu_5FeS_4]的反应式如下[4~7]：

$$CuFeS_2 + 2Fe_2(SO_4)_3 \longrightarrow CuSO_4 + 5FeSO_4 + 2S \quad (5-7)$$

$$CuS + Fe_2(SO_4)_3 \longrightarrow CuSO_4 + 2FeSO_4 + S \quad (5-8)$$

$$\left.\begin{aligned} Cu_2S + Fe_2(SO_4)_3 &\longrightarrow CuS + CuSO_4 + 2FeSO_4 \\ CuS + Fe_2(SO_4)_3 &\longrightarrow CuSO_4 + 2FeSO_4 + S \end{aligned}\right\} \quad (5-9)$$

$$Cu_5FeS_4 + 6Fe_2(SO_4)_3 \longrightarrow 5CuSO_4 + 13FeSO_4 + 4S \quad (5-10)$$

综上所述，含氧化铜和硅酸铜的矿石，溶浸时常用稀硫酸，以化学浸出为主；对于含硫化铜的矿石，则应采用酸性硫酸铁，实现化学浸出与细菌浸出并重。

5.1.1.2 铀矿物

铀矿石的种类较多，成分复杂，按矿石类型分为：原生矿石（沥青铀矿、晶质铀矿、钛铀矿及含铀的钛钽铌酸盐等）、次生矿石（铀黑、水沥青铀矿、红铀矿、柱铀矿、铜铀云母、铁铀云母以及含铀的磷酸钙、有机物、黏土等）及混合矿（它是一种共生的原生和次生铀矿物）[8]。铀矿的浸出可分为酸浸和碱浸，依矿石的矿物组成及脉石的性质而定。而一般则分为次生六价铀氧化物和原生四价铀化合物两大类。次生六价铀氧化矿物易溶于酸或碱性介质，而原生四价化合物则必须先氧化成六价，才能溶解于酸或碱之中。通常是硅酸盐矿石适于酸浸；而碳酸盐或其他碱性成分较高的矿石，因耗酸量大，只能采用碱浸。酸浸流程简单，成本也低，故采用广泛。铀矿浸出的反应式如下[5~7]：

酸浸时，则四价铀氧化成六价后，与硫酸反应生成可溶性硫酸铀酰进入浸出液：

$$UO_2 \cdot 2UO_3 + O_2 + 6H_2SO_4 \longrightarrow 6UO_2SO_4 + 6H_2O \tag{5-11}$$

而六价铀则为：

$$UO_3 + H_2SO_4 \longrightarrow UO_2SO_4 + H_2O \tag{5-12}$$

碱浸的反应式为：

四价铀 $$2UO_2 + O_2 \longrightarrow 2UO_3 \tag{5-13}$$

六价铀 $$UO_3 + 3Na_2CO_3 + H_2O \longrightarrow Na_4UO_2(CO_3)_3 + 2NaOH \tag{5-14}$$

将得到的浸出液，在经离子交换器或溶剂萃取的净化和浓缩之后，可用氨水或氢氧化钠得出沉淀黄饼，要求含 U_3O_8 在80%以上，送到冶炼厂制成最终产品。

无论是酸法浸出或是碱法浸出，一般都采用 H_2O_2 作为铀浸出氧化剂。

5.1.1.3 金银矿物

金主要以单质的自然金存在，少数呈碲金矿、碲金银矿、针碲金矿、叶状碲金矿等产出，常和黄铁矿、毒砂等硫化矿物共生。在自然界中，银也有呈单质自然银存在的，但主要是以化合物出现，如辉银矿、硫铜银矿、硫锑银矿、硫砷银矿、角银矿、氯溴银矿、金银矿等[5]。自然金及其与银共生矿物易溶解于稀氰化物溶液（0.03%～0.08%）中，只要氰化钠浓度达到0.05%时，溶解反应即迅速进行。但是为了金的完全溶解，就要在有氧存在的情况下进行反应。自然金的反应方程式为[5～7]：

$$4Au + 8NaCN + O_2 + 2H_2O \longrightarrow 4NaAu(CN)_2 + 4NaOH \tag{5-15}$$

含砷、碲的金矿石，则不宜浸出；含有铜、铁、铅、锌、锑等时，则易消耗氰化物，又不易于金银的溶解，也不利于浸出；含黏土、碳质物质，因易造成矿堆堵塞，又会吸附部分金银和消耗氰化物，因此应尽量设法避免造成损失。

至于银矿石中的辉银矿和角银矿，虽都容易溶解于氰化物溶液中，但其速度只有金的一半，其反应式如下[5,6]：

$$Ag_2S + 4NaCN \longrightarrow 2NaAg(CN)_2 + Na_2S \tag{5-16}$$

$$AgCl + 2NaCN \longrightarrow NaAg(CN)_2 + NaCl \tag{5-17}$$

虽然近年来很多无氰溶浸剂的研究获得成功，并引起了人们的重视，其中硫脲也已得到了推广。但是，氰溶浸剂价格低，效果好，浸出率高，故在工业生产中仍在广泛应用。

5.1.2 细菌溶浸

细菌溶浸是用含有细菌或代谢产物的溶浸液，通过微生物的生物化学作用，使矿石中的不溶性有用成分转变成可溶性盐类进入水溶浸液中，经加工处理提取有用成分的开采方法。参与浸出的细菌通常有[2]：氧化铁硫杆菌、氧化硫杆菌、铁裂片菌属、硫化叶菌属、硫酸铁还原菌、黑曲霉菌等所特有的生物化学作用，来溶解矿物。其中以氧化铁硫杆菌应用最广，其次是氧化硫杆菌。它们虽然也是一种化学反应，但因细菌所生成的酶的催化作用，使其反应速度比单纯化学反应加快数倍，甚至千余倍。它的作用机理，是具有直接作用，使细菌可以吸附在矿石表面，把其中有用金属成分浸蚀溶解出来。如果通过显微摄像观察，可以清楚地看到氧化铁硫杆菌吸附在矿石表面，对其中有用金属成分浸蚀并溶解的过程。以黄铜矿（$CuFeS_2$）和辉铜矿（Cu_2S）为例，其直接氧化溶解反应方程式为[4～7]：

$$CuFeS_2 + 4O_2 \xrightarrow{细菌} CuSO_4 + FeSO_4 \tag{5-18}$$

$$2Cu_2S + 2H_2SO_4 + 5O_2 \xrightarrow{细菌} 4CuSO_4 + 2H_2O \tag{5-19}$$

此外,还存在大量细菌溶浸的间接作用。即通过细菌的新陈代谢活动,产生硫酸或硫酸高铁等代谢产物,把矿石中的金属转化成金属盐类(如硫酸盐)溶浸出来。并且矿石中的黄铁矿和浸出液中的硫酸亚铁及单体硫,也都会被细菌氧化,而生成硫酸高铁及硫酸,进行溶浸。其间接溶浸反应式为[4]:

$$2S + 3O_2 + 2H_2O \xrightarrow{细菌} 2H_2SO_4 + 能量 \tag{5-20}$$

$$2FeS_2 + 7O_2 + 2H_2O \xrightarrow{细菌} 2FeSO_4 + 2H_2SO_4 + 能量 \tag{5-21}$$

$$4FeSO_4 + O_2 + 2H_2SO_4 \xrightarrow{细菌} 2Fe_2(SO_4)_3 + 2H_2O + 能量 \tag{5-22}$$

以孔雀石($CuCO_3Cu(OH)_2$)和赤铜矿(Cu_2O)为例,则:

$$2CuCO_3Cu(OH)_2 + Fe_2(SO_4)_3 + 3H_2SO_4 \xrightarrow{细菌} 6CuSO_4 + 2Fe(OH)_3 + 3H_2O + CO_2 \tag{5-23}$$

$$Cu_2O + H_2SO_4 + Fe_2(SO_4)_3 \xrightarrow{细菌} 2CuSO_4 + 2FeSO_4 + H_2O \tag{5-24}$$

在上述化学反应中,矿石中的铜是以 $CuSO_4$ 溶液出现。如果通过铁的置换,便可以得到海绵铜,其反应式为:

$$CuSO_4 + Fe \longrightarrow FeSO_4 + Cu\downarrow \tag{5-25}$$

当然,也可以用萃取、电解方法制成电解铜[4,5]。

影响细菌浸出的主要因素有五种:

(1)培养基种类。为了使细菌生长繁殖,使用对细菌适宜的培养基。所用的培养基因菌种而异,如培养氧化硫杆菌的培养基可参考表 5-1 所示。

(2)环境温度。每种细菌都有各自最适应的生长温度条件,氧化铁硫杆菌的最适生长温度是 30~32℃,当温度低于 10℃时,细菌活力变得很弱,生长繁殖也很慢。当温度高于 45℃时,细菌生长也受影响,甚至要死亡。

最适于细菌生长的温度,也是细菌氧化力最强的温度范围。金属硫化矿的氧化是放热反应,如果用细菌氧化含硫高的精矿,放热现象比较明显,这对不耐热的氧化铁硫杆菌不利。据报道,国外有人培养出一种耐热硫杆菌(Sulpholbus)可以耐受 60~80℃的高温,还有人培养出一种中等耐热菌可以耐受 40~50℃温度。试验证明,耐热菌浸出金属硫化物精矿,效果比氧化铁硫杆菌好。

(3)环境酸度。浸矿用的硫杆菌属细菌,是一种产酸又嗜酸的细菌,环境酸度对细菌生长有明显影响。但酸度本身对矿物的作用不很重要,由于浸出介质中有 Fe^{3+},浸出时应控制酸度在 pH=2 以下,防止铁沉淀。

(4)金属及非金属离子。细菌培养基中含有数种微量金属离子,这些离子在细菌生长中起重要作用。钾离子影响细胞的原生质胶态和细胞的渗透性;钙离子控制细胞的渗透性并调节细胞内的酸度;镁和铁是细胞色素和氧化酶辅基的组成部分。但如果金属离子含量过多,将对细菌产生毒害作用。

(5)表面活性剂。表面活性剂可以改变矿物表面性质,增加矿物的亲水性,有利用细菌和矿物接触。每种活性剂存在一个最佳使用浓度,在此浓度下活性剂促进浸出效果最明显。

表 5-1　培养氧化硫杆菌的培养基

组　成	瓦克斯曼培养基	ONM 培养基
$(NH_4)_2SO_4$	0.20g	0.20g
$MgSO_4 \cdot 7H_2O$	0.50g	0.03g
$CaCl_2 \cdot 2H_2O$	0.25g	0.03g
$FeSO_4 \cdot 7H_2O$	0.01g	0.001g
KH_2PO_4	3~4g	0.4g
蒸馏水	100mL	100mL
硫黄粉末	1.00g	1.00g

至于铀、金、银等矿石的溶浸,细菌也要产生同样的重要作用。关于铜、铀、金、银溶浸过程的生产流程,可参考图 5-1 ~ 图 5-3。这些流程,仅是表示堆浸的生产过程的一般情况,对不同的矿床,可能有很大的差异。

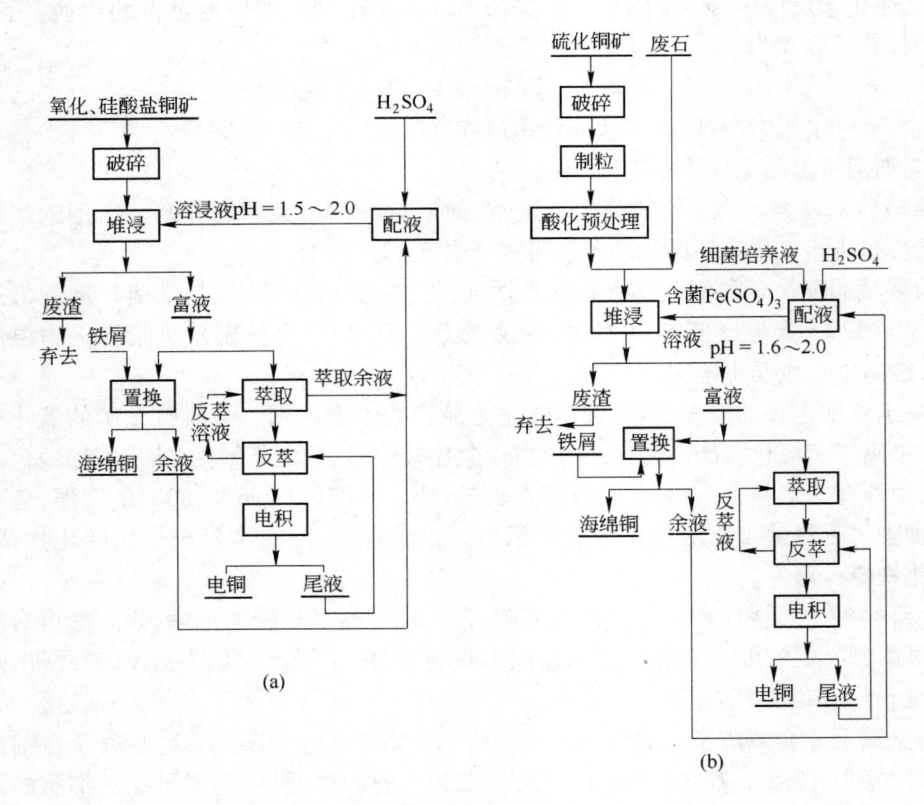

图 5-1　铜矿石和废石堆浸工艺流程[5]

(a)氧化、硅酸盐铜矿;(b)硫化铜矿、废石

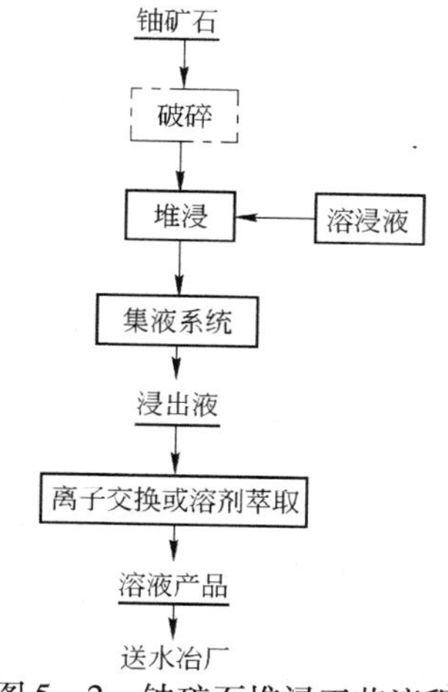

图5-2　铀矿石堆浸工艺流程

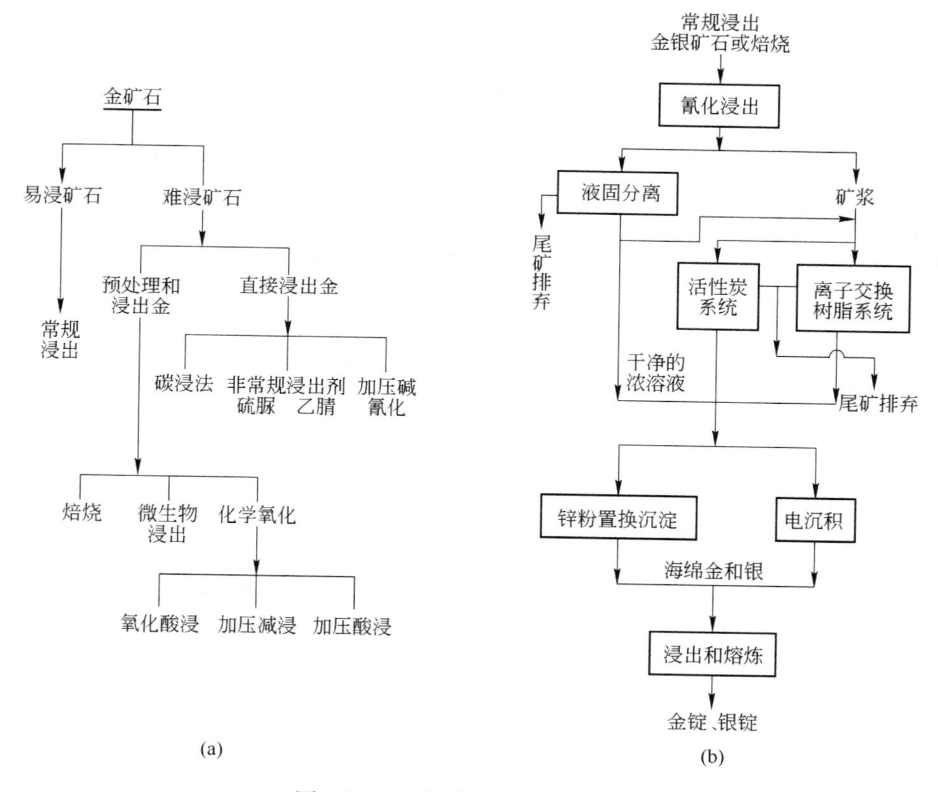

图5-3　金银矿石堆浸工艺流程
(a)浸出金的各种方法;(b)氰化浸出金和银流程图

上面概括地论述了溶浸法的基本理论。由于溶浸的对象不同,其工艺组成也不同。对露天剥离的大量废石和已采出的低品位矿石,则用堆浸;对于精矿、尾矿和矿渣可采用池、槽浸;对用常规方法难以开采,或经济效益不好的边缘矿体,以及采空区内残留矿石,可考虑用原地溶浸。因为池浸、槽浸纯属水冶,故本章仅论述堆浸和原地溶浸。

5.2 堆浸法

堆浸法是溶浸开采中最早的和常用的开采方法,至今已有三百多年的历史。堆浸法是指将稀的化学溶浸液喷淋在矿石或废石堆上,在其渗滤的过程中,有选择性地溶解和浸出矿石或废石中的有用成分,并从矿堆底流出的富液中回收有用成分的方法。目前堆浸法已发展成为我国大规模处理贫矿、废石、选厂尾矿以及冶炼厂炉渣等物料,提取铀、铜、金和银等金属的一种技术可行、经济合理的方法[9]。堆浸法的浸出过程可分为三个阶段:第一阶段,喷淋的溶浸液附着在矿石块表面,并沿矿石裂隙和孔隙向矿石内扩散,挤出裂隙和孔隙水;第二阶段,溶浸液与矿石中的有用成分接触,发生化学反应,生成可溶化合物或络合物;第三阶段,由于其浓度比矿石表面的要高,通过分子扩散作用沿裂隙或孔隙向岩石块表面运动,并在重力作用和对流扩散作用下离开矿石表面向下运动,汇入富液流[2]。堆浸法的生产系统见图5-4。它分为两个步骤,即浸出前准备,包括底板铺垫和筑堆;溶浸作业,包括配液、布液和集液以及金属回收(富液加工处理)。

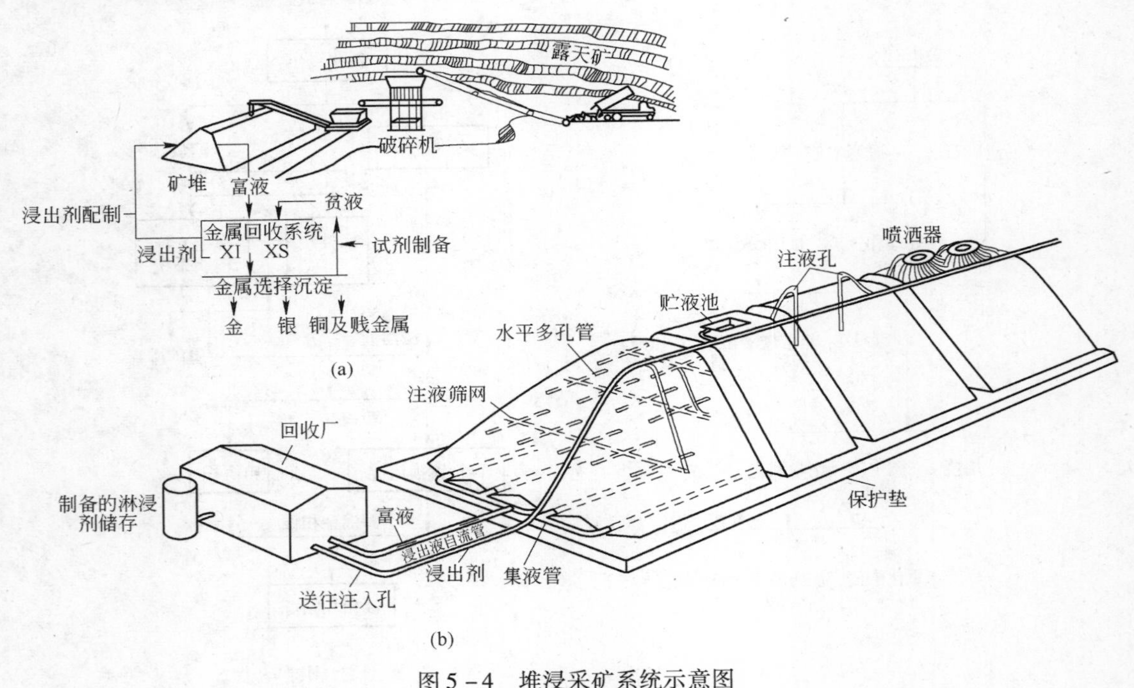

图5-4 堆浸采矿系统示意图
(a)开采系统;(b)回收系统

5.2.1 浸前准备

堆浸在种类上又分为废石堆浸和矿石堆浸两种。

所谓废石堆浸,主要是露天矿剥离的岩石,有时也有地下矿掘进的岩石,因其中具有一定的品位,虽然在边界品位之下,但数量很大,因而要回收其中的有用成分,如铜、铀、金、银等。在国外,许多大型斑铜矿的露天矿对其废石堆进行堆浸,日处理量达数十万吨,美国肯尼科特(Kennecott)公司所属露天矿便是一个范例。像这样的废石堆,常是按原来的状态就地堆浸，如图 5－5 所示。这样不但会影响回收效果，而且如果处理不当，还会造成环境污染。所以要事先将露天废石场设在山谷坡地，将其草木清除干净，并略加修整，使底板不渗不漏，以免溶液流入地下或随地下水渗出。在筑堆方面，最好分层堆筑，分层浸出。如美国的布特（Butte）铜矿曾将浸出物堆建成若干个相互平行的指状废石堆，长度超过百米，分层加高和浸出，每层高 10～15m。堆顶有足够宽度，可允许卡车顺利调头，直到总高达 50m 为止[11]。

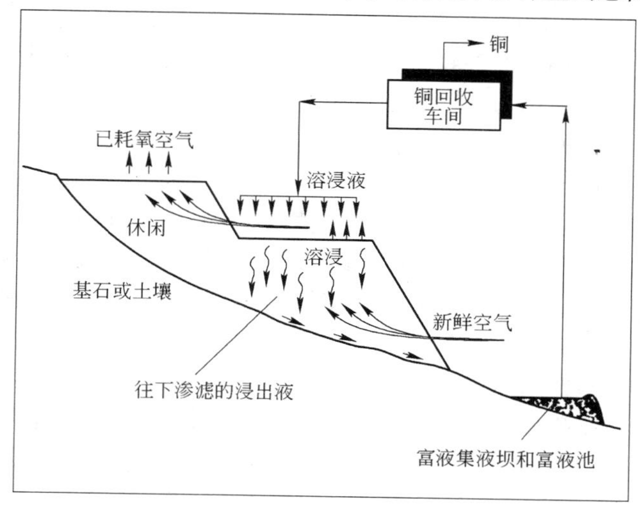

（一分层在浸出，另一分层在休闲）

图 5－5 铜矿废石堆浸剖面图[12]

至于矿石堆浸，是因其品位较低，不能补偿运输和选矿加工费用或槽浸费用。其工艺流程，以法国西部铀矿公司为例，如图 5－6 所示[13]。由于矿物类型、品位高低和金属种类的不同，堆浸前的准备有：不经任何破碎，或粗碎到 300～400mm 以上，或经两段破碎到 6～25mm 以下并制粒，或在制粒时加入溶液处理[5]。选择堆浸方法时，一般是品位较低、价值不高、层理裂隙发育和易浸出的贱金属矿石，多用前两种方法。对价值较高的贵金属矿石，

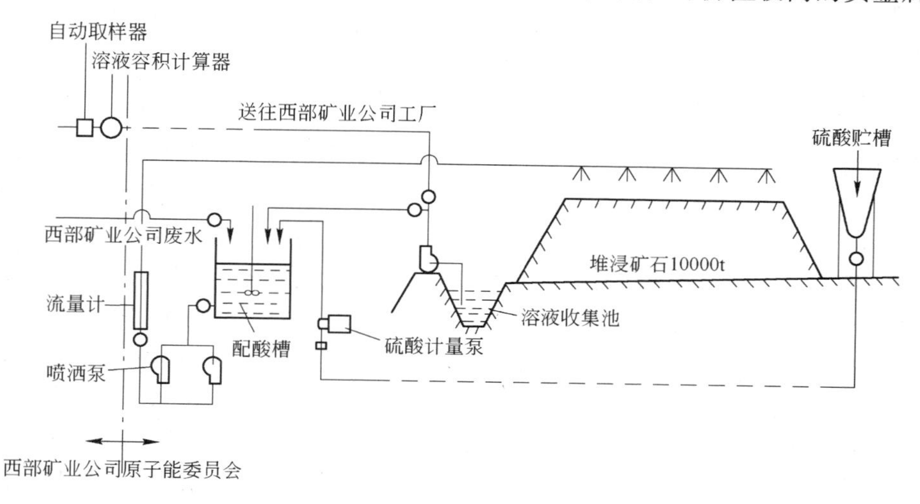

图 5－6 铀矿石堆浸工艺流程示意图[13]

性脆易碎、含泥或粉矿较多的难渗透矿石，以及一些不破碎便难于有效离解其有用成分的矿石，则应采用后两种方法。在对矿石进行破碎作业时，不仅要求将矿石破碎到适于浸出的块度，还要求达到合理的块度组成。矿石事先破碎、筛分或制粒，虽然增加了工序和费用，但加强了矿堆渗透性，避免液流不均、堵塞、沟流等情况的发生，可加速有效成分浸出，缩短堆浸周期，提高金属回收率，减少溶剂消耗，最终是降低了生产成本。破碎是为增大液固接触面积，筛分是为消除粉末，都有利于矿堆溶浸。制粒是粉矿、黏土等一些不利于渗透的物料，用黏结剂如水泥、石灰、硅藻土、田菁胶或其他有机高分子和浸出剂来制成 5 ~ 40mm 直径颗粒，既可消除矿堆通道堵塞，又提高了浸堆的渗透性和矿石有用成分。

在所使用的设备上，破碎有颚式、圆锥式或反击式破碎机等，制粒有带式、圆筒式或圆盘式制粒机等，都是一些选冶厂的常用设备。至于矿石堆场地选择，最好是露出基岩的峡谷或沟壑，也可以是小山间的山沟。堆场地面应清除干净，并压紧夯实，上面铺一层 450 ~ 600mm 厚的黏土再压实。为了防止浸出液渗出和地下水涌入，上覆 250 ~ 300mm 厚沥青，或合成材料薄膜（高密度聚乙烯膜、硫化塑料膜等），再加上一层黏土或细砂，作为底板的垫层，并保持 2% ~ 6% 的坡度，以便浸出液能流入蓄液池或集液坝。然后在黏土层上用大块矿石铺砌纵向和横向排液沟，再铺上一层 500mm 的大块矿石作为保护层。堆场底板铺垫面积应大于矿石堆底部面积，且四周均修筑围堰，挖掘排水沟渠，以免溶液外泄，也防洪水冲入。对于要重复使用多次的永久性堆浸场，国外多推荐铺沥青；而一次性的堆浸场，使用合成材料薄膜较合理。

在建筑方法上，有多堆法、分层法、斜坡法和吊装法四种。常用的筑堆机械有卡车、推土机、吊车和皮带运输机。多堆法是用皮带运输机把矿石堆成若干个高 6m 的矿堆，再用推土机推平。分层法是用卡车或装载机分层堆矿，再用推土机分层推平，一层一层向上推，直到筑成。斜坡法是先用废石筑成一条比矿堆约高 1m 的斜坡道，再用卡车把矿石卸到斜坡道两侧，然后用推土机推平。吊装法是在用桥式吊车堆矿后，再用耙子扒平[14]。上述四种方法中，前三种因矿堆有不同程度被压实，渗透性较差；最后一种基建投资大，筑堆速度慢。因此，在选用上应依具体情况确定。在堆浸规模上，国外一般是 3 ~ 5 万吨/堆，大的超过百万吨/堆；我国一般是 2 ~ 3 千吨/堆，超过 1 万吨/堆的不多。国外堆浸法的最低品位是：铜矿石含铜 0.12%，金矿石含金 0.7g/t 和铀矿石含铀 0.05%[5]。

5.2.2　堆浸作业

堆浸作业是堆浸法中的很重要的一步，包括布液、集液和金属回收富液（贵液）加工处理三个环节。布液可采取灌溉式或喷淋式。前者将溶浸液引入矿石堆表面贮液池或沟渠里，任其慢慢渗漏；后者则是通过均匀分布的支管上小孔或喷嘴，将溶液喷洒在矿石堆表面或内部，如图 5 - 4 所示。目前所广泛使用的旋转摇摆式喷淋器，其主要特点是转动摇摆灵巧，喷淋均匀，覆盖面宽，液滴大，不易雾化，药剂损失少，有利环境保护。它所使用的溶液，因矿石类型不同而异。对氧化铜和硅酸铜矿石，为 pH = 1.5 ~ 2.2 的稀硫酸；硫化铜矿石为 pH = 1.6 ~ 2.5 的酸性含菌硫酸高铁溶液，细菌含量不少于 10^4 ~ 10^5 个/mL；铀矿石在酸浸时，溶液含硫酸 5 ~ 20g/L；在碱浸时，溶液含 Na_2CO_3 与 $NaHCO_3$ 为 5 ~ 15g/L；金银矿石为 pH = 9.5 ~ 11 的 0.015% ~ 0.25% NaCN 加 0.025% ~ 0.05% NaOH 溶液。布液强度的合理范围，铜矿石 0.1 ~ 0.3L/(m^2 · s)，铜废石 0.1 ~ 0.2L/(m^2 · s)，铀矿石 0.1 ~ 0.4L/(m^2 · s)，金银矿石 0.1 ~0.2L/(m^2 · s)。为使空气进入矿堆,促进氧化反应,堆浸实行定期休闲制度,布液占浸出循环时间 1/3 ~1/2,休闲占 1/2 ~2/3[5]。

在集液系统中,浸出液自矿石堆底部排液沟(管)流入集液沟(管),最后到汇集池。在经过澄清、净化后,转送到配液池,配制成合格的溶浸液,泵送往堆浸场。溶浸液反复使用,直到最终金属达到规定浓度,才送到回收车间。废石浸出周期是以年计的,而矿石溶浸速度快,其周期通常以天或月计算。

在金属回收方面,根据金属或金属产品的不同,主要有置换沉淀法、离子交换法、溶剂萃取-电积法和碳吸附-电积法四种。从富液中可用铁置换铜,用锌置换金和银,分别获得海绵铜和金银泥等沉淀物。从铀矿石浸出液中回收铀,主要采用离子交换法,通过吸附、洗脱、沉淀、压滤、干燥等工序,获得含 U_3O_8 80% ~85% 的产品黄饼。从富液中回收铜,现在普遍采用溶剂萃取-电积法代替置换沉淀法。从低品位金银矿石的浸出液中回收金银,也常采用活性炭吸附-解吸-电积法。四种方法中的后面三种,是湿法冶金的新成就,使处理浓度低、容量大、杂质多、成分复杂的浸出液有了重大突破,促进了溶浸开采方法迅速发展。

5.3 原地溶浸开采法

原地溶浸开采是用溶浸液从天然埋藏条件下的非均质矿石中有选择地浸出有用成分并抽取反应生成化合物的一种方法[15]。早在 19 世纪 70 年代中期就在美国受到了重视并开始应用[16]。原地溶浸开采技术是回收难采、难选矿石资源的一项先进技术。原地溶浸适用于具有空隙和节理发育的矿体,或就地松动爆破达到适当的块度,且有一定渗透性的矿石。矿床的开采条件,有的在露天矿边坡以下,有的在地下采空区或陷落区,有的是临近地表的小矿体,有的则是埋藏很深的矿床。因其都在地表以下,在溶浸时水文条件是一个很重要的因素。在上述四种情况中,位于地下水位之上的,溶浸液是在非饱和与多孔介质中流动,属于一种非饱和流,即空气与液体两相非混合的同步流,主要是在一种重力条件下的缓流,存在水文情况很难控制,容易发生沟流、细粒级矿石的迁移和压实、盐类沉淀和溶浸死角等现象,对溶浸液与矿物的接触范围有很大影响。至于深部矿体的水文条件,因其浸出是在饱和流状态下进行的,要求矿体具有渗透性。渗透性差时,要采用爆破、水力压裂或化学溶解的方法,提高矿体的渗透性能和孔隙度,以改善其水文条件。必须指出,原地溶浸中所涉及的基本原理和生产过程,与废石堆浸和矿石堆浸的原则相同,都是必须使溶浸液能充分接触到矿物,缓慢地向下渗滤来回收浸出液的方法,并用泵将其输送至回收车间[12]。

原地溶浸开采法,一般分为原地钻孔溶浸法和原地爆破破碎溶浸法两类。第一类是通过钻孔或钻井向尚未采动而接近水平的矿层打孔,注入溶浸液,如图 5-7 所示[17]。钻孔呈排状、多角形或环形分布,间距为 15 ~25m。在溶液通过矿床流动时,有选择地溶解其中金属,然后通过生产孔回收浸出液,并在地面回收车间中回收所需要的金属。图 5-8 是美国怀俄明州(Wyoming)希尔利盆地(Shirley Basin)铀厂地浸示意图,按地下水流向,三个注入孔在上游,相互之间成 75°;检测孔分布于溶浸矿场的周围。还有如美国得克萨斯州(Texas)和加拿大安大略省也成功地用钻孔法从铀矿床中回收铀,并已研究用于开采加拿大西部与美国的斑岩氧化铜矿床,还将用来开采金、锰、镍、硒、铂、稀土、磷灰石等。为了使这种采矿方法能切实可行，故要求矿体疏松、破碎、裂隙或孔隙发育，而且有较好的渗透性。因此，通常应在现场逐井进行示踪原子试验和压力测量。还可以采取措施，用水力压裂或水力扩张，利用水压扩大裂隙，或运用炮孔进行有选择性爆破，进一步扩大矿带裂隙。但是，此法只能应用于具有一定条件的矿床，适用范围受到限制。

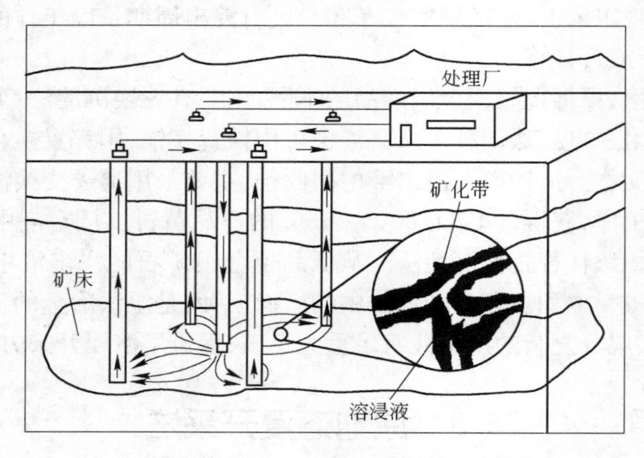

图5－7　原地渗透溶浸采矿示意图[17]

第二类是在原地爆破破碎的矿体溶浸法。与通常地下开采一样，矿床由井巷开拓和采准，然后对准备好的块段打钻孔并爆破。再从上部中段向破碎矿石喷洒溶浸液，靠自重向下渗透，洗涤矿石并溶解其中有用成分；在下部中段收集富液，泵送到地表加工处理。这种方法的采场布置，见图5－9。当浸出液浓度降低时，喷洒要停止一段时间。喷洒周期要经实验来确定[18]。

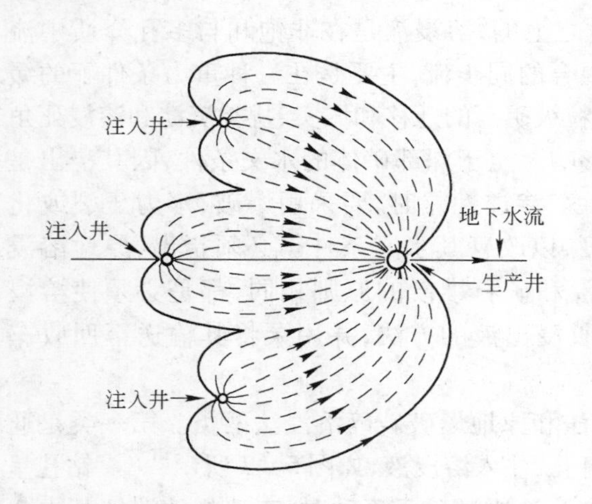

图5－8　希尔利盆地铀厂地浸时的孔位和流向示意图[13]

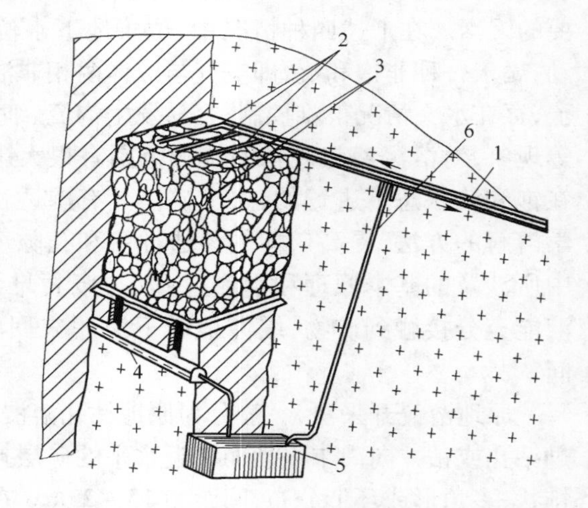

图5－9　原地爆破破碎溶浸法采场布置[18]

1—输送工作液的导管；2—喷液管；3—破碎过的矿石；4—富液收集管；5—溶液总汇集池；6—富液提升管

在原地爆破破碎溶浸法中，有用常规爆破方法来破碎原地溶浸法，如用浅眼留矿法、中深孔留矿法、强制崩落法或其他组合采矿法等来进行矿块的回采。它是在同一开采水平上，不划分矿房和矿柱，而以矿块为单元，按一定的回采顺序进行连续回采。在采准工程布置上，既考虑回采工艺的要求，又满足浸出液分配和汇集的需要。通常是采用巷道系统进行布液，收集浸出液，或排放地下水，因此比较可靠和实用。但也有采用钻孔与巷道结合的形式，进行布液和收液。这种方法的溶浸流程见图 5 - 10，是一种比较常用的方法[13,19]。

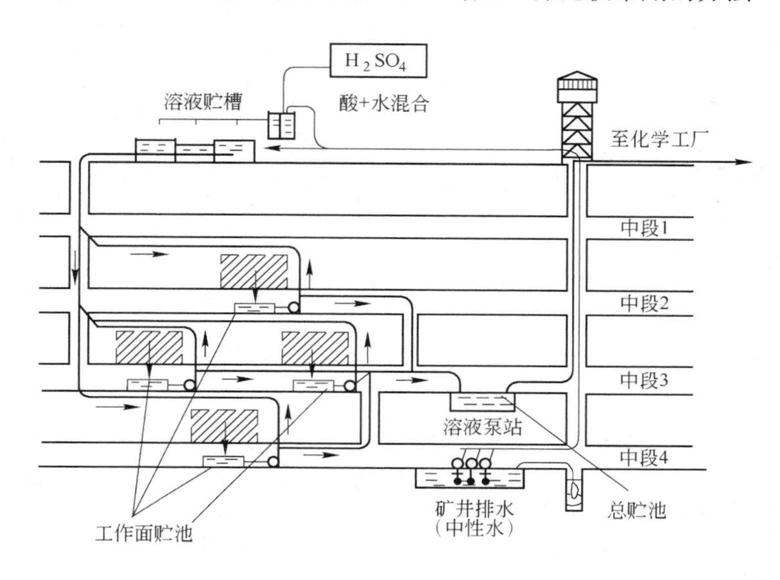

图 5 - 10　地下溶浸流程示意图[13]

还有一种特殊爆破破碎矿体的方法，就是被认为有发展前途的核爆破方法。它可以用于开采某些深埋、厚大的贫矿体，但要求对地表不产生影响。核爆炸物的优点是体积小，能量大。裂变爆炸物与聚变爆炸物都曾用于各种岩层的爆破。0.45kg 的铀完全裂变，相当于 9000t TNT 炸药的能量。0.45kg 氘（重氢）在反应时，可释放相当于 26000t TNT 炸药的能量。在矿体内进行核爆炸时，核爆炸中心数百万度的高温和高压产生的冲击波，其热能将爆炸点的地层气化，形成空硐；其爆炸物的埋放深度，至少应等于设计空硐直径的 10 倍，方可为核爆炸物的密闭程度提供适当的安全系数。空硐因高压扩张使地层产生裂隙，造成硐顶塌落，形成一个充满破碎矿石的竖筒，如图 5 - 11 所示。竖筒周围的裂隙带，可达空硐半径的 1 ~4 倍；爆破后的矿石块度，有 70% 在 30mm 以下；产生的放射性污染物，90% 以上被熔融岩吸收，并沉淀到竖筒底部。在美国，曾为某油页岩所作矿块崩落法的核爆炸设计中，按矿块几何图形布置一系列碎矿竖筒，使竖筒间裂隙带相互重叠，以保证矿石回收率近 100%，见图 5 - 12。

美国曾拟在亚利桑那（Arizona）州，对一个埋藏于 500 ~ 1500m、含铜品位 0.4% 的 20 亿吨坚硬火成型特大矿床，用直径 500mm 专用的钻孔，把能量为 2 万吨级的核爆破装置，送到 384m 深处进行爆破。爆破形成一个直径 67m、高 150m 的破碎矿竖筒，约有 136 万吨矿量。为了布液需要，从地表钻凿了 3 个注液孔，注入稀硫酸溶液进行溶浸。浸出富集液集中于矿体底部，经水平巷道流入液仓，再用泵扬送到地表富液贮池，并用铁置换成沉淀铜，每昼夜可提取铜 25t，见图 5 - 13。核能破碎 1t 矿石的费用，随所用核能量的大小而变化，从 1 万吨核能量到 10 万吨核能量，费用从 0.14 美元到 1.38 美元不等[6,11]。

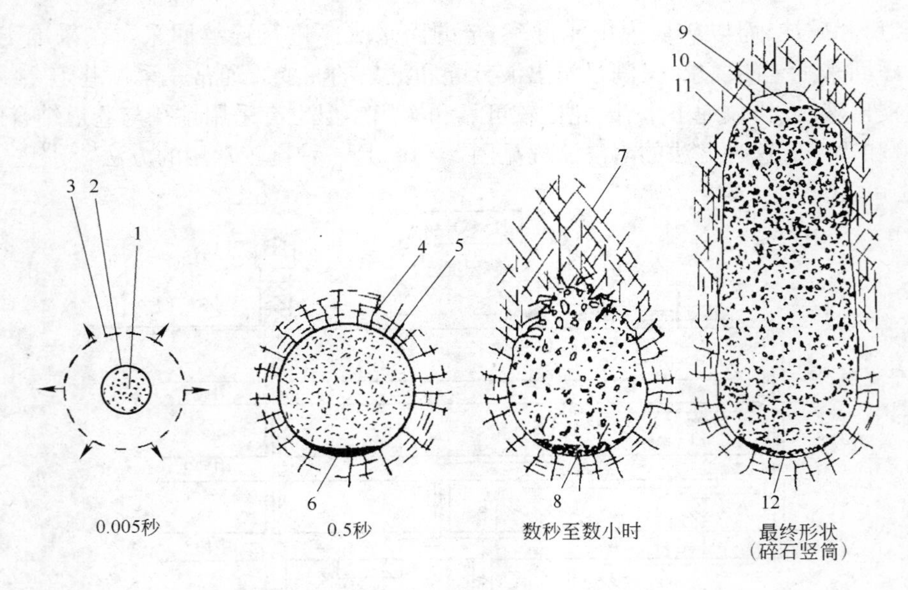

图 5-11　核爆破中空硐-竖筒形成的过程[11]

1—高温高压蒸汽;2—向外扩张的空硐边界;3—向外扩张的强冲击波前方;4—裂隙;5—熔融岩石向下滴流;6—熔融岩石熔池;7—不断向上延伸的覆盖岩层崩落区;8—崩落岩石与熔岩混合区;9—空间;10—破碎岩石;11—裂隙岩石;12—已冷却的玻璃状熔岩渣

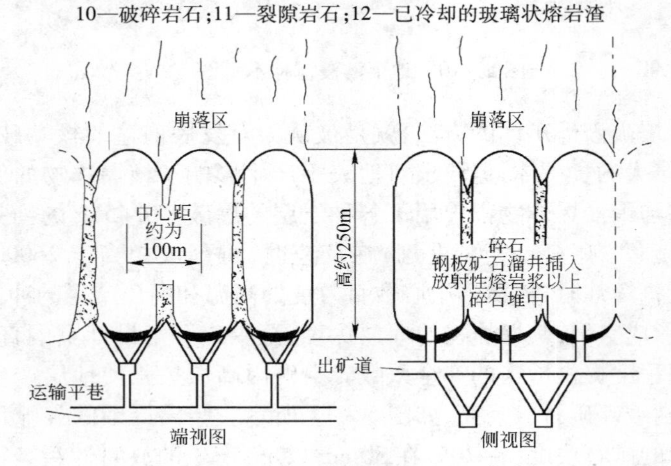

图 5-12　核爆破崩落矿块断面[11]

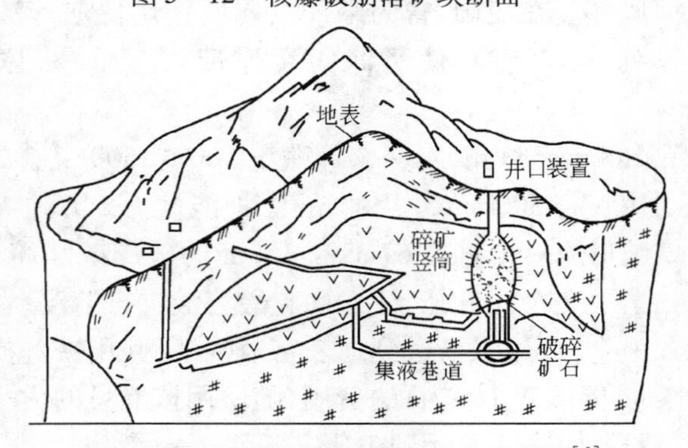

图 5-13　核爆破就地浸出试验示意图[6]

5.4 溶浸开采在国内外的应用现状及发展前景

与传统开采方法相比,溶浸开采技术不但具有环境污染小、生产成本低等显著优势[10],而且能较好地回收传统开采方法不能回收的低品位矿石、难采矿体、难选矿石以及废石中的有用成分,具有十分广阔的应用前景。

5.4.1 国内应用现状

目前,溶浸采矿技术在我国获得了广泛的应用和较深的研究。就浸出方式而言,地表堆浸、地下就地破碎浸出、原地钻孔浸出等,均在我国获得工业化应用;就溶浸金属的种类而言,铀、铜、黄金的浸出已获工业化应用,其技术已很成熟,镍、钴、铅、锌、钼等金属的浸出已有许多研究机构正在进行这方面的工作,技术上也有了一定的突破;就溶浸开采技术在我国应用的地理位置而言,无论北方或南方,还是高寒和高海拔地区,都有应用溶浸开采技术的矿山企业。可以说,溶浸采矿技术已在我国广大的疆土上,在不同的环境条件下,获得了全面的应用[19]。

堆浸技术以其工艺简单、投资少、见效快、环境效益好等诸多优点而被广泛应用于金、银、铜、铀以及稀土矿等矿山,特别是近几年来堆浸技术的研究越来越受到人们的重视。目前堆浸法已发展成为我国大规模处理贫矿、尾矿、废石等物料,提取铀、铜、金和银等金属的一种有效而又经济可行的方法。我国使用堆浸法提取的金属产量逐年增长,在堆浸的矿石类型、筑堆、布液以及金属回收等方面都取得了长足的进展,但也存在着一些问题,如生产规模小、机械化程度低、金属回收率及经济效益差等[10]。因此,堆浸技术仍需要不断地进行技术研究及工艺优化。

原地浸出技术近年来发展迅速,目前主要用于工业规模开采铀和铜。原地钻孔浸出采铀在我国核工业部门取得了许多成功的经验,但铜矿资源的工业化原地溶浸在国内还刚起步。1993 年以来,北京矿冶研究总院和武山铜矿合作开展了武山铜矿原地浸出试验研究。该项目于 1998 年 12 月 24 日通过了国家有色工业局组织的专家鉴定,整体研究成果达到国际先进水平。江西德兴铜矿在露天开采过程中留下了 11.7 亿吨无法入选的 0.25% 以下的低品位铜矿石,含铜总量约 120 万吨,相当于一个中型铜矿。该矿目前根据细菌堆浸 - 萃取 - 电积流程工艺建起了一个年产电铜 2000t、年创产值 4000 万元以上的含铜废石堆浸厂。该项目的试验成功,将开创废石提铜的先河,可延长矿山服务年限 10 年以上。

目前我国多半铜矿山处于资源枯竭的边缘,现探明的接替资源严重不足。而原地溶浸采铜又有旺盛的生命力,国家发改委、国家科技部、国家自然科学基金委员会专项资助低品位金属矿堆浸或细菌浸出的基础及应用研究[21]。

5.4.2 国外应用现状

世界上发达国家如美国、俄罗斯、法国、加拿大和澳大利亚、南非等在溶浸技术研究上处于领先水平。美国矿山局从 20 世纪 70 年代初就开始研究溶浸技术,进行过地下破碎浸出,浅部矿床原地浸出,深部矿床原地浸出试验研究。到 2002 年为止,有 20 多家铜矿山在进行溶浸的工业试验或工业生产。美国铜金属年产量的 70% ~75% 来自溶浸采矿,智利为 20%

左右。经过20多年的发展,溶浸技术在美国已日臻成熟,是一种能充分利用资源、生产成本低、环境效益好的先进开采方法[22]。

微生物浸出技术在国外发展也尤为迅速,应用广泛。废石微生物堆浸的矿山有美国的Bagdad,Morenci,Pinto Valley,Sierrita等矿山。矿石微生物堆浸的矿山有美国的Morenci,智利的Zaldivar、Cerro Colorado、Chuquicamata SBL、Collahuasi、Punta del Cobre、Quebrada Blanca、Salvador QM、Sociedad Minera Pudahuel,澳大利亚的Girilambone等。微生物搅拌浸出金精矿的矿山有赞比亚的Fairview,澳大利亚的Harbour Lights、Mount Leyshon,巴西的Sao Bento等。智利是微生物浸出工业应用最广泛的国家之一,10%的铜产量来自于微生物浸出[10]。

总之,经过几十年的发展,溶浸技术在世界上许多国家得到广泛应用,溶浸开采是能够充分利用资源,降低生产成本,提高环境效益的先进采矿方法。发达国家的溶浸采矿基础理论研究及技术水平相对我国要高一些,推广应用规模和范围也更大。因此,我国应该加快溶浸开采技术的研究步伐,缩短与发达国家之间的差距。

5.4.3　溶浸开采技术的发展前景

溶浸开采具有很多特点和优点,主要有[23]:

(1)能充分利用资源,可以处理低品位矿石,甚至可以处理表外矿石、废石和尾矿;

(2)工艺相对简单,能形成规模生产,投资费用低,建设周期短,生产成本可大幅度降低;

(3)环境污染相对较低,没有火法冶炼所特有的烟气排放,而溶浸液在采取防渗措施后可以循环使用,部分废液可以处理。

正因为如此,溶浸开采在全世界得到了迅速的推广应用与发展。

我国现已发现171种矿产资源,查明资源储量的有158种,其中石油、天然气、煤、铀、地热等能源矿产10种,铁、锰、铜、铝、铅、锌等金属矿产54种;矿产地近18000处,其中大中型矿产地7000余处[24]。西部地区探明储量占全国总储量一半以上的有色金属种类有镍(90%)、锡(69%)、锑(69%)、锌(64%)、铅(56%)、铜(50%)[25]。为了缓解我国资源消耗的巨大压力,西部资源的开发、难采矿体的回采都被逐渐提上日程,今后溶浸开采技术在我国矿产资源开发中必将获得广泛的应用。

5.5　环境保护问题

随着生活水平的不断提高,人们对于环境质量的要求也会越来越高。溶浸技术作为一种矿业开发新技术,在国内的许多矿山已经获得成功,并且形成了研究和应用的高潮[20],因此,其环境保护问题也不容忽视。

溶浸法在环境保护方面,要防止溶液流失和对地下水源污染,要对废液、废渣做适当处理。因此,堆浸时应保证底板铺垫工程质量和防洪措施得力,不渗漏,不外泄,确保生产流程闭路循环。在废渣、废水处理方面,对酸性渣和水,可用石灰中和、澄清,达到环保法所规定的要求,然后排放。对氰化矿渣,要用漂白粉或次氯酸钙处理。在地下堆浸时,要确保掌握地下水文条件和底板及围岩的岩性,保证溶液不会外泄,溶浸区内封闭良好。有目的、有计划地在地下溶浸场附近,特别是在地下水下游方向,布置一些测井,安装自动取样仪、射线探测仪、电子探针等，以便及时发现溶液漏失和地下水受污染等情况，并采取防护措施[5]。

随着堆浸技术在铀矿山的推广应用，将会有许多浸渣要处理。传统的方法是构筑尾矿坝，但许多矿山企业将堆浸尾渣放置地表，而未做到彻底治理；有的矿山没有建坝条件，所以浸渣的处理就是一个很实际的问题。铀矿石堆浸尾渣的处理，可采用充填处置工艺，即在水力充填过程中加入占渣量的1%的石灰——充填滤水碱性循环工艺，可使它们均匀混合，以中和渣中的余酸，满足充填要求，减少了铀矿石堆浸尾渣对环境造成的影响[25]。

对铀矿工业产生的废水，其中一般含有铀、镭以及铀系的其他核素，有些铀矿床伴生的金属硫化物、铜、锰、汞、锌、镉等重金属也会进入废水。须采用"防、管、治"相结合的办法，严格控制废水的形成和排放。首先，必须考虑循环利用和回收有用成分，尽可能提高废水复用率，减少外排量；其次，经过代价与效益分析，选择最佳的废水治理方案，禁止废水乱排乱流，实行"清、污"分流，对清水（未受污染）可以直接排放或做工业利用，对于污水，需在坑口周围建立处理设施，进行除污处理[27]。

对于恶劣自然条件下的堆浸问题，过去认为在大风、多雨、寒冷等气候下无法堆浸。由于现代科技的进步，很多难题现在都可以得到解决。加拿大安大略研究集团与ADM工程公司已在永久冰冻条件下进行金矿石的堆浸，采用混凝土墙建筑物保温，堆上淋液可通过热交换器加温。美国西部在防冻方面采用埋入矿堆的滴管布液法，得到了广泛应用，效果很好。南美哥斯达黎加年降雨量达5000mm，菲律宾也多雨，但都同样在进行堆浸生产。在雨量大或寒冷气候下的堆浸，已经考虑加顶棚的措施。充气式建筑物或悬浮/支撑顶棚，成本在0.4美元/m^2左右。此外还有在贮液池上或矿堆上加盖的办法[28]。

总之，溶浸采矿法是目前处理含有用成分的废石、表外矿和低品位矿石的最有效和成本最低的方法。由于科学技术的进步，目前已做到使溶浸堆规模增大，筑堆实现了机械化，造粒方面解决了矿石含泥（或-2mm粉矿）量在8%以上堆浸问题，以及出现了许多有效地回收金属化合物的水冶技术，使这种开采方法日臻完善，而更具有发展远景。

第5章参考文献

[1] 于润沧主编．采矿工程师手册（下）[M]．北京：冶金工业出版社，2009：282.

[2]《中国冶金百科全书》采矿卷编委会．中国冶金百科书．采矿卷[M]．北京：冶金工业出版社，1999：108～109，481～482，568～569.

[3]《采矿手册》编委会．采矿手册第1卷[M]．北京：冶金工业出版社，1998：15.

[4] 陈尚文．矿床开采中矿石的损失与贫化[M]．北京：冶金工业出版社，1988：335～348.

[5]《采矿手册》编辑委员会编．采矿手册第3卷[M]．北京：冶金工业出版社，1991：569～583，605～609.

[6] 邹佩麟，等．溶浸采矿[M]．长沙：中南工业大学出版社，1990：5～10，93～94.

[7] W J Schlit. Chapter15. 2, Sulution mining: Surface techniques, mining engineering handbook. 2nd [M]. Edition, SME, Inc. Littleton, Colorado 1992: 1474～1492.

[8] 黄礼煌．化学选矿[M]．北京：冶金工业出版社，1990：369.

[9] 雅谷布申，等．非饱和流模拟与堆浸铀矿开采，1988（2）.

[10] 吴爱祥，王洪江，杨保华，尹升华．溶浸采矿技术的进展与展望[J]．采矿技术，2006（3）.

[11] A B卡明斯，I A吉文．采矿工程手册（第五分册）[M]．北京：冶金工业出版社，1981：323～336，358～367.

[12] 希斯基. 技术革新使铜的溶浸采矿恢复生机[J]. 国外金属矿采矿,1987(7):75 ~ 81.
[13] 王德义,等. 铀的提取与精制工艺学[M]. 北京:原子能出版社,1982:128 ~ 132.
[14] 孙戬. 金银冶金[J]. 北京:冶金工业出版社,1986:162 ~ 167.
[15] 孙业志,等. 原地浸出采矿中溶浸剂的作用机理与流动特性[J]. 矿业研究与开发,2001(3).
[16] J A Heath, M I Jeffrey, H G Zhang, J A Rumball. Anaerobic thiosulfate leaching: Development of in situ gold leaching systems.
[17] 雷曼. 原地溶浸评估[J]. 国外金属矿山,1991(6):39 ~ 40.
[18] 阿连斯. 地球工艺采矿方法[C]. 国外采矿技术快报编辑部,1987:90 ~ 94.
[19] 欧阳乐康. 铀矿地下堆浸开采方法及其应用前景[C]. 首届全国浸矿技术研讨会论文集,1992:65 ~ 71.
[20] 吉兆宁. 溶浸采矿技术及其环境价值[J]. 有色冶炼,2006(2).
[21] 王洪江,等,矿岩均质体各向异性渗流特性[J]. 北京科技大学学报,2009,4,405 ~ 411.
[22] 吉兆宁,黄光柱. 地下溶浸采矿技术与我国铜矿山的可持续发展[J]. 有色金属,2002,4(54).
[23] 吴洪年. 推广和发展我国溶浸采矿的思考[J]. 世界采矿快报,1999(10).
[24] 李兵. 我国矿产资源特点与开发研究[J]. 产业经济,2007(4).
[25] 李淳中. 树立科学发展观搞好西部矿业开发[J]. 世界有色金属,2004,(10):10 ~ 14.
[26] 张晓文,周耀辉,李丛奎. 铀矿石堆浸尾渣的充填处置的研究[J]. 环境工程,2004,22(1).
[27] 李秦,谢国森. 原地爆破浸出采铀安全与环境[J]. 采矿技术,2006,6(3).
[28] V L Lakshmanan 等. 永久冰冻条件下金矿石堆浸[J]. 铀矿开采,1988(4):51 ~ 61.

6 海洋矿产资源开发

据资料估计，目前世界上每年采出矿物总量达500亿吨，特别是近30年来，人类在利用矿物方面的需求更在空前增长。虽然在大陆上，矿产资源还不会有任何一种将在60年内耗尽，然而“矿产枯竭”论，却是当今世界上议论较多的问题之一。虽然随着近代科学技术的进步，地壳深部将会发现新矿床，仍可进行矿床的综合开发和利用；并且还可以减少开采和加工中损失，以及降低原材料消耗，研究二次资源利用和合成人造矿物原料等来弥补某些天然矿物料的不足，但是人们仍对占地球总面积百分之七十一的海洋矿产资源感兴趣，认为在世界未来的发展中，海洋是一个很大的矿产资源宝库，并早已引起采矿界的关注。

海洋采矿是指在海洋环境中开采有用矿物资源的方法。海滩、大陆架（水深0～200m）矿物资源的开采叫做浅海采矿；大陆坡、深海（水深大于200～600m）底矿物资源的开采叫做深海采矿。狭义的海洋采矿不包括从海水中提炼有用矿物和在海洋中开采石油及天然气，且具有与陆地采矿完全不同的工艺和设备。至于在近海领域的砂矿，因矿床赋存的深度较浅，故浅海采矿可借用陆地开采技术和设备，相对难度不大。而在深海大洋中采矿，情况则完全不同。深海采矿是一项涉及海洋地质、潜水机械、扬矿系统、遥控遥感等一系列复杂而又先进的技术及装备，难度很大，故目前尚未达到商业性生产阶段。20世纪90年代，世界上已有100多个国家和地区在海上进行开发活动，但总的来说，60年代以前，海洋采矿规模小，范围窄，主要为浅海采矿；60年代以后，注意力更多地转向深海采矿。美国、俄罗斯、英国、德国、日本、法国等工业发达国家及其跨国财团，积极地进行了多金属结核、富钴锰结壳和热液硫化矿床等深海矿物资源的勘探和深海采矿系统的试验研究，取得了一定的成就[1]。

我国参与区域的研究开发活动时点可追溯到1978年，当年4月，首次从太平洋特定海区4784m水深处采集到多金属结核。然而真正意义上向国际海底进军，当以1991年2月28日获准登记为第五名国际海底区域先驱投资者的国家，以及紧随其后成立的中国大洋矿产资源研究开发协会（简称大洋协会）为标志。

中国深海采矿技术研发始于1990年代初，其后，在实施1991年9月完成的中国大洋多金属结核资源研究开发第一期（1991～2005年）发展规划的15年中，深海采矿技术实现了从无到有，从单元技术研究突破到成组技术集成的验证，取得了一些以当代最新科学发现和创造为基础，具有重要应用价值的自主创新成果，初步构建出了我国深海采矿的技术体系，奠定了多种矿物资源开采技术的发展基础。与此同时，形成了以长沙矿山研究院和长沙矿冶研究院为主体，具有参与国际技术竞争综合能力的中国深海采矿技术研发团队。从深海开采技术层面上，为增强我国在区域活动的影响力提供了有力支撑。显现出了强大的后发之势[1]。

2010年8月我国自主研制第一台深海载人潜水器“蛟龙号”在南海深潜3700米取得成功，标志着我国继美、法、俄、日之后成为第五个掌握3500米以上大深度载人深潜技术国家。

为我国大洋国际海底资源调查和科学研究提供主要的高技术装备。

6.1　海洋矿产资源概况

海底表层中的有用矿物，在大陆架上（水深 0 ~ 200m）有沙砾、砂矿、贝壳、珊瑚、海绿石、磷灰土、重晶石等；在大陆坡上（水深 0.2 ~ 2.5km）有海绿石、磷灰土、重晶石等；在大洋底（水深 2.5 ~ 6.0km）有多金属结核（锰结核）、富钴锰结壳、热液金属矿床、红黏土、石灰质软泥、硅质软泥等；还有水深超过 6.0km 的海沟，见图 6 - 1。在浅海（大陆架）里的砂锡、沙金、钛砂、钒砂、煤、硫黄等矿物的开采，已有很多年的历史，积累了不少经验。近 50 年来，不少国家已将海洋采矿的重点，转向开采深海的锰结核，而今后还要在富钴锰结壳和热液硫化物矿床上下工夫，后两者在开采中，可以套用锰结核采矿的技术和经验，但还需解决一些新的难题[2,3]。

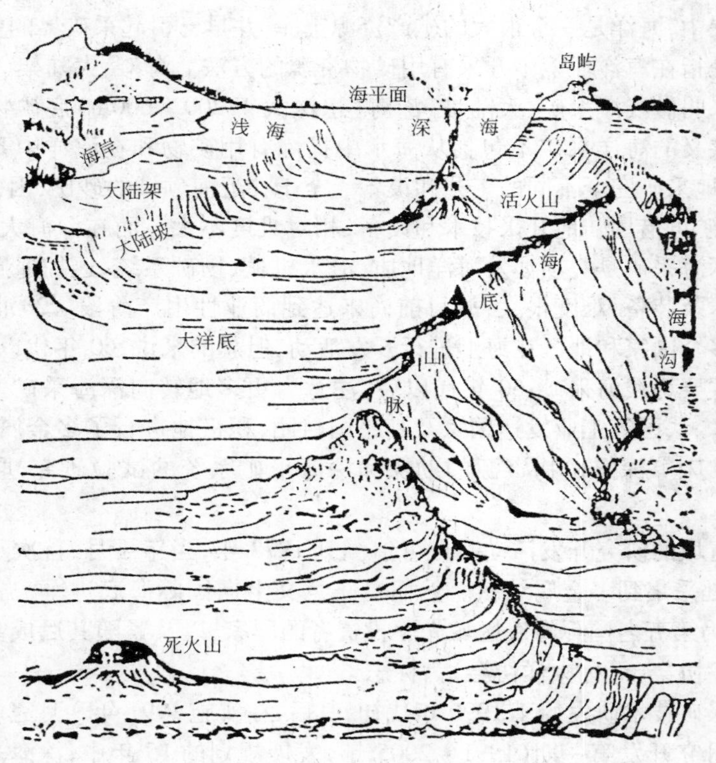

图 6 - 1　海底地形[3]

深海锰结核是由英国“挑战者”号（H. M. S. Challenger）在 1872 ~ 1876 年航行间首次发现的矿物资源。锰结核矿是一种分布于水深 4000 ~ 6000m 大洋底的矿物资源，含有镍、铜、钴、锰等 76 种元素[4]。锰结核主要赋存于水深 3000 ~ 6000m 承载能力和抗剪强度很低的海底沉积物表层，沉积物厚度达百米乃至数百米[5]。据估计，在 4 亿平方千米的海底总面积中，大约有 15% 被锰结核所覆盖，而且每年还以 1000 万吨的速度不断增生。目前总储量为 2 ~ 3 万亿吨，其中工业矿石储量约 230 亿吨，其平均品位：锰 27.50%，镍 1.26%，铜 1.0%，钴 0.25%，极具开发前景。

世界上锰结核比较集中的海域在：太平洋东北部克拉里昂（Clarion）和克里帕顿（Clipperton）两条断裂带之间的海域、中太平洋海盆、西太平洋海盆、秘鲁海盆和中印度洋海盆，其中最具开采潜力的是克拉里昂－克里帕顿间的海域（通称 C－C 区），其品位和丰度都很高。锰结核平均丰度在 $10kg/m^2$，金属平均品位：Ni 1.25%；Cu 1.03%；Co 0.23%；Mn 25.2%。储量达150亿吨，见图6－2。锰结核是在海水中沉积而成的，海底火山喷出物是铁锰沉积作用的一种主要核心。结核成矿元素有多种来源，包括来自大陆、岛屿的岩石风化搬运和海洋生物、宇宙等所提供的外循环源，以及海底沉积物、孔隙水、海底火山喷出物等所供给的内循环源。而海底生物可以从海中索取金属，并将其富集在沉积物－底层水间界面附近，其生物的数量和区域性特点，可以引起锰结核成分的区域性变化。锰结核大多数是围绕一个微小的核心形成多轮层状，在允许情况下，核心物质可以是浮石、蚀变玄武岩碎块或生物的骨骼等，大小为2～6cm，个别极大的可达1m多，由铁锰氧化物、碳酸钙和二氧化硅等沉积而成。镍、铜一般存在于锰矿物相中，而钴存在于铁矿物相内。锰结核的假相对密度1.8～3.0，真相对密度2.0～3.7，质松多孔，含水率25%～35%，呈黑色或茶褐色，无金属光泽，硬度为莫氏1～4级，干燥后变硬脆，手碾即碎，其外观见图6－3。锰结核的分布丰度在 $1\sim25kg/m^2$；但根据目前现有技术水平，认为商业开采的临界丰度，应在 $10kg/m^2$ 以上[1,2,6]。

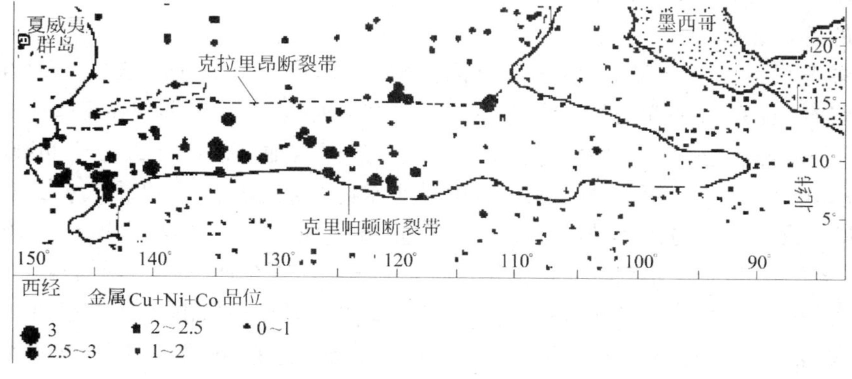

图6－2 克拉里昂－克里帕顿断裂带区域的锰结核富集带[6]

图6－3 锰结核摄影图[7]

富钴锰结壳(锰结壳)多位于水深1000～3000m的海山顶部和斜坡上,一般是通过水化成岩作用而形成的,生长在硬基质岩石如玄武岩或其他火山碎屑之上的一种"壳状沉积物"。富钴锰结壳与锰结核相比,两者在主要金属含量上相差不大,结壳中铜、镍、锌的含量略低于锰结核,但结壳中的钴和铅则明显高于锰结核。富钴结壳的钴含量可达1%以上,远高于陆地钴矿的含量(一般低于0.1%),而且钛、铈、镍、铂、锰、铊、锑等稀有金属含量也较高[8]。通常认为有开采价值的富钴锰结壳,其平均含钴应等于或大于0.8%,其组成成分因地而异,变化较大。以太平洋的平均组成为例,Mn 25%,Fe 16.9%,Ni 0.47%,Co 0.88%,Cu 0.08%,Zn 0.07%,Pb 0.19%。结壳厚度,一般为2～4cm,最大可达10cm。其物理性质:假相对密度1.31,真相对密度2.81,孔隙率55%,抗压强度8.36MPa和黏结度2.90MPa。初步调查表明,富钴锰结壳分布很广,太平洋、大西洋和印度洋都有,但在太平洋国家专属经济区,已经查明有许多这种矿床,包括日本南鸟岛地区、美国夏威夷和约翰斯顿(Johnston)岛附近,太平洋岛国马绍尔(Marshall)及其附近岛屿都有。这些地区被认为是钴、镍、锰、铂找矿远景最好的海域。据估算,每座海山的结壳储量为2～4百万吨。因此,在中太平洋中、西部海域,钴、镍、铀、锰储量是相当可观的[2,9]。在用途上,富钴锰结壳除了是一种能提炼金属的矿石外,还可作为气体吸收介质,用来吸收空气中的污染物。现已查明,锰结核和结壳氧化材料,都能有效地吸收SO_2与NO_2;由于结壳比结核硬,一般来说,用结壳作催化剂的寿命较长[9]。

海底多金属硫化物矿床(海底热液硫化物矿床)是广泛分布于洋底中央裂谷(如红海)和大洋扩张脊(如东太平洋海隆)等处。著名的红海热卤及所含金属沉积物,发现于1948年,从裂谷上来的热液混入两侧海水里,形成一个热卤水池。层状热卤位于9000m水深处,往下为5～30m厚含金属沉积物。池中盐度是正常海水的10倍,温度很高,为50～60℃,最高达到150℃,而周围的海水为20℃。在多金属软泥中,平均含铜1.3%,锌3.4%,银0.0054%,金0.00005%,铅0.1%和铁29.0%,还含有钴等金属。随着深海探测技术和深潜器技术的发展,在三大洋中多处还出现金属热液硫化物矿床,特别是20世纪80年代在东太平洋海隆发现的这种矿床,其经济价值更引起重视。这些热液矿床分布的平均水深约2500m,面积比较集中;其成矿过程快,一般只需几十年或几百年;并含有金、银等贵金属。而铜平均品位比锰结核中高10倍,铅锌品位也很高;特别是矿物呈结晶状态,完全可以使用陆地上常规的选矿和冶炼方法。矿床中硫化物主要形成于海底高温热液喷口周围,呈"烟囱"状产出,所含的主要金属元素,各处有很大差异。在世界各大洋都发现了现代海底热液活动喷口,目前已证实的有167处,主要分布在洋中脊、后弧裂谷、海山等。该方面的专家认为,世界海底可能有超过1000处活跃地点[10]。以东太平洋海隆加拉帕戈斯(Galapagos)断裂带为例,其中含铜1.0%,铅0.1%,锌0.1%,铁35%,银0.003%和钴0.004%等。又如红海18个软岩盆地中,阿特兰蒂斯(Atlantis)Ⅱ号海沟的金属泥最具有商业开采价值,其中含Zn 2.5亿吨,Cu 40亿吨,Ag数千吨。总之,在太平洋海域,划分为东太平洋隆起区,加利福尼亚湾与瓜伊马斯(Guaymas)盆地,胡安·德·富卡(Fuan·de·Fuco)洋脊海区,马利安纳(Mariano)海沟－菲律宾海盆地和太平洋西南部五个主要分布区。其他大洋也有,但不如太平洋分布广泛[2,3]。综上所述,海底多金属硫化物矿床含有Cu、Zn、Au、Ag等多种金属,有的已大大超过工业品位,是一种很有开采价值和开发前景的深海矿产资源。

在上述海底三大类矿床之外，虽然还有磷矿、重晶石等具有经济价值的矿床，但近期还不具备开采的条件。在上述三大类矿床中，锰结核的开发研究，已达到进行工业性开采和冶炼的技术水平；此外，海底甲烷水合物也是海洋中具有潜在开发价值的矿产资源，其赋存区域的面积约占全球海洋面积的10%，蕴藏量达$10^{17}m^3$，被誉为本世纪的新能源[11]。如今海底矿产资源调查研究的重心，已转移到富钴锰结壳和热液硫化物矿床，并已取得显著的成绩。

6.2 海洋采矿系统

深海矿产资源开发包括勘探、开采和选冶等。由于开采环境处于深水高压和高盐腐蚀等特殊条件下，因而开发过程必然涉及一系列高新技术的应用[12]。

所谓海底矿产开发系统，是指在海底矿产开采中，所进行的研究、试验、试生产等工作。在海底矿产开发系统的研究上，美国、俄罗斯、德国、法国、日本等少数几个工业发达国家已经领先，并使锰结核开发系统进入了海洋工业试验阶段，还开始了对富钴锰结壳和海底多金属硫化物矿床开发系统的研究工作。虽然后两者较前者赋存深度浅得多，但因其固结在地形复杂的海底，更是难采。就覆盖在深海平坦海底上的锰结核而言，其底泥是大洋软质黏土，矿物是一个个各自独立的锰结核矿球，所以其采矿方法，就是所谓的“集矿”。而富钴锰结壳和多金属硫化物矿床，则还需要破碎和剥离，然后再回收矿石。虽然在它们之间是有差异的，但对整个开发系统而言，其组成要素基本上是一致的，其开发系统如下[13]。

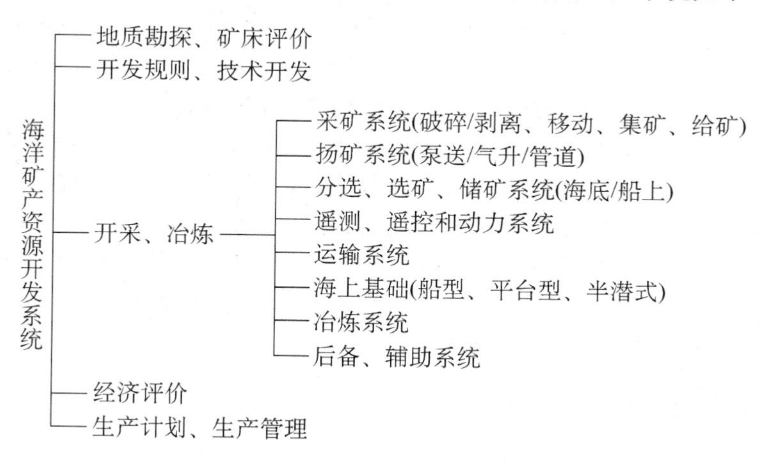

上述开发系统中的海面部分见图6－4，为开发海底锰结核的海面设施，有采矿船、运矿船、码头设施、冶炼厂等，是一个庞大的海面开发系统。

由此可见，深海矿产开发是一项复杂的高技术系统工程。面对5000m左右深度海底的环境和条件，要把海底矿物资源探清，并在海底把赋存在沉积物及沉积层的锰结核或锰结壳及金属矿床挖掘收集起来，而且需要破碎、选别，才能将矿石浆提升到海面的采矿船（或平台）。这比陆地开采系统有着更高的要求，其开发系统必须考虑海水压力、海水腐蚀、海流冲击、海底地形和地质，以及海洋气候和海浪等多种因素。这就是海洋开采的困难所在。下面分为地质、采矿、选冶三个子系统，做简要的阐述。

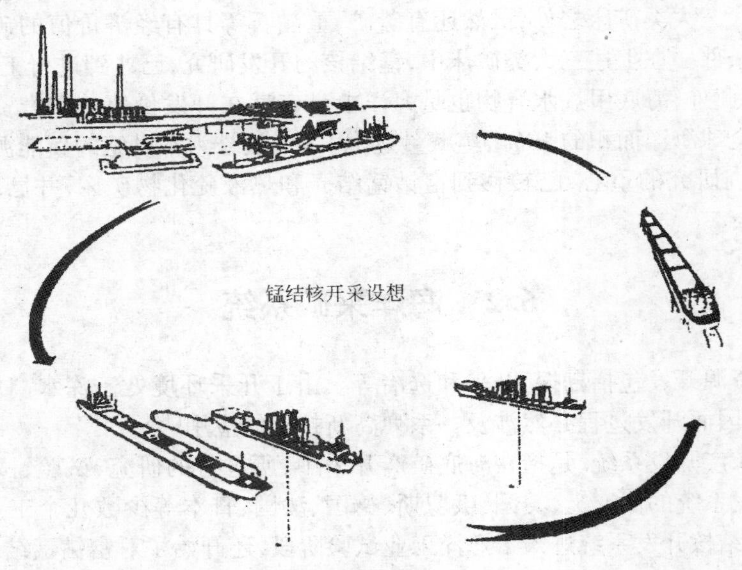

图6-4　锰结核开采的海面系统[14]

6.2.1　地质勘探系统

在地质勘探系统开发方面,要在海底把矿物资源勘探清楚,会比在陆地上难得多:既要找到锰结核、锰结壳或热液矿床分布规律,又要知道它的形态、类型、丰度、覆盖率和品位变化趋势、赋存水深、地形特征及伴生沉积物类型和性质等,完成这些任务都是非常艰巨的。目前采用的探矿设备,主要有海底采样器、光学探测仪及声学探测仪等,图6-5为锰结核探矿作业示意图。海底采样器的用途,在于取得矿物和沉积物的样品。研究时所用的专门设备有:锰结核遥控爪或采样器、锰结核挖泥机、锰结壳和热液矿床海底钻探机等;光学探测仪是采用照相或拍电视等方法,来观测锰结核等的分布特点,计算其丰度时所用的仪器;声学探测仪是利用海底回声方法,探测海底深度及绘制海底地形图的仪器。还有利用超声波测量锰结壳的厚度等。这些都是在地质勘探开发方面的关键性技术课题,虽已初步取得成果,但还需进一步研究完善[13]。海底探测技术主要包括多波束测深系统、卫星导航定位系统、计算机绘图等技术的多波束测深声呐系统等[15]。

6.2.2　采矿系统开发

在采矿系统开发方面,首先要研究海底矿岩的物理力学性质,包括干密度、湿密度、松散密度、固结密度、含水量、孔隙率、抗水解性、渗透性、切割性、磨蚀性装备等参数,这些是开采设计所必须的原始数据。在技术开发上,是以现有的锰结核采矿技术装备作基础,它们是采矿船(或平台)、海下提矿设备、海底采矿机械以及遥控装置等,当前除需进一步完善其技术与装备,还要采用新技术、新装备,探索更有效的方法。图6-6深海采矿系统的流程图,它表现了海洋采矿全过程的当前现状和未来设想[13]。

图6-7是肯尼柯特财团(Kennecott Consortium)所试用的采矿船以及扬矿、采集锰结核的设备配套情况。图中把扬矿部分的两种主要形式——泵举式和气升式分别表示出来。由于这些集矿和扬矿设备都是在海水中工作,不能由人直接操作,只能依靠遥测来探测海底地

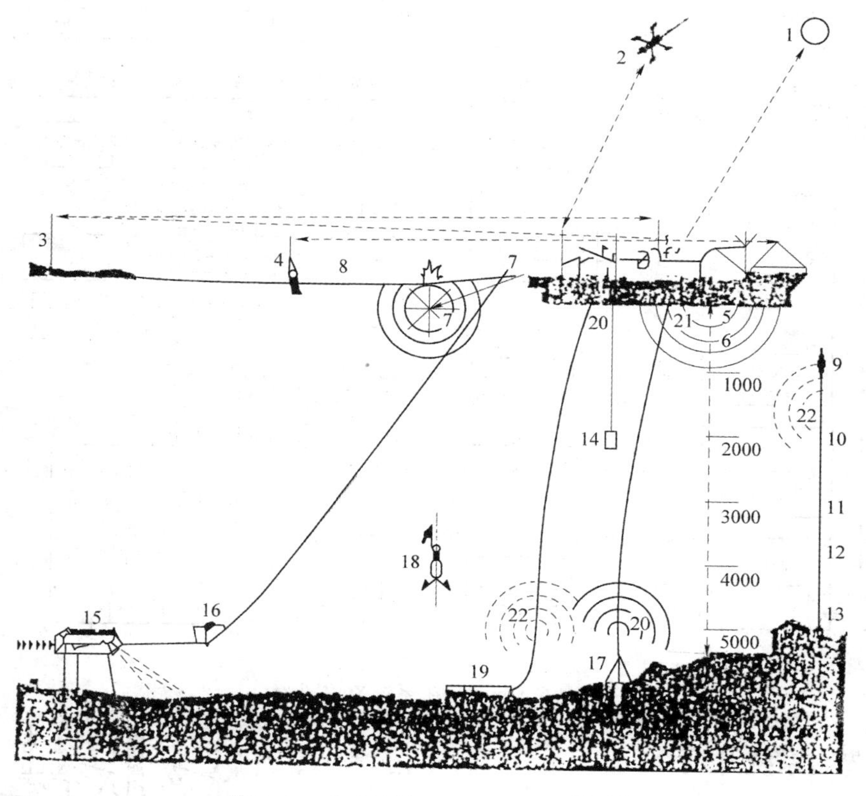

图6-5　锰结核探矿作业示意图[15,16]

（Ⅰ）导航：1—星辰；2—卫星；3—无线电导航；4—导航浮标（脉冲转发器/雷达）；（Ⅱ）海洋深水测量：5—窄波束发生器沉积物回声仪；6—各种深度记录仪，包括精确深度记录仪；（Ⅲ）水下：7—水下脉冲剖面器；8—电晕放电浮筒；（Ⅳ）水柱：9—有定位浮标的水下测链；10—洋流记；11—温度计；12—水压记；13—固定锚；14—海洋探测器（连续测量温度、盐度、声速、压力）；（Ⅴ）锰结核特性：15—深拖平台；16—稳定平台；17—结核沉积物岩芯取样器；18—自由升降取样器；19—拖挖机；（Ⅵ）测量发射器定位点：20—声波发射器；21—水听器；22—脉冲转发器

貌，以及海底矿物的赋存状况（厚度、丰度、品位）。运用遥控遥感来控制和监视采掘、集矿和扬矿设备的现场作业，以及各种海下设备的定位和故障检测，海面采矿船（或平台）的导航，定位信号的监测，水内检测和仪表控制，传感器、执行机械和传动装置之间的通讯，动力系统的传输等。为适应在海底作业，要求这些设备都应具有耐高压、抗海水腐蚀、防水、抗海水冲击等性能。因此，海洋采矿开发研究工作，几乎没有什么陆地上的开采经验可以借鉴，迄今任务仍很艰巨[6]。

在已进行过的海试中，水面系统是用采矿船、钻井船或打捞船改装而成，用于水下采矿设备的吊放回收，则要专门设计加工。由于采矿系统的测量和控制技术是在6000m水深条件下使用，也是专门设计的，如动力通信复合电缆，成像声呐等。进入20世纪60年代，西方国家已经具备了进行多金属结核商业开采前的工业实用化试验的技术储备。目前西方发达国家的研究重心转向了深海多种资源的全方位技术开发。俄罗斯2005年前建造3～6艘排水量2万～2.5万吨级的采矿船，船上分别配备有采集洋底多金属结核及采集海山区富钴壳的遥控潜水器[18]。

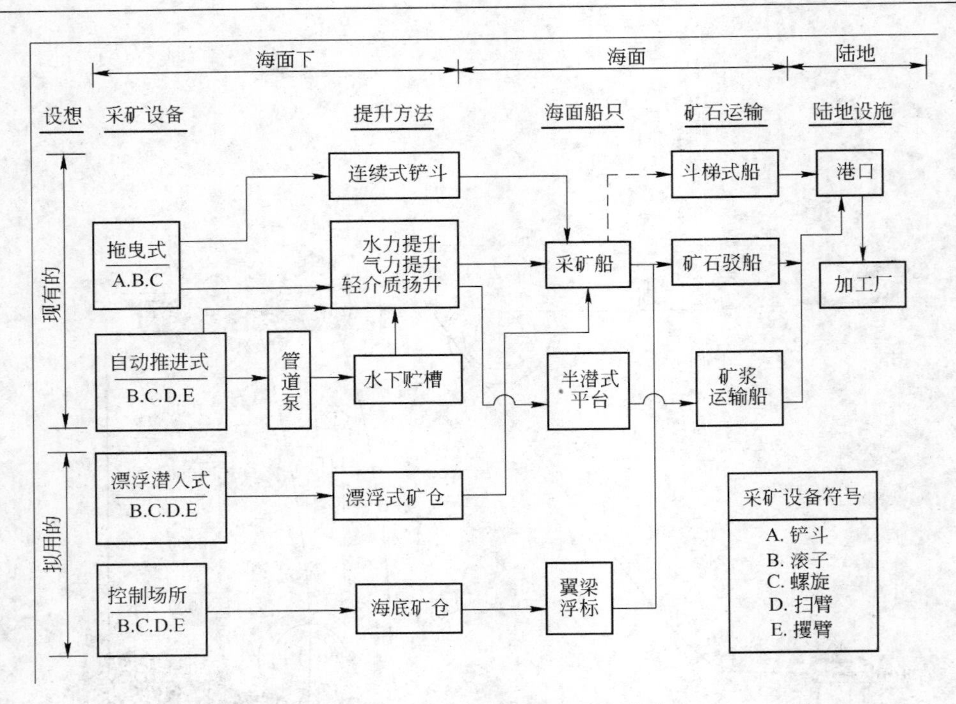

图 6－6　深海采矿系统流程图[17]

6.2.3　选冶系统开发

在选冶系统开发方面，三十多年来只在锰结核上试验过许多处理方法。由于锰结核矿石以非晶质的铁、锰氧化物为主要成分，具有复杂的显微结构，由极微小的颗粒组成，很难甚至不可能分离出均质的单相矿物。结核内的镍、铜、钴等金属元素，是以分散状态吸附于铁锰氧化物的晶格之中，不是以单一矿物形态出现，不能用已有的机械选矿方式来分选矿物。此外，锰结核是以团块状产生，性脆、多空隙（30%以上），高含水率（30%），比表面积大，这些都影响着冶炼方法的选择。迄今，世界各国已提出的各种锰结核处理方法，可归纳为：如熔炼－浸出法和焙烧－浸出法（火法与湿法联合）、直接浸出法（湿法）等传统方法以及新型还原剂 BR 法、三相氧化法等[19]。目前是先将锰结核经过浓缩处理，然后再冶炼。冶炼有熔炼－浸出法、直接溶浸法和高温焙烧－浸出法，前两者是主要的方法。熔炼法是高温干式冶金，包括对金属氧化物的还原、氧化、分类和熔融等步骤，其缺点是能耗高。直接

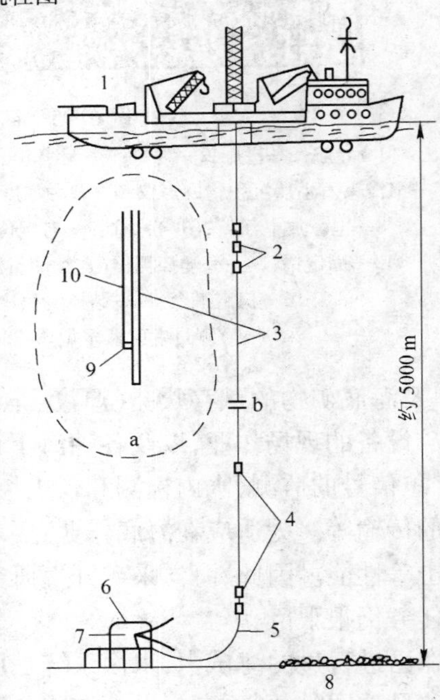

图 6－7　肯尼柯特财团海底锰结核开采设施示意图[3]

a—气升式；b—泵举式

1—采矿船；2—泵；3—钢管；4—测量数据接头；5—柔性管；6—集矿机；7—海底电视；8—锰结核；9—注入压气孔；10—压气管

溶浸法是湿式冶金，采用酸、氨或硫的氧化物之类还原剂处理锰结核，然后在浸出液中回收有价值的金属，有处理低品位矿石或者复杂矿石的优势，但缺点是设备投资大。高温焙烧法有还原、硫酸化和氯化三种，温度都在 450 ~ 750℃ 之间，其能耗比熔炼法低，但比直接溶浸法高，其矿渣处理和锰的回收都还存在有许多问题。比较以上三种方法，目前认为直接溶浸法是一种较优的处理方法。

不难看出，上述有关勘探、采矿和选冶三个子系统，是海洋矿物开发中的主要组成部分，也是关键性技术和设备中的问题之所在，解决上述问题和力争早日达到工业生产阶段，正是当今世界性的奋斗目标。

6.3 海洋采矿主要技术

在海洋采矿技术范围内，计有采集海底的有用矿物（目前主要是锰结核），将其提升到船上，并运往陆地三个环节。在这方面的研究开发和试采工作，美、日、英、法、俄等国家较为领先。其所研究的类型、种类繁多，目前仍认为有发展前途的共有以下几种采矿方法。

A 拖斗式采矿船

该采矿船由美国加利福尼亚大学 Mero 教授 1960 年提出，由采矿船、拖缆和铲斗 3 部分组成，见图 6－8。其后虽有人在单斗基础上提出了双斗采矿的改进系统，但因该系统难以实现商业价值，研究工作未持续展开[1]。

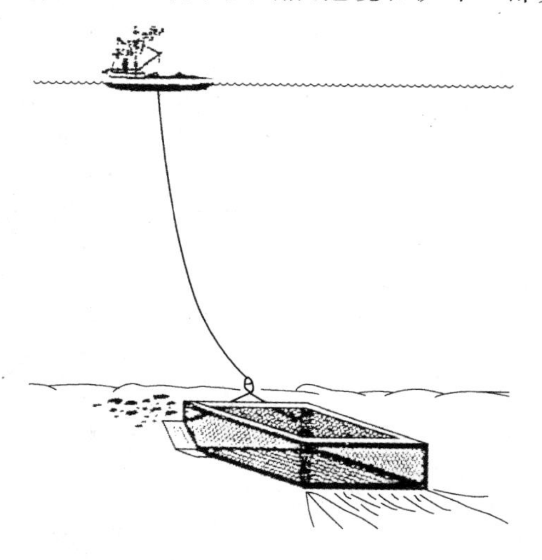

图 6－8 拖斗式采矿船法示意图[9]

B 连续索斗式采矿船

此种类型采矿船是日本人益田善雄在 1967 年所提出的构思，简称 CLB 法（Continuous Line Bucket System）。它是在相对密度接近 1 的尼龙缆绳（聚丙二醇脂）上，按间隔 25 ~ 50m 安装一连串铲斗，然后借助安装在采矿船上的摩擦驱动装置和万向支架等，可以将船尾缆绳和空斗投入海底，再从船头将装有锰结核的铲斗提升上来，形成无极绳式循环运转。这种采矿作业，又分单船和双船两种，见图 6－9。由于单船作业难以克服铲斗之间的相互缠绕问题，故有双船作业方式出现。试采实践表明，这种采矿船具有的优点是：设备简单，机械装置在船上，维修方便，准备及搬迁时间短；铲斗和缆绳如有破损，在船上能及时发现，短期内即可更换；铲斗工作受水深和海底地形变化的影响不大；缆绳能平衡船的摇摆，减轻波浪对作业的影响；对锰结核的块度要求，也不甚严格，以及设备投资少，生产成本低等。但该系统存在采矿效率和资源回收率低，要求海底地形平坦，缆绳容易缠绕等问题，已基本被淘汰[5]。

C 流体压力式采矿船

这种方法是从采矿船上，将一根扬矿管道伸到海底沉积物表面，由管道终端连接的收集装置，将收集的矿物输入管内，然后用液压泵或压缩空气，将矿物通过扬矿管道输送到采矿船上。用流体压力法开采锰结核的设施布置见图 6－7。而图 6－10 中则表示这种采矿船

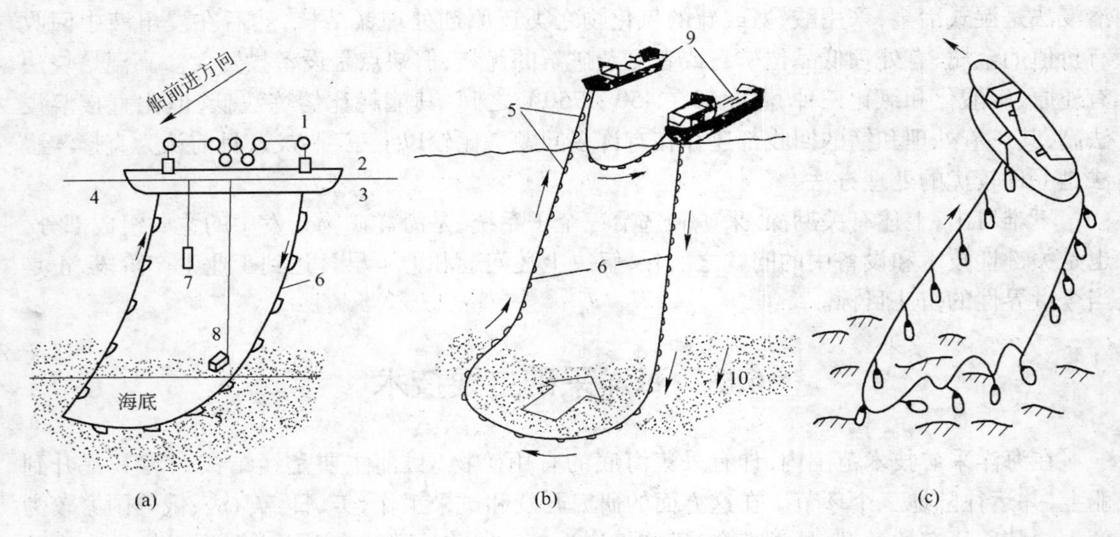

图 6-9　连续索斗法采矿方式示意图[3,8]

(a)单船作业；(b)双船作业；(c)环形行走

1—绳索驱动装置；2—天轮；3—船首；4—船尾；5—索斗；6—绳索；7—声呐探测器；8—摄像机；9—采矿船；10—锰结核沉积层

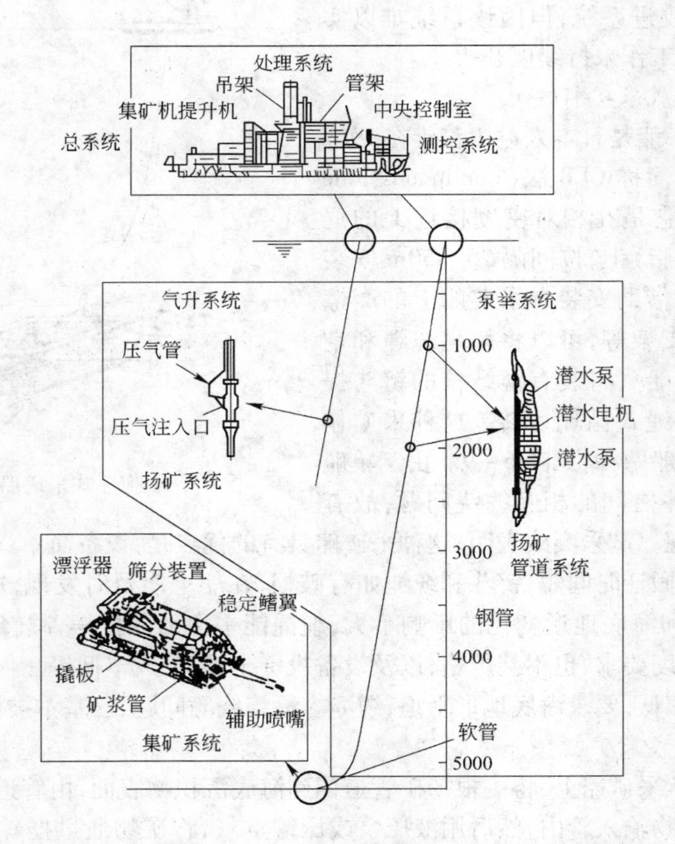

图 6-10　流体压力式采矿船的主要组成部件细部图[20]

的主要组成部件的细部情况。至于开采红海金属矿物沉积物的情况，见图6－11[14,22]。

流体压力采矿装置是由集矿、扬矿、操纵和监控四部分组成。

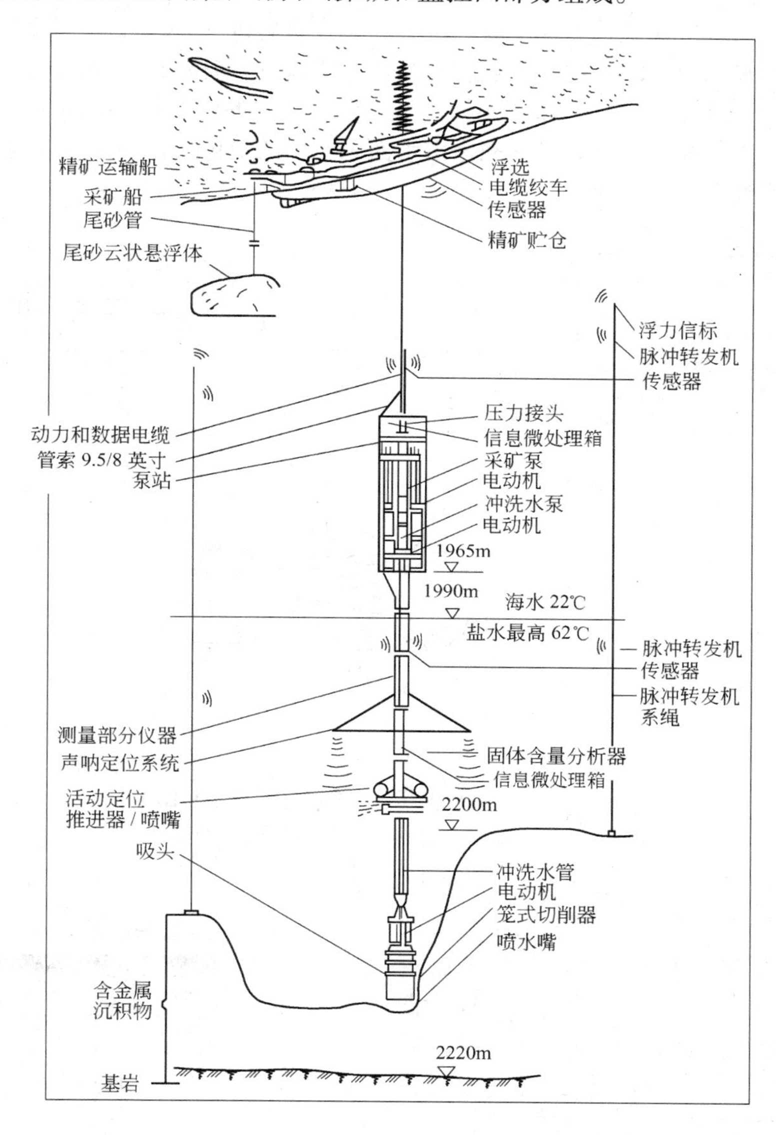

图6－11 流体压力法开采红海金属矿物沉积物[14]

a 集矿

利用集矿机在海底采集矿石。按行走方式的不同，分为拖曳式和自行式两种，前者通常是采用滑板式行走结构；而后者是运用了阿基米德螺线行走装置，故在软泥上不会产生沉陷。拖曳式集矿机是通过一段橡胶软管与扬矿管道连接，见图6－7。当采矿船前进时，通过扬矿管及橡胶软管，拖曳集矿机前进，将锰结核采出。这种拖曳式集矿机种类很多，但完善的较少，按集矿方式可分为三类，即水力式、机械式和混合式集矿机，见图6－12。其中水力式集矿机是从喷水嘴处喷出高速度水流，把锰结核和部分沉积物一起沿管道送至分离金属网，而锰结核掉入槽内，再由螺杆输送装置送到扬矿管道。而机械式集矿机则是由旋转的滚筒带动漏斗，从海底刮取锰结核和沉积物，并送到网状的皮带输送机上，由喷嘴中喷出的水流把沉积物冲去，并把被冲洗干净的锰结核送到储存槽内。两者相比较，水力式结构简单，可靠性较高；而机械式则采集效率高。至于混合式集矿机，内装有刮铲板和喷水嘴，故兼有较高的采集效率和简单的结构等优点。其操作方式，是锰结核被刮铲板铲起，并被送入输送管入口，由喷水嘴把混合物在分离网上进行分离；分离后的锰结核再送到扬矿管道，以便提升到采矿船。这种拖曳式集矿机是完全由水面采矿船的定位所控制，很难管理拖曳路线，故采集效率得不到保证。

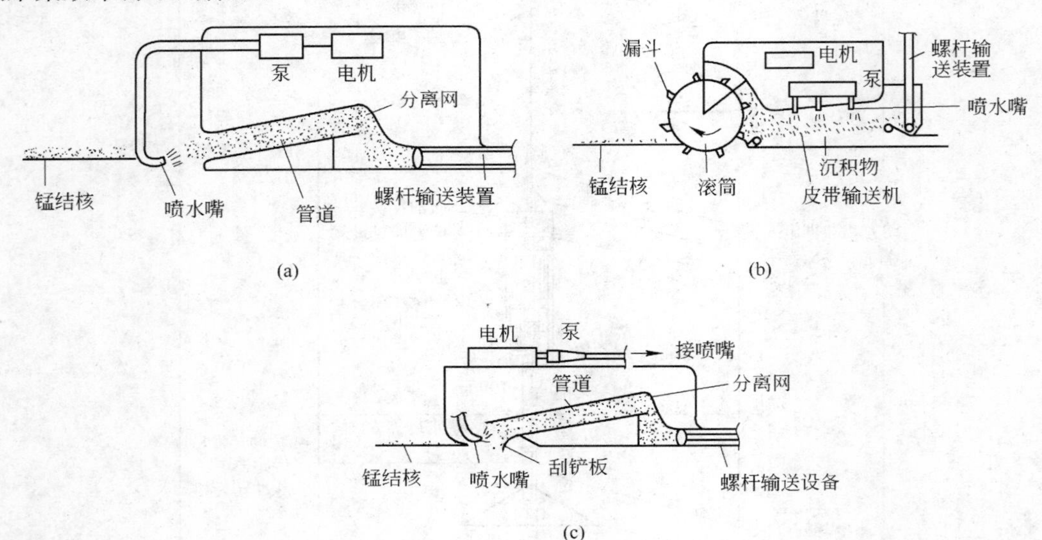

图 6－12　海底锰结核开采中各种集矿机示意图

(a)水力式集矿机；(b)机械式集矿机；(c)混合式集矿机

另有一种自行式集矿机，也分为机械式、水力式和混合式三种类型，由于在采集机上装备了自动跟踪驾驶系统及感测、通讯、控制等装置，所以能保证有较高的采集效率，也有良好的航向跟踪性能。此外，在自行式集矿机系统中，在扬矿管道末端，设置有“缓冲装置”，并由挠性导管与集矿机相连接，见图 6－13。缓冲装置能储存部分采集的锰结核，还使扬矿管道尽量保持垂直，并能减少集矿机运动自由度的限制。缓冲装置与集矿机间的弹性伸缩连接，能使集矿机在海底自由移动，以保证航向跟踪性能[21]。所以，这种集矿机是有发展前途的。

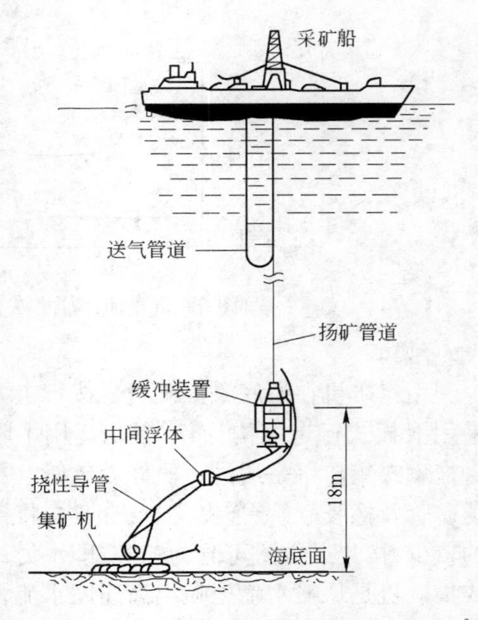

图 6－13　洛克希德(OMCD)采矿系统示意图[6]

b　扬矿

流体压力法中的扬矿方式，其一是在扬矿管道中适当的位置上装有马达和离心水泵，将高压水通过喷射器射入管道上部，形成负压吸力，再加上管外深水高压，促使管中被吸起的两相流，能克服管壁摩擦阻力而提升到船上，故称为泵举法。还有一种是将压缩空气注入扬矿管道，使其内充满压缩空气，随着气体体积的增大，使管内所形成的三相流密度小于海水时，管外海水压力便使管内三相流能克服管壁摩擦阻力而上升，故称为气升法（气举法）。在两者互相比较时，泵举法可使砂浆浓度达到20%，易控制，能耗大大低于气举法，而且泵的寿命因改用陶瓷或复合材料，也有很大提高。总之，流体压力法中的扬矿设施，在当前被认为是最有前途的一类，并已在小规模工业试验中获得成功。这类扬矿方法的优点，是能实现连续采矿，故生产能力大；集矿机作业易控制，实收率也高；还有沉积物随锰结核提升上来，不会污染海洋生物等。但也存在不少问题，主要是：设施装备都在水中，发生故障难以维修；安装和搬迁工作量也大；船上需设有洗矿和选矿设备；而且气升法中还要有减压装置，避免压气冲坏船上设施；还有大量海底沉积物在船上的排弃问题，以及对配套的集矿机有特殊要求等，也都急需早日完善[6,21]。

c　操纵系统

在采矿船上的作业机械，如旋臂式起重机等，用来从采矿船上将集矿机和扬矿管道等迅速而安全地装卸、下放和回收，操作简便，安全可靠。

d　监控系统

根据流体压力式采矿系统的要求，采矿船的监控系统，即遥测遥控技能的运用，应占有很重要的位置。在集矿方面有：集矿机的安全着陆、定位、采掘、集矿等作业的控制；在扬矿方面有：高压潜水矿浆泵及其流量或空气压缩机及空气注入量，扬矿管道深度、倾角、流量及故障检测与排除等的控制；在海底检测仪表方面有：声学定位测量、流量测量、管道中液、固、气三态比例测量，水下驱动电动机功率检测等装置的控制；在海底现场检测分析方面有：锰结核现场检测分析，海底地形图检测及显示等装置的控制；在数据采集及通讯方面有：集矿、扬矿、动力设备、检测仪表、执行装置中各种信号的采集，并保证采集的数据及时准确地送到船上的计算机系统中，还应保证船上监督计算机发出的指令，能传送到水下各个控制设备，以及实现船上监督计算机的集中控制和图像处理的显示[22]。

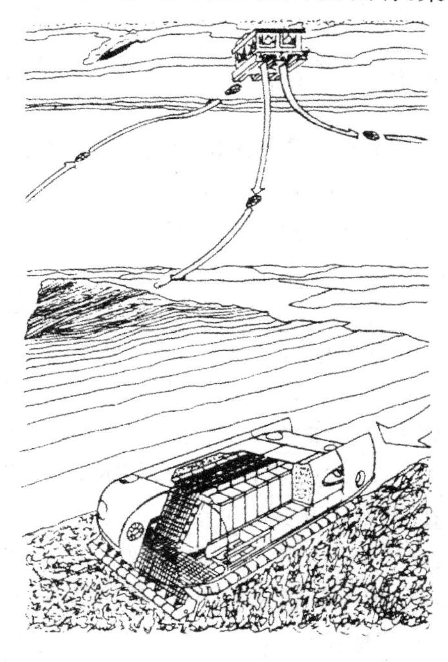

图6－14　潜水采集式采矿机[23]

D　*潜水采集式采矿机*

这是法国人提出的一种比较新颖构思的采矿机，能在水中遥控行驶，实质上是一种潜水式采矿船，见图6－14。这种潜水式采矿机，在海面装载镇重物后下沉，到海底用履带行走，也可用螺旋桨在水中潜行；用高能蓄电池作为动力，能独自行动采集锰结核。在满载后，丢掉镇重物，可浮回水面，把锰结核卸到水面船只或平台上，再装满镇重物，下沉到海底，如此循环作业，并可多台穿梭往来，以提高产量。这种采矿机的最大特点，是完全摆脱电缆、管道的牵制，在海面遥控下海，能监视和操纵采集作业，采集面积大，采取率高。但是采矿作业是间断的，生产能力受到限制。法国曾经作过试验，潜水深度只能达到海底2000m，操作费用和设备投资远远超过传统的方法；故暂被搁置，不过其构思仍被认为是未来发展的方向，特别是它的灵活性显示有强大的生命力[20,21]。

上面所介绍的四种采矿船中，流体压力开采方式在当前技术上可行性最大，不过仍需要做大量的完善工作，才能投入商业性运转。至于采矿船上的锰结核是在海上进行选冶，还是用运输船或采矿船送到岸上加工处理，国外研究表明，以送上岸处理较为合算。在锰结核运送问题上，提出了是专配运输船，还是由采矿船兼代运输业务，要看采矿船的大小和海上运距的长短。但以大采矿船而运距远时，兼营运输为佳。这可以避免在海上倒运，危险性小，技术不复杂，采矿设备也可以顺便送上岸维修。

以锰结核的开采为例，目前锰结核开采系统的研制技术已日渐成熟，大致有流体提升采矿系统、连续链斗采矿系统、海底机器人采矿系统、拖网采集法等。世界普遍趋向采用的是以下三种开采技术。

A　流体提升采矿系统

这是世界各国试验研究的重点。根据提升方式不同，又分为水力提升和空气提升。

(1)水力提升系统，由海底集矿装置、高压水泵、浮筒、采矿管四部分组成。采矿管挂在采矿船和浮筒下，起输送锰结核的作用。浮筒安装在采矿管上部15%的地方，其中充以高压空气，起支撑水泵的作用。高压水泵装置在浮筒内，它的功率为5884kW，通过高压使采矿管内产生每秒5m的高速上升水流，使锰结核和水一起由海底提升到采矿船内。集矿装置起着筛选、采集锰结核的作用。

(2)空气提升采矿系统，由高压气泵、采矿管、集矿装置三部分组成。高压气泵装在船上，采矿作业时，首先在船上开动高压气泵，气泵产生的高压气流通过输气管道向下，从采矿管得深、中、浅三部分输入，在采矿管中产生高速上升的固、气、液三相混合流，将经过集矿装置的筛滤系统选择过的锰结核提升到采矿船内，其提升效率为30%～35%。为使采矿管中水流的上升速度达到每秒3m，必须用功率为4340kW的空气压缩机，每秒钟吹进225m^3的空气。这种开采系统构造复杂，造价昂贵，目前已能在水深5000m处作业。

以上两种采矿系统已达到日产1万吨的采矿能力。日本正在研制的流体挖掘式采矿实验系统，工作水深可达5250m；英国正在研制的空气提升采矿系统，估计日产结核可达1万吨[18]。

B　海底机器人采矿技术

这是根据机器人技术研制的深海锰结核采矿系统，由很轻但强度很大的材料制成。下水前装满压舱无自动下沉，触底时，机械释放系统动作，在弹簧拉力下自动抓取样品，采满后网袋闭合，同时释放压舱物，按程序自动上浮到一个半潜式水上平台中，卸载后装上压舱物重新工作。法国研制的新型PKA2－6000深海多金属结核采矿系统，可以高速航行，自动下潜到6000m海底采集锰结核矿，并能沿海底航行，然后按自控程序输送至海面采矿船上。该系统还包括海上支援设备(6000t半潜平台)和能操纵一条5000m长、400mm直径的复合材料管道。管道总重800t，管道底部有一个中间站，其上有一条6000m长的软管在海底移动，收集锰结核。安装在管道上的液压泵将结核矿升举到水面。该系统具有不受波浪、气候影响和不破坏环境的特点，是一种很有发展前途的深海采矿技术。

C 拖网采集技术

这是最简单的一种开采海底锰结核的方法,由采矿船上安装一拖网斗构成。这种拖网斗可按自由落体的速度降到海底,系在拖网斗上的音响计可以提示操作者拖网斗何时到达海底。拖网斗能横越海底拖动,直到装满结核矿后将它取回。拖网斗上还装有电视摄像装置,以指导拖网斗的装取工作[23]。

值得注意的是,自从20世纪70年代结核开采试验成功以来,海洋锰结核开采规模日益扩大,已由过去各国单独开采,发展到现在多国联合大规模合作开采。特别是随着在“联合国海洋公约”上签字和批准公约的国家越来越多,锰结核开发管理体系已日趋完善,世界大洋锰结核已进入商业化开发生产阶段。

6.4 海洋采矿主要问题

人们在开发利用海洋资源、享受海洋赋予种种恩赐的同时,往往会不自觉地给海洋生态环境带来前所未有的污染和破坏,使海洋环境的负面变化正在大范围地影响到人类的生存与发展,甚至可能会威胁到地球的命运和前途[12]。

在海洋环境保护中,国际社会一致要求保护海洋生态平衡,不要受到工农业生产的污染和破坏,因此,在海洋采矿尚未进入工业性开采以前,就应有所重视。

为了保护和保全深海生物多样性和海洋自然环境,防止、减少和控制采矿活动对海洋环境的破坏、污染及危害,国际海底管理局、参与勘探和开发活动的国家和组织应合作建立和实施为监测和评价深海勘探活动对海洋生态环境影响的计划。为此,美国、德国、俄罗斯、法国、日本等国家和一些国际财团相继开展了一系列与深海采矿有关的环境研究,其中比较有影响的有:1975 ~ 1980 年美国进行的深海采矿环境研究(DOMES),1988 ~ 1993 年德国在东南太平洋锰结核区进行的扰动和再迁入实验(DISCOL)及其 1995 ~ 1998 年的后续项目——东南太平洋深海生态系统中的底栖生物调查(ECOBENT),1991 ~ 1998 年美国、俄罗斯、日本、印度和“国际海洋金属联合组织”(“海金联”)等国家和组织合作进行的底层影响实验(BIE)。这些工作明显加深和丰富了人们对深海生态系统的认识,同时还影响着“先驱投资者”对环境工作的部署以及国际海底管理局对有关环境管理法规的制定[24]。

据估计,到 2030 年左右,可能同时有 25 ~ 30 个海上作业点,陆上处理工厂则会增至 10 ~ 20 座。以每条采矿船(平台)每天需要采集 5000 ~ 10000t 锰结核,每年大概要工作 300 天,才具有商业开采价值。若考虑多船(25 ~ 30 条)和连续(5 ~ 10 年)的开采及冶炼,则所引起的海洋环境问题,就成为全球性的大事情了。

在采矿作业中,如果每条采矿船每天捞取 5000t 干重锰结核,在船上将排放 1000t 干重的海底沉积物和 $2 \times 10^4 m^3$ 的海底水和间隙水,就要引起表层水环境的改变,如增加混浊度、吸收光线和营养盐的变化。同时,作业船在海上长期活动,本身就扰动了上层水,破坏了浮游生物的生活环境。所以在采矿船采捞作业时,其废物排放和船舶活动所产生的羽状体区域,降低了初级生物生产速率[25]。海洋采矿对海洋表层或上层环境的潜在影响可能有如下几个方面[26]:

(1)尾矿在表层的排放使水体中悬浮颗粒物质增加、光衰减;

(2)含有丰富营养盐的底层水在表层排放使营养盐浓度增加;

(3)氧的供应减少;

(4)少量金属等有毒物质被生物吸收并累积;

(5)上述因素将影响浮游植物的光合作用、浮游动物和游泳动物的摄食、呼吸、生长等重要功能及代谢作用,严重时可能导致它们死亡率的上升。

在深海海底,采矿的集矿机与海底接触,在采集地点10多米半径范围内,有大量沉积物重新悬浮起来,其中微细组成至少可以持续一周或更长的时间。又因锰结核覆盖区内有典型的底流,可使重新悬浮起来的沉积物漂流可达十几公里的距离,这就会影响该区域水下照相、水下电视等探查手段的正常作业。

在集矿机行走的轨迹上,大量海底栖息生物被摧毁,虽不是整个采矿区域范围内被完全破坏,但其摧毁率可达35%~75%。按照一条采矿船日产5000~10000t,每年可捞锰结核1.5~3.0Mt(干重),从中可分离出1Mt锰的氧化物和2万吨可溶性的盐,还要产生大量的废矿渣。这些废矿渣可以运到大陆堆放,也可以在沿岸处理,还能放回海洋中去。不管是哪一种处理方式,都要受到场地和环境条件的限制,并对环境造成影响。

上面所谈到的一些海洋采矿中的环境问题,仅是初步的,在大规模生产后,还有许多现在尚未估计到的影响,也应早予考虑,及时予以重视。正确处理海洋资源开发同生态与环境保护的关系,具体应注意以下四点[12]:

(1)坚持海洋矿产资源开采与环境保护相结合的原则;

(2)进一步完善海洋环境保护和保全制度;

(3)认真实行海洋矿产资源开采建设项目环境影响评价制度;

(4)广泛开展海洋环境科学的国际合作和学术交流。

总之,海洋采矿必须坚持人与环境相互协调、和谐统一的原则,处理好经济开发同生态与环境保护的关系,以实现经济、社会、资源和环境协调、可持续的全面发展。

6.5　我国海洋采矿现状

在深海海底矿产资源开发中,目前我国已经取得了较大的进展,特别是锰结核的开采研究。这是因为锰结核在开采技术上,较之富钴锰结壳和热液硫化矿床,要成熟很多,而且我国对镍、铀、铜、锰等也很需要,其中锰、铜的供应长期不足。另外,世界一些工业发达国家,因国内资源不足,正在集中优势在公海上对这片资源领域争先占领。这种国际形势也迫使我们加速了调查研究工作。

自20世纪70年代中期以来,我国开始对海底锰结核进行调查研究。通过1983~1989年的8次调查,已在赤道太平洋、中太平洋和东太平洋约200多万平方千米国际海域内,进行地质取样、海底照相、多频回声探测、单路地震反射、重力测量、磁测与CTD测量,采样2000多次,取得锰结核样品2t多。并于1989年经国家矿产储量管理局审定,以矿区平均丰度大于5kg/m^2,镍、铜、钴联合品位大于1.8%和海底地形坡度小于5°作为圈定指标,在北纬7°~13°和西经138°~157°范围内,确定了30.1万平方千米的远景矿区。区内干锰结核储量约为17亿吨,含铜1500万吨、镍1800万吨、钴400万吨和锰45000万吨。并在1990年,以"中国大洋矿产资源研究开发协会"的名义,向联合国海底筹委会申请矿区登记,于1991年2月春季会议上得到批准,同年8月由联合国向我国颁发登记证书。今后的工作,是要在已圈定的远景矿区内，进一步做评价、勘探和勘采工作，并对其中15万平方公里可采矿区内，保证有足够的年产300万吨干锰结核和开采周期20年的工业储量，其总地质储量应在3.5亿吨以上。同时还需对海洋环境进行调查，抓紧采矿、选矿和冶炼的试验工作，为早日进入商业性开采做好技术准备[25]。

近几十年来，深海采矿技术发展较快，许多工业发达国家和发展中国家围绕锰结核（又称多金属结核）的开采权问题展开了斗争，最终于1982年4月30日在牙买加通过了《联合国海洋公约》，有135个国家和地区签了字。1987年，"联合国海底筹委会"批准俄罗斯、日本、法国和印度四国为"先驱投资者"。我国也于1991年2月28日被批准成为第五名"先驱投资者"的国家。

1999年元月，在中国大洋协会办公室组织下，协会"九五"采矿项目总师组完成了"大洋多金属结核矿产资源研究开发中试采矿系统总体设计"。2001年4月，大洋协会"十五"采矿项目总师组完成了多金属结核中试采矿系统的技术设计；2002年1月完成了多金属结核1000米海上试验总体设计；随后于2004年11月完成了多金属结核1000米海上试验总体系统技术设计。2006年7月，中国大洋协会组织完成了《国际海底区域矿产资源开采技术发展战略研究报告》。报告在全面总结分析国内外深海固体矿产资源开采技术发展现状的基础上，提出了我国深海矿产资源开采技术中长期（2006～2020）发展规划。报告进一步明确了中长期发展目标、阶段任务及实施的技术路线。该报告的完成，标志着我国深海采矿技术的发展进入了一个新的发展时期[27]。

中国大洋协会在党中央、国务院关怀下，在政府有关部门和单位的支持下，制订中长短规划、实施3个五年计划，组织科技人员，献身于大洋开发事业，吹响了当代中国向海洋进军的号角。我国在深海资源调查与评价、深海技术发展、海洋科学研究等领域取得了一系列重大成就[28]：

（1）中国成为国际海底先驱投资者，获得专属开发权的多金属结核矿区；

（2）基本完成了富钴结壳矿区圈定和申请准备工作；

（3）深海生物基因资源调查取得丰硕成果；

（4）开展海底热液硫化物试验性调查取得初步成效；

（5）深海采矿和资源加工技术有创新；

（6）提升了深海资源勘查技术装备水平；

（7）深海环境和大洋地质科学研究取得突破性进展；

（8）初步建立了大洋矿产资源开发体系和中国大洋样品库；

（9）组建了一批大洋开发的人才队伍。

我国国际海洋资源研究开发事业是新时期一项新颖而又意义深远的事业，任重而道远。我们要把握机遇，科学规划，不断创新，勇于探索，相信中华民族的智慧与能力一定能够在海洋采矿事业中创造辉煌的明天，为我国矿业工程的可持续发展注入新的活力。

第6章参考文献

[1] 陈新明. 中国深海采矿技术的发展[J]. 矿业研究与开发，2006，26(B10)，40～48.

[2] M J Cruickshank. Chapter22. 8, Marine Mining, Mining Engineering Handbook[M]. 2nd Edition, SME, Inc., Littleton, Colorado, 1992: 1985～2026.

[3]《采矿手册》编辑委员会编．采矿手册(第3卷)[M]．北京:冶金工业出版社,1991:669～672,714～720.
[4] 刘林森．开发海底矿藏[J]．科学24小时,2008(4).14～15
[5] 邹伟生,黄家桢．大洋锰结核深海开采扬矿技术[J]．矿冶工程,2006,26(3).
[6] 周荷英．海洋锰结核采矿技术的进展[J]．国外金属矿采矿,1984(10):80.
[7] 古德生等．现代金属矿床开采科学技术[M]．北京:冶金工业出版社,2006.
[8] 何清华,李爱强,邹湘伏．大洋富钴结壳调查进展及开采技术[J]．金属矿山,2005(5):4～7.
[9] 日本资源协会开采海底结壳的计划[J]．金属矿山,1992(8).
[10] 邬长斌,刘少军,戴瑜．海底多金属硫化物开发动态与前景分析[J]．海洋通报,2008,27(6):101～109.
[11] 李伟,陈晨．海洋矿产开采技术[J]．中国矿业,2003,12(1):44～47.
[12] 张桂华．海洋开采技术的发展及对海洋生态系统的影响[J]．矿业工程,2006,4(2):29～31.
[13] 广田丰彦．海底矿物资源采矿新技术的开发现状[J]．国外金属矿采矿,1988(7):90～95.
[14] A R Bath. Deep Sea Mining Technology:Recent Developments and Future Projects[J]. Mining Engineering, January,1991:125～128.
[15] 张德山．我国海洋高技术发展现状[J]．海洋信息,2001:11～12.
[16] United Nations Ocean Economics & Technology Branch. Analysis of Exploration & Mining Technology for Manganese Nudules[M]. Graham & Trotman Limited,1984: 20.
[17] H L Hartman. Introductory Mining Engineering[M]. 2nd Edition,John Wiley&Sons,Inc. ,2002. 480～483.
[18] 哲伦．国际深海矿产资源开发技术装备发展一览[J]．资源与人居环境,2008(15):38～40.
[19] 高筠,毛磊,刘巧妹．深海锰结核及其处理技术新探索[J]．化学工程师,2007(9):32～35.
[20] 朱敏．大洋多金属结核的开采[J]．金属矿山,1992(8):18～24.
[21] 朱继瀚,等．深海采矿政策研讨会论文集[C]．北京:海洋出版社,1991:148～151.
[22] 刘青．深海采矿政策研讨会论文集[C]．北京:海洋出版社,1991:187～196.
[23] 刘淮．国外深海技术发展研究(二)[J]．船艇,2006(12):18～23.
[24] 王春生,周怀阳,倪建宇．深海采矿环境影响研究:进展、问题与展望[J]．东海海洋,2003,21(1):55～64.
[25] 蒂尔．深海采矿－对海洋科学家的挑战:第十五届世界采矿大会论文集[C]．冶金工业部矿山司编,1992:311～314.
[26] 王春生,周怀阳．深海采矿对海洋生态系统影响的评价Ⅰ.上层生态系统[J]．海洋环境科学,2001,20(1):1～7.
[27] 陈新明．中国多金属结核开采技术的发展[C]. 2007年中国机械工程学会年会论文集,2007. 1000～1003.
[28] 李尚诣．认知海洋开发海洋[J]．矿冶工程,2006,26(2):1～8.

7 岩体工程地质特性分析

矿床开采前,应仔细地研究构造地质和水文地质,这对确定矿山的开拓系统布置和选择合理采矿方法都很重要。在过去的矿区开采设计中,只是强调了矿床地质储量及其金属量,这是因为它是决定矿床能否开采的首要依据;而由于受到当时的地质科学成就的限制,缺乏足够的经验和理论,无法进行构造地质和水文地质的深入探索,因而在开拓、采准和回采过程中,常常会始料未及地出现一些困难,致使矿山长期不能投产,甚至造成减产或报废的严重后果。因此,对岩体工程地质特性的研究,应该在早期阶段进行,一旦证明矿床具有开采价值,就应启动这项工作。经济地质调查主要用于确定矿体的价值和边界。而岩体工程地质特性的评价,要对岩体工程地质特性作深入的探讨,包括地质构造,即结构面如断层、节理、层理等的频率、规模和方向等,因其与岩体强度有密切的关系;同时也必须对地下水的存在状况,有所了解。既要确定采矿活动所引起的荷载,也应确定岩体的强度、变形和渗透性。对每个参数要求的精确度,则视其具体情况而定。如在地表浅部,因无构造应力,就毋须进行大量三轴试验;如果岩体破坏不会沿节理走向发生,就没有必要去确定节理强度。假如岩石不是十分软弱,则强度不可能有很大的经济意义。相反,在深部掘进大断面巷道,对岩石强度和变形性质都要有精确的评价。还须指出的是,在任何情况下,对地下水的调查研究,都是十分重要的。早期详细地确定工程地质参数,除了要满足规划和设计的需要外,还要满足采矿模型(物理的或数学的)研究的要求,以便用来预估当进行地下开挖时的岩体活动状态及其对安全和持续生产的影响。

关于岩体工程地质特性的研究内容,主要有区域地质构造情况,即结构面及结构体、地应力及岩体分类,矿床及围岩的力学特性和矿区的水文地质条件等。这些资料可用来对矿体及围岩的稳定性进行系统的评价。在综合所获得信息的基础上,可对岩体中将要开挖工程的类型,所要采用的采矿方法以及可行的支护形式等,进行优化选择。对岩体工程地质特性的评价是一个反复优化的过程,所以研究工作应持续进行到其结果的偏差对采矿方案几乎或完全不产生失误影响时为止。

7.1 岩体结构分析

在多次地质变迁中尤其是构造变形过程中,在岩体内形成具有一定方向、延展较大、厚度较小的、低强度的两维面状地质界面,包括物质分界面和不连续面,如地层的层面、断层、节理、片理及次生裂隙面等,统称为弱面或结构面。被不同产状的结构面组合将岩体分割而形成的各种大小和形态的岩块,则称为结构体,常见的有板状、块状、菱形状、楔形体及锥形体等。所谓岩体结构特性分析,是研究岩体内部构造的特征、性质和分布,即结构面和结构体的形状、大小及其相互组合状态,并分析其在矿山工程应力作用下的稳定性等整个工作的总称。它是评价岩体稳定性的基础工作[1],将影响采矿方法的选择和矿山总体布置的设计,并对巷道跨度、支护要求、地面沉降、可崩性和破碎特性等的评定起决定性的作用。一般在浅部和应力解除区,受构造控制破坏是设计中最关心的问题;而深部和应力集中区,则构造的影响不明显,而需要更多地考虑限制和诱导边界应力或能量释放速率。本节只是阐述结构面的主要类型及其工程性质,有利于指导矿山的开采设计和生产。

7.1.1　结构面类型及特性

岩体结构特性是由结构面发育特征所决定的,因此,岩体结构的力学效应主要是结构面力学效应的反应。结构面的力学反应主要反映在:结构面结合状况、充填状况、形态、延展性和贯通性、产状以及结构面组数。由于结构面的力学效应对岩体工程的稳定性起控制作用,进行露天边坡、地下工程岩体稳定性的分析时,应先找出优势、软弱、控制性结构面及其组合关系,应用赤平极射投影等方法(见7.1.2)分析边坡和地下岩体的稳定性[2]。

7.1.1.1　断层和断层带

断层是指岩层发生明显剪切位移的断裂带,带有一系列错动的痕迹,如擦痕、镜面等。它包括三个主要部分,即中心剪切带、断层泥带和位于两侧的破碎带。破碎带与断层泥带在性质上有很大区别。因为破碎带通常是含有粗颗粒物质,透水性极强;而断层泥带主要是微细粒物质组成,透水性较差。断层是指一个断层面,而更多的有两个以上的面,形成一个带,称为断层带或剪切带。断层的厚度从区域性几十米到局部的十余厘米,包括诸如断层泥(黏土)、角砾岩(重新胶合的)、压碎岩、糜棱岩等动力变质岩(构造岩)来组成。断层面的两壁上常有擦痕,邻近断层的岩层有可能被扰动和削弱,使断层区成为抗剪强度很低的区域。

断层的形成,经过了破裂与错动两个力学过程。破裂主要是拉应力与剪应力作用的结果;而使破裂岩体发生错动的力,则是重力、剪力和压力等外力。因此,断裂按作用力的性质分,有压性断层、张性断层和扭性(或剪性)断层三种基本类型。实际上,很多断层都是复合成因的,多为张性兼扭性的张扭性断层和压性兼扭性的压扭性断层。

在勘探阶段遇到断层时,首先应搞清的问题之一,是调查中心带是否充填有塑性或非黏性物质。如果充填物能被搓成直径为3mm的泥条,就认为是黏性的,否则是非黏性的。在断层带充填有非黏性物质,并含有承压水,则开挖工程通过这样的断层时,有可能产生塌方。如果充填物是塑性的,就会对支撑系统施加很大的压力。另外还需确定断层带重新胶结的程度,在结构面充满物质如方解石、石膏或硅石,则有可能不会形成弱面;假使胶结程度较差,而软弱面自然存在,并可能形成地下水通道,将会导致结构面强度进一步降低。知晓充填物性质是非常重要的,还要考虑它们的短期和长期影响。必须注意可溶的物质,如方解石、石膏,因为它们在硐室存在期间可能会溶解,导致发生失稳。如充填物是黏性的(如黏土矿物),则应按是否有膨胀性进行鉴别。如发现充填体中有蒙脱石,最好能进一步测试它的特性。充填料的密实程度也很重要,因为它也是可侵蚀性的一个衡量指标,在充填物中存在空洞,将会导致继续侵蚀和失稳。对不同种类(如无膨胀性黏土、氯酸盐、滑石、石墨、蛇纹石、压碎岩块或砂质泥、空隙状或片状方解石或石膏等)的断层泥,其特性各异,故影响开挖工程的稳定性程度,也各不相同。另外,在研究断层带稳定性时,还要考虑它与将来硐室的相对状态、与其结构面的相交情况以及地下水文条件等。

还必须对剪切带的强度进行评价。剪切带的强度由岩体界面摩擦阻力表示；如果断层泥带很厚，则由充填物强度表示。使用袖珍透度计或图芬(Torvane)仪能大致估计出断层的强度。由直接剪切试验设备，能得到更好的剪切强度，试验应测定最大强度和残余强度及其内聚力和内摩擦角。塑性物质的残余强度，与阿特堡极限(Atterberg Limit)有关。塑性指标是液体极限减去塑性极限。残余剪切阻力角随着塑性的增加而减小[3]。

7.1.1.2　褶皱

地层受到横向压力的推挤，而成连续性弯曲变形，称为褶皱。褶皱常是矿区或采区的大构造，也会是局部较小的构造。褶皱的弯曲中心部分(隆起或凹陷部位)叫做核，其理想中心面称为轴面，核的两侧称为翼。褶皱的作用，能使层状岩石发生层间滑动，使塑性较大的岩层发生层内塑性流动，在弯曲核部可导致层间脱离和塑性岩层加厚；在翼部会出现牵引褶皱和层间劈理。核是应力集中的区域，各种节理和轴面劈理均较发育，甚至发生角砾岩化，见图7-1。这是因为褶皱轴面的走向方向，是地区的主要构造线；其垂直构造线的方向，是构造应力场的最大主压应力方向，它是岩体产生变形和破碎的主导因素[4]。

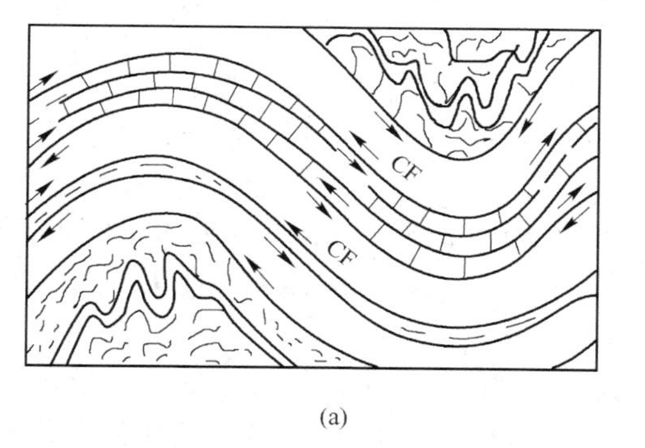

(a)

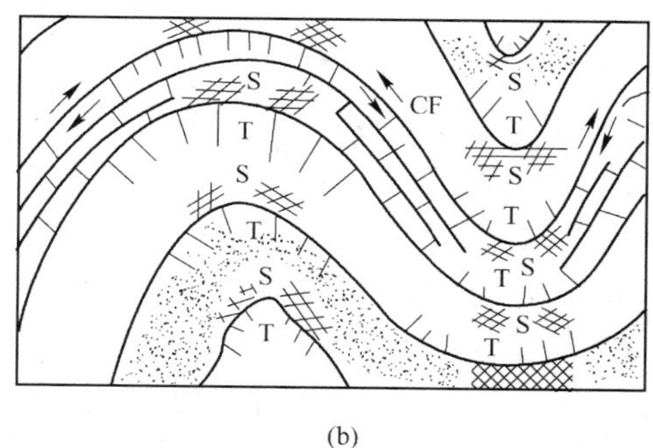

(b)

图7-1　褶皱岩层中的节理
CF—压性断层；T—张节理；S—剪节理

7.1.1.3　节理、劈理、层理和片理

节理、劈理、层理和片理都是属于一种裂隙性的结构面，抗剪能力一般都较弱。节理断裂面两侧没有明显的位移，可能是张开的，也可能是闭合的。通常是由于岩石冷却、围压释放、岩层弯曲以及定向压力或力偶而引起的拉力破裂，常以近似一致方向成组出现，如果是两组或更多的，称为节理系统。劈理也是应力引起的，劈理面有的平行于层面，而更多是与层面斜交，其方向是与引起岩石变形的应力有关。至于层理和片理，是与岩体形成条件相关，普遍存在水成矿床及变质矿床的围岩里，大都与矿床的产状一致，如薄层灰岩的层理面、页岩的页理面、云母片岩和角闪片岩的片理面等。这些裂隙是岩体中最普遍和工程上有意义的结构特征，特别是节理对岩层的稳定性有非常密切的关系，近40年来已引起采矿工作者的关注，成为采前一项重要的研究工作。在确定节理特性时，开始于节理的调查统计，再进行一系列节理面强度实验室试验。因不可能测量岩体中每个节理的性质，就应对节理进行样品偏差最小的统计分析。一种常用的调查方法，是运用三条相互垂直的测线进行测量。在测线调查中，沿节理面的法线方向拉一长约30m的卷尺，测量每个与测线相交的节理，记

录节理面的方位角和倾角,或者是走向和倾角,但方位角比走向方便得多;并记录节理与直线相交的位置,用来确定节理的密度[4]。图 7－2 所示为在平巷中节理特性的测量方法。

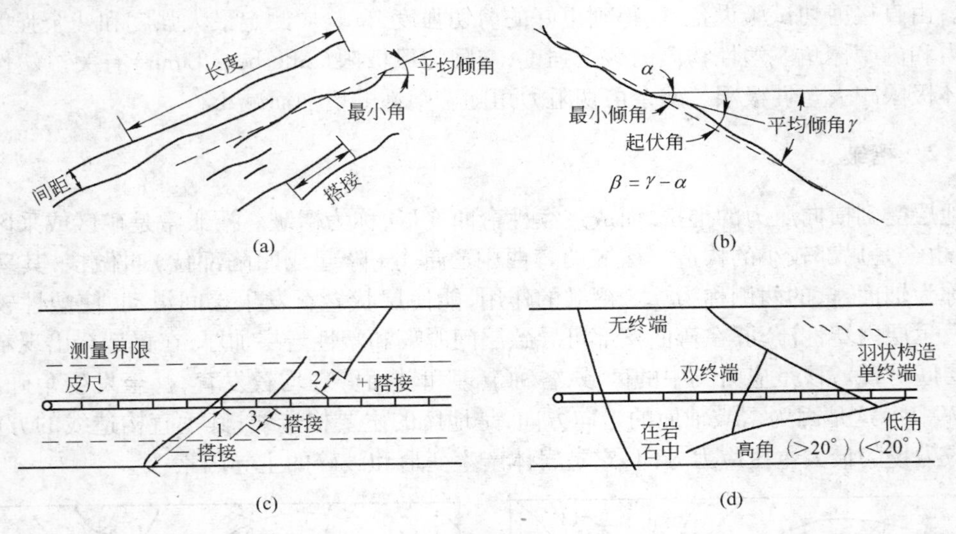

图 7－2　节理特性的测量方法

(a)节理特征;(b)节理面凸起角的确定;(c)搭接长度的测量;(d)节理终端的类型

节理调查的内容,一般应有:

(1)*节理产状*,是指其方位(走向)、倾向及倾角等特征参数。在野外地质工作中,常采用状似玫瑰花的表明节理走向或倾向和条数的统计图——节理玫瑰花图。它反映观测地段各组节理的发育程度,并能明显地看出优势方位[1]。

(2)*节理密度*,是指单位长度出现的节理数,而节理间距是沿法线方向的平均距离。

(3)*节理连续性*,是表示其在岩体内的进展状况,不仅规模大小不等,其所控制岩体强度也不一样。

(4)*节理面的粗糙度*,是指较小范围内的凹凸不平程度;而在较大面积上,则称为起伏度;它对节理面的抗剪强度有影响。

(5)*节理张开度及充填物*。节理两壁间距离称为张开度,对岩体抗剪强度及变形性质有明显影响。在两壁完全不接触,且为充填物隔离,则其抗剪强度,完全取决于充填物的性质。常见的充填物有硅质、钙质、泥质(黏土质)等,后者的强度最低,抗剪能力也低,如果含有蒙脱石、皂石等矿物,则遇水极易膨胀,还会产生膨胀压力,加速岩体破坏。

(6)*节理强度*,由试验确定,其对岩体工程的稳定性,有着至关重要的影响。节理与裂隙对岩体的破坏,主要取决于它们的密度、连续性及其空间组合。密集的节理,造成岩体极不连续,易于产生掉块与崩塌。某些酸性火成岩体的两组垂直节理与一组平缓节理相互交切,多会形成块状和柱状结构体,容易产生局部塌落。至于次生裂隙,多限于在岩体表面,虽然数量多,方位乱,但危害性较小。节理所构成的岩石块度,会影响到支护系统,所以节理调查结果能对硐室、巷道的跨度做出判据。了解节理的连续性十分重要,有些片理可将岩体完全切割,成为控制岩体强度的主要结构面;另一些节理则只能切割岩体的一部分,对岩体强度只起到削弱的作用。在许多情况下,由于暴露范围有限,观察不到节理的延展,只能对节理可见部分划分连续程度。在节理张开度很大而且有充填物时,最好取样用土力学方法分析其力学性质，可由剪切盒或三轴压力机测定节理强度。三轴方法操作起来较为困难，因为钻取试样时，要求节理与轴向加载方向成70°角（0.5 弧度），再按试验要求取得试件的长度，并适当处理其两端，放入三轴压力机，施加侧限压力，然后加上轴向荷载，测量强度。在做直接剪切试验时，把含有节理剪切面的岩块试件的两面固定起来，既可以垂直节理面方向，也可以平行节理面方向加载，向岩块施加一法向力，进行剪切处理。在不同的法向力作用下，重复上述过程，所得到的试验数据，可用来确定摩擦角，见图 7－3。其他像劈理、层理、片理等也可以用单轴、三轴或直剪试验确定其结构面的强度。

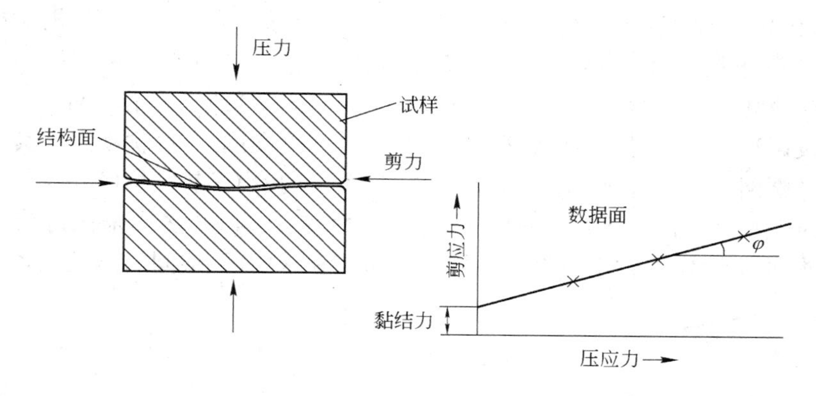

图 7－3 直剪试验[3]

关于结构面上的粗糙度的影响，通常是以岩体表面总倾向面与其局部不规则面的夹角来表示，即起伏角"i"，如图 7－4 所示。"i"增加了结构面的强度，可用摩尔－库伦（Mohr－Coulomb）准则来说明：

$$\tau = C + N\tan(\varphi + i) \tag{7-1}$$

式中 τ——剪切强度，表示施加的正应力引起的沿破坏面作用的最大剪应力，MPa；
C——单位面积的凝聚力，MPa；
N——正应力，是垂直于剪切面的压应力，MPa；
φ——内摩擦角，由摩尔圆的切线倾角所决定，(°)；
i——起伏角，(°)。

在当前对岩体结构面的研究中，已从宏观进入微观，把节理、裂隙等一些细微的结构面，视为评定岩体稳定性的一项主要因素。它与断层、层理等大构造一起，把岩体切割成既连续又不连续的裂隙体，降低了岩石原有的力学性能。据缪勒（L. Müller）估计，其降低系数可达 1/300。因此，在评价矿山挖掘工程的稳定性时，必须充分考虑结构面的影响。

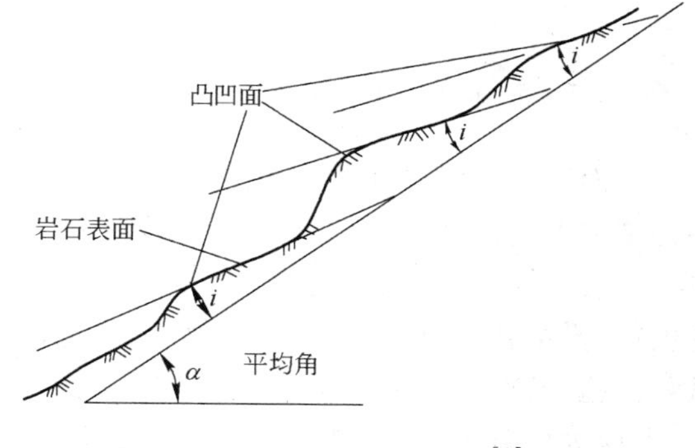

图 7－4 结构面粗糙度[3]

7.1.2 赤平极射投影图

对结构面资料进行综合整理，是一项繁琐的工作，要把整理的结果明显地表达出来，则更为困难。过去常用玫瑰图法来表示结构面的分布状况，由于在同一张图中不易同时表示出走向和倾角，所以近年来较为广泛地采用赤平极射投影法。它可以表示出物体几何要素（点、直线、平面）空间方位和相互间角度关系的投影方法，但不涉及面积大小、线段长短。赤平极射投影图是半球投向平面的水平投影图，即在一张纸上以二维形式，对三维资料进行分析。关于球的极射投影（经纬线网）和赤平投影（子午线－纬度圈网）的关系见图7－5。平面要素（方位、倾角、倾向）可用上半球或下半球极射投影图中的极点来表示，见图7－6[7]。其投影方法不论上半球或下半球都可采用，但在地质资料研究中，下半球用得最多。实际上，在分析硐室顶板内结构面特征时，使用上半球较为方便。赤平极射投影方法有等面投影图和等角投影图两种。等面投影是利用施密特（Schmidt）网，简称施氏或朗伯（Lambert）投影网；而等角投影图则运用极射（Stereographic）或吴尔福（Wolff）或吴氏投影网。这两种投影法，都能制作经纬线网与子午线——纬度圈网，各有优缺点。其中施密特子午线——纬度圈网，具有等面性统计结构面分布密度，能找出优势结构面，故在研究面、线群的统计分析时多用之。而吴氏经纬线网，具有等角性，制作方便，多用来探讨结构体的组合特征以及结构面与岩体中开挖面的组合关系等，常用在求解面、线间的角距关系。

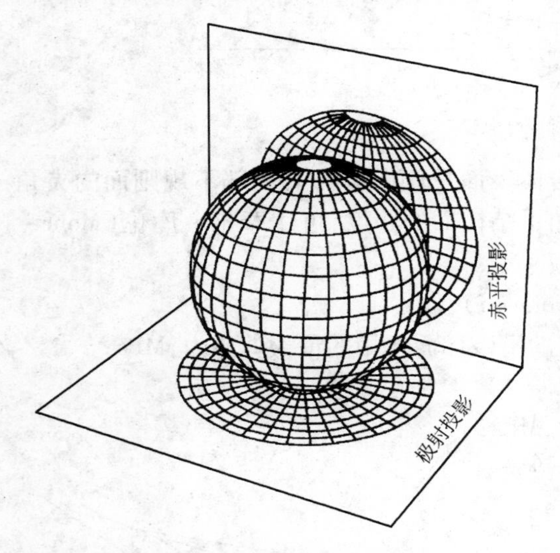

图7－5　球的极射投影和赤平投影

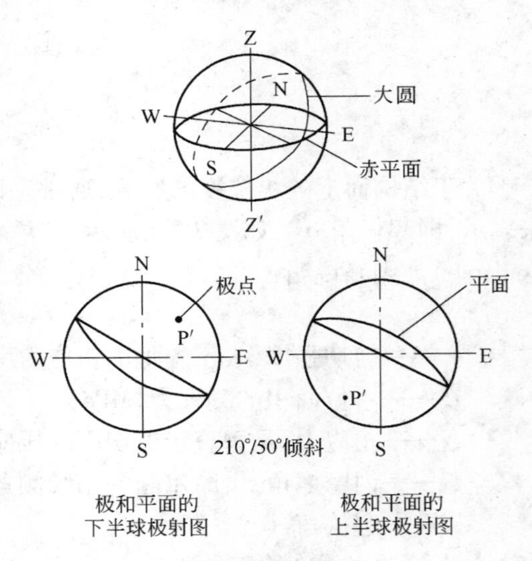

图7－6　赤平极射投影图

下面以常用的等面积投影法进行结构面平面数据的分析，而从绘制极点图开始，首先把各种结构面的产状绘制到施密特投影网上。投影网的圆周方位表示倾向，由0°～360°；圆的半径表示倾角，由圆心到圆周为0°～90°。按照结构面的倾向和倾角，可将代表平面产状的极点，投影在施密特子午线－经纬圈网上，如图7－7中*A*点所示。其制作方法是把透明纸蒙在施密特网上，标明正北方向，然后把观测点上的结构面，按方位和倾角都分别标出极点，即成为该观测点的结构面极点图，见图7－8。再在透明极点上作方格网，其两边分别平行极点图上的E－W和S－N线，间距为投影网大圆半径的十分之一，如图7－9中所示的方格网及两种密度计。这样就可以先用中心密度计，即图中有小圆的四方胶板，在大圆中从左到右，由上往下，顺次统计小圆的极点数（即结构面数），并写在每个方格的“十”字中心上。对于大圆周边残缺小圆内的极点，则用图中边缘密度计，即两端有小圆的长条胶板，计算残缺小圆内的节理数，并把两端数目加起来，记在“十”字中心的那个残缺小圆内，如果两个残缺小圆中心均在周边内，则都记上相加的节理数。为了节省工作量，有时只统计密集部位的极点。当在大圆内每个小方格“十”字中心都注上了极点数目后，可把数字相同的点连成曲线，构成结构面等密度线图。如图 7－10 中代表有三组优势结构面，其产状分别为：(1)倾向 NE12°；倾角 20°；(2)倾向 SE69°，倾角 31°；(3)倾向 NW85°，倾角 67°。而这些并非实际存在，只是根据统计方法假想求得的。从图中还可以见到，一般都是用小圆内极点数占大圆内极点总数的百分比来表示。在连线时，要注意圆周相对应两侧的等密度线有时具有对称性。随着电子计算机技术的发展，人们已经可以直接由现场测量得到产状资料，通过计算机程序可得到一目了然的统计结果，见图 7－11[6]。

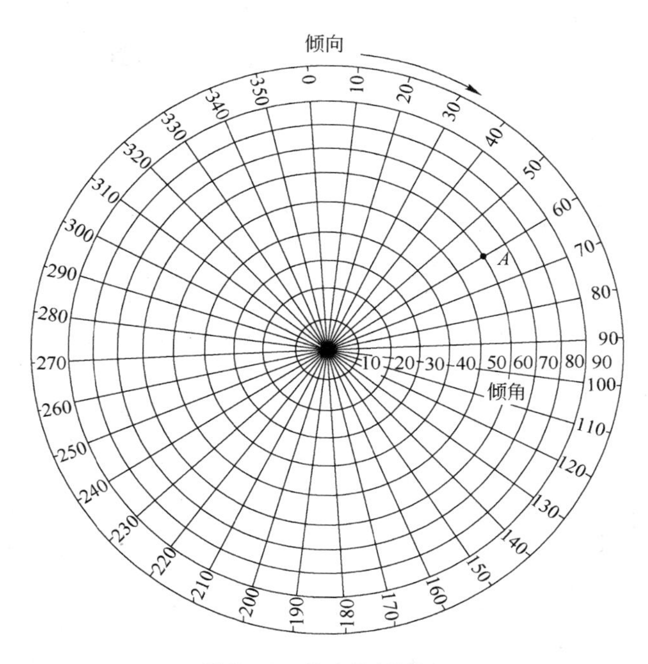

图 7－7 施密特投影网

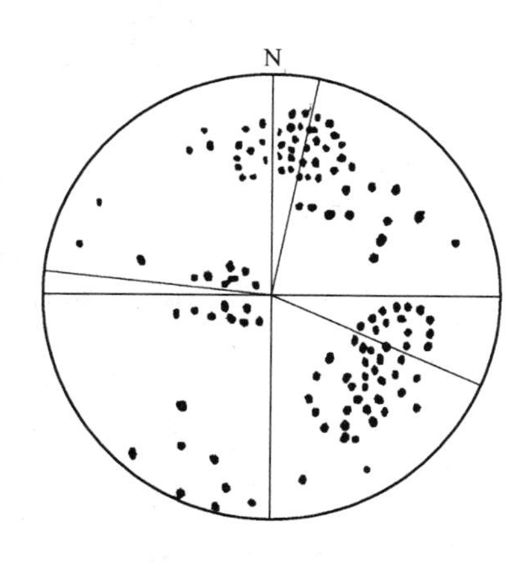

图 7－8 极点图[5]

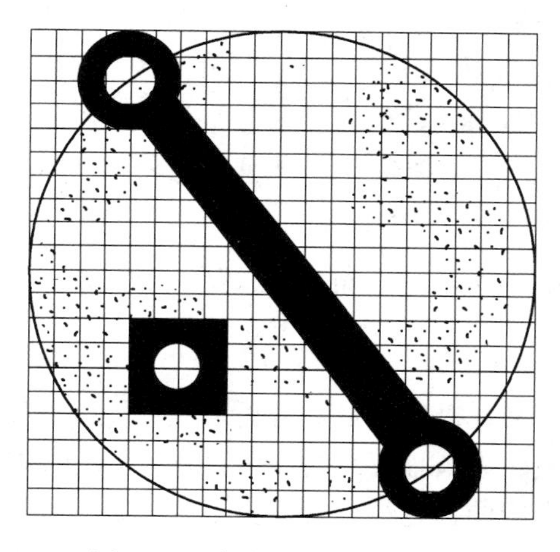

图 7－9 密度统计网及密度计

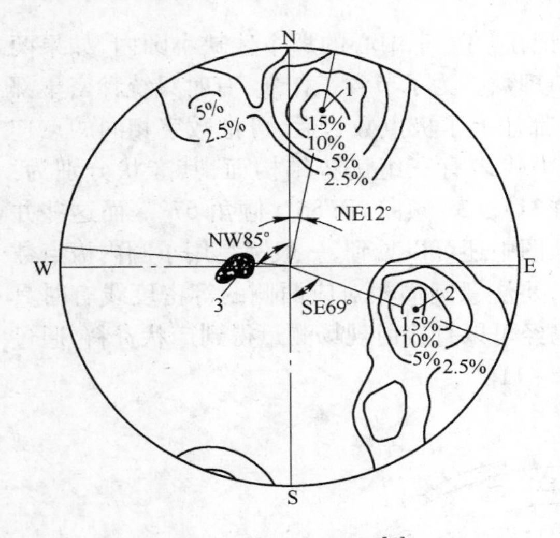

图 7 - 10　等密度图[5]

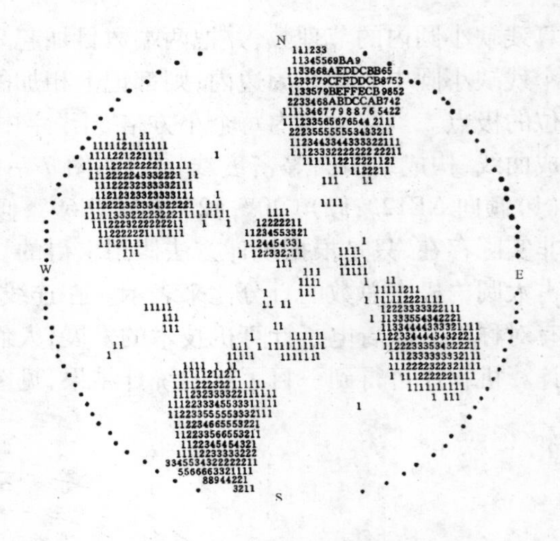

图 7 - 11　计算机极点密度图[6]

为了求优势结构面的交线，常用吴氏经纬网求出其赤平极射投影，才能看出其三维方向和求得其交线。仍以图 7 - 10 为例，将其三组优势结构面，按图 7 - 12 中等角赤平投影的极点作图方法，求得图 7 - 13 中三组优势结构面综合产状的赤平极射投影。图中 *OA*、*OB* 和 *OC* 为三组结构面的交线，其所指的方向，是该线的倾向；各线段的交点至圆周的距离，分别表示各线段的倾角。如图中 *OA* 线段为倾向 SW68°和倾角 52°，*OB* 线段为倾向 NE20°和倾角 10°，以及 *OC* 线段为 SE70°和倾角 23°，它们的方位，也就是岩体结构单元的空间方位[5]。

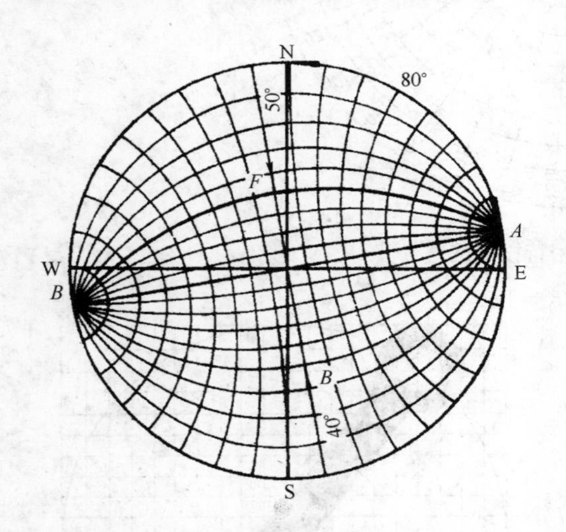

图 7 - 12　等角赤平投影极点作图方法

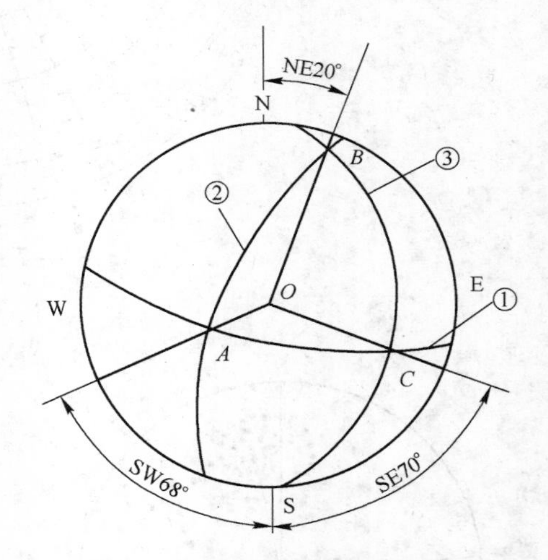

图 7 - 13　等角赤平投影优势结构面综合产状作图法[5]

赤平极射投影对分析地质构造以及评定顶板或边坡稳定性具有实际应用价值。在有断层或较大节理存在时，就有可能产生大的岩块或岩楔滑落和移动。出现此种情况时，必须进行专门的稳定性分析。为了判明是否要进行此类专门分析，可以采用施密特赤平极射投影网，作为初步分析的工具。它是将岩体中裂隙所构成的断裂面（如节理），按各自的倾向和倾角，投射到该图上，而成为若干个极点。如图7-14a中的三个面的极点，连接起来成为三角形；如果投影网中心位于此三角形内部，则这三个面所形成的岩块，可能会从顶板冒落；假如这个中心是在三角形之外，如图7-14b，则岩块只能出现滑动，而不塌落。此时节理的抗剪强度对岩体稳定性有重要影响。这个抗剪强度可用等效摩擦角来表示。摩擦角可以用同心圆绘在投影网上，见图7-14b，此圆的半径代表了摩擦角的倾角极径。如果三角形的任何部分位于摩擦圆外边，就存在着滑动的可能性。在外边的部分越大，滑动的可能性就越大。对于表面光滑、强度较高的节理面，等效摩擦角可能大于70°；而一些较弱的节理面和充有“断层泥”的节理，则等效摩擦角要小。节理抗剪强度也可以进行估算[7]。总之，在整理结构面测量数据上，赤平极射投影法是很有利的工具。常用的是等面积射投网即施密特网，用来绘制结构面的极点图，由极点图描出等值线图，再从几个等值极点集中处，找出几组优势结构面；进而分析它们间的组合关系，来推测其对露天边坡和地下采掘工程稳定性的影响，方法简便易行。

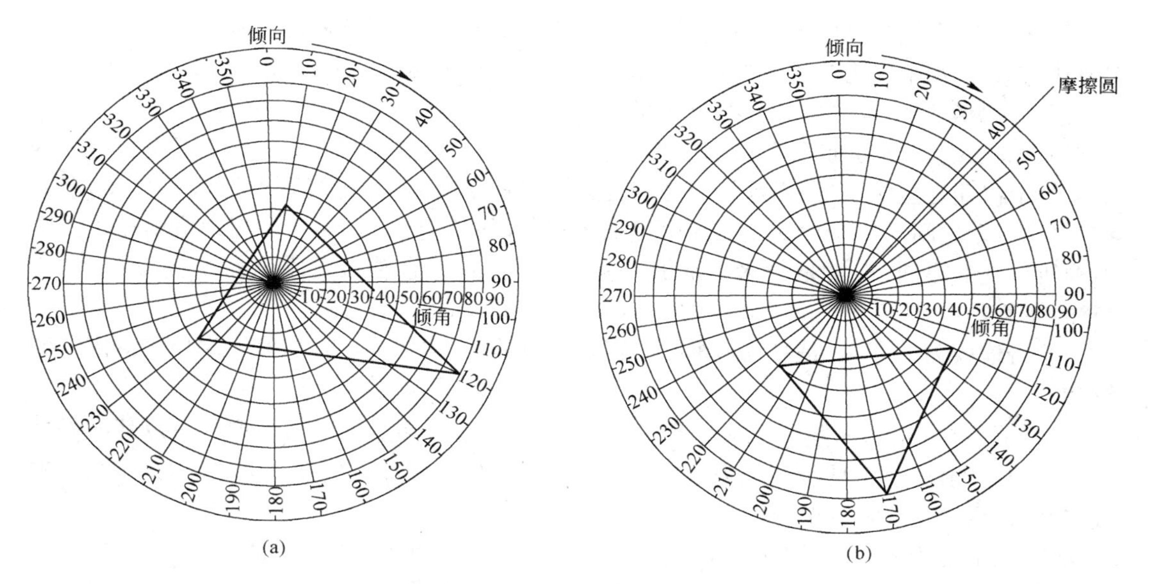

图7-14　表示潜在不稳岩块和摩擦圆的赤平极射投影图[7]

(a)表明岩块可能发生冒落；(b)表明摩擦圆和潜在不稳定岩块

7.2　原岩地应力场

地层中的应力状态，从一个区域到另一个区域有明显差异。因此，在任何特定的区域内，其应力状态都会有局部的变化。在开采时，岩体中的应力来源，主要有下列两种：

(1)由重力引起而与深度成正比的垂直应力，称为自重应力场。

(2)在各个地质时期内，构造和造山过程所产生的断层、剪切、褶皱现象，会使地表出现不同的高差，形成了构造应力场。这种地壳构造运动的作用，主要表现为沿水平方向相互挤压。图7-15中所示，是我国大陆板块受到南北方向的菲律宾板块与西伯利亚板块之间，以及东西方向的太平洋板块与印度板块之间相互推挤的结果，其所形成的构造应力迹线，就代表最大主应力的方向。

上述两种应力场是构成原岩地应力场的主要组成部分，也是它们叠加的结果。但是构造应力的分布规律是非常复杂的，故使叠加后的原岩应力在大小、方向、性质等各个方面都有很大的变化。而自重应力场的应力均为压应力，随深度增加而增大；只有在岩石处于塑性状态，达到静水压力和泊松比为 0.5 时，水平应力才等于垂直应力。并且通常总是认为最大主应力应是垂直的。但是由于构造应力的存在，有时是压应力，亦有可能是拉应力。故在大量的地应力实测中，出现了不完全符合自重应力场的规律，而在绝大部分场合是以水平应力为主，并且是三个方向上应力值不相等。这三个主应力的大小和方向，是随空间和时间而变化呈现出不稳定的原岩地应力场。一般来说，垂直应力基本上等于覆盖岩层的重量；而水平应力则普遍大于垂直应力，其比值通常为 0.5 ~ 5.5，多数在 0.8 ~ 1.2 之间。这个比值是随着深度而改变，最终趋向于 1。至于原岩地应力三个主应力轴所呈现的方向，常常是与水平面有一定的夹角，其垂直轴接近垂直水平面，或与之成 45°的夹角。

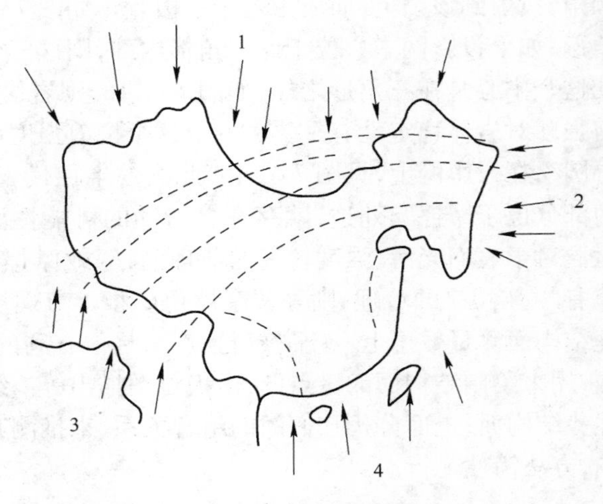

图 7 – 15　中国大陆板块受力示意图
1—西伯利亚板块；2—太平洋板块；
3—印度板块；4—菲律宾板块

原岩地应力的存在，是受到地形、岩体构造、结构面、岩体力学性质和岩层历史等因素的影响：

(1) 在地形方面，凹陷地形常引起应力集中，凸出地形会造成应力分散。所以陡峭谷坡表面是应力偏低地带，向里则应力集中，几乎与谷坡平行；河流近代侵蚀区，应力集中趋向地表；较老地层，应力则趋向岩体深部。

(2) 岩体的构造和结构面方面，常会引起应力集中、削弱和方向的改变；在被断层或其他结构面切割的同一构造体中，各部位应力大小和方向是比较一致的；而在断裂面或其他分离面附近，特别是拐弯、交叉及两端主应力集中等处，应力的大小和方向均有较大改变。

(3) 在岩体力学性质上，坚固整体性好的弹性岩体，有利于应力积累，成为高应力区；而塑性岩体因易于变形，就不易积累应力；风化较深的岩体，因应力已经释放，就成为低应力区。

(4) 有关岩层历史方面，古老岩层在覆盖层被剥蚀后，由于内部仍保持有原有应力，就会比现有地层厚度所引起的自重应力要大，而且剥蚀可能造成较大的水平应力[8]。

原岩地应力与矿床的开采密切相关，无论是井巷工程的位置，还是采矿方法的选择及其工程布置，都有密切的联系。众所周知，一般都避免把井巷工程放在高应力区，以免使井巷工程维护更加困难；并且要求巷道的轴线应尽可能地与最大水平应力方向平行，其方位与中等倾斜节理面成 90°角，以避免破坏。在采场布置时，要求工程安排最好符合原岩地应力的分布规律。例如在矿块崩落法中，为了使矿体中细微结构面易于张开，促进崩落，水平方向的原岩应力，不应与结构面垂直，否则在设计中，就应该用切割槽将其切断。并且矿块的崩落进程，要沿着最大水平应力方向扩展，使采场尽可能暴露所有不稳定的结构面，以便矿体可能沿弱面破裂，其破碎块度会比原来估计的要小。另外，用钻探时所取的岩芯柱中有圆盘薄片出现，是存在有水平应力集中的标志。高的水平应力场，会产生高的侧向围压，增加岩体强度，但不易崩落。如何评定这一特点，要视采场的要求具体分析。

岩石中的所有断裂和变形，都是载荷超过弹性极限的结果。区域变形后的状态，能存在很长的时期，近期的地质变形，可以为当前地应力的方位提供线索。地质结构的调查，可以进一步探索地表构造伸延、断层移动方向以及其他一些与断层和褶皱有关的要素，以更有利于构造分析。图 7－16 所示是位于加拿大北安大略省的苏必利尔（Superior）湖东北岸的麦克伦纳（G. W. Mc Leod）矿区构造变形的最大压应力轴。在这个地区内，包括有太古界火山岩和沉积岩，都是加拿大地质发展历史中苏必利尔造山运动区域的一部分，系太古界岩层所形成的一个构造面为南西走向的地带，其四周与底部为花岗岩和片麻岩。为了重现矿区及其附近岩体的运动实况，调查了板状劈理、巨砾痕印位移、擦痕面和断层面以及石英裂隙。从所绘制的等面积投影网格所得研究结果分析，可以说明在密执比可登（Michipicoten）地区南部，由于压缩作用，形成了一些方位北—北西和南—南东的主背斜和主向斜以及次水平地带。这个方位覆盖了较大的面积，见图 7－16。紧随着主要变形，后续阶段的变形表现在：剪切作用是沿着晚期前寒武纪辉绿岩岩墙和所形成扭折带以及被石英充填的裂隙的。这些调查结果提供了在$(1\sim2.1)\times10^9$年前矿区内有一个北东—南西方向的压缩。通过地表下 375～560m 的应变计实测，所有测点的最小主压应力都是近于垂直的；而最大主应力却没有一致的方向，其大小与中间主应力相差也不大。所以判断矿区的总应力场，在水平方向是均衡的，仅有局部变动[9]。

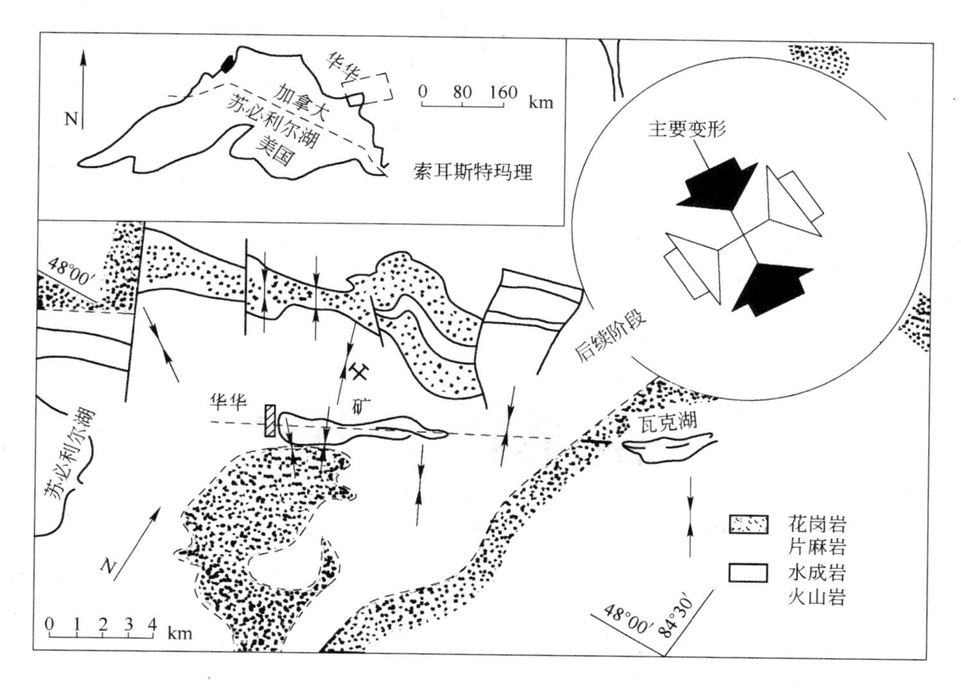

图 7－16　构造变形的最大应力轴[9]

另一个例子是山东省莱州市新城金矿区，位于沂沭断裂带的东侧，胶东隆起的西北部，栖霞复背斜的北翼，大部分被第四季地层所覆盖。沿北东方向发育了一组压扭性断裂，如黄（县）－掖（县）断裂、望儿山断裂、侯家断裂和招－平断裂等，其中黄－掖断裂和招－平断裂为区域控制断裂，其余断裂均由此派生。黄－掖断裂为新城金矿床控矿断裂，其南段走向为30°～40°，倾向北西，倾角29°～43°；北段向北倾向，倾角30°～40°。招－平断裂位于黄－掖断裂下盘，走向15°，倾向南东，倾角35°。因此，在横剖面图上，这两个断裂形成共轭结构，其间的岩体称为玲珑岩床，如图7－17。在运用吴氏网赤平极射投影方法，可得到新城地区原岩应力的倾向和倾角；σ_1 为293°/3°，σ_2 为23°/6°，σ_3 为180°/87°和剪切角 θ 为37°，如图7－18中所示。图中 σ_3 近于垂直方向，是与岩体自重有关；在平面上，σ_1 和 σ_2 与矿体走向之间的关系，见图7－19[10]。

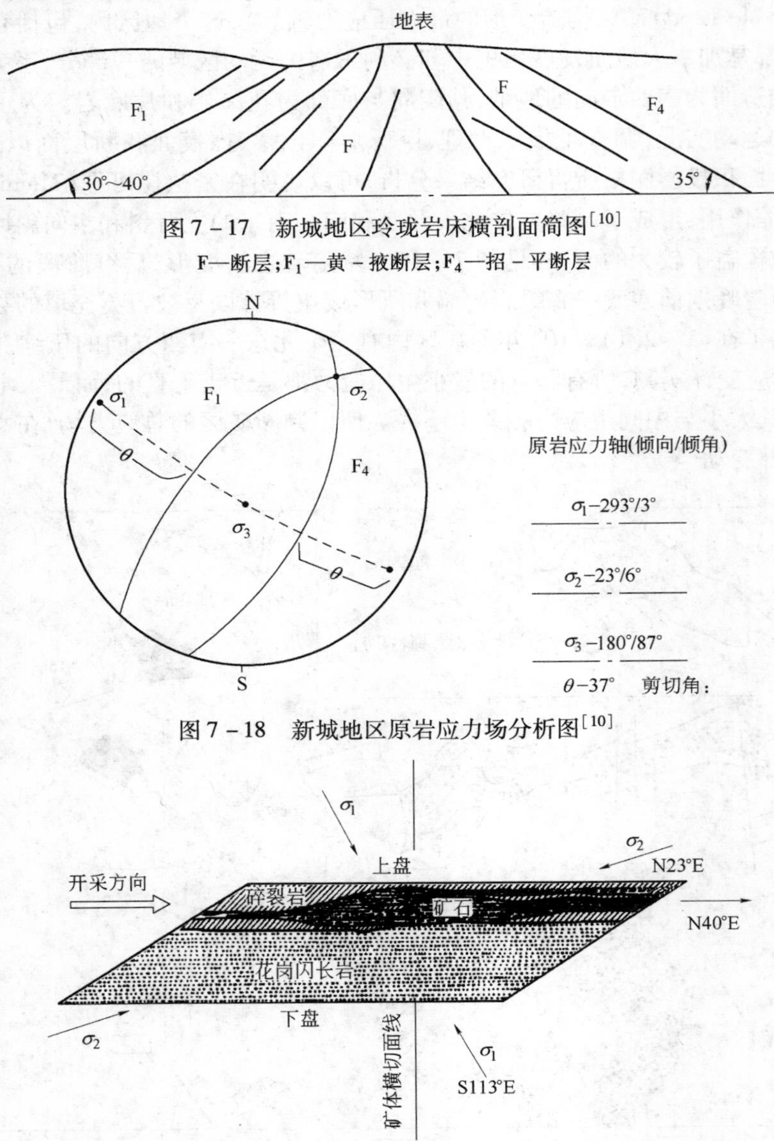

图7－17　新城地区玲珑岩床横剖面简图[10]

F—断层；F_1—黄－掖断层；F_4—招－平断层

图7－18　新城地区原岩应力场分析图[10]

图7－19　在－90m平面上水平应力和矿床关系图[10]

7.3 岩体分类方法

岩体分类是开挖工程一项非常重要的指标，主要用于评价岩体的稳定性，现有岩体质量分类法和岩体地质力学分类法两种。

7.3.1 岩体质量分类法[7]

它始源于隧道工程，也可以用于矿山的大型巷道。该方法是挪威土工所提出的巷道质量指标 Q 评价方法，主要考虑岩体的完整性、结构面特性、地下水和地应力等的影响，包括有：岩体质量指标 RQD、结构面组数 J_n、结构面粗糙度 J_r、结构面蚀变程度 J_a、裂隙水折减系数 J_w 和应力折减系数 SRF 六项参数，表示岩石块度规格（RQD/J_n）、结构面抗剪强度（J_r/J_a）和约束应力（J_w/SRF）三个方面。这个指标 Q，是以 200 多条地下隧道实例的研究作基础，以式（7－2）来求算：

$$Q=(RQD/J_n)(J_r/J_a)(J_w/SRF) \tag{7-2}$$

式（7－2）中，RQD 是在 1968 年由迪尔（Deere D. U.）为确定结构面间距数值时，引用的一种数量概念，用式（7－3a）表示：

$$RQD=\frac{\text{长度大于或等于 100mm 的 NX 型岩芯累计钻取长度}}{\text{钻孔进尺总长度}} \tag{7-3a}$$

在钻进中，要密切注意钻孔方向与岩层面的相对关系，避免得出错误结论。如平行水平岩层面打钻时，可能获得很高的 RQD 值；反之，垂直岩层层面取样，则 RQD 值就会降低。

除打钻外，还可以从暴露的岩体面上，来确定每立方米岩体中没有合拢的节理数。就是沿暴露面拉一条长 2～3m 的测尺，计算其间的节理数。但要求三个不同方位都要测量，三者数量的和为 J_v，即每立方米的节理数，再按式（7－3b）求算：

$$RQD=115-3.3J_v \tag{7-3b}$$

对上式计算结果，按整数取 RQD 值，以 5 为递减基数，分别为 100，95，90，…，10 等级别，小于 10 时按 10 计算，可以保证在计算 Q 值时的精确度。

式（7－2）中结构面组数 J_n，可从表 7－1 中来查得：

表 7－1 结构面组数参数 J_n 数值表

结构面组数	J_n 数值
1. 无结构面或少数几条	0.5～1.0
2. 一组	2
3. 一组加上一些任意的	3
4. 两组	4
5. 两组加上一些任意的	6
6. 三组	9
7. 三组加上一些任意的	12
8. 四组或更多组、任意的、大量的、糖块状的等	15
9. 碎石状、泥土状	20

注：在巷道交叉处 J_n 值增大到 3 倍，在平窿 J_n 值增大到 2 倍。

式(7－2)中结构面粗糙度参数 J_r 值，见表7－2。

表7－2　结构面粗糙度参数 J_r 数值表

结构面粗糙度描述	不连续的	成波浪形的	平面的
1. 粗糙的	4.0	3.0	1.5
2. 光滑的	3.0	2.0	1.0
3. 有擦痕的	2.0	1.5	0.5
4. 壁面间有足够厚段层泥	1.5	1.0	1.0

注：在相关结构面组的平均间距大于3.0m时，J_r 值再增加1.0。

式(7－2)中结构面蚀变程度参数 J_a，见表7－3，其值决定于结构面上风蚀和蒙上充填泥的状态和厚度。它是确定岩体抗剪强度和变形以及抗挤压和膨胀潜力的参数。

表7－3　结构面蚀变程度参数 J_a

充填泥描述	不同结构面分离距离(mm)的蚀变程度参数 J_a 数值		
	<1.0①	1.0～5.0②	>5.0③
1. 紧密合拢，坚硬，具有未软化、未渗透充填物	0.75	—	—
2. 结构面未蚀变，仅表面锈蚀	1.00	—	—
3. 结构面轻微蚀变，未软化，无黏性矿石或碎石充填	2.00	4.0	6.0
4. 未软化，有微量土质而无黏性充填物	3.00	6.0	10.0
5. 未软化而被非常固结黏土性矿物所充填，带有或没有碎石	3.0	6.0④	10.0
6. 软化或低黏滞性黏土矿物涂层和微量膨胀性黏土	4.0	8.0	13.0
7. 软化且有一定非常固结黏土充填物，带有或没有碎石	4.0	8.0	13.0
8. 粉碎或微粉碎(膨胀的)的黏土泥，带有或没有碎石	5.0	10.0	18.0

①结构面两壁有效的合拢；
②在100mm剪切前，结构面两壁进入合拢；
③在所有的剪切中，结构面两壁不会合拢；
④还可用于碎石出现在黏土泥内和两壁不合拢时。

式(7－2)中裂隙水折减系数 J_w 值见表7－4。它是考虑到裂隙水的压力，以及结构面间充填泥土被软化和被冲洗掉等因素的影响。

表7－4　结构面裂隙水折减系数 J_w 数值表

地下水状态	水位差/m	裂隙水影响折减系数(J_w)
1. 挖掘时干燥或少量流入水，局部每分钟为5L	<10	1.00
2. 中等流入量，偶尔冲洗出裂隙中充填物	10～25	0.066
3. 在坚固地层内，有未充填的裂隙，大量涌水	25～100	0.050
4. 大量涌水，并显著地冲洗出裂隙中充填物	25～100	0.33
5. 挖掘中有非常大的涌水量，但随时间而减弱	>100	0.20～0.1
6. 非常大的涌水量，没有减弱的信息	>100	0.10～0.05

注：1. 后三项是粗略估计。如果安有排水测量设施，则 J_w 值应增加；
　　2. 由结冰所引起的特殊问题未予考虑。

式(7－2)中的应力折减系数 SRF,由于岩体的强弱分为两类,第一类是用于有软弱带的巷道交叉处,第二类是用在坚固的岩体,其数值分别列入表 7－5a 和 7－5b 中。

表 7－5a 有软弱带在掘进中巷道交叉处的应力折减系数 SRF 值

情 况 描 述	SRF 值
1. 多次出现众多黏土或化学崩解岩石松软带,围岩很松动(任何深度)	10.0
2. 一些单一的黏土或化学崩解岩石松软带(开挖深度小于 50m)	5.0
3. 一些单一的黏土或化学崩解岩石松软带(开挖深度大于 50m)	2.0
4. 在坚固岩石内具有众多剪切带(无黏土),围岩松动(任何深度)	7.5
5. 在坚固岩石内具有多个单一的剪切带(无黏土,开挖深度小于 50m)	5.0
6. 在坚固岩石内具有多个单一的剪切带(无黏土,开挖深度大于 50m)	2.5
7. 稀疏的张开节理,严重地节理化或成糖块状等(任何深度)	5.0

注:如果有关的剪切带仅受影响,但不与挖掘体相交,则上述 SRF 值可减少 25% ~50% 。

表 7－5b 坚固岩石的应力折减系数 SRF 值

情 况 描 述	σ_c/σ_1	σ_t/σ_1	SRF 值
1. 低应力,近地表	>200	>13	2.5
2. 中等应力	200 ~ 10	13 ~ 0.66	1.0
3. 高应力,非常严密的结构(通常有利于稳定,不一定有利巷壁稳定)	10 ~ 5	0.66 ~ 0.33	0.5 ~ 2
4. 缓和的岩爆(块状岩体)	5 ~ 2.5	0.33 ~ 0.16	5 ~ 10
5. 强烈的岩爆(块状岩体)	<2.5	<0.16	10 ~ 20

注:σ_1—最大主应力,σ_c—抗压强度,σ_t—抗拉强度。

上述六项参数,可根据观察或估计的条件取值,代入式(7－2)中便可求出 Q 值。Q 值从极坏到极好岩体分为 <0.001 到 >1000,其分类见表 7－6。

表 7－6 岩体质量分类

Q 值 分 类								
<0.01	0.01 ~ 0.1	0.1 ~ 1.0	1 ~ 4	4 ~ 10	10 ~ 40	40 ~ 100	100 ~ 400	>400
特差	极差	很差	差	一般	好	很好	极好	特好

在 Q 值的计算中,虽然没有明显地考虑到岩石强度,但因其隐含在 SRF 系数中。另外也没有考虑到节理的方位,可是研究了节理的组数,这对岩石块度的潜在自由运动是很重要的。

求算出的 Q 值,在用来估计不支护巷道的最大安全跨距 D(m)时,可用式(7－4)计算:

$$D = 2.1(Q^{0.387}) \tag{7-4}$$

图 7－20 是表示在采用不同的安全系数后,按 Q 值来确定不支护巷道的跨距,如用在土木工程方面,则不支护的安全系数应大于 1.2。

7.3.2 地质力学分类法[11]

这是在 1973 年由本里华斯基(Z. T. Bieniawski)提出的南非工业与科学委员会(CSIR)地质力学分类法,或称为岩体指标(RMR)法,目前已广泛地用于土木工程。该方法中所考虑的

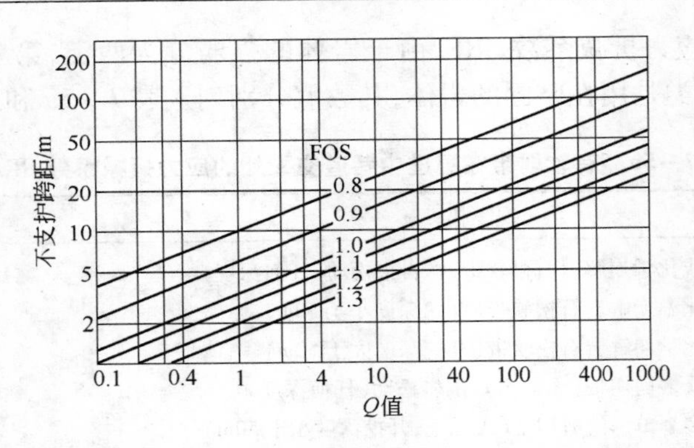

图 7－20　不支护跨距与 Q 值的关系图[7]

FOS—安全系数

参数有岩石单轴抗压强度、岩石质量指标 RQD、结构面间距、结构面状态和地下水条件等五项，把岩体划分为五类。五项参数计算所得到的总指标值 RMR，再根据节理方向予以修正[12]。后来津巴布韦的劳布谢尔（Laubscher D. H.）在岩体指标法的基础上，结合津巴布韦石棉矿的经验，提出了一种用于矿山的地质力学分类法，又称为采矿岩体指标法 MRMR[11]。这是一种改进的分类方法，虽然仍是采用了本里华斯基的五大类岩体分类，但每类都又分为 A 和 B 两级；并对完整岩石强度，采用了新的范围和指标，节理间距和节理参数的条件，也都改用不同的评价内容。劳布谢尔的采矿地质力学分类法是用 0～100 的分值来表示从极好到极差。其计算方法见表 7－7、表 7－8 以及图 7－21 和表 7－9。

表 7－7　岩体的采矿地质力学分类（MRMR）

类　别	Ⅰ		Ⅱ		Ⅲ		Ⅳ		Ⅴ	
	A	B	A	B	A	B	A	B	A	B
额定值	100～81		80～61		60～41		40～21		20～0	
说　明	极好		好		一般		差		极差	

表 7－8　分类中各参数的分级

参数											
RQD/%	100～97		96↓84	83↓71	70↓56	55↓44	43↓31	30↓17	16↓4	3～0	
记分（RQD×15/100）	15		14	12	10	8	6	4	2	0	
完整的岩石强度/MPa	>185	184↓165	164↓145	144↓125	124↓105	104↓85	84↓65	64↓45	44↓25	24↓5	4↓0
记分（＝0.1MPa）	20	18	16	14	12	10	8	6	4	2	0
节理间距	参考图 7－21										
记　分	25 ⟶0										
节理状态（包括地下水）	参考表 7－9										
记　分	40 ⟶0										

表 7－9 节理状况评价法(在 40 分值中可能累积调节的百分数)

参数	说明		干燥条件	湿度条件		
				潮湿	中等压力水 25～125L/min	极大压力水 >125L/min
A. 节理状况:大量的不规则	波浪状	多方向的	100	100	95	90
		单方向的	95 90	95 90	90 85	80 75
	曲线状		89 80	85 75	80 70	70 60
	直线状		79 70	74 65	60	40
B. 节理状况:小量的不规则或粗糙	非常粗糙		100	100	95	90
	有条痕或粗糙		99 85	99 85	80	70
	光滑的		84 60	80 55	60	50
	磨光的		59 50	50 40	30	20
C. 节理面蚀变带①	强度大于岩壁		100	100	100	100
	无蚀变		100	100	100	100
	强度小于岩壁		75	70	65	60
D. 节理充填状况	无充填物,节理面只有斑点		100	100	100	100
	无软弱的剪碎充填物(无黏土或滑石)	粗粒剪碎的	95	90	70	50
		中等粒度剪碎的	90	85	65	45
		细粒剪碎的	85	80	60	40
	软质剪碎充填物(例如滑石)	粗粒剪碎的	70	65	40	20
		中等粒度剪碎的	65	60	35	15
		细粒剪碎的	60	55	30	10
	断层泥厚度 < 不规则性的起伏度		40	30	10	流动充填物,5
	断层泥厚度 > 不规则性的起伏度		20	10	流动充填物,5	

①此参数在直线状、磨光的或直线光滑的节理中可以忽略。

在评价中所涉及的节理面,只是迹线长度大于硐室的直径或 3m,以及那些迹线长小于 3m 但与其他的节理相交能形成岩块。再用岩体中最小的三组节理的实际间距,结合图 7－21,可得出节理间距在 0～25 分范围内的记分。

在应用岩体分类各参数的额定值之前,要考虑风化、地应力及诱导应力由采矿引起的应力变化、已暴露岩块方位和倾向以及爆破等的影响,按表 7－10 进行修正。至于运用这些修正值的细节,可参阅参考文献[11]。

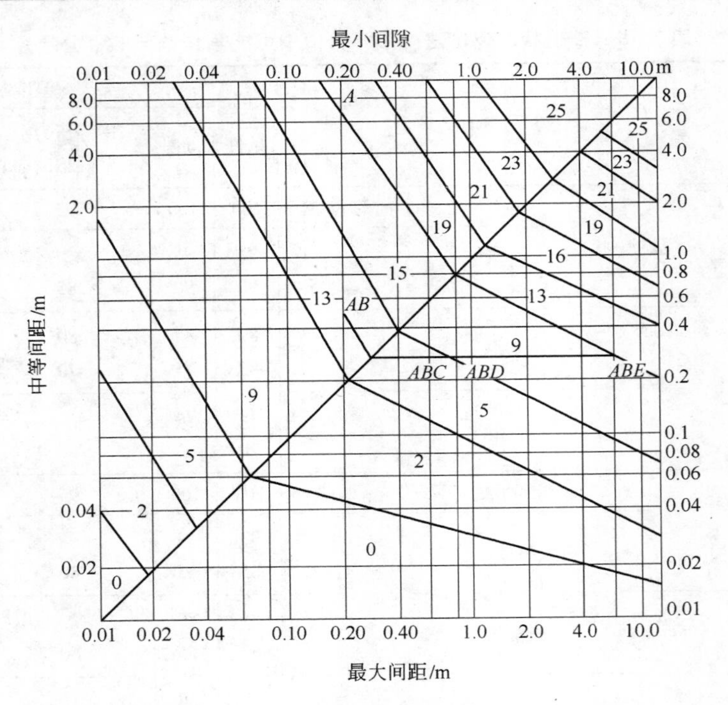

图 7－21　多节理岩体间距记分法

实例：间距 $A=0.2\mathrm{m}$；$B=0.45\mathrm{m}$；$C=0.5\mathrm{m}$；$D=1.0\mathrm{m}$；$E=7\mathrm{m}$。

记分 $A=19$；$AB=13$；$ABC=5$；$ABD=9$；$ABE=13$

表 7－10　各项参数调整中可能减小的百分数（%）

项　目	RQD	完整的岩石强度	节理间距	节理状态	总调整值
风　化	95	96		82	75
地应力及诱导应力				120～176	120～76
采矿引起的应力变化				120～60	120～60
暴露岩块方位和倾角			70		70
爆　破	93			86	80

在各项参数值调整后，相加起来就可以从表 7－7 中找出岩体的类型。根据不同的岩体类型，在地质断面图和平面图上，可以圈出各类岩体的分布情况。图 7－22 为津巴布韦某石棉矿的断面图，便是一个实例。众所周知，采矿地质力学分类法较适合于岩体稳定性的评价，虽然崩落性与稳定性在性质上是相反的，但却有密切内在联系，因此也可以得出在塌落前，它与挖掘大小或回采面积水力半径（即面积除以周长）间的关系，如图 7－23 所示。从表 7－11 中还能预计矿块崩落法中拉底面积、破碎块度和二次爆破量，也可以从表 7－12 中求出地面崩落角和塌陷带，或从表 7－13 中估出露天矿的边坡角等。这些预测资料，虽然其准确性在很大程度上依赖于工作人员的经验，但对矿山的设计、建设和生产，具有一定的参考意义。

总之，在岩体分类上，当今已出现一片兴旺景象，各个不同的部门，几乎都有其分类方案。可是为世界所公认的，仍是上面所介绍的两种，但它们都存在不足之处。特别是采矿地质力学分类法（MRMR），内容比较繁琐，而且实践性仍不广泛，有待进一步完善。

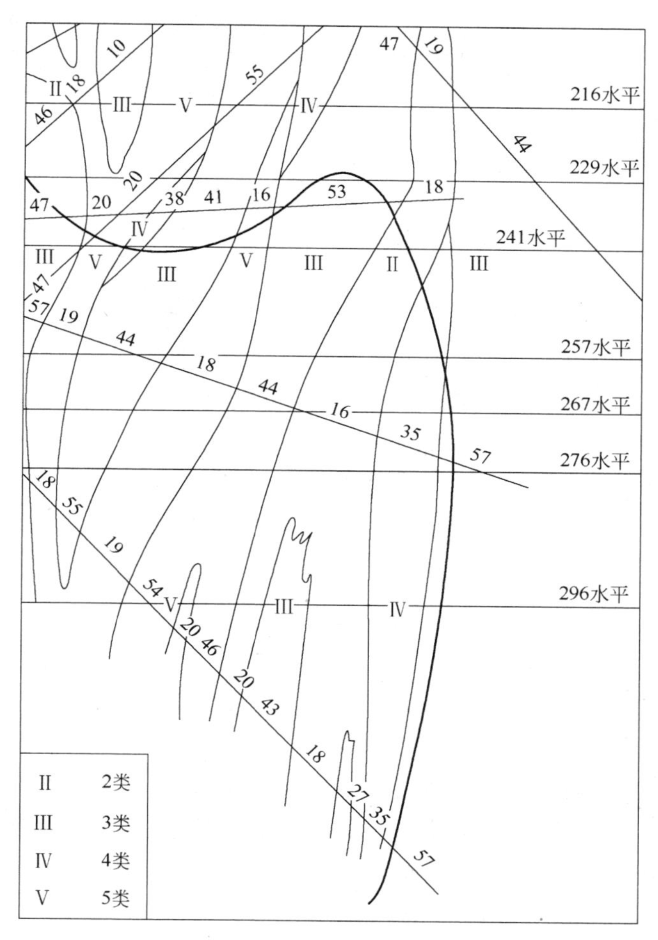

图 7－22 按 MRMR 法划分的矿体分类断面图

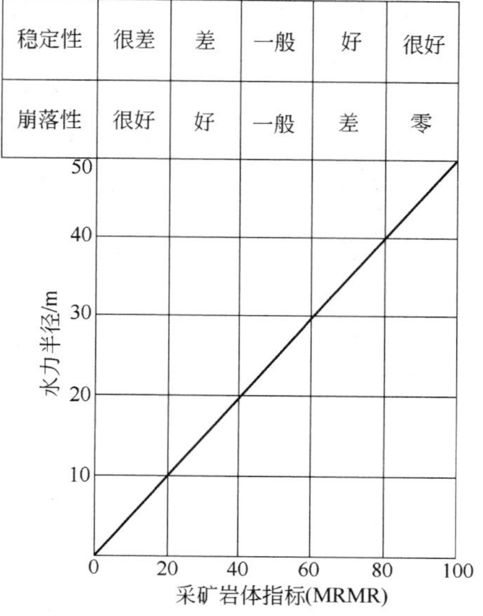

图 7－23 无支护开挖面积、稳定性及崩落性和 MRMR 值间的关系

表 7 - 11　MRMR 值与拉底面积、崩落性、破碎块度及二次爆破量之间的关系

调整后的类别	Ⅰ	Ⅱ	Ⅲ	Ⅳ	Ⅴ
拉底面积（水力半径）/m	>30	30	30 ~ 20	20 ~ 8	<8
崩落性	不崩	不好	一般	好	很好
破碎块度	—	大	中等	小	很小
二次爆破	—	高	变化的	低	很低

表 7 - 12　MRMR 值与崩落角及塌陷带间的关系

深　度	调整后的类别				
	Ⅰ	Ⅱ	Ⅲ	Ⅳ	Ⅴ
	崩落角/(°)				
100m	75	75 ~ 65	65 ~ 55	55 ~ 45	45 ~ 35
500m	75 ~ 65	65 ~ 55	55 ~ 45	45 ~ 35	35
塌陷带大致范围/m	10	30	50	100	200

表 7 - 13　MRMR 值与露天矿边坡角间的关系

调整后的类别	Ⅰ	Ⅱ	Ⅲ	Ⅳ	Ⅴ
边坡角/(°)	±75	±60	±55	±45	±35

应该指出，本章的内容是采矿科研、设计和生产中所必须具备的材料，也是采矿工程项目能否合理施工和生产的主要依据，是采矿工程与地质科学密切结合的部分重要内容。在科学技术高速发展的情况下，还有许多地方需要补充和完善，有待于采矿工作者和地质研究人员的共同努力，争取有新的突破。

7.4　岩体力学特性

矿山岩体力学特性，包括有岩芯或岩块的容重、湿度、单轴抗压强度、抗拉强度、抗剪强度、凝聚力（C）、摩擦系数（$\tan\phi$）、泊松比、弹性模量以及三轴抗压强度等。这些内容的含义及其测定方法，在岩石力学书籍中都有介绍，所以本节仅对在开采中有实用价值的部分，予以评述。在矿山实际开采中，岩体的破坏主要是因为拉应力和剪应力两个因素。虽然岩体的抗拉强度较低，仅为其抗压强度的 1/10 或更小，其对岩体的破坏性是很明显的，不过出现的场合却很少。岩体的破坏，主要还是由于压应力所产生的剪切所引起的。产生这种破坏很频繁，而且破坏也严重。所以在研究岩体强度时，目前主要集中在抗压强度方面。因此，在岩体稳定性分类中，抗压强度是一个重要的评定指标，并且是单轴抗压强度。其简单的点载荷测试方法，在载荷装置上，可以用不经加工的岩芯进行，费用便宜，能够在现场进行，非常方便。加载方式见图 7 - 24，其点载荷强度 I_c 的求算，可按下式：

$$I_c = \frac{P}{D^2} \tag{7-5a}$$

式中　I_c——点载荷强度，MPa；

P——试样在点载作用下破坏时的总荷载，N；

D——等效直径，mm。

岩石的点载荷强度与单轴抗压强度之间存在如式(7－5b)的近似关系：

$$\sigma_c \approx 24I_c \qquad (7-5b)$$

式中　σ_c——岩石的抗压强度。

如果岩芯直径不是50mm，本里华斯基(Z. T. Bieniawski)建议采用式(7－6)求得：

$$\sigma_c = (14 + 0.175D)I_c \qquad (7-6)$$

经验证明，点载荷试验数据比较离散，故要求试验数据不少于100次，其结果方视为可靠[4]。

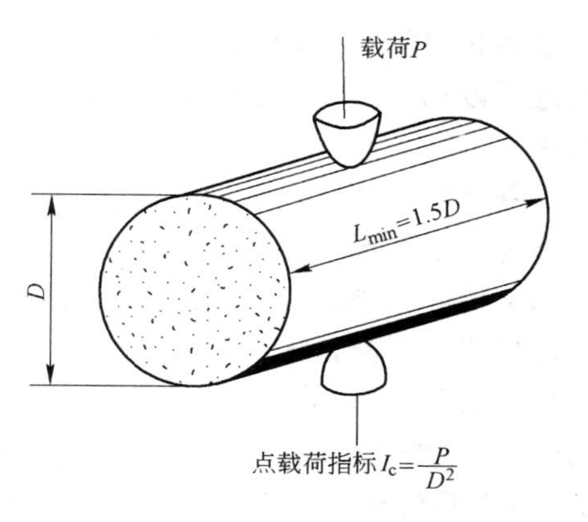

图7－24　点荷载加载方式

但是，必须指出，岩体的抗压强度，与其侧向围压的大小密切相关，而不是一个常值。经验证明，当侧向围压每减少7MPa时，而抗压强度下降为此数的3～5倍。还有节理、片理等结构面也影响岩体的强度，使其失稳，易于塌落。尼古拉斯(Nicholas D. E.)提出可供用于选择采矿方法时的岩体力学特性数据如下[13]：

(1)岩石强度　岩块单轴抗压强度(Pa)/覆盖岩层压力(Pa)

1)松散　<8

2)中硬　8～15

3)坚硬　>15

(2)裂隙频率	条数/m	条数/in	RQD/%
1)非常密集	>16	>5	0～20
2)密集	10～16	3～5	20～40
3)宽	3～10	1～3	40～70
4)很宽	<3	<1	70～100

(3)裂隙剪切强度

1)弱　裂隙表面光滑，无充填物或充填物的强度较岩块低

2)中等　裂隙表面粗糙，无充填物

3)强　裂隙内有充填物，其强度等于或大于岩块

在上述特性中，岩石强度为单轴抗压强度与覆盖岩层压力之比。点载荷试验能便宜地获得较准确的单轴抗压强度测定值，而覆盖岩层压力是按岩层的深度和密度来确定的。裂隙频率可以根据每米裂隙数或岩石质量指标(RQD)求出。裂隙的抗剪强度则通过测定加以决定。这些测定数据，在填入与地质图相同比例的剖面图和平面图上，可以利用累积计算技术，确定相同岩石强度、裂隙间距和裂缝强度的矿岩带。当把这样的图叠加在地质图和品位图上时，就能确定岩体在空间位置上的力学特性。通过这些图纸的圈定和评议，可以确定主要开拓井巷的位置，优选合理的采矿方法[13]。

7.5　岩体水文地质评述

在矿山设计前，必须进行水文地质勘探，以查清矿区的水文地质条件，正确地预测矿

山涌水量，提出一份水文地质勘探报告。这是矿山建设审批中不可缺少的文件。有关水文地质勘探详细内容，可参阅文献[12]，本节仅对矿区水文地质与开采中有关的部分进行评述。

众所周知，岩体中有各种空隙，如裂隙、溶隙、孔隙以及各种结构面等，为含水提供了空间条件。地下水的埋藏、分布和运移规律，主要是由这些空隙的多少、大小和分布情况以及其水文特征而决定的。因此，岩体地下水的埋藏和分布并非均匀，含水层的形态多种多样，地质构造对其控制作用非常明显，水的运动状态也比较复杂，有层流也有紊流。

一般而言，地下水对矿山作业有很大的不利影响，表现在：水压减小了潜在断裂面的抗剪强度；冬季冻结成冰，对岩石产生楔涨破坏作用；流动的水引起表土和裂隙中充填物被浸蚀，加速矿岩体的风化；水还给生产作业如爆破、运输等带来不少麻烦。因此，在矿山建设前，应该对岩体的水文地质条件，予以密切的重视，进行深入的调查研究，消除在建设和生产中可能出现的隐患。

在地下水文的评价中，主要包括测定存在的地下水水位和未来开采范围内及其附近地区岩层的可透性。所谓地下水位，即地下水的上部界限，经常与地表的形状颇为近似。在丘陵地带，距地表较远，在沟谷地区，则较近；与气候也有较大关系，在干燥的地方，有时会深达数百米，而在潮湿地带，就在地表附近。应当注意，当暴露的岩面没有出现渗水现象，并不意味着不存在地下水。在许多情况下，水的渗出速度可能低于蒸发速度，因而岩体表面显得比较干燥，可是在岩体内部有时会出现相当大的水压。含水岩体的不稳定性，与流量虽有一定的关系，但主要还是与水压关系密切。因而测量和计算水压甚为重要，应该是现场考察中不可缺少的组成部分。

在水文调查测定地下水位时，首先在所选择的钻探孔里安装水压计，利用矿区地质经济评价过程中所需钻进的探孔和后来为评价地质构造而钻凿的钻孔来测量水位。钻孔钻进时，测量和记录每班开始和结束时钻孔的水位。即使在钻孔完成以后，也应继续观察和记录其水位。此外，应选择其中一定数量的钻孔，将水压计安装在不同的深度。因为岩体中水压在不同的钻孔、不同的深度处常常是变化很大的。所用的水压计种类有简单的开孔式或竖管式，也有用到很复杂的压气和电子装置。应该选用便于在特殊条件下，能够完成工作而又简单的一种。为了防止钻孔中的水压计从一个区段传递到另一个区段，在水压计传感器上部，设置膨润土密封层，如图 7 - 25 所示，在水压计顶部安设有密封层，传感器放在豆状砾石中。所有测点都要标在一张超过矿区范围的平面上，如果有任何滞水层，就应以一系列重叠层来表示各个侧压面[3]。其次是测定各种岩石的渗透性。表征岩石渗透性的是渗透系数，常以单位时间内的渗透长度来表示，单位为 cm/s。典型岩石和土壤的渗透系数见表 7 - 14。

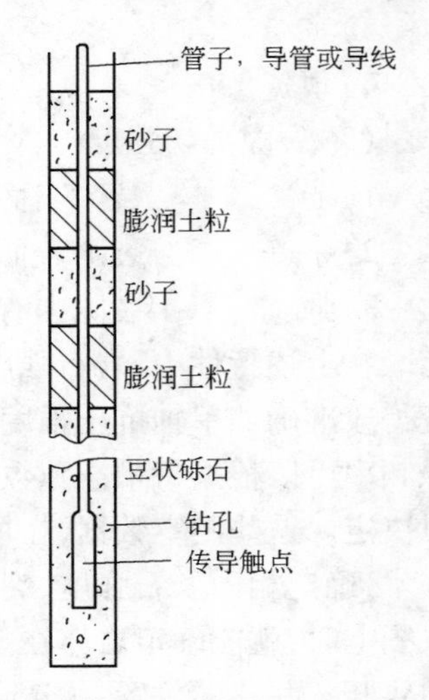

图 7 - 25　水压计装置图

从表 7 - 14 中可知，完整岩石的渗透系数很低；反之，岩石中存在节理、裂隙或其他结构面，则渗透性会增高，因为结构面可以作为水流的通道。至于渗透系数的测定，常用的方法有压水试验和抽水试验两种。

表 7-14　典型岩石和土壤的渗透系数

渗透程度	渗透系数 K/cm·s^{-1}	岩土种类		
		完整岩石	裂隙岩石	土　壤
实际上不透水的	10^{-10}	粘板岩		在风化带以下的均质黏土
	10^{-9}	白云岩		
	10^{-8}	花岗岩		
	10^{-7}	|　|		
	10^{-6}	石　砂		很细的砂
低涌水，难以疏干的	10^{-5}	灰	黏土充填节理	有机的和无机的淤泥、砂和黏土的混合物、冰碛土、层状黏土
	10^{-4}	岩　岩		
	10^{-3}	|　|		
	10^{-2}			
	10^{-1}		节理岩石	
高涌水，自由疏干的	1.0			干净的砂、干净砂和砾石的混合物
	10		开口节理岩石	
	10^{2}		严重断裂的岩石	干净的砾石

A　压水试验

最普通的压水试验或耐压试验，是在恒压下把水注入一段已由密封系统隔离的钻孔里。这段钻孔通常长 3.0 ~6.1m，但可根据不同的精度，取更长或较短一些，并要求试验孔段的长度与直径之比在 10 倍以上。试验是对岩体内节理组，而不是某个节理。通常流动的水文模式，有下面三种状态如图 7-26 所示。

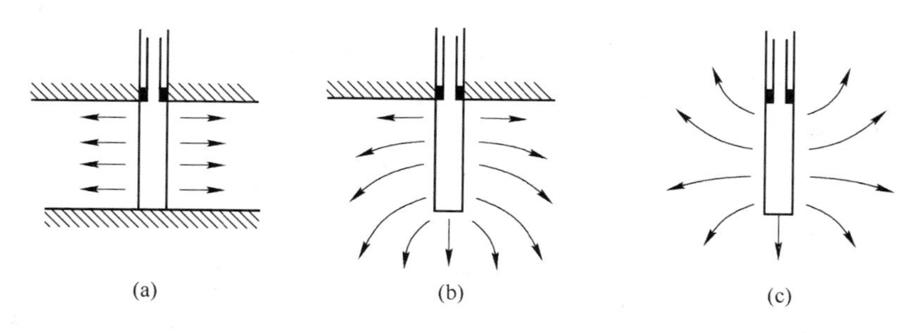

图 7-26　压水试验情况示意图

（1）水流呈自流状态，如图 7-26a 所示。水从钻孔四周散流入渗透区，而渗透区的顶部和底部是不透水的，其渗透系数 K(小数)可用式(7-7a)求算：

$$K=[q(\ln R-\ln D)]/[2\pi L(H_p+H_s)] \tag{7-7a}$$

式中　q——注水速率，m/s；

R——影响半径，由地质条件来推断，m；

D——钻孔直径，m；

L——测段长度，在该情况下，即为渗透带厚度，m；

H_p——泵压头，m；

H_s——钻孔内压力表与静水位间的压力差，m。

（2）水流流入的渗透区，其顶部或底部不透水，见图 7-26b，则渗透系数 K 用式(7-7b)

计算：

$$K=[q(\ln 4L-\ln D)]/[2\pi L(H_p+H_s)] \quad (7-7b)$$

(3)水流流入的渗透区，其邻近无不透水边界，见图 7－26c，则渗透系数 K 可用式(7－7c)求得：

$$K=[q(\ln 2L-\ln D)]/[2\pi L(H_p+H_s)] \quad (7-7c)$$

试验时，上述三种情况中，第三种是常见到的。要注意，钻孔的地质情况要搞清楚，因其是确定水文模式的基础。渗透性方程也可以运用诺模图(Nomograph)求解，还有计算机程序可供利用。试验中，一般泵压保持在 22.6kPa/m，最大泵压不要超过 690kPa/m，每次试验时间大约为 5min[3]。

B 抽水试验

最常见的抽水试验，是把水从一个钻孔中抽出，同时测量并记录相邻钻孔里的水位。抽水试验还能比其他压力试验提供更可靠的和应该排除的水量值。可以应用西蒙(Theim)方程式，计算有约束边界蓄水层(如压水试验中情况 1)的现场渗透系数。方程要求抽水钻孔达到接近稳定的状态，在两个观察孔里测量水位。在钻孔是完全穿透含水层的前提下，渗透系数 K 可由下式计算：

$$K=\{Q/[2\pi b(h_2-h_1)]\}\ln(r_2/r_1) \quad (7-8a)$$

式中 Q——抽水速率，m^3/s；

b——含水层厚度，m；

r_2,r_1——抽水井到两个观察井的距离，m；

h_2,h_1——两个观察井里的水位差，m。

对具有倾斜地下水力坡度而无边界约束的含水层，其渗透系数 K 可由下式计算：

$$K=2Q/[\pi r(h_u-h_d)(i_u/i_d)] \quad (7-8b)$$

式中 h_u,h_d——表示上坡和下坡离钻孔的饱和厚度，m。

i_u,i_d——表示距离钻孔 r 处的倾斜潜水面上、下坡度，%；

其他符号的意义，与式(7－7)相同。

还有许多抽水试验方法，可参阅有关的地下水文资料。现在可用数值模拟方法(如有限法)，分析计算地下水文情况。由于抽水试验成本很高、方法复杂，仅当其他资料表明地下水可能会出现问题时，才使用这种方法。抽水试验，特别是试验时间较长的抽水试验，是测定未来矿山地下水流特征的最好方法[3]。

第 7 章参考文献

[1]《中国冶金百科全书》采矿卷编委会. 中国冶金百科全书采矿卷[M]. 北京：冶金工业出版社，1999：180，617.

[2]《采矿手册》编委会. 采矿手册第 1 卷[M]. 北京：冶金工业出版社，1988：218～220.

[3] D E Hansen，D J Lachel. Ore body ground conditions[M]. Underground Mining Methods Handbook，AIME，Inc.，New York，1982：39～69.

[4] B H G Brady，E T Brown. Rock mechanics for underground mining[M]. George Allen & Unwin Ltd.，1985：48～99.

[5] 林韵梅，等. 地压讲座[M]. 北京：煤炭工业出版社，1981：65～75.

[6] 张世雄，童光煦. 大半球吴氏赤平投影极点密度图及其微机程序[J]. 有色金属，1986(5)：19～28.

[7] T R Stacey, C H Page. Practical handbook for underground rock mechanics[M]. Trans. Tech. Publications, Germany, 1986:25 ~ 38,102 ~ 115.

[8] 高磊,等.矿山岩石力学[M].北京:机械工业出版社,1987:79 ~ 84.

[9] G Herget. Stresses in Rock[M]. A. A. Balkema, Rotterdam, 1988:19 ~ 28.

[10] 新城金矿采矿方法科研组.山东新城金矿采矿方法优化的研究总结报告[R].北京:北京科技大学,1991(8):36 ~ 39.

[11] D H Laubscher. Geomechanics classification of jointed rock masses – mining applications[J]. Trans. Instn. Min. Metall, Section A: Mining Industry, Vol. 86, 1977: A:1 ~ 8.

[12]《采矿设计手册》编委会.采矿设计手册,矿产地质卷(下)[M].北京:中国建筑工业出版社,1989:1065 ~ 1077.

[13] D E Nicholas. Method selection – A numerical approach, design and operation of caving and sublevel stoping mines[M]. SME of AIME Inc., New York, 1981:40 ~ 42.

8 硬岩矿床开采地质灾害与防治

矿山地质灾害是地质灾害学科的一个分支,是由于自然地质作用和人为因素导致矿山生态地质环境恶化,并造成人类生命财产损失,或人类赖以生存的资源、环境严重破坏的灾害性事件。人类在开发利用矿产资源的同时,也改变或破坏了矿区的自然地质环境,从而产生众多的地质灾害,影响人类自身的生存和环境。实践证明,一个国家或地区的生态破坏与环境污染状况,在某种程度上总是与矿产资源消耗水平相一致。所以,矿产资源开发引起的环境问题历来备受各国政府和科学家的重视,保护矿山环境、合理开发矿产资源、避免人为地质灾害的发生,已成为矿山活动的主要内容之一。

8.1 矿山地质灾害类别

矿山地质灾害是由于人为的采矿活动所直接引起或诱发的灾害,可以对生态环境和自然资源造成严重危害和破坏。我国是矿业大国,开采技术和设备相对落后,民采干扰十分严重,导致矿山开采环境不断恶化,矿山地质灾害事故有逐年上升趋势。矿山地质灾害的主要形式有冒顶片帮、深部岩爆、地表塌陷、井下突水、瓦斯突出等。表 8-1 列出了矿山地质灾害的种类。

表 8-1 矿山地质灾害种类表[1]

环境要素	作用形式	主要地质灾害种类
地表环境	地下采空区 地面及边坡开挖 爆破及震动 地下水位降低 废水排放 废渣、尾矿排放	地面沉降 山体开裂 崩塌、滑坡、泥石流 水土流失与土地荒漠化 岩溶塌陷 采矿诱发地震 尾矿库崩溃 煤层自燃
水环境	地下水位降低 废水排放 废渣、尾矿排放	水动力条件改变 井、泉枯竭 海水侵入 水质污染
采场环境	地下采空区 地面及边坡开挖 爆破及震动 地下水位降低	粉尘 煤与瓦斯突出 突水、溃泥 岩爆 地下热害 坑道变形 露采边坡失稳

A 冒顶片帮

冒顶片帮事故是地下矿山最为普遍,也是事故率最高的灾害之一,根据统计,有30%的矿井伤亡事故由此引起[2]。冒顶片帮包括岩层脱落、块体冒落、不良地层塌落,以及由于采矿和地质结构引起的各种垮塌。特别是矿岩稳定性差的难采矿体及软弱夹层易发生较大规模的垮落,极易引起采场、巷道、矿柱等矿山结构的两帮或顶板岩体产生局部塌落。

B 岩爆

岩爆是高地应力条件下地下工程开挖过程中,硬脆性围岩因开挖卸荷导致硐壁应力分异,储存于岩体中的弹性应变能突然释放,因而产生爆裂松脱、剥落、弹射甚至抛掷现象的一种动力失稳的地质灾害。它直接威胁施工人员、设备的安全,影响工程进度,已成为世界性的地下深井开采中的技术难题之一。之所以难,是因为随着开采深度加大,地压活动及强烈程度增大,并表现出具有瞬间释放大量能量的特点。但应指出,不是所有深部开采矿山都会发生岩爆。从目前发生岩爆的矿山资料分析认为,岩爆是自然地质条件与采矿技术条件,在按一定方式组合的结果下发生的[3]。近年来,我国部分金属矿山进入了1000m以下深部开采,高应力条件下的硬岩层往往会发生地下岩爆。冬瓜山铜矿开采深度达1100m,深部有岩爆声和岩石弹射现象;凡口铅锌矿已探明的矿床埋深接近1000m,现开拓深度已达900m,已进入深部开采,前期岩石力学研究结果表明,凡口铅锌矿深部矿岩体具有明显的岩爆倾向;红透山铜矿开采达1337m,在采深1100m左右,大片采区花岗岩柱及上下盘发生多次大的岩爆,地表响声如雷,井巷工程遭到严重破坏,给生产带来危害[4]。

C 地表塌陷

地表塌陷是指地表岩、土体在自然或人为因素作用下向下陷落,并在地面形成塌陷坑的一种动力地质现象。2007年3月,金山店铁矿东区36勘探线附近发生地表沉陷以后,金山店铁矿东区地表安全稳定问题直接影响了矿山的生产计划;湖北三鑫金铜股份有限公司开发的鸡冠嘴与桃花嘴矿床均处于大冶湖围垦区范围之下,因矿床开发而导致地表多处塌陷以及工业场地变形开裂。程潮铁矿矿体沿北西西向展布,自1969年投产以来,在采矿区由东向西扩展过程中,1970~1975年在28~16线之间出现地表塌陷坑,塌陷坑向西北和西南方向逐年扩展;至1998年,-260m开采深度时的地表裂缝已出现在下盘北部,该裂缝带超过了建筑在下盘错动角65°界线外的东主井等重要工业场地的安全范围;1998年3月,在东主井井筒东侧出现从井口往下20余米的竖向裂缝,裂缝宽6~7mm,导致离采空区较近的一些建筑物因破裂严重而被拆除[5~7]。

D 井下突水

突发性大量涌水多是由于违规操作或非正常开采引起的,与采矿作业密切相关。在作业过程中一旦靠近积水的巷道和采空区,或在隔离岩层遇到溶洞和地下暗河等突然失稳的情况,就容易造成大的灾害。矿坑突水突发性强,规模大,后果严重。如1996年8月4日,太原市西山地区连降暴雨,山体边坡产生大量崩塌、滑坡,受洪水夹带形成泥石流,堵塞泄洪沟谷,抬高洪峰,使均匀泄洪变成集中泄洪,下游洪峰高达6~7m,洪水灌入矿井,导致官地矿和杜儿坪矿大面积冲淤,官地矿546名当班工人被困井下。洪水冲毁桥梁和公共建筑设施,致使太原市区河西下元一带的街道、商店遭到洪水、泥石流的袭击,淤泥深达数十厘米,造成60名矿工和居民死亡,经济损失达2亿多元。

E　地热

随着开采深度加大，地热危害不断加剧。我国已有许多矿山开采深度达到800m以下，矿山因含硫量高，开采深度又大，地温非常高。如凡口铅锌矿的深井，实测岩石温度达41℃；冬瓜山矿床是我国首次开采千米、日产万吨的特大型金属矿床，岩石温度达39℃；广西高峰锡矿深部矿坑岩石温度达38℃以上。俄罗斯千米平均地温为30～40℃，个别达52℃；南非某金矿3000m时地温达70℃。地温升高造成井下工人注意力分散，生产率减低，甚至无法工作[8,9]。

F　地下水系破坏

由于矿山开采，地下水系在大量抽排条件下，体系容易破坏，造成大的疏排漏斗，水位降低。矿床疏干排水还会引起地表塌陷、地面干枯等。

此外，近年来废弃矿山在国内外迅速增加，所伴随的特有的环境与地质灾害正在发生或处于潜在的发展之中，对人类社会与国民经济的可持续发展已经或正在形成严重危害。美国的阿巴拉契亚地区因废弃矿井造成4000km^{2}的地下水流域受到污染，在20世纪80年代中期，水文地质和环境学家对其开始有针对性的试验、监控和治理研究[10,11]。

8.2　地表变形与岩层移动

国民经济的发展对金属矿产资源的大量需求促进了采矿工业的发展。随着露天与浅部矿床越来越少，矿井开采深度不断增加，地压控制问题越来越突出。地下有用矿物采出后，开采区域周围岩体的原始应力状态受到破坏，应力重新分布，以达到新的平衡。在此过程中，岩层和地表产生连续的移动、变形和非连续的开裂、冒落等破坏现象，统称为开采沉陷。矿山开采过程中引起的地表变形和岩层移动是矿山地质灾害之一。

8.2.1　地表变形

采用地下开采的矿山，随着采空区面积的增大，岩层移动的范围也相应地增大。当采空区的面积扩大到一定范围时，岩层移动发展到地表，使地表产生移动与变形。这一过程和现象称为地表变形，主要表现为地面沉降，地面塌陷、地裂缝、渗透变形等。

8.2.1.1　地面沉降

地面沉降广义是指自然或人为因素作用下形成的地面标高降低。自然因素引起的地面沉降是地质历史时期普遍存在的现象，是不可避免的现象。人为因素指开采地下资源。地下开采破坏了岩体内原有的应力平衡状态，使采空区周围的岩层乃至地表产生移动和变形，进而导致地面建筑物的变形和损坏，影响工农业生产和建设，危及人们的生存环境。

A　地面沉降的危害

在我国，采矿活动引起的地面沉降问题尤为突出，“三下”开采直接危害着地面的建筑设施和自然环境。地下开采引起的地面沉降，其危害主要表现在对生存环境、生命财产和当地经济三个方面。具体系指：塌陷区建（构）筑物损坏；由于产生不均匀沉降，使道路、桥涵、铁路、上下水管线、堤坝、供电设施和通讯线路等受到破坏；地面大面积积水，耕地受淹，造成有限耕地面积减少；地表水位下降，致使生活及灌溉用水困难；山地滑坡及环境污染；地面出现大面积塌坑，造成交通的堵塞，自然景观的毁坏，甚至造成河流改道；对人类生存环境质量也有较大破坏，如地下水的疏干，土壤质量下降，pH 值增高，土壤中生物的生存条件变坏，生物量减少等，破坏了人类赖以生存的环境，对人类生存构成极大的威胁。

“三下”开采直接危害着地面的建筑与设施。例如，我国抚顺矿区的开采，给车辆厂、石油一厂、发电厂、挖掘机厂等造成不同程度的损害，被迫停产甚至移址；本溪矿区职工医院，受采动危害，墙体严重开裂，不能正常就诊；学校楼房受采动影响，使学生不能上课。国外此类事例也较多，例如，德国某矿因开采影响造成铁路铁轨悬空，引起房屋毁坏；波兰巴库依钢铁公司，由于地下采煤，尽管采取了积极的防护措施，仍造成了天车轨道两端竖向高差达620mm 之多。

许多矿区内原来地势平坦，农田肥沃，但由于开采塌陷，形成了塌陷积水坑，致使耕地无法利用。同时，地面建筑物、道路、桥涵、铁路、管线等基础设施的改建或维修耗费大量的人力、物力和财力，若地面沉降严重，甚至造成村庄搬迁，这将带来极大的损失。随着开采所出现的地面沉降问题，对于矿区，特别是平原地区的矿区，是一个不可忽视的问题。

B 地面沉降的防治

在一般开采深度条件下，减少地表下沉的开采措施主要有：采用充填采矿法，减少地表下沉，其减少程度取决于充填方法和充填材料。合理确定采宽和保留矿柱宽度是关键问题。采宽过大，矿柱留宽过小，矿柱易遭破坏，地表可能出现不均匀下沉，对保护建筑物不利；采宽过小，矿柱留宽过大，则回采率低。云驾岭铁矿采用嗣后胶结充填采矿法，留有25%的矿柱。当几个矿层或同一个矿层的几个部分同时开采时，根据它们的工作面相互位置关系，每个工作面的开采影响可能是互不联系的，也可能是彼此重叠的。如一个工作面水平拉伸变形和第二个工作面的水平拉伸变形叠加，使地表出现的水平拉伸变形值大大增加。保护矿柱尺寸很大时，一般应连续不停顿地进行回采，避免在矿柱范围内形成永久性的开采边界，使本来只承受动态变形的地表发展到承受静态变形，对建（构）筑物造成损害。经验表明，在有断层、采区边界、阶段或水平边界时，容易形成回采工作面的长期停顿和永久性边界。因此，在断层两侧应事先做好开拓准备工作，尽可能地保证回采工作连续进行。

如果不能避免地表变形，在经济分析上可行的话，可以根据具体情况对地面建筑物或其他基础设施采取加固保护措施。预计建（构）筑物将受到Ⅰ级破坏时，一般不需要采取加固保护措施，甚至不需要采取全面维修的措施，而只需要进行局部维修；预计建（构）筑物将受到Ⅱ级破坏时，一般只需要采取简单的加固保护措施，如挖补偿沟、设置钢拉杆、钢筋混凝土圈梁、废钢丝绳圈梁等；预计建（构）筑物将受到Ⅲ级破坏时，应采取中等加固保护措施，即除上述简单加固保护措施外，还应增设基础应力梁、钢筋混凝土柱等；预计建（构）筑物将受到Ⅳ级破坏时，应采取专门加固保护措施，即除上述中等加固保护措施外，还应增设基础应力板等。

当前对采区塌陷地的处理方式为：资源开采造成塌陷后，按照政府确定的补偿标准，对农民进行补偿。加入补偿之后，如土地仍处于闲置状态，就既给环境带来破坏，又使矿山企业负担了高额的补偿费。因此要从实际出发，对沉降区域进行综合治理和复垦利用。在适宜栽种农作物的区域，利用充填料回填，覆土造田，种植农作物；在不适宜栽种的区域，则可以覆土植树造林；若塌陷区水域面积较大，则可以发展渔业或建造水上公园；在交通便利的沉陷区，回填稳定后还可以建民宅或简易厂房等。如淮北市对煤矿塌陷区废弃土地进行有效的治理和大面积复垦,既恢复了土地的自然状态,促进了生态平衡,又提高了土地资源的利用率和再生率[12]。又如程潮铁矿通过对崩落采矿所致的塌陷已综合治理规划,既实现了矿山可持续发展,又切实维护了矿山群众的切身利益,真正使矿区成为文明、安全、绿色、和谐的矿区。

8.2.1.2　地面塌陷与地裂缝

采用地下开采的矿山,由于采空上覆岩土体冒落或变形而在地表发生大面积变形破坏。如果地面变形呈现面状分布,则为地面塌陷;如为线状分布,则成地裂缝。矿区地面塌陷造成大量农田损毁,地表建筑物遭受严重破坏。

A　地面塌陷与地裂缝的危害

矿区地面塌陷灾害的范围广,塌陷具有突发性、累进性和不均匀性等特点,对于农田的破坏十分严重,对于各种地面建筑工程的危害很大。在城镇建筑物、水坝、桥梁和铁路、公路之下,通常不允许开采固体矿产资源,否则就可能引起地表塌陷,造成各种建筑的破坏和城市基础设施损坏,破坏正常生产、生活和交通安全。其中有代表性的矿山有:凡口铅锌矿因疏干产生地表塌陷1982个,影响范围达675km^2,受损农田约66.7km^2,建筑物撤迁7km^2。山东莱州马塘金矿因开采导致地表严重塌陷,致使莱州至招远的国家级公路遭受严重的塌陷破坏而中断交通,民房被毁;兰坪县金顶镇南场铅锌矿,2002年5月22日发生地裂及地面塌陷,导致10人被困井下,5人获救,5人失踪。金川集团有限公司二矿区虽然采用了充填法开采,但其地表已出现明显的张裂缝和岩层错动痕迹,这表明采场上覆岩层移动已发展到地表,并随着开采深度的增加有不断扩大的趋势。小官庄铁矿1985年9月投产至今,地面严重下沉,局部垮冒至地表,主、副井倾斜变形,影响了主、副井的正常使用。程潮铁矿因地下开采造成地面开裂,导致井筒变形。

另外,地下开采遗留下了大量的采空区,特别是自上世纪80年代以来,我国矿业开采秩序较为混乱,无规划的乱采滥挖在一些国有矿山周边留下了大量的不明采空区,成为影响矿山安全生产的最主要的危害源之一。如广西大厂矿区、甘肃厂坝铅锌矿、铜陵狮子山铜矿、河南栾川钼矿、云南兰坪铅锌矿、广东大宝山矿、徐州利国铁矿、临钢塔儿山和二峰山铁矿等许多矿山,都存在大量的采空区,致使矿山开采条件恶化,造成矿柱变形破坏,相邻作业区采场和巷道维护困难等地压现象;引发大面积顶板冒落和岩移,引起地表塌陷;采空区突然垮塌的高速气浪和冲击波造成人员伤亡和设备损坏;采空区老窿的积水形成突水隐患等,给矿山生产和安全带来严重威胁[13]。

B　地面塌陷和地裂缝的防治

地面变形是地下开挖、尤其是地下采矿最易引发的地质灾害。地面变形范围往往超出地下对应采空区的范围,即塌陷面积大于采空区面积,体积为采出矿石体积的60%~70%。对于地下采矿而造成的地面变形破坏,可通过回填、充填等措施进行整治。

在许多矿山塌陷区,沉陷坑深部常年积水但水不深,而周围农田则是雨季洪涝,旱季泛碱。对于这些“水浅不能养鱼,地涝不宜耕种”的浅沉陷区,可采用“挖深垫浅”的方法整治。就是将较深的塌陷区再深挖,使其适合养鱼或从事其他淡水养殖;垫浅是指用挖出的泥土垫到浅的沉陷区,使其地势增高,改造成为水田或旱田。

在一些老矿区,特别是已经闭坑的矿区,对已有的地裂缝进行治理是非常关键的。治理前，首先应调查其几何特征、成因，对于沉降盆地边缘的地裂缝，可采用灌注浆的方法治理；对于采空塌陷地裂缝，治理方法较多，如采用尾矿石回填、灌注浆等。

在矿山生产期间，可采取充填开采和减灾开采等技术性措施预防采空后塌陷。充填开采是减缓采空塌陷灾害最为简便且实用的方法。目前我国许多非煤矿采用尾砂或河砂充填采空区，防止岩层移动。

减灾开采法是指从回采技术上预防或减轻采空区塌陷的方法，具体措施有条带开采法、顺序开采法、协调开采法和离层高压注浆法等。条带开采法分定向条带、倾向条带、冒落条带和充填条带等形式，多用在价廉和低品位矿床开采；顺序开采法指数个矿层或一个矿层分层按顺序进行开采，在第一层采空区影响消失后，再开采第二层，以减轻应力集中和矿坑围岩变形的累积；协调开采法是将同时开采的几个工作面错开一定距离，使因开采而产生的地表拉伸和压缩变形相互抵消，以减轻塌陷；由于上覆岩层强度的差异，矿层开采后在软层与硬层之间常形成离层空间，离层高压注浆法就是在离层空间还没有扩展的情况下，及时打钻注浆以控制上覆盖层弯曲下沉，减少塌陷量。

8.2.2 岩层移动

地下矿石采出后，破坏了原岩的应力平衡状态，使围岩发生变形、位移、开裂、冒落，甚至产生大面积岩层移动。随着回采工作的继续进行，采空区不断扩大。当岩移的范围扩大到地表时，地表将产生变形和移动，形成塌陷坑。地表与岩体移动的形式和剧烈程度主要取决于矿体赋存条件，岩体力学特性及所用的采矿方法等。采空区上部岩体因自重作用而向采空区方向弯曲，是岩层移动的主要形式；当弯曲变形超过一定程度，岩体中就会出现开裂；随着岩体开裂的进一步发展，岩体在自重作用下将断裂成块而产生冒落。岩层移动会引起井巷、采场围岩失稳，严重时甚至造成重大事故。因此，岩层移动对保证矿山安全生产，减少资源损失意义重大[2]。在20世纪30年代，一些采矿先进的国家已把岩层与地表移动作为一项科学研究工作。从1950年起至今，岩层与地表移动的科学研究工作已取得了很大进展。特别是自20世纪70年代以来，由于“三下”开采的客观需要，新的测试仪器的出现以及电子计算机的广泛应用，使岩层与地表移动的科学研究工作发展到了一个新的阶段。

8.2.2.1 采区上覆岩层移动的过程与特征

采区上覆岩层的沉陷及由此引起的地表移动是一个复杂的过程，它受众多因素的制约，如采矿方法、顶板管理方法、原岩应力状态、岩体内构造发育程度、水文条件、采空区形状、矿体厚度、倾角、岩石物理力学性质以及岩石的风化程度等因素。一般情况下，矿山开采后，从空区直接顶板至地表之间的岩体都出现“三带”，即冒落带、裂隙带和整体移动弯曲带。但在采空区上方岩层一时难以崩落的情况下，也可呈现“二带”，即不出现冒落带。工程实践表明，上覆岩层的移动过程可分成以下几类。

A 缓倾斜矿体

第一阶段，岩层离层与弯曲。一些矿山实测结果表明，顶板测点在回采工作面前方7m以上时，顶板基本不下沉。当工作面推进到距测点3～6m时，顶板开始离层和弯曲，而且随着间距的缩短，弯曲变形加速。当工作面通过测点3～6m以后，测点下沉速度最大。此后，随着工作面的继续推进，顶板测点下沉速度逐渐减小。

第二阶段，岩层局部破坏与冒落。随着时间的推移和采空区面积的不断扩大，顶板的受力状态不断恶化，致使上覆岩层局部破坏而掉碴，甚至岩层局部破裂发声，进一步可导致部分矿柱被压裂与剥落，直至倒塌。

第三阶段，岩层大塌落。第二阶段发展的结果，矿柱及顶板的破坏不断加剧，最终导致岩层大塌落。在这种大塌落到来之前，一般均有明显的迹象。如具有百年开采历史的锡矿山锑矿，是这类矿体开采后发生大面积地压活动的典型例证。地压活动表明，大面积顶板冒顶前数天，岩层发响次数急剧增加，每分钟达70多次；采场顶板松动和掉块，掉块次数剧增，每小时多达30次；冒落前一个月，裂隙交错，剥落量达1/3以上，失去支撑能力的矿柱达到60%。随着矿柱压力的增加，采场底板出现底鼓和开裂，同时采场顶板下沉、开裂和局部冒落，最大下沉速度达7mm/d；在采场附近的和布置在矿柱下面的巷道开裂，破坏严重[3]。

B　*急倾斜厚矿体*

与缓倾斜矿体相类似，这类矿体上覆岩层移动过程也存在着发生、发展和崩落三个阶段。冒落一般首先从矿山岩层最薄弱地段发生，如大空场区域，采空区中心地带，断层或层间弱面，软岩或吸水膨胀岩层，最终形成矿山大面积顶板冒落，地表呈现陷坑。弓长岭铁矿出现的冒落就是这种形式的典型例子，其第1次地压活动突破口在开采范围的中心区域113号采场，而后台区和磨石区大面积地压活动的突破口则出现在留矿法空场和松软的绿泥片岩区域。

C　*急倾斜脉群型矿体*

这类矿体开采后，上下盘围岩在空间上形成近乎平行排列的，与顶底柱相互支撑的夹墙。由于夹墙比较薄，当夹墙承受的负荷超过其岩体的极限强度时，便可导致夹墙倾覆，而使上下盘围岩向采空区移动。这种状况不断恶化的结果，就可导致矿山大规模的岩层移动和崩落。盘古山钨矿1966年6月和1967年9月两次大面积地压活动就是这种类型的矿体的典型实例。两次大规模岩层移动造成矿产资源和企业经济的巨大损失，使矿山生产能力连续四年平均下降45%。分析这类矿体大规模岩层移动的特征是，脉群岩体沿地质结构弱面向采空区滑移和夹墙崩塌，岩石结构弱面切割矿体和遗留空区越来越大，岩体稳定性越易受到破坏；空实比越大，夹墙更易失稳倒塌；顶底柱承受上下盘的压力产生应力集中，会导致矿柱被压碎或弱面滑移；遇水后更会降低裂隙岩体的强度[3]。

8.2.2.2　控制岩层移动的主要措施

由于开采引起的岩层移动和塌落，对矿山生产生活设施均会产生不同程度的影响，严重时不仅国家财产与资源遭受损失，而且矿工生命安全也会受到威胁。因此，了解矿山岩层移动规律，采取有效的防范措施，就会收到明显的经济效益及社会效益。这方面的工作已取得了较大的成绩。目前，控制大规模岩层移动和大冒落的有效方法有如下3种：

(1)采取合适的采矿方法。地表移动盆地内各种变形量直接受下沉大小的控制，因而减小下沉就可以减小移动盆地对生产生活设施的影响，而地表下沉量的大小与地下所采用的采矿方法有直接的关系。譬如，用充填采矿法回采，既可减少上部覆岩的破坏高度，又可显著地减少地表变形和移动。

(2)采用合理的开采顺序。现代岩石力学已认识到开采施工中的顺序对岩体力学性能、控制岩层移动都有很大影响。如果采用在地面建(构)筑物的正下方，布置两个背向开采的回采工作面,这样可使地面建(构)筑物始终处于下沉盆地中央的压缩变形区内,不承受拉伸变形,不产生倾斜。随着采空区的扩大,这种压缩变形状态很快就过渡到无变形或压缩变形极小的状态,即均匀下沉;如果在离地表建(构)筑物正下方的一定距离之外,布置一个背向回采工作面,这时建筑物所受的拉伸和压缩变形均较小[3]。由此可见,确定合理的工作面位置与开采顺序是很有意义的。

(3)留隔离矿(岩)柱。为了防止上覆岩层及地表塌落,有些矿山采用留设隔离矿(岩)柱,取得了明显的成效。如锡矿山南矿河床矿柱,是在采区中间留下一条15~25m宽的长带形岩柱,将采区分成两大部分。从河床地表移动观测资料获知,由于这条岩柱的支撑作用,其对应地表呈现出两个下沉盆地,因而显著地减小了地表的下沉量。这充分说明留隔离矿(岩)柱是减少岩层变形的另一有效方法[14]。

我国矿产资源经过几十年的大规模开发,浅部的、易开采的矿床越来越少,对深部的、地质条件复杂、不易开采的矿床的开发势在必行。因此,必须对上述开采过程中引起的地质灾害及其防治技术进行系统的、深入的研究。

8.3 井巷工程破坏

随着金属矿山开采深度的增加,巷道围岩在高围压作用下普遍出现破裂,并且围岩破裂的范围还在扩大。巷道是开挖于应力岩体中的地下工程,巷道一经开挖,就破坏了围岩的应力平衡状态,出现了围岩应力的重新调整,并建立新的应力平衡状态。当岩体强度比较小、构造复杂时,就会引起巷道围岩变形、位移、破坏以至坍塌。

8.3.1 井巷支护的承载物性

由于巷道开挖于应力岩体中,巷道支护所承载的不是变化的岩体压力与松动岩块重力所形成的综合力,而且还不断承受爆震、机振和地下水渗透压力等动载荷。因此,支护结构所承受的载荷是随时变化的,其作用主要是约束并控制围岩变形和移位。需要指出的是,围岩也是支承岩体压力的承载体,支护结构所承受的是巷道围岩位移岩块冒落而作用在其上的压力,支护结构与围岩相互作用共同组成承载体系。

8.3.2 井巷支护的基本原则

8.3.2.1 充分发挥支护结构控制围岩松弛和保护围岩的作用

既然围岩是支撑岩体的主要承载结构,所以首先必须尽力防止围岩松弛,利用围岩的自稳能力和本身的结构强度,控制巷道地压,提高巷道的稳定性。围岩在三轴应力处于平衡状态下,才是最稳定的。根据地压观测,新疆有色公司喀拉通克铜镍矿地应力不大,属于中等应力区,最大主应力方向为NE向。巷道要尽量沿主应力方向布置,这样巷道围岩受力均匀且应力小,有利于巷道围岩的自稳。此外,开挖后巷道要及时支护,避免围岩处于不利的单轴和二轴应力状态。

巷道开挖后,从工作面向外,巷道沿轴向呈悬臂梁状态,围岩也会受到弯曲和剪切作用的不利影响。当片理面倾角很陡且沿着片理面开挖巷道时,在不影响工程进度和使用的情况下，应尽量减少振动，以免破坏片理的完整。对片理面及时进行锚杆支护和喷锚网联合支护，构成一个板状结构体，从而使支护形成闭合的支护体，以改变围岩的不稳定受力状态，保持巷道的稳定性。

8.3.2.2 以最小的支护抗力和最低支护材料消耗构成最优的支护结构

只有最大限度地利用围岩本身的承载能力，才能最低限度地减小支护抗力。这就要求采用能发挥岩体强度的支护方法，使支护材料的支护特性与岩体应力变化规律相适应。例如，金属支架的刚性较大，围岩变形期间承担的压力较大。这种支护结构有优良的受力性能，能承受较大的压、拉、弯扭等外力，可适应地压方向制成任一断面形状，但其工程造价较高。锚杆支护所提供支护抗力和支承的压力都比较小，为最经济合理的支护结构。砂浆锚杆支护结构由于刚性发展过缓，支护抗力尚未达到围岩变形过程中的最低值，围岩便已变形松弛破坏。因此，支护结构必须合理，必须与围岩紧密接触，并且要有适当的刚性发展速度，过刚、过柔都不利于发挥围岩的承载性，以免使支护材料消耗增加或支护失去作用。

巷道开挖后，随着应力的释放和变形，围岩应力将由低到高，由高到低释放，此时如不及时支护，控制好围岩应力释放，围岩将产生松弛，其应力再度升高，以致造成巷道变形、坍塌。由此可见，巷道开挖后存在一个最佳支护作用时间，即避开峰值应力区段，使支护在较低的围岩应力区发生作用。应力区段大致分为三个时段：峰值应力区应尽力避免的支护时段；低应力区段；松弛变形区段。低应力区段可以作为合理支护时间。

在峰值应力区段支护，时间较早，所需提供的支护抗力较大；松弛变形区段支护，支护时间已过晚，围岩已产生松弛破坏，支护已失去控制围岩变形的作用；在低应力区段支护，此时提供的抗力为理想状态，为最优支护时间。根据现场观测证明，喀拉通克铜镍矿石英角斑凝灰岩体中开挖的巷道初期最优支护时间在 8 天左右，支护结构是金属网锚杆；第二次支护时间为 15 天左右，采用喷射混凝土补强支护。

8.3.2.3 支护方法和参数应符合岩石力学理论和围岩的具体情况

为了防止围岩由于应力集中而引起崩落，巷道断面应是平整的，最好是圆形或拱形的，并选择与之相应的锚喷支护。在巷道施工中必须采用光面爆破，减少对围岩的振动破坏作用，并避免巷道顶板、两帮部分的超欠挖，以防止产生应力集中。为了岩体的静态稳定，应把岩体与支护结构视为一个整体，支护必须与岩壁紧密接触形成一个整体，两者只能传递径向应力而不能传递剪切应力，以防剪切破坏。对于喷浆支护，个别喷层脱落后要及时进行补喷，使喷层与围岩始终保持一个整体。

在围岩应变较大，特别是巷道底板围岩疏松、膨胀的岩体，需添加底梁，或底部锚杆，使支护结构形成闭合承载环路。这在松软的围岩中是十分必要的。对开挖后应力释放快、立即坍塌的围岩，可直接进行超前支护，如超前锚杆、注浆加固等[15]。

8.3.3 井巷支护的主要形式

井巷工程支护结构的正确选择，将直接影响到井巷维护的难易程度。在采区上覆岩层活动的影响下，巷道出现不同程度的变形，当变形量较大时，往往使巷道的维护非常困难。改善采区巷道维护状况，选择合理的支护形式，对降低巷道的维护费用，降低矿井的生产成本，都有着重要的意义。近年来，地下矿山支护取得了很大的成就，促进了采矿的技术改革。

20世纪80年代末，喷锚网联合支护已被广泛用于冶金、煤炭、铁路、电力、国防等工业部门，它不仅用于跨度较小的巷道中，而且也用于大跨度和高边墙的地下硐室工程；不仅用于中稳的岩层，也用于松软、破损等不稳定岩层；既用做永久支护，也用于临时支护，或用于修复、补偿、处理塌方等事故时。它是锚杆、喷射混凝土、钢筋网（或金属网）与围岩共同作用，组成统一的承载结构的支护。根据围岩允许暴露的时间长短，分别采用喷射混凝土—安设锚杆，钢筋网—喷射混凝土或者安设锚杆，钢筋网—喷射混凝土的施工顺序。喷锚网联合支护的设计以工程类比法为主，以信息控制设计法及理论计算为辅；确定支护参数时，锚杆参数按承载拱理论、组合梁理论或悬吊理论计算。喷射混凝土根据它承受锚杆间锥形岩块体的重量，并按冲切破坏或黏结破坏来估算喷层的厚度[2]。

8.3.4 岩爆倾向巷道的支护

对于高应力特别是岩爆巷道的支护，因其具有应力大、变形大且有动力破坏等所以不能采用常规的巷道支护方法。目前用于高应力有岩爆倾向巷道的支护形式有以下几种。

A 锚喷支护

喷射混凝土可及时封闭巷道周边，实施密贴支护，减少水、空气对围岩强度的影响。锚杆可及时支护围岩，起到主动加固作用，充分发挥围岩的自承能力。锚杆组合构件（如金属网、钢带、钢筋托梁等）不仅可支护锚杆之间的岩石，阻止其垮落，而且将单体锚杆连接成整体，均衡锚杆间的受力，形成有一定柔性的薄壁支护圈，发挥锚喷网和围岩共同形成承载结构的支护作用，以保持巷道的稳定。锚喷支护是一种性能优越、比较适合复杂地质条件巷道的支护形式。

B U形钢可缩性支架

U形钢可缩性支架是用U形钢组成的拱形可缩性支架，它在我国煤矿和一些非煤矿山中得到比较广泛的应用。U形钢具有良好的断面形状和几何参数，使型钢搭接后易于收缩，只要支架设计合理，使用正确，连接件选择适当，就能获得较好的支架力学性能。我国可缩性支架所用的U形钢主要有U25、U29和U36三种。支架结构形式主要有不封闭和封闭两大系列。不封闭的有拱形直腿、拱形曲腿等形式，封闭的有圆形、方环形、马蹄形、直腿底拱形等类型。

C 注浆加固

围岩注浆加固是利用浆液充填围岩内的裂隙，将巷道破碎的岩体固结起来，改善围岩结构，提高围岩的强度，改善其力学性能，从而增加围岩自身承载能力，保持围岩的稳定性。

D 复合支护

复合支护是采用两种或两种以上的不同支护结构物结合的支护形式。如果能充分发挥每种支护方式的支护性能，做到优势互补，复合支护会有更好的支护效果和更广泛的适用范围。复合支护有内（一次）外（二次）支护之分，外支护指与围岩接触或密贴的支护，内支护指与井巷净空一侧的支护[1]。复合支护有多种类型，如锚喷+注浆加固，锚喷+U形钢可缩性支架锚喷+弧板支架，U形钢支架+注浆加固，以及锚喷+注浆+U形钢支架等形式。选择复合支护形式时，应根据巷道围岩地质条件和生产条件，确定出合理的支护形式和参数。

多年的工程实践经验表明，锚喷支护是一种性能优越、适合复杂条件巷道围岩的一次支护形式,是首选的支护方式。根据围岩条件,可复合其他二次支护。对于高地应力、强膨胀围岩,一次支护采用锚喷网,二次支护可采用预留有变形充填层的全封闭U形钢可缩支架[14]。

总之,上述的井巷支护技术,都有一些最新的成就,且都在推广应用中。它们中还有许多问题需要解决,有待于进一步开展研究,促进其在生产工艺改进上得到新的发展。

8.4 采场地压

矿山安全评价的重要评价项目之一就是采场地压。根据原劳动部门和经贸委安全生产局对非煤矿山事故的统计与分析,1987 ~ 1999年间,非煤矿山死亡人数最多的事故类别是冒顶片帮、坍塌。这两类事故无不与采场地压息息相关。地压灾害在金属矿山、煤矿时有发生,小则发生掉块、片帮,大则整体坍塌,甚至波及地表工业场地及居民生活区,造成严重的人员伤亡及财产损失。因此,对于矿山企业来讲,针对采场地压灾害,应用系统安全工程学原理进行科学评价,采用科学手段进行分析,把现代的科学理论(如岩层控制原理等)与矿山的具体实际结合起来,真正找到有效控制采场地压活动的途径,掌握采场地压灾害的防治措施,是非常重要的。

8.4.1 采场地压活动规律与灾害形式

采场地压是原岩作用在采场顶板、矿柱、围岩上的压力与围岩因位移或冒落岩块作用在支护结构上压力的总称。采空区的形成,破坏了原岩的应力平衡,引起采场、围岩和矿体内应力的重新分布,并在采场周围形成二次应力场。如果二次应力场中的应力没有超过岩体的承载能力,矿岩体就会寻求新的平衡;由于采动的影响,二次应力场中应力可能发生叠加,有时大大超过原岩应力,导致岩体出现破裂甚至冒落,或开挖断面产生很大变形。

二次应力场与采场尺寸、断面形状有关,并且在时间和空间上不断变化。二次应力场应力分布是一种由应力、岩性、岩体结构控制的自然现象,是采掘工程扰动原岩应力平衡的必然结果。当二次应力场中应力超过岩体强度之前,岩体以弹性变形为主,当应力增高达到或超过岩体强度时,围岩进入塑性变形状态,在临空面产生破坏、松胀,因而释放应力,便出现了应力降低区。

由于开采范围较大,开采空间的形态极其复杂,随着采场回采工作的展开,其规模和形态又在不断地变化,岩体受到多次重复的扰动,呈现出极其复杂的受力状态。因为矿山井巷、铁路、水电等地下工程的地压具有剧烈显现,波及范围大,二次应力场复杂,活动规律短时间内难以识别等突出特点[3]。由于矿体赋存条件和矿岩物理力学性质千差万别,所采用的采矿方法也就各种各样,因而采场地压活动的规律就会因方法的不同而异。

采场地压灾害按相对几何部位分为顶板悬垂与坍落,侧壁突出与滑塌,底板鼓胀与隆破,分别简称为冒顶、垮帮、底鼓;按围岩的力学性质分为弹脆性围岩地压灾害,包括弯折内鼓、胀裂塌落、劈裂、剥落,剪切滑移、碎裂松动、岩爆等;塑性围岩地压灾害,包括塑流挤出、膨胀内鼓、塑流涌出、重力坍塌等。

8.4.2 采场地压灾害安全评价

采场地质灾害主要是采场地压灾害,其中冒顶片帮事故占首位。因此,对采场地质灾害的评价,集中在对冒顶片帮的评价上。目前,采用评价函数对冒顶片帮进行评价,评价函数为 $f=2g+l+q$,其中:g 代表“地质条件因子”,l 代表“采场长度因子”,q 代表“采场断面因子”。因子的取值见表 8-2。

表 8-2 冒顶片帮事故评价函数各因子的取值

评价因子	适用条件	因子取值
g	整个采场或坑道地质条件差,危险	3
	部分地段地质条件差,危险	2
	地质条件较好,较安全	1
l	采场长度大于 1000m	3
	采场长度 300~1000m	2
	采场长度小于 300m	1
q	采场断面面积大于 $50m^2$	3
	采场断面面积 $10 \sim 50m^2$	2
	采场断面面积小于 $10m^2$	1

根据评价函数计算函数值,将冒顶片帮划分为 4 个等级,该方法着重解决的是预测发生冒顶片帮时的参考指标,并没有分析致灾因素的种类和权重,对控制灾害事故的发生指导意义不大。而采用系统安全分析方法,可以找出致灾因素的种类及其主次关系,有利于采场地压的控制,继而达到控制采场地质灾害的发生。

8.4.3 采场地压控制

为减少或避免地压危害,防止采场片帮冒顶和大面积地压活动,并尽可能利用地压,保证回采和最大限度地回收地下资源,保持采场顶板矿石(或岩石)和两帮围岩的稳定,或使之有计划的冒落。采场地压控制的技术措施主要包括:合理地选择与设计采矿方法和开采顺序,采用合适的支护方式,及时地处理采空区,建立地压监测系统等[22]。

8.4.3.1 合理地选择与设计采矿方法和开采顺序

根据矿体赋存条件以及矿岩的物理力学特性,合理地选择与设计采矿方法和采场结构参数时采场地压控制的首要条件。对于壁式开采和房柱式开采,设计前应了解采场地压的显现特点及采场地压的活动规律,结合矿体的开采条件,有的放矢。对于壁式体系的开采,必须进行工程类比,找出规律,并按下述内容对地压进行控制:老顶初次来压步距,在初次来压期间必须对工作面进行支护,进行来压预测预报,掌握来压的周期。对于房柱式开采体系,由于上覆岩层重量转移,使矿柱中的应力增加,形成支承压力,矿柱表面可能发生片帮、压裂。因此,应确定合理的矿柱尺寸,及时处理采空区,加固顶板,控制地压。当矿体走向长度很大时,通常矿体中央部位压力最大,此时如采用崩落采矿法采矿,应采用由中央向两侧推进的开采顺序;当存在多层矿体时,应采用先采上盘矿体,后采下盘矿体的顺序;要将回采巷道的长轴尽量与最大主应力方向平行布置;利用间隔回采的方法,可大幅度地减轻采场地压,当两侧采空区冒落后,中间一段采场处于应力降低区内,故回采容易[22]。见图 8-1。

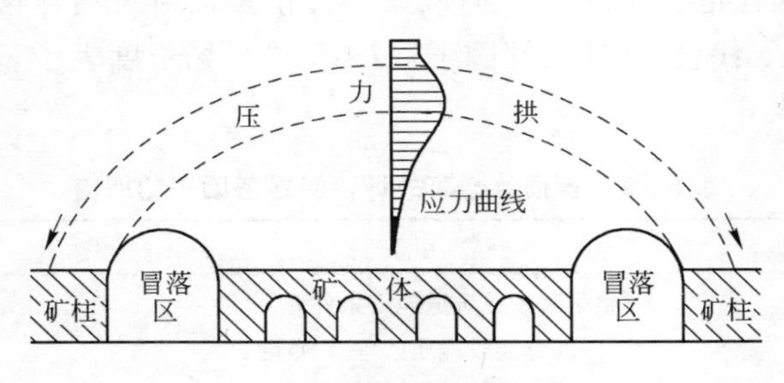

图 8－1　在免压拱下回采[22]

8.4.3.2　采用合适的支护方式

采场地压灾害的防治措施包括工程中广泛使用的支护手段。在“围岩－支护”共同耦合作用的指导下，先后产生了喷射混凝土、喷锚、锚索、挡墙、注浆加固等支护手段。支护过程有两种极端情况：

(1)当岩体内应力达到峰值前，支护已到位，支护体系阻挡了岩体的剪胀、扩容阶段。这要求支护体系有足够的刚度和强度，才能保证“围岩－支护”共同体的稳定。该种支护没有充分利用地压活动规律，充分发挥围岩本身的作用。

(2)岩体内应力达到峰值前，支护未及时跟上，甚至岩体已开始破裂，支护仍未起作用，从而导致采场地压灾害的发生。此时如进行支护，也失去了支护的意义。

如果把支护时期选在上述两种极端情况之间，就需利用应力强度因子 K 来判断裂隙的扩张时间与扩张方向，再利用损伤力学的损伤因子判断失稳时期，就可以解决微观领域的问题，并找出由微观的发展导致宏观灾害发生的可能时间。此时岩体应力已到达强度峰值，岩体变形也已发展充分，但岩体却未宏观失稳，支护就开始起作用。这时支护受到的只是剩余部分的变形作用[17]。

从断裂力学理论来看，喷锚支护改变了围岩中原裂纹的受力状态和几何参数，从而降低了原裂纹端部的应力强度因子，提高了围岩的稳固性。注浆加固支护，其注浆时机的选择对注浆效果有很大影响。注浆过迟，难以起到支护作用；过早，为适应围岩应力、裂隙扩张等条件，对浆液材料的黏结性能、渗透性、固结体强度及其允许变形量要求相对过高。

随着采矿技术的发展，一些难采矿体相继恢复开采，采场采准工程向深部和地质条件差的方向延伸，要求对采场地压的分析、控制更为可靠、准确，最好能对采场地压灾害做到预测、预报。为此，把新发展起来的科学理论体系应用于具体的工程中，任重而道远。

8.4.3.3　及时处理采空区

大量采空区的长期存在，是发生大面积地压活动的主要原因。盘古山钨矿由于几个防段的采空区长期不处理，于 1967 年发生了剧烈的地压显现，在数小时内近万米巷道下沉，655 个采场中有 373 个采场大量冒落(占 57%)，导致山脊拦腰截断，地表塌陷坑达 4770 万立方米，地下矿产资源严重损失，矿山生产能力下降。能有效地控制采场地压的空区处理方法有：(1)强制崩落采空区围岩；(2)自然崩落采空区围岩；(3)充填采空区；(4)隔绝采空区。如果能使采空区围岩崩落达到地表，这对消除岩体应力集中的效果最佳。

8.4.3.4 建立地压活动监测系统

针对不同的地压活动显现,采用不同的监测设备,对整个采空区及围岩进行地压活动监测,为控制采场地压灾害提供最可靠的第一手资料,并对所获得的资料认真地进行分析、研究,找出预警标准或判据。常用的检测手段如下:

(1)用钢弦压力盒和油压枕测定岩柱的压力、并对其进行压力监测;

(2)用光弹应力计监测围岩应力变化;

(3)用钻孔多点位移监测围岩内部位移变化;

(4)用弹性波测定围岩的松动圈范围;

(5)用声发射监测围岩的破坏。

8.5 岩爆与矿震

8.5.1 岩爆

岩爆(或冲击地压)是高地应力区地下硐室中围岩受到脆性破坏时,大量应变能瞬间释放造成的一种动力失稳现象。它发生在具有大量弹性应变能储蓄的硬质脆性岩体内。由于硐室开挖,地应力分异,围岩应力集中,在围岩应力作用下产生脆性破坏,并伴随响声和震动。在消耗部分弹性应变能的同时,剩余能量转化为动能,围岩由静态平衡向动态失稳发展,造成岩块脱离母体,并猛烈向临空方向抛射的破坏现象。

8.5.1.1 岩爆的分类

目前从工程实际出发,依据现场调查所得到的岩爆特征,考虑岩爆的危害方式、危害程度以及防治对策等,对岩爆进行分类。按照围岩的破裂程度,岩爆可分为以下几种:

(1)破裂松弛型。围岩成块状、板状或片状爆裂,爆裂响声微弱,破裂的岩块少部分与硐壁母岩断开,但弹射距离很小,顶板岩爆的石块主要是坠落。

(2)爆裂弹射型。岩爆的岩块完全脱离母岩,经安全处理后留下岩爆破裂坑。岩爆发生时的爆裂声响如枪声,弹射的岩块最大不超过1/3m^3,距离有5~10cm大小的,也有粉末状的岩粉喷射。主要危害是弹射的岩片伤人,对机械设备无多大影响。

(3)爆炸抛射型。有巨石抛射,声响如炮弹,抛石体积数立方米至数十立方米,抛射距离数米至二十米,对机械、支撑造成大的破坏[18]。

8.5.1.2 岩爆形成条件

根据目前国内外大量研究和工程实践经验综合分析,岩爆的发生主要有以下4个特点:

(1)深度。发生岩爆可能性随开采深度的增加而增加。如印度科拉金矿在采深小于250左右时不曾发生岩爆,后来发生岩爆且随深度变化而愈演愈烈。自20世纪60年代以来,在世界范围内所进行的原岩应力测量一致说明,地应力采深呈线性的增加,开挖工程所处的应力环境随采深而恶化,是造成岩爆的重要背景。此外,随着深度增加,岩体的完整性越来越好,从而岩石强度和脆性相应增加,发生岩爆的可能性增高。

(2)*地质构造应力*。强大的构造应力是造成硬岩矿山岩爆的重要原因。科拉金矿岩爆区的岩爆,就是在水平地应力较铅直向重力应力高1.6~4倍的情况下发生的。构造应力往往与一定的构造相联系,例如,在冲断层、挤压型平移断层、紧密褶皱的核部和这些构造的交汇以及岩脉附近,可能存在着诱发岩爆的危险应力。

(3)*矿岩的力学性质及岩组间的组合关系*。南非金矿中的岩爆,则多发生在坚硬的辉绿岩岩脉之中,在破碎和软弱的岩体中则不至于发生岩爆。煤矿中的岩爆多发生在直接顶板很差、老顶为整体性好的厚层砂岩或沙砾岩条件下。这类老顶使采空区上覆地层难以充分垮落和沉陷,从而在工作面上及其前方的大片煤壁的侧向扩容,在工作面前方的支点压力带中造成应变势能的大量积累,为岩爆准备了条件。

(4)*开挖*。目前岩石力学理论认为,发生于开挖过程中的岩爆,乃是围岩受开挖影响发生脆性破坏时,存在周围岩体中的弹性势能转移的突变过程。开挖工程中所遇到的岩爆,归根结底是由开挖诱发的。开挖诱发岩爆的作用表现在两个方面:一是造成开挖体周围矿岩中的应力集中,二次应力可达到很高的量级;二是使这种应力异常区中的应力状态从原来的三向受压状态转变为二向受压状态,甚至单向受压状态,为岩爆的形成准备了条件[2]。

8.5.1.3　岩爆防治技术

对于有岩爆危险或潜在岩爆危险的矿山,应采取预防与治理相结合的方法,以防为主,防治结合。岩爆防治可分为区域防治和局部防治两种。

A　*区域防治*

a　合理的采矿工艺和开采顺序。

有岩爆倾向的矿床所采用的采矿工艺和方案必须与矿体赋存条件一致,具有岩爆倾向矿床的开采工艺可先根据一般采矿方法选择原则进行初选,然后根据下述原则进行调整和完善,最终确定采矿工艺。

(1)空场法、充填法和崩落法这三大类采矿方法中,空场法(不包括空场嗣后充填采矿法)一般不宜用于有岩爆倾向的矿床开采。用少量矿柱支撑采空区顶板,大面积开采后,矿柱破坏几乎是不可避免的,随即会发生连锁反应,大量矿柱在瞬间破坏造成的危害是巨大的,并可能诱发岩爆。而充填法和崩落法都有利于控制矿体开采后围岩内的应力集中和所积聚应变能的均匀释放。下向分层充填法比上向分层充填法更有利于控制岩爆。

(2)岩爆与岩石高温或自燃发火同时出现在一个矿床时,一般应采用充填采矿法。有条件时应尽可能实现连续开采;无条件实现盘区连续开采时,安排作业应确保采矿工作面总体推进连续,避免全面开挖,到处安排采场。

(3)采矿作业面推进应规整一致,不应有临时小锐角的作业面出现。沿走向前进式回采顺序比后退式回采更有利于控制岩爆。单向推进采矿工作面不能满足生产规模要求时,应采用从中央向两侧推进的回采顺序。一个中段生产规模不足而实行多中段同时生产时,一般下中段推进速度要快于上中段,且中段间尽可能不留尖角矿柱。

(4)矿区内有较大规模断层或岩墙时,采矿工作面应背离这些构造推进,避免垂直向着构造或沿构造走向推进。

(5)多层平行矿脉开采时,先采岩爆倾向性弱或无岩爆倾向矿脉,以便解除其他岩爆倾向强的矿脉的应力,尽量防止岩爆的发生;岩爆倾向性强烈的单一矿脉回采时,先回采矿块的顶柱并用高强度充填料充填，以降低回采过程中弹性应变能的释放速度，在解除矿房的应力后再大量回采矿石。

(6)缓倾斜的薄矿体一般应采用长壁法回采，空区的顶板可以用崩落或充填处理（各国有岩爆危害的这类煤矿和南非金矿均采用长壁法回采）；厚大矿体采用充填法无法接顶时，应有计划地崩落未充满空间，以防出现过高应力。

(7)采场长轴方向应尽量平行于原岩最大主应力方向，或与其成小角度相交。当能量释放率的绝对值不至于产生岩爆时，为了充分发挥原岩能量释放率较大时有利于提高爆破效果的特点，采场爆破推进方向要尽量与原岩最大主应力方向平行；能量释放率接近或超过设计极限时，爆破的推进方向应垂直原岩最大主应力方向，以防岩爆的发生。

(8)应尽量采用人员和设备不进入采场的采矿工艺。对于薄矿脉回采，人员和设备非进入采场不可时，采场工作面要根据情况采取爆破预处理措施。采用爆破预处理可以破坏采矿破碎圈内采矿裂隙面上的凸凹体和障碍体，从而降低了裂隙面的抗滑阻力，导致应力重新分布；同时将高应力区进一步向完整岩石深部推进，靠应力降低的破碎区作为缓冲层，减少工作面岩爆的发生。爆破最好采用能量大而冲击能量低的炸药（如铵油炸药）。

(9)采准工程应尽量布置在岩爆倾向性较弱的岩层内，且先施工岩体刚度大的巷道，后施工岩体刚度小的采准工程。

(10)岩爆矿山一般埋藏深度较大，为了提高采矿综合经济效益，应尽可能做到废石不出坑，回填空区，减少提升费用和对地表环境的破坏。

b 改善巷道支护

木支架、混凝土配装式砌块、料石砌碹或整体浇灌混凝土一类的支护方式在岩爆时可能被彻底摧毁，砸伤人员和堵塞通路，造成人身伤亡事故。可伸缩的 U 形金属支架在有岩爆的矿山使用过，并收到良好的效果；喷锚网联合支护用于有岩爆的矿山，也效果良好。

B 局部防治

(1)注液弱化。该方法的实质是围岩弱化法。它是通过向围岩内打注液钻孔，注入水或化学试剂（如 0.1% 的氯化铝活化剂）。注水是利用了岩石的水理性质，即注水可使岩石的强度及相应的力学指标降低。化学试剂的使用是基于它的化学成分可以改变围岩中裂纹或破裂面表面自由能，从而达到改变岩石材料力学指标的目的。

(2)钻孔弱化。该方法也属围岩弱化法，是通过向围岩钻大孔达到弱化围岩，实现应力向深部转移的目的。该方法应用较普遍，技术上也易于实现，但实施时必须用其他方法了解巷道周边围岩的压力带范围，以确定孔深和孔距。只允许在低应力区开始打钻并向高应力区钻进，否则将会适得其反，诱发岩爆。

(3)切缝弱化法。该方法也属弱化围岩法，但具有明显的方向性，切缝一般与引起应力集中的主要方向相垂直。切缝弱化法可用钻排孔或专用的切缝机具实现。只要能合理地选择切缝宽度，往往可以取得较好的弱化效果。

(4)松动爆破卸压法。该方法也属围岩弱化法，有两种基本形式，即超前应力解除法和侧帮应力解除法。超前应力解除法是在巷道工作面前方的围岩中打超前爆破孔和爆破补偿孔，用炸药爆破方法在围岩中形成人工破碎带，以使高应力向深部岩层转移。侧帮应力解除法则是在工作面之后的巷道侧帮围岩内钻凿卸压爆破孔，用炸药爆破方法人工形成破碎带，以使高应力向深部岩层中转移。

需要指出的是，上述四种方法均是通过减少工作面（或围岩）的应力集中区域内的岩体强度来使荷载重新分布，而工作面上的应力集中程度及其分布特点是决定采用何种处理方法的依据。一般来说，对于没有产生应力集中（针对较大范围而言）或应力集中程度不高时，这四种方法都会获得较好的效果。

（5）加固围岩。这是最常规的处理方法，从原理上与前四种方法截然相反。以通过提高围岩的强度（或自承能力）为出发点。

（6）开挖方式。该方法是改变巷道掘进中的开挖方式，控制开挖几何形状和掘进工艺过程，采用合理的开挖进尺以允许应变能的逐步释放，避免高应力集中，减少爆破震动对岩爆的诱发作用等。

8.5.1.4　岩爆监测技术

岩爆监测实际上是岩爆预测的现场实测法。它是借助一些必要的仪器设备，进行岩体直接监测和测试，来判别是否有发生岩爆的可能。由于影响岩爆发生的因素众多，岩爆产生的条件比较复杂。长期以来，不同的现场岩爆监测方法和手段，归纳起来有如下 10 种。

A　*地震法*

该预测方法利用地震技术，研究开挖范围内岩体微震变化，通过安置在岩体内的地传感器网来确定破坏源，利用波辐射分析岩石的破坏程度。建立了地震台网监测系统的矿山，可以利用连续的、长时期的微震监测数据进行分析，总结微震事件的时间序列和空间分布规律，找出地震学参数、地震活动与岩石破坏之间的关系模式，从而找出发生岩爆的趋势，圈定存在岩爆危险的大致范围。图 8 - 2 所示为冬瓜山铜矿微震监测布置图。

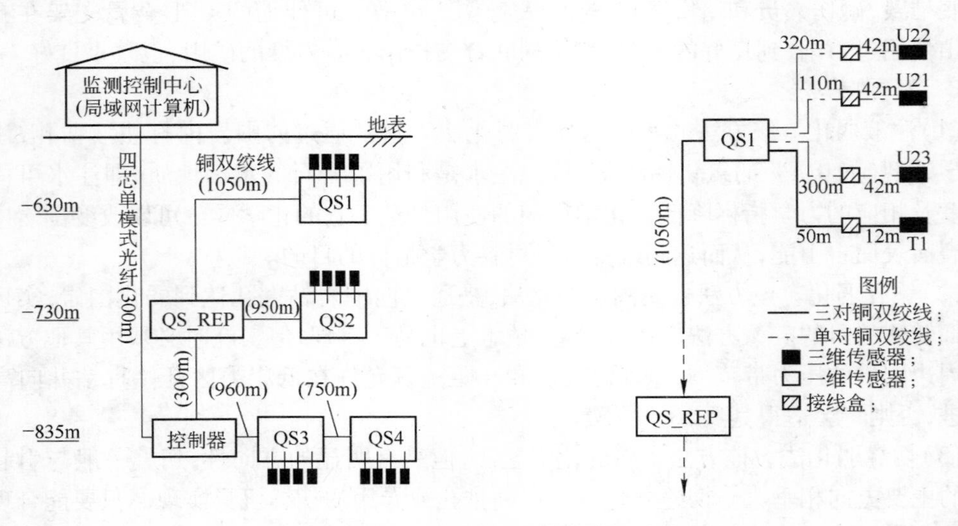

图 8 - 2　冬瓜山铜矿微震监测布置[16]

地震法的特点是能够连续不间断地测量和记录，可以记录震动的最小能量；可根据研究区域的特点和所给条件，对震源进行准确定位，得出震源的坐标。但该方法首先需布置地震监测网，费工费时，另外，对于硬岩采矿的矿山及地壳运动剧烈的矿井，使用该法往往不能区分是岩爆还是地震、崩塌或爆破施工所引发的。

B　钻屑法

钻屑法是通过向岩体钻小直径钻孔，根据钻孔过程中单位孔深排粉量的变化规律和打钻过程中的各种动力现象，了解岩体应力集中状态，达到预报岩爆的目的。在岩爆危险地打钻时，钻孔排粉量剧增，最多可达正常值10倍以上。一般认为，排粉量达正常值的2倍以上时，即有发生岩爆的危险。

这种预测方法从时间上来说，是一种静态预测方法，从空间上来说，是一种从点（或线）获取信息的方法。钻屑法打钻及参数测定，需要占用生产作业的时间和空间，对生产有一定的影响，且工程量很大，预测作业时间也较长，预测所需费用也较高。况且这种静态法的准确性也不是很高，易受人工及岩体的结构、应力分布不均匀等因素的影响。

C　声发射法

声发射法（acoustic emission 方法）又称为亚声频探测法。该法能探测到岩石变形时发生的亚声频噪声（即微震），地音探测器能将那些人耳听不到的声波转化为电信号，根据地音探测器检测到的微细破裂，确定异常高应力区的位置。当岩石临近破坏之际，A－E（微震）噪声读数迅速增加，如果地音探测器平均噪声读数大于预定的，就意味着有岩爆来临。此方法的基本参数是能率 E 和大事件数频度 N，它们在一定程度上反映出岩体内部的破裂程度和应力增长速度。加拿大、美国、波兰、俄罗斯、南非等国家的一些矿山都采用了声发射法预测岩爆，我国门头沟煤矿也使用了从波兰进口的 SAK 地音检测系统和 SYLOK 微震定位技术，对工作面危险状态进行预测预报。

D　微重力法

一般情况下，在发生震动和岩爆前，岩体的体积将会变化，从而使岩体密度改变。根据岩体的变形、重力的变化以及密度分布的变化，可以预测具有岩爆倾向的地带。微重力法能及早预测岩爆，且预测范围较广；但其成本较高，测量位置不精确。

E　电磁辐射法

这一方法是依据完整岩体压缩变形破坏过程中，弹性范围内不产生电磁辐射，峰值强度附近的电磁辐射最强烈，软化后无电磁辐射的原理，采用特制的仪器，现场监测岩体变形破裂过程中发出的电磁辐射“脉冲”信号，通过数据处理和分析研究来预报岩爆。

采用电磁辐射法预测岩爆的突出优点是工程量小，对生产影响小，能实现连续、非接触、定向及区域（空间上）划定等方面进行对岩爆的预测预报。因此，电磁辐射法是预测岩爆的一种很有发展前景的方法。

F　振动法

振动法通过测量地震波的传播速度，来确定巷道周围的应力应变状态。其特点是振动研究的非破坏性，可从较大范围的岩体内直接获得信息。与其他方法相比，获取信息成本低，在岩体采动引发应力变化时，观测的振动参数信息量准确。

G　光弹法

当某些塑性材料和光弹玻璃受到应力作用时，在偏振光下观察，可以看到干涉条纹，这种干涉条纹与作用在岩体上的压力强度和方向有关。根据此原理，可对即将来临的岩爆做出预测。英国谢菲尔德大学研究了两种光弹法，其中圆盘法简单可靠，适用于具有良好弹性的岩石，而预应力法则受到钻孔深度的限制。

H　流变法

流变法是根据岩体的应力松弛速度和破坏程度来预测岩爆。应力松弛速度的高低取决于岩石力学性质、地质条件、应力集中和埋深等因素。当应力松弛速度低且破坏程度高时，岩体具有发生岩爆的可能。

I　气体测定法

在许多地下工程中，开挖的围岩常伴有一些气体，如瓦斯、氡气等，这些气体的扩散与围岩受载状态有关，根据这些气体的异常变化可以对岩爆进行预测。但是这些气体经常是随着岩爆的发生而急剧变化，往往来不及采取预防措施。

J　电阻法

电阻法是根据岩爆发生前岩石的电阻变化情况来预测岩爆。由于井下条件复杂，用电阻法来预测岩爆准确性较差。

迄今为止，岩爆的监测方法还在发展之中，没有一种方法能够较完善地解决岩爆的准确监测问题。因此，对于深部开采矿山来说，多种方法的综合应用仍然是较为普遍的做法，可以弥补各种方法自身存在的不足，提高监测以及对监测结果进行预报的准确性和可靠性。

长期以来，国内外许多学者对岩爆有关问题进行了不懈的探索和研究，取得了重要的成就。但由于围岩地质的复杂性和不确定性，目前还没有一个公认的结论和一致看法，有些现象的本质还难以解释。随着地下工程的日渐增多和研究的不断深入，关于岩爆有关问题的研究工作必将日臻完善[19]。

8.5.2　矿震

矿震即采矿诱发地震，是一种由采掘活动引发的地震。它是地壳浅部岩石圈对人类活动的一种反作用现象。矿震常发生于巷道或采掘面附近，并伴有岩块强烈地爆裂与抛出，因此西方矿业界称之为岩爆(rock burst)，东欧国家则称为冲击地压。显然，岩爆或冲击地压与采矿诱发地震有成因上的联系。不过矿震也可发生于采掘空间以外而不伴随岩块爆裂或抛出，因此不能把矿震等同为岩爆或冲击地压。

中国采矿诱发地震分布甚为普遍，尤其在煤矿区。辽宁省北票－阜新地区、山西省大同、陕西省铜川、北京市门头沟、山东省枣庄－临沂、江苏省徐州、湖南省恩斗桥以及长江三峡工程周边等地区均发生过采矿诱发地震。

我国的矿山数以十万计，矿震遍布全国各省、市、区；同时由于矿震震源深度小，地震效应比较严重。一般里氏 2 级的矿震就可能对巷道和采掘面造成较严重的破坏，使地面建筑物破坏、井下设施被毁或造成严重的人身伤亡，妨碍矿山生产的正常进行。

采矿诱发地震在国外也屡见不鲜，如南非的金矿，欧洲和美国的煤矿，在开采过程中均发生过矿震。

采矿诱发地震与采矿活动紧密相关。在空间上，矿震局限于采区及其附近，常发生在采掘工作面附近以及承载矿柱和矿壁的应力集中部位，在底板以上发震较多；震源位置随工作面向前推进而发生变化，震源深度与采掘深度大体相当。在时间上，地震活动与开采时间相对应，常出现在形成一定规模的采空区之后；某些矿山，矿震发生时间与矿工上下班时间相对应，周末和节假日停止采掘时，地震活动明显减低。地震波记录曲线比较单调，周期大、衰减快、尾波振幅小；地震活动序列主要为主震余震型和群震型。

诱发矿震的地质条件包括：

(1)矿床的顶、底板岩层坚硬，有利于应变能的积聚或存在已积累高度应变能的岩层和断层；

(2)存在一定规模的采空区，井巷坑道破坏了岩体的稳定状态；

(3)开采深度大，上覆岩体载荷重，差应力变化也大，容易引起较大规模的岩体错动。

总之，积聚高应变能的坚硬岩层是诱发地震的基础条件，井巷布置和不同开采方式引起的应力集中是主要的诱发因素。在具备发震条件时，井下放炮常常是一种触发因素。

由此可见，采矿诱发地震是在特定的矿山地质和采矿条件及地壳浅部局部应力作用下，由于采空区的出现提供了岩体错动的空间而发生的，它的发生不以地应力临界状态为先决条件，它们既不反映区域地壳应力，也与区域地震活动联系不密切，更不能作为活动断层的证据。

8.6　井下突水

许多矿床的上覆和下伏的地层均为含水丰富的岩溶化碳酸盐岩地层。中国北方石炭、二叠纪煤系地层，不仅煤系内部夹有赋水性强的地层，而且下伏的巨厚奥陶纪灰岩也含有极丰富的岩溶水。随着开采深度的加大以及对地下水的深降强排，从而产生了巨大的水头差，使煤层底板受到来自下伏灰岩中地下水高水压的威胁；在构造破碎带、陷落柱和隔水层薄的地段经常发生坑道突水事故，严重威胁着矿井生产和工人的生命安全。例如，1935 年山东省鲁大公司淄川炭矿公司北大井，由于水文地质情况不明，又未采取必要的探水措施，在巷道掘进到与朱龙河连通的周瓦庄断层时，河水突然涌入，涌水量高达 578 ~ 648m^3/min，经过 78 小时后，全矿井被水淹没，造成 536 人死亡。这是世界上最大的井下突水事故之一[22]。

当矿井巷道通过河流、湖泊、池沼及水库下部，并有与地表水和地下水连通的通道时，不仅突水灾害严重，而且还会造成水库渗漏等问题。如重庆市奉节县后淆水库，因开采库区煤层揭穿了水库底部裂隙通道，结果发生大量突水，不仅煤层无法继续开采，而且造成水库渗漏报废。

8.6.1　井下突水的致灾条件和影响因素

井下突水的致灾条件主要有：

(1)地层含水系统中地下水的水头压力和水量在其他条件相同时，水压愈大或水量愈大，井下突水的几率愈大。

(2)采掘空间与含水体之间围岩软弱带的厚度、岩石物理力学性质及岩体结构类型。围岩软弱带的厚度愈小，或岩石力学性质越差，或岩体构造越发育，越容易发生井下突水。

(3)矿山地压对围岩的破坏程度。地压对围岩破坏越严重，断裂和裂隙越发育，诱发突水的通道越发育。矿体上部覆盖层中冒落带和断裂带的高度、底板的破坏深度、压裂破碎带的厚度等，都是矿坑突水的致灾条件。

(4)水源补给的丰富程度及过水通道的渗透能力。井下突水通过的水路，称为过水通道，或称井下突水通道。它是地表水体、地下岩溶水、采空区积水及富水含水层中的水突然涌入矿井的途径。过水通道包括导水断层、陷落柱，与含水层或其他水体有密切联系的钻孔、溶洞、地下暗河，含水层本身的孔隙及裂隙等。由矿山地应力作用产生的裂隙、断裂及地表裂缝等，也是矿坑突水的潜在过水通道。

导致坑道突水的水源有地表水、松散含水层孔隙水、基岩裂隙水、岩溶水以及废坑旧巷采空区积水等，其中岩溶水和老空区积水危害最大，是构成矿山水灾的主要水源。

井下突水的影响因素包括自然因素和人为因素两个方面，后者的影响程度往往更大：

(1)自然因素。矿坑突水的自然因素包括地形地貌、围岩岩性和地质构造等。地形地貌对于矿坑突水有很大影响。位于侵蚀基准面以上的山区高位矿床，一般为无水或含水较少的矿床；位于河谷洼地，地形低凹处和侵蚀基准面以下的矿床，特别是与山洪泄洪道、河道相邻的矿床，受地面水源补给的可能性极大。

围岩岩性、厚度、结构及其与矿床的接触关系对矿坑突水也有很大影响。若松散沙砾层及裂隙、溶洞发育的岩体中赋存大量的地下水，都有可能成为井下突水的主要水源。

褶皱和断层可以影响地下水的储存和补给条件。一般而言，背斜构造含水量少，向斜构造含水量大，断层破碎带则经常成为矿坑突水的水源通道。

(2)人为因素。采矿活动中，乱采滥挖、破坏防水矿柱、进入废弃矿井采掘残矿或乱丢废弃石碴而堵塞山谷、河床等，都对矿坑突水有很大影响。此外，在江、河、湖、海下部或岸边采矿而又不采取特殊防治措施，或对勘探钻孔不封闭，对废弃露天坑坑底不铺设防水隔层等，都可能成为导致矿坑突水的隐患。

8.6.2　井下突水的危害

井下突水是矿床开采中发生的严重的地质灾害之一。目前，中国至少有 14 个省(区)出现过井下突水事故，近十余年来发生的严重突水事故达 262 起，经济损失巨大。坑道突水灾害较严重的省份有河北、山东、山西、安徽、江西、广东、广西、河南、吉林、江苏、浙江、四川等。据全国 13 宗大、中、小型突水事故统计，共造成经济损失 30.72 亿元，平均每年 3 亿元以上。

我国矿山受水灾威胁的矿井主要是煤矿，全国 624 对统配煤矿中，受水灾威胁的矿井就有 272 对，占 43%。从 1990 年到 1994 年 5 年间，全国煤矿共发生一次死亡 10 人以上的突水灾害 45 起，共死亡 892 人，占全国煤矿一次死亡 10 人以上各类事故死亡人数的 17%(隋鹏程，1998)。在中国北方岩溶区，煤矿约有 150 亿吨储量、铁矿约有 3 亿吨储量，因受水威胁而难于开采。

8.6.3　井下突水灾害的防治对策

8.6.3.1　地面防水

矿井地面防水主要是切断大气降水补给源，防止地表水大量进入矿井。具体措施有修筑防洪沟、封堵塌陷坑或裂缝通道、排出低洼地积水、铺垫河床底部或使河流改道等。对老矿的采空区要进行封闭或堆充，以防雨水灌入。

8.6.3.2　井下防水

井下防治水的措施可归结为“查、探、堵、排”四个字，即查明水源、超前探水、隔绝水路堵挡水源和排水疏干。

A 查明水源

在矿床开采之前和开采过程中,要自始至终做好矿床水文地质工作,查明矿井充水的可能水源、矿井水与地下水和地表水的补给关系以及涌水通道,为有效预防和先期治理矿井突水提供依据。

B 超前探水

为探明矿山水文情况,确切掌握可能造成水灾的水源位置,在采矿之前必须进行超前钻探探水。严格做到有疑必探,先探后掘。特别是当巷道接近溶洞、含水断层、富水含水层、地表水体、被淹井巷、积水老窑等潜在的突水水源时,必须在离可疑水源一定距离处打探水钻。

此外,要加强观测,发现有底鼓、渗水等突水征兆,立即进行处理,尽可能减少损失。

C 隔绝水路,堵截水源

对突水危险性大的矿井,为防止突然涌水,均应设置水闸门、水闸墙、密闭泵房等防、截水构筑物。设置防水矿柱和灌浆堵水也是隔绝水路的重要措施。其中灌浆堵水是将制成的水泥浆液通过管道压入地层裂隙,经凝结、硬化后,起到隔绝水源的目的。这种方法因工艺设备简单,效果良好,已成为国内外矿山、铁路涵洞、水工建筑等防治地下水害的有效方法。

D 预先排水,疏干降压

矿井疏干降压的目的,在于消除灾害性突发涌水,保证矿山采掘时的安全。这是世界各国应用最为广泛的消除井下水灾的有效方法。

疏干排水就是有计划地将危险水源的水全部或部分疏放出来,彻底消除在采掘进程中发生突然涌水的可能性。特别是在浅部开采时,采用"疏水降压"的办法,可使水头压力降至开采水平以下,从而杜绝突水事故。在中部和深部,若现有技术条件不允许采用降压的方法时,则利用底板隔水层的阻水能力,实行"带压开采"。采用在底板内打钻注浆加固底板或改革采掘方法和工艺,提高底板整体隔水能力,减小突水几率。疏干降水可采用地面钻孔预先疏干、井下钻孔疏干和利用巷道疏干等方法。

8.7 井下高温[16]

热环境是指地下开采矿山井下的热微气候,通常习惯把恶劣的热环境称为热害。在自然界中,人类受惠于大自然赋予的阳光、空气,赖以生存,进行正常的劳动和生活。环境每时每刻都在影响着人类的生理、心理状态和工作效率。矿井工人每天有八小时在井下作业,矿工的健康、自身感觉及工作效率在很大程度上决定于所处热微气候的舒适程度。舒适状况就是在环境综合的作用下,人们所产生的主观感觉。直接影响人们感觉的技术因素很多,广义上说,除空气的温度、湿度、风速、热辐射外,还有噪声、阴暗、杂乱及其心理影响,但在研究矿内热环境问题时,主要是针对直接影响人体散热量的环境条件。在热环境中作业的人体散热量主要与气温、湿度、风速这三个因素有关,所以热环境的主要参数是温度、湿度和风流速度[13]。

随着采掘工作的延深,使矿内热环境的改善更加困难,这是因为各种热源放热量增加,巷道几何空间的窄小和长度的增加,使通风阻力增大,通风越发困难;由于采矿作业需风量大,而风道断面又受到限制,故风速要比地面厂房大得多;井下风流的运动从井口到工作面沿途都被加热,加之井下作业点分散,工作面又不断移动等特殊条件,因此,对矿内热环境工程的技术要求越来越高。

8.7.1　井下高温的原因

造成矿井高温的原因包括空气的自压缩放热、围岩导热、机电设备放热、氧化热、内燃机废气排热、爆破热、人体散热等。

8.7.1.1　空气自压缩放热

空气自压缩并不是热源。因为在重力场作用下,空气绝热地沿井巷向下流动时,其温升是由于位能转换为焓的结果,而不是由外部热源输入热流造成的。但对深矿井来说,由于自压缩引起风流的温升在矿井通风与空调中所占的比重很大,所以一般将它归在热源中进行讨论。

当可压缩的气体(空气)沿着井巷向下流动时,其压力与温度都要有所上升,这样的过程称之为自压缩过程。在自压缩过程中,如果气体同外界不发生换热、换湿,而且气体流速也没有发生变化,则此过程称之为“纯自压缩”或“绝热自压缩”过程。

风流在纯自压缩状态下,当高差为1000m时,其温升可达9.76℃。这是一个相当大的数值。好在实际上并不存在绝热压缩过程,井巷里总是存在着一些水分,因而风流自压缩的部分焓增要消耗在蒸发水分上,用以增大风流的含湿量,所以风流实际的年平均温升没有理论计算值那么大。此外,由于井巷的吸热和散热作用也抵消了部分风流自压缩温升。例如在夏天,由于围岩吸热,风流的温升要比平均值低;而在冬天,由于围岩放热,风流的温升要比平均值高。一般说来,如果年平均的温升为10℃的话,则冬天可能是13℃,夏天可能是7℃。

南非的部分金矿采深已超过3800m,如果井巷围岩干燥,且不与风流换热、换湿,则风流流入井下后,因自压缩引起的温升可达38℃,即可从12℃升至50℃。风流温升38℃,相当于焓增加约38kJ/kg,如果进风量为200m^3/s,则意味着风流的热量增量可达9MW。这是一个相当可观的热负荷。

同其他热源相比,在进风井筒里,自压缩是最主要的热源。由于它所引起的焓增加同风量无关,所以往往成为唯一有意义的热源。在其余的倾斜巷道里,特别是在回采工作面上,自压缩只是诸热源之一,而且是不重要的热源。

8.7.1.2　围岩散热

围岩向井巷传热的途径有两个:一是借热传导自岩体深处向井巷传热;二是经裂隙水借对流将热量传给井巷。

井下未被扰动岩石的温度(原始岩温)是随着与地表的距离加大而上升的(如表8-3所示),其温度的变化是由自地心向外的径向传播热流造成的。在一个不大的地区内,大地的热流值是相当稳定的,一般为60~70mW/m^2。但在某些热流异常地区,其值可能变动很大。原始岩温随深度加大而上升的速度(地温梯度)主要取决于岩石的导热系数与大地热流值,原始岩温的具体数值决定于地温梯度与埋藏深度。地表大气的日变化与季节性变化的幅度是相当大的，但其影响的深度并不大，一般距地表20～40m处的岩石温度是相当稳定的，它反映了地表长时期的平均温度。不同深度的原始岩温主要是借地表钻孔或井下钻孔来测量的[20]。

表8－3 深部开采的金属矿山的地温率[2]

矿山名称	深度/m	温度/℃	地温增温率①/m·℃⁻¹
南非威特沃特斯兰德金矿(Witiwatersrand)	4000	43	71.9
印度科拉金矿(Kolar)	3000	69	64.1
中国石嘴山铜矿	2000		50.0

①地温增温率是指岩石温度每增加1℃时矿井下降的垂直深度。

当围岩的原始岩温与在井巷中流动的空气的温度存在温差时，就要产生换热。根据温差的正负，热流自风流传向岩体或热流自围岩传给风流。即使是在不太深的矿井里，原始岩温一般也要超过该处的风温，因而热流一般来自围岩。在深矿井里，热流值将会相当大，甚至会超过其他热源热流量的总和。在大多数情况下，围岩主要以传导方式将热传导给巷壁，当岩体向外渗流、喷水时，则存在着对流传热。如果水量很大且温度很高，其传热量可能相当大，甚至会超过围岩以传导方式传递的热量。

8.7.1.3 机电设备散热

随着机械化程度的提高，采掘工作面机械的装机容量急剧增大，回采工作面的某些大型机械的功率已达2000kW，掘进工作面设备的装机容量也高达1200kW。一般说来，机电设备从馈电线路上接受的电能不是做有用功就是转换为热能。机电设备所做的有用功是将物料或液体提升到较高的水平，即增大物料或液体位能。而转换为热能的那部分电能，几乎全部散发到流经设备的风流中。下面介绍几种井下机电设备散发热量的状况。

A 采掘机械的放热

在采用悬臂式掘进机或回转式钻进机的掘进工作面上，其装机容量可达1200kW，而且都设置在掘进工作面迎头这个比较狭小的空间里，掘进工作面的供风量比回采工作面少得多，因而掘进工作面的风流温升要比回采工作面的大。

设一个掘进工作面的掘进机容量为1000kW，其平均出力为42%，则放热量为420kW，若供风量为$8m^3/s$，则风流量的干球温升可达40℃。但实际上不会达到这么大，因为有一部分热量要被采下的矿石（或岩石）吸收带走，同时水分的蒸发也要消耗一部分热量。机电设备放热引起的风流温升也部分抑制了围岩的放热。所以对它的计算分析是很复杂、很繁琐的，但在一般估算时可以这样处理：在掘进机械周围，传给风流的热量约占总发热量的80%，其中水分蒸发耗热占75%～90%，因而风流的温升约为2～3℃。应该指出，风流中水汽量的增大同样也要恶化气候条件的。

B 提升运输设备的放热

在提升机械消耗的电能中，有一部分用以对矿物、岩石做有用功（增大它们的位能），余下的则以热的形式散失。在这些热量里，有些是由电动机散发掉的，余下的则由绳索、罐道等以摩擦热形式散失掉。

提升设备的功率同它所释放的热量间的关系取决于提升机械的工作方式。

在有轨运输时，轨道坡度一般都很小，所以运输所做的有用功也很小，因而实际上电机车所消耗的电能都是以热能的形式散发的。电机车的功率与它所散发的热量间的关系，在很大程度上取决于电机车的工作时间、物料装载特征及轨道的布置方式。

C　扇风机的放热

从热力学的概念来说，扇风机并不做有用功，所以其电动机所消耗的电能全部转换为热能并传给风流，因而流经扇风机风流的焓增应等于扇风机输入的功率除以风流的质量流量，并直接表现为风流的温升。根据空气的特性，风流流经扇风机后，其湿球温度的增量要比干球温度的增量大。

因为用于井下的扇风机基本上是连续运转的，所以用不着计算它停止运转的时间。

D　灯具的放热

输入灯具的电能也是全部转换为热能并传给风流，井下的灯具一般是连续工作的，即使有个别间断，其计算也比较容易。

入井人员所佩带的矿灯也是一个热源，因为头灯的容量一般仅为4W，所以可略而不计。

E　水泵的放热

在输给水泵的电能中，只有一小部分是消耗在电动机及水泵的轴承等摩擦损失上，以热的形式传给风流，余下的绝大部分是用以提高水的位能。当水向下流动时，电能用以提高水温，这个温升取决于进水的温度。当进水温度为30℃时，水温约上升0.022℃；水温低于30℃以下时，温升可略不计。

F　其他热源

a　氧化放热

矿石的氧化放热是一个相当复杂的问题，很难将它与其他的热源分离开来进行单独计算。当矿石含硫较高时，其氧化放热可能达到相当可观的程度。当井下发生火灾时，火势的强弱及范围的大小，可形成大小不等的热源，但这一般属于短时的现象。在隐蔽的火区附近，则有可能使局部岩温上升。

b　热水放热

井下热水的放热量主要由水量和水温来决定。当热水大量涌出时，可对附近的气候条件造成很大的影响，所以应尽可能地予以集中，并用管路（或隔热管路）将它排走，要用加隔热盖板的水沟排走，切不可让热水在巷道里漫流。

c　人员放热

在井下工作人员的放热量主要取决于他们所从事工作的繁重程度和持续时间，井下各类人员的能量代谢产热量为：

休息90～115W；
轻度体力劳动200W；
中等体力劳动275W；
繁重体力劳动470W（短时间内）。

虽然可以根据在一个工作地点里人员的总数来计算其放热量，但是其量甚少，不会对气候条件造成显著的影响，故可以略而不计。

d　风动工具

压缩空气在膨胀时，除了做有用功外，还有些冷却作用，加上压缩空气的含湿量比较低，所以也能对工作地点补充一些较新鲜的空气。由于压缩空气入井时的温度普遍较高,所以其对井下气候的影响也可以略而不计。

此外如炸药的爆炸、岩层的移动等,都有可能散发出一定数量的热量,但由于它们的作用时间一般甚短,也不会对矿井下的气候造成多大的影响,所以也可略而不计。

8.7.2 井下高温的危害

8.7.2.1 对人体健康的危害

如前所述,在正常的环境下,人体通过肌体调节维持各种正常的生理参数。但在恶劣环境下,人体会出现一系列生理功能反常。当热负荷超过了人体的适应性限度时,人的肌体会受到热损伤,从而将会影响人的健康与安全。随着开采深度的增加,矿井巷道、工作面等的温度过高,造成工人体温升高,致使人体的水盐代谢出现紊乱,同时一些生理系统会因高温大量失水,身体健康受到损害,主要表现在肾脏、神经系统以及心脏肠胃等方面会招致损害。

8.7.2.2 降低生产效率

井下高温对矿山生产效率的影响有“有形”的和“无形”的两种。所谓“有形”的,是指恶劣的热环境直接损害工人的身心健康,特别是生产第一线的工人。因为对全矿来说,往往越是在第一线(采矿、掘进工作面等),环境越恶劣,使工人出现各种疾病,降低出勤率,影响整个生产效率。“无形”的影响是指中枢神经受抑制,降低肌肉活动能力,且在热环境中作业,工人感到闷热难受,汗流浃背,心情烦躁,注意力不集中,以及机电设备在高温高湿条件下散热困难,或绝缘受损,或设备温升过高而损坏,造成生产效率的降低,甚至容易出安全和设备事故。据日本全国性的调查,30~40℃气温的作业点,事故发生率比气温低于30℃的作业点高3.6倍。

如水口山康家湾矿基建时,由于热水的影响,工作面温度达30~35℃,湿度100%,工人赤膊不作业都不断流汗,作业时热得不时用水管喷淋身体,昏倒、呕吐现象时有发生,生皮肤病,食欲不振,体重下降,平巷掘进进尺不到正常温度条件时的三分之一。

为确保工人健康,国内外矿山对于热环境中作业的工人都规定减免劳动定额量。如我国铜山铜矿规定:工作面气温达27.5~33.9℃时,可减免20%;在34~39.9℃时,可减免30%;40℃以上时,可减免40%。

8.7.3 矿井高温治理措施

矿井高温治理方法可以分为有制冷设备系统的特殊措施和无制冷设备系统的一般措施。实际治理过程中,应根据矿井的具体情况,坚持技术经济合理的原则,采取针对性强的措施。

8.7.3.1 一般降温技术和措施

A 通风降温

加强通风是矿井降温的主要技术途径,通风降温的主要措施有以下两种。

a 加大风量

实践证明,在一定的条件下(如原风量较小),增加风量是高温矿井经济的降温措施之一。加大风量不仅可排出热量,降低风温,还可有效地改善人体的散热条件,增加人体舒适感。但是增风降温并不总是有效的,当风量增加到一定程度时,增风降温的效果就会减弱,通风动力费用也随之增加。

b 选择合理的通风方式

可以采用回采工作面下行通风。这种通风方式可以缩短进风路线的长度,新鲜风流处于围岩温度较低的巷道,减少了围岩放热的影响。实践证明,在一般情况下,下行通风可使采煤工作面气温降低 1 ~5℃。

B 控制热源降温

a 围岩散热的控制

主要是采用隔热物质喷涂岩壁,阻止围岩传热。经实测,在井下围岩温度大于 35℃ 条件下,该措施可使巷道内的温度降低 3 ~4. 5℃,工作面可降低 2 ~3℃。但一些专家经过研究证明,绝热材料经过一定时间后会失效。目前迫切需要开发一种价格合理、原料来源广泛且适用于井下施工的低传热系数的高效隔热材料。

b 控制机电设备散热

对机电设备应选择正确的安装位置。例如把工作面的辅助设备尽量布置在回风巷;井下机电硐室建独立的回风系统;安装辅助风机,局部散热。

c 爆破热的控制

要及时用风流排出爆破时产生的热量;应将爆破时间与采矿、掘进等作业时间错开。

d 控制热管道和热水

主要措施有:将高温排水管和热压风管敷设于回风道;超前疏导热水,将水位降低到开采深度以下,并通过加隔热盖板的水沟先导入井下水仓,再抽排或用隔热管道直接抽排到地面。

C 建立合理的开拓系统和采矿方法

实践证明,分区式开拓可以大大缩短进风路线的长度,从而降低了风流到达工作面前的温升。另外,采用联合开拓方式的降温效果也较好。统计分析证明,改单巷掘进为双巷掘进,有利于降温。采用高效采矿方法时,可缩短开采周期。

D 个体防护降温

在矿内某些气候条件恶劣的地点,不宜采取风流冷却措施时,可以让矿工穿上冷却服,实行个体保护。冷却服可以防止环境对身体的对流和辐射传热,并且使人体在体力劳动中所产生的新陈代谢热能较容易地传给冷却服中的冷媒。个体防护的制冷成本仅为其他制冷成本的 20% 左右。例如,南非加尔德 - 来特公司研制的干冰冷却背心,冷却功率为 80 ~106W,冷却时间可达 6 ~8h。

E 充填采矿法降温

充填法可以减少采空区岩石散热的影响,采空区漏风量大大降低,同时,充填物还可大量吸热,起到冷却井下空气的作用。试验表明,采用充填法的冷却效果相当于 1 台 400 ~500kW 的制冷机的降温效果。

F 其他降温措施

全矿性的措施:可采用进风井口喷水等措施来预冷进风风流;利用冻结井筒的冻结壁使其自然解冻作空调冷源等。

局部性的措施:煤层注水预冷煤体;在进风巷道内放置冰块;使用压气引射器加大风速来改善人体的散热条件等。实践证明,适当地缩短工作面长度、增加采高、提高推进速度,对于深井降温也非常有利。

8.7.3.2 特殊降温技术措施

在高温矿井中,当采用一般的矿井降温措施,无法使矿内气温达到安全规程规定的标准或经济性太差时,就必须采用矿井空调技术,来调节和改善井下工作地点的气候条件。目前研制的高温矿井空调系统根据热力学特点分为 4 种:(1)蒸气压缩式循环制冷空调;(2)空气制冷空调;(3)以热电站为热源的溴化锂制冷、串联压缩式制冷机组或氨吸收式制冷机组;(4)冰冷却空调。

目前高温矿井较多使用的主要有以热电站为热源的吸收式制冷机组、涡轮式空气制冷空调和冰冷却空调系统[21]。

随着矿井开采深度的不断增加及机械化程度越来越高,矿井热害问题将会越来越突出。科学研究表明,矿井热害问题不仅严重地影响矿山企业的安全生产,而且严重地影响井下作业人员的工作效率和身心健康,甚至严重地威胁着他们的生命安全。为此,矿井热害问题应引起足够的重视。为了保证企业的安全生产,保护矿工的身心健康,在结合上述治理措施的基础上,还必须采取以下措施:

(1)加强安全教育,深刻认识热害的危害,提高自我保护能力;

(2)借鉴国外先进经验,加强对矿工的耐热检验;

(3)提高劳动生产率,减少劳动时间,降低劳动强度;

(4)建立通风安全信息系统。

第 8 章参考文献

[1] 潘懋,李铁锋. 灾害地质学[M]. 北京:北京大学出版社,2002.

[2]《中国冶金百科全书》采矿卷编委会. 中国冶金百科全书采矿卷[M]. 北京:冶金工业出版社,1999:198 ~ 199,202,492,597 ~ 598.

[3]《采矿手册》编委会. 采矿手册第 4 卷[M]. 北京:冶金工业出版社,1990,494 ~ 505,541,592.

[4] 李学锋,谢长江. 凡口矿深部高应力区岩爆防治研究[J]. 矿业研究与开发,2005,25(1):76 ~ 79.

[5] 闵厚禄,黄平路. 金山店铁矿地下开采地表安全问题分析[J]. 矿业研究与开发,2008(5):64 ~ 66.

[6] Practice and Effect of Treament of Mine Ground Cave - in and Industrial Site Ground Deformation. 矿区地表沉降及工业场地地面变形治理实践及效果[J]. 2004,zl:288 ~ 293.

[7] 季翱. 程潮铁矿东主井区工业场地不稳定成因探讨[J]. 矿业研究与开发,2006,26(B11):40 ~ 43.

[8] 杨承祥,胡国斌,许新启. 复杂难采深部铜矿床安全高效开采关键技术研究[J]. 有色金属(矿山部分),2005,57(3):5 ~ 7.

[9] 何满潮,谢和平,彭苏萍,姜耀东. 深部开采岩体力学研究[J]. 岩石力学与工程学报,2005,24(16):2803 ~ 2813.

[10] 王永炜. 矿山常见地质灾害与防治[J]. 煤,2008,17(1):63 ~ 64.

[11] 陈爱钦. 矿山常见地质灾害特征及防治[J]. 中国锰业,2007,25(1):39 ~ 40.
[12] 段丽丽,朱明. 矿区地面沉降的危害及防治[J]. 河北理工学院学报,2007,29(1):122 ~ 124.
[13] 刁心宏,远洋,张传信. 金属矿山地质灾害及其研究发展趋势[J]. 金属矿山,2006,(6):1 ~ 3.
[14] 李铀,白世伟,杨春和,袁丛华. 矿山覆岩移动特征与安全开采深度[J]. 岩土力学,2005,26(1):27 ~ 29.
[15] 张鹏昊. 浅述巷道支护[J]. 新疆有色金属,2006(4):27 ~ 28.
[16] 古德生,李夕兵等著. 现代金属矿床开采科学技术[M]. 北京:冶金工业出版社,2006.
[17] 邓红卫,周爱民,黄筱军. 采场地质灾害分析评价与控制[J]. 采矿技术,2004,4(1):13 ~ 15.
[18] 赵伟. 岩爆的发生机理及防治措施[J]. 企业技术开发,2007,26(3):9 ~ 10.
[19] 韦善初. 岩爆产生机理及预测方法[J]. 南方国土资源,2007(8):41 ~ 43.
[20] 黄颖华,沈雯敏. 高温矿井降温技术研究动态[J]. 安全技术,2006(11S):30 ~ 31.
[21] 李艳军,焦海朋,李明. 高温矿井的热害治理[J]. 能源技术与管理,2007(6):45 ~ 47.
[22]《中国冶金百科全书》安全环保卷编委会. 中国冶金百科全书安全环保卷[M]. 北京:冶金工业出版社,2000:26 ~ 27,331.

9 现代科学技术在采矿工程中的应用

在采矿工程的发展道路上，现代科学技术起着极其重要的作用。应用现代科学技术，提高矿山的生产能力，降低采矿成本，是目前世界采矿业共同的发展方向。

9.1 现代矿山科技概述

当今露天矿山开采的技术水平反映在：采用高台阶、大区微差爆破、大吨位汽车、高效旋回破碎机和胶带运输机等工艺技术和装备，并且在开采过程中实现计算机管理和模拟技术，等等。尤其是计算机信息技术在矿山的应用，极大地提高了矿山的生产能力。这是现代科技在采矿工程中应用的重中之重。

快速有效地获取矿山各方面的信息，实现信息之间的共享和交流，对各种信息进行综合分析、处理、利用，满足不同层次的信息需求，成为矿山现代化发展水平的重要标志。掌握信息并运用信息技术、数字化技术和网络技术，使现有各种资源得到充分、合理、有效的利用，成为信息时代矿山追求的主要目标。

应用先进的信息技术整合矿山企业现有的设计、生产、管理的各个环节，实现信息化，从而将准确、有效的信息便捷及时地传递到设计、生产、管理的各个层面，以便对各种情况及时做出合理的决策，提高矿山企业的竞争力。这是当前产业形势及生产现实对我们提出的急需探讨的课题[1]。

随着计算机网络技术、图形图像技术、自动化技术、数字通讯技术、3S 技术的飞速发展，以计算机和网络通信为核心的信息技术将人类带入了信息时代。信息技术和产品渗透到社会的各个领域，从政府的战略决策到企业的经营管理和生产工艺，再到人们的日常生活，无不受到信息技术的影响。各行各业和各级政府，在不同程度地享受着这一技术革命带来的果实的同时，也感到了它所带来的压力。矿山生产已经从 20 世纪 80 年代的机械化、自动化时代步入今天的信息化、数字化时代。

数字化矿山是未来矿山的发展方向。矿山应根据企业的实际情况，整体规划矿山的数字化建设，有重点、分步骤地实施。建立矿山信息管理系统，为矿山数字化搭建好软硬件网络平台，实现矿山管理信息化。开发或引进各种专业软件，完成矿山数据库建设和资源模型的建立。建立智能化、数字化的矿井综合信息系统，实现矿山生产和监测的自动化、智能化。最后，建立矿山综合信息网，实现矿山的数字化[2]。

下面分别介绍人工智能技术（AI）、全球定位技术（GPS）、地理信息系统技术（GIS）、虚拟与仿真技术（VR）和机器人技术，以及这些技术在采矿中的应用。

9.2　人工智能技术

人工智能(Artificial Intelligence,简称 AI)是当今世界的三大尖端技术之一,其定义有多种表述,斯坦福大学人工智能研究中心的 Nilsson 教授认为"人工智能是关于知识的科学 - 怎样表示知识以及怎样获得知识并使用知识的科学";MIT 的 Winston 教授认为"人工智能就是研究如何使计算机去做过去只有人才能做的智能工作"。从广义上讲,一般认为用计算机模拟人的智能行为就属于人工智能的范畴。人工智能广泛应用于知识工程、专家系统、决策支持系统、模式识别、自然语言理解、智能机器人等方面[3]。

人工智能与空间技术、原子能利用这三者,被人们誉为现代科学技术在应用领域的三大重要标志[4]。人工智能方法近年发展迅速,在矿业界已有日益广泛的应用研究。

许多方法都可以归入人工智能范畴,目前主要有如下几种:

(1)专家系统(Expert System,简称 ES);

(2)人工神经网络(Artificial Neural Network,简称 ANN);

(3)遗传算法(Genetic Algorithm,简称 GA);

(4)计算智能(Calculation Intelligence,简称 CI);

(5)其他如案例推理(Case - Based Reasoning)、智能模拟(Intelligent Simulation)等。

9.2.1　专家系统

矿山专家系统是矿山人工智能领域中的一个重要分支。所谓矿山专家系统,实际上是以矿山知识库为核心进行问题求解,能够模拟人类思维,具有矿业专业知识,能对矿山问题提供专家水平解答的计算机程序系统,即基于知识的智能系统。这就是说,矿山专家系统是一个智能计算机程序,其处理对象是矿业中复杂的问题,通常这些问题的求解需要矿业专家重要的知识和经验。矿山专家系统与矿山普通程序系统之间最本质的区别是专家系统在控制、知识和数据三个方面的严格分离。

在矿山专家系统出现的初期,主要是解决那些难于用现成理论和方法定量描述,而需用个人的经验或直觉来解决的问题,如地质构造预测和矿压控制等。但目前已扩大到那些即使有现成的理论、方法和模式,但解决起来比较麻烦、费时且易出错之类的问题,如采掘计划编制、矿山企业升级评审等。

宾夕法尼亚州立大学开发了用于采矿设备故障诊断的专家系统 Miner Expert;弗尼吉亚理工学院及州立大学研制了模拟连续开采过程中开采、装载、运输、顶板锚固和设备检查专家系统 Cosim;加拿大拉瓦尔大学用专家系统工具 KEE 在 LISP 机上开发了露天矿设备选型专家系统 SCRAPER;英国诺丁汉大学用专家系统通用语言 Expertech 在微机上开发了露天矿边坡设计专家系统 ESDS 以及井下环境和露天矿环境影响评价的专家系统;前苏联、澳大利亚和德国也做了不少这方面的工作。

我国是较早开始矿山专家系统研究的国家,涉及的方面包括围岩稳定性分类、巷道支护、爆破设计、液压支架选型、采矿方法选择、露天采运设备选型、"三下"开采设计、矿井水治理、矿井火灾控制及企业升级评价等。早期比较有名的专家系统有:山东科技大学的顶板支护专家系统、中国矿业大学的矿井火灾控制专家系统、西安建筑科技大学的露天矿采矿方法及设备选择专家系统。这些系统都具有相当深度的领域知识，在很大程度上能模拟专家们的思维过程，而且结果比较令人满意。但同时也存在着一些需要进一步改进的问题，包括不能准确完整地获取和表示专家的启发知识；学习及设计均采取最简单的方法。由于这些问题的存在，专家系统的推广应用受到限制。

近年来，随着知识获取工具的深入研究，矿山专家系统开发环境已发展到一个新的阶段。可以认为矿山专家系统构造环境将成为知识获取工具方面的主要发展方向。但无论如何，矿山专家系统开发环境的核心仍然还是对矿业知识的获取。随着获取技术的发展，已有不少实用的知识获取工具问世，并在建立矿山专家系统中发挥着越来越重要的作用。但自动知识获取工具目前还处在主要研究阶段。

计算机软件技术发展进程要求不同技术间的相互渗透，矿山专家系统作为计算机科学与技术的一个重要分支，已经越来越多地应用到矿业领域，但应进一步提高矿山专家系统的领域适应性。随着“矿山信息高速公路”的不断发展与应用，矿山专家系统在资源管理、信息检索、信息重构等方面将发挥重要的作用。因此在我国，现阶段矿山专家系统进一步深入地应用研究将是一个发展方向，它将成为矿山发展过程中一个举足轻重的应用工具[5]。

专家系统是人工智能技术中最早被引入采矿领域的，应用广泛并日趋成熟。国内外应用专家系统来解决矿业问题的典型研究成果主要有：

(1)Standford 研究所 R. O. Dud 等人研制成功地质勘探专家系统 PROSPECTOR[6]。它综合许多地质专家知识和经验，拥有十多种矿藏地质知识，在钼矿勘探中获得了成功应用。

(2)20 世纪 80 年代末 U. S. Kizil 和 B. Denby 等人开发的专家系统 ESDS。它根据地质人员获得的地质信息，可对矿床地质构造进行评估并描绘出精确的地质图形[7]。

(3)英国诺丁汉大学 B. Denby 和 D. Schofield 等人建立采矿设备选择专家系统，它能实现采矿设备的优化和选择[8]。

(4)我国云庆夏在 20 世纪 80 年代末 90 年代初先后建立露天矿开拓运输方案专家系统和开采方法专家系统。这两种专家系统都通过了实例测试[9]。

(5)我国姚建国等开发了回采巷道支护选型专家系统，可用来预防顶板冒落、提高开采安全性[10]。

(6)国内最早将专家系统引入岩体工程的张清先后研制成功岩石力学应用专家系统和铁道围岩分类专家系统，对岩石的力学性态预测和顶板初次来压预测有效[11]。

(7)东北大学冯夏庭、王泳嘉从 1986 年开始从事人工智能在采矿岩体工程中的应用研究，建立了新一代岩石工程专家系统的开发工具 OEEST，缩短了各类岩石力学专家系统的开发时间，并围绕 OEEST 先后建立了结构面性质评价专家系统和工程岩体分级专家系统[12]。

(8)我国徐竹云等人建立了一种采矿通风专家系统，它主要用来优化通风设备和通风模式[13]。

(9)国内张瑞新等人建立资源评价专家系统，本系统主要对露采矿区的资源加以综合评估，并得出不同矿区优化的开发次序[14]。

9.2.2 人工神经网络

神经网络系统是 20 世纪 80 年代后期发展起来的计算机人工智能研究领域的一个分

支,它由大量高度互联且能并行处理的神经元(处理单元)组成,以模拟人脑系统的组织方式来构成新型的信息处理系统。其存储与处理能力由网络的结构、连接权值及单个神经元所执行的处理而决定。

人工神经网络的研究受人脑工作理论模型的启发,以模拟人脑系统的组织方式来构成新型的信息处理系统,具有与人脑神经网络某些相似的特性,如自学习、自组织、非线性动态处理、分布式知识储存、联想记忆等,是探讨多因素、复杂非线性问题因果关系的一种有效数理方法。

在研究和应用中被广泛采纳的两种神经网络模型是以 Hopfield 网络模型为代表的反馈型模型和以多层感知器(Perceptron)为基础的前馈型模型。前者具有非线性和动态性,后者则具有线性的和静态的网络结构。其中典型的前馈型模型以 BP(Black - Propagation)网络模型为代表。

人工神经网络系统在采矿工程领域有着广泛的应用。目前,人工神经网络系统在预测爆破效果、矿业城市循环经济综合指标评价、露天矿边坡位移预测、矿井通风系统评价、地表下沉系数计算、入选品位动态优化数学模型建立、采矿方法模糊优选、井巷支护参数优化、采场冒顶预测、冲击地压预测等方面有着重要作用。

人工神经网络对专家的思维过程进行模拟,利用基于神经网络的自学习、联想、非线性动态处理、自适应模式等方法,从积累的工程实例中获取知识,形成适用的网络模型。目前在模式识别、数据获取上应用效果很好,这主要是利用了神经网络能从残缺的信息联想到整体,即具有很高的容错性这一特征。虽然神经网络核心部分仍是一个黑箱,数据运算复杂,但随着计算机性能的不断提高,神经网络必将得到广泛的应用[15]。

人工神经网络在矿业中的应用有:

(1)E. Clarici 和 D. Owen 等人通过构造一种神经网络对勘探区各点地质参数如品位等加以估计,所得地质参数用来构造矿床模型,得到的结果比较满意[16]。

(2)Bauda 等人提出利用神经网络控制采矿机械自动导航[17],用采矿机器人代替人工进行地下开采操作,这样不但可以减少作业人员、提高经济效益,也可避免一些常规的人为伤亡事故,提高安全生产水平。

(3)B. Denby 和 C. C. Burnett 等人利用神经网络开发了 GEMNet 系统[18],用以估计矿石品位。该方法所得结果优于传统方法得到的结果。

(4)冯夏庭等人应用神经网络在矿业技术中建立了“地下采矿方法合理识别的人工神经网络模型”[19],“利用神经网络对岩体进行分级模型”[20]以及“矿岩设计参数预报的神经网络模型”[21]。

(5)李新春等研制出矿区资源评价的层次结构神经网络模型,整个神经网络模型是层次结构的。通过对几大矿区的资源评价,论证了模型的可行性[22]。

(6)国内韩万林等人用人工神经网络方法进行地质构造判断、地质参数估算和矿井生产指标预测,结果优于传统方法[23]。

9.2.3　遗传算法

遗传算法是模拟生物在自然环境中的遗传和进化过程而形成的一种自适应全局优化概率搜索算法,是新兴的搜索寻优技术。它最早由美国密执安大学的 Holland 教授提出,起源于20世纪60年代对自然和人工自适应系统的研究。20世纪70年代De Jong基于遗传算法的思想在计算机上进行了大量的纯数值函数优化计算试验。在一系列研究的基础上，20世纪80年代由Goldberg进行归纳，形成了遗传算法的框架。遗传算法以灵活性与稳健性见长，不受搜索空间的限制，实行非定向随机搜索，计算方法简单，特别适合解决其他科学技术无法解决或难以解决的多变量及非线性的复杂问题。

采矿工程往往涉及复杂的大系统工程，其决策涉及一系列内外部因素，要求实现多目标动态综合优化，而采矿工程信息系统常呈不良结构，有些因素难以定量化表达。遗传算法的出现，必将成为解决上述问题的有力手段。近十几年来，国内外利用遗传算法研究采矿工程问题，取得了一定的进展。

(1)结构优化设计。采矿工程中的优化设计包括结构优化和参数优化，前者指采场结构形式、开拓运输方式等，一直没有合适的优化方法；后者指采场尺寸、运输线路参数等，已成功地运用运筹学、岩体力学等工具予以解决。如：英国Nottingham大学矿产资源工程系的Dr. B. Denby和Dr. D. Schofield将遗传算法应用于露天开采境界和开采程序的综合优化，指出了传统方法的矛盾及用新方法解决此类矛盾的途径。他们用遗传算法构造了GO－FIT系统，对二维和三维模块进行了分析，对模块群体进行复制、交换、突变，找出折现纯利最大的块段来圈定境界。后来，他们又利用遗传算法构造了GO－SHED系统，以解决地下开采进度计划中的若干问题。国内学者吴洪词利用遗传算法对露天矿开采进度进行优化，但尚属初步尝试，一些细节问题有待进一步研究。

(2)复杂问题寻优。矿业中的许多问题由于内部机理错综复杂，很难用数学函数表达。遗传算法是一种黑箱式的优化技术，可以进行全方位的搜索，在搜索过程中不仅可以评价各种方案，而且还可以诱导出更多的新方案。如在矿石品位估值及优化方面，加拿大Laurentian大学的Serge Clement和Nick Vagenas将遗传算法用于矿石品位估值，在短时间内经过400次迭代，得出了准确的结果。西安建筑科技大学的云庆夏等应用遗传算法，成功地解决了矿石品位的优化问题。

(3)人工智能。遗传算法不仅可以表达知识，还可以产生新的知识，已成为处理人工智能问题的有力工具，同时也为处理矿业专家知识提供新的技术途径。浙江大学肖专文等将遗传算法与神经网络相结合，协同求解采矿工程中的优化问题。该法既利用了神经网络的非线性映射、网络推理和预测的功能，又利用了遗传算法的全局优化特性，是一种值得推广的应用方法。利用该方法对某矿矿房宽度与充填体刚度的合理匹配进行寻优，取得了满意的结果。这种方法可广泛地应用于在变量与目标函数值之间无数学表达式的众多复杂问题中。

实践研究证明，遗传算法是一种实用性很强的全局优化方法，对于像矿山系统这类非常复杂的问题，遗传算法在其中的应用具有超越传统方法的优势，可弥补数学模型、专家系统、神经网络等方法的不足，为解决采矿工程中错综复杂的问题提供了一种新的手段，是传统方法的补充和完善，其在矿山中的应用领域正在不断扩大。随着计算机技术的不断发展，遗传算法必将成为矿山设计、优化和决策方面的最具生命力的有效方法之一[24]。

遗传算法在矿业中的应用有：

(1)加拿大Laurentian大学的S. Clement和N. Vagenas等人将遗传算法用于矿床品位估值，经过400次迭代，得出了准确结果[25]。

(2)英国诺丁汉大学的 B. Denby 和 D. Schofield 等人利用遗传算法优化露天开采程序和露天矿境界。其方法是对二维和三维模型进行分析,对模块群体进行复制、交叉、变异,找出折现纯利最大的块段来确定境界和开采程序[26]。

(3)A. D. Haidar 和 S. G. Naoum 等人采用遗传算法优化采矿设备的配套选择。他们将可能的各种采矿设备型号加以编码分析,通过遗传算法操作得到优化设备选型[27]。

(4)英国 B. Denby 和 D. Schofield 等人利用遗传算法构造了 GO - SCHED 系统,用来解决地下开采进度计划中出现的若干优化问题[28]。

(5)遗传算法在国内矿业中的应用是初步的,主要成果有[29,30]:李新春等应用遗传算法求解露天矿设备的型号和数量;韩万林等用遗传算法对矿石品位估值,估值结果接近真实品位;云庆夏等应用遗传算法,比较成功地解决了矿石品位的优化问题。

9.2.4 计算智能

计算智能是人工智能的一个新分支,它仿效人脑活动或生物进化,通过迭代计算逐渐逼近所求问题的最优群。它着重研究输入与输出之间的数量关系,并不深究造成这种关系的原因,因此适用性广。

计算智能通常包括遗传算法、遗传规划、进化策略、进化规划、模拟退化、免疫算法、蚁群算法、粒子流算法以及人工神经网络。它们共同的特点是采用反复的迭代计算,逐步逼近问题的最优解。

计算智能是相对于专家系统来说的人工智能,是一种很有用的新技术,具有广阔的应用前景[31]。

人工智能方法各分支之间的融合交叉及综合应用,对综合推理的宽松要求以及与计算机模拟技术进一步结合,已成为人工智能的发展趋势。随着计算机技术的飞速发展,人工智能作为一种尖端技术,将在采矿工程中发挥更重要的作用。

9.3 GPS 技 术

全球定位系统(Global Positioning System,简称 GPS)是美国国防部于 1972 年 12 月正式批准陆、海、空三军共同研制的第二代卫星导航定位系统。该系统可提供全天 24 小时全球定位服务。它是利用导航卫星发射的信号进行测时和测距,具有在海、陆、空进行全方位实时三维导航与定位能力的新一代卫星导航与定位系统,能为用户提供高精度的七维信息(三维位置、三维速度、一维时间)。全球定位系统的建成是导航与定位史上的一项重大成就,是美国继“阿波罗”登月、航天飞机后的第三大航天工程。

实践证明,GPS 以全天候、高精度、自动化、高效率等显著的优点,赢得了广大用户的信赖,并成功应用于大地测量、工程测量、航空摄影测量、运载工具导航和管制、地壳运动监测、工程变形监测、资源勘察、地球动力学等多种学科,从而给应用领域带来一场全新的技术革命[32]。

自从 1995 年 GPS 第一次进入民用市场后,美国、加拿大、澳大利亚等矿业发达国家就将其成功地运用于露天矿开采和管理等领域。目前,GPS 主要应用于矿山测量、开采作业的优化控制、矿山安全监控等方面[33]。

9.3.1 GPS技术原理

GPS是由美国建立的一种卫星导航定位系统,它可以实时和全天候地为全球范围提供高精度的三维位置、三维速度和系统时间信息。整个系统由空间、地面控制和用户三部分所组成。GPS的空间部分是由24颗GPS工作卫星所组成,每颗GPS工作卫星都发出用于导航定位的信号;GPS系统由空间卫星部分、地面支撑部分(监控部分)、用户设备部分(接收机)三个独立部分组成。控制部分由分布在全球的由若干个跟踪站所组成的监控系统所构成;GPS的用户部分由GPS接收机、数据处理软件及相应的用户设备所组成,它的作用是接收GPS卫星所发出的信号,利用这些信号进行导航定位等工作。

GPS的定位原理:卫星连续发送卫星星历参数和时间信息,用户设备(接收机)接收到信息后,经过计算求出接收机的三维位置(X、Y、Z)、三维方向以及运动速度等数据。

GPS技术主要有静态定位技术、实时动态定位技术(GPS-RTK)、网络实时动态定位技术(Network RTK)、广域差分技术(WADGPS)、全球动态定位技术(Global RTK)等[34]。

用户GPS接收机利用卫星传送的数据来解出导航和时间信息。普通接收的定位精度为米级,可使定位精度控制在15m以内。高精度GPS接收系统精度可达厘米、毫米级,主要应用于军事领域。随着GPS技术的不断进步和价格的不断下降,在民用领域的应用范围不断扩大。由于GPS系统定位精度高,不受气温、气候、昼夜等影响,因此在矿山需要精确定位和实时监控的生产调度系统方面具有广阔的应用前景。

9.3.2 GPS技术在矿山的应用

9.3.2.1 露天矿卡车优化调度系统

我国大部分露天矿采用电铲-汽车工艺,设备大型化、机械化程度高。但调度方法一直采用固定配车、人工跑现场的方式进行,铲车相互等待严重,设备效率难以充分发挥,在相当程度上影响了矿山的经济效益。露天矿GPS卡车调度系统是GPS技术在露天矿应用的一个重要方面。目前国外已有100多个露天矿成功地应用了GPS卡车调度系统,经使用证明,可提高生产效率7%~15%。

我国一些大型金属矿山和露天煤矿成功应用了计算机调度系统进行矿山生产的指挥调度。该系统借助于无线通信和GPS卫星定位系统,将安装在卡车、电铲、钻机、破碎机等设备上的车载计算机收集到的各种数据(如设备状态、载荷、位置等)和边坡监测数据实时地传送到中央计算机进行处理和调度,用数字化通信系统和信息系统把现场各种设备平台与各工种班组、岗位连接起来,最终建立起一条数字化生产指挥控制链,较好地解决了生产设备的最佳配合和设备中途出故障后的动态重组等问题,提高了设备的台时效率,实现了采矿作业的最优化。穿孔管理部分利用高精度GPS定位系统,实现了爆破孔的自动定位。江西德兴铜矿运用该技术,通过优化卡车运行,实现卡车、电铲、钻机定位,维修跟踪、边坡监测,大幅度提高了采矿劳动生产率,年经济效益在1000万元以上;鞍钢集团齐大山矿露天采场采用GPS卫星智能调度系统采矿,利用GPS和电子地图进行车辆跟踪并结合计算机优化调度和数据库管理功能,使主要设备汽车的利用率提高了5%,年可创效500万元;内蒙古伊敏煤电公司一露天矿运用GPS车辆调度系统使年产量提高了8%。首钢矿业公司的“首钢水厂铁矿矿车自动调度及管理系统”的成功研发与应用，在国内同行业露天矿山具有很好的推广价值，经济效益和社会效益显著。

露天矿卡车调度系统的功能有：设备跟踪、自动配车、设备优化配置、人工调度、实时查询、统计报表、故障报警、自动导航、超速报警、自动采集、司机评价、设备维修建议等。

采用 GPS 卡车优化调度系统后，可在以下几方面取得实效：

(1)提高设备效率，减少铲车相互等待时间，从而提高了矿山产量和减少设备数量，降低成本，提高经济效益；

(2)实时监控设备的运行和维修；

(3)有利于矿石品位中和与搭配，提高产品质量；

(4)提高矿山生产统计报表的速度和精度。

张志霞等针对露天矿生产调度效率低下这一现状，提出了采用 GPS 技术，将计算机网络、通信技术、优化理论、管理信息系统等结合起来，开发出实用高效的露天矿生产调度系统，实现了对移动设备实时数据的采集及动态显示、设备状态分析、调度方案的确定、数据处理、查询统计数据生成等功能，解决了配矿问题、GPS 定位误差以及移动设备位置判定这些关键性问题，并成功将其应用于实践中[33]。

9.3.2.2　GPS 测量验收

GPS 测量为目前世界上最先进的测量方法。GPS 测量系统主要由差分基准站、移动工作站、内业处理系统三部分组成。其工作原理是：首先在已知坐标值的点位上设立 GPS 差分基准站，然后用户沿工作区边缘移动，移动站获得实时点位数据；最后应用内业处理系统进行解算。

与传统的测量方法相比，GPS 测量验收优势十分明显，主要体现在：

(1)机动性与灵活性强，测量操作时无需通视，基准站开通后，各移动站只需一个人即可工作，且不受天气和气候影响；

(2)测量精度可达厘米级，误差积累小，基本不存在人为误差；

(3)工作效率高：野外测量数据采集速度快，可以连续测点，存储能力强，与计算机数据通信简单快捷。

9.3.2.3　GPS 边坡监测

露天矿 GPS 边坡监测系统的组成、工作原理与 GPS 测量验收相差不大，也需要开发研制专门的边坡监测内业处理软件。但 GPS 边坡监测系统在定位精度要求和具体应用条件方面与 GPS 测量验收系统又有很大的不同，主要体现在以下几点：

(1)定位精度要求不同：测量验收的定位精度为厘米级，而 GPS 边坡监测系统的定位精度通常为毫米级；

(2)信息采集和处理方式不同：测量验收采用实时动态方式，而边坡监测系统通常采用静态后处理方式，因此即使采用相同的 GPS 设备，边坡监测的精度也要高于测量验收的精度；

(3)独立性和关联性不同：边坡监测系统必须和其他传感器共同采集位移信号，才能实现边坡监测功能。而测量验收系统比较独立，无须与其他采集系统相连；

(4)工作方式不同:边坡监测系统固定安装在室外,需要在无人值守的情况下长期连续监测,因此需要固定、供电、防寒、防盗等安装防护措施。而测量验收监测系统由测量验收人员随身携带和使用,进行间断性测量[35]。

GPS 系统具有定位精度高,不受天气、气候、昼夜等影响的特点,因此在露天矿需要精确定位和实时监控的卡车调度、测量验收、边坡监测等方面具有广泛的应用前景。随着欧洲伽利略系统(GNSS)的研制,将有利于 GPS 用户摆脱对美国 GPS 和俄罗斯 GLONASS 的依赖,用户将来可以用一个接收机采集各个全球定位系统的数据,使 GPS 的应用前景更加广阔。

GPS 还有很多的用途,如 GPS 在测量领域中的应用也越来越广泛,并已形成了一门新的学科——GPS 全球大地测量学。它将进一步服务于地球物理学、地球动力学、天体力学等空间学科;GPS 在减灾中应用:应用 GPS 精确定位数据和相关环境信息,能够准确测定森林火灾、井喷等环境灾害的发生地及其区域范围,掌握灾害的发展趋势和速度,为指挥减灾行动提供决策依据。此外,利用 GPS 监测大型工程建筑(如大型水坝、桥梁等)的变形信息,可建立大型结构工程变形观测预警系统,控制灾害发生。

9.4 GIS 技 术

地理信息系统(Geographic Information System,简称 GIS)是随着现代计算机信息处理技术飞速进步而迅猛发展起来,能够对地球空间数据进行采集、储存、检索、分析、建模和表示的计算机系统。1996 年,加拿大学者 Tomlison 首次提出空间 GIS 信息的概念,并领导开发了世界第一个 GIS 系统(CGIS),用于自然资源的管理和规划。20 世纪 70 年代末,较成熟的 GIS 商业化产品开始应用于地学,80 年代中后期有 300 种 GIS 平台应用于矿产地学,矿产预测处于试验成熟期。90 年代,GIS 在矿产资源管理中得到空前广泛的应用。中国 GIS 应用研究起步较晚,20 世纪 80 年代在环境国土资源管理中得到了初步应用,并研制出中国版权 MAPGIS 软件平台;90 年代初期开始地矿数据库建设。21 世纪以来,国土资源信息化建设步伐加快,全国初步建立矿产资源数据库,但是,现有矿产资源数据库不完整、无统一标准。可见,将矿产资源相关的信息资源加以整合,全面、系统的建立矿产资源信息系统,是十分重要的和急迫的任务[36]。

GIS 作为计算机技术和信息发展的产物,是以地球科学为基础,运用计算机技术获取、存取、编辑、处理、分析、显示和输出地理数据的系统。在矿井安全管理信息系统中,利用 GIS 技术将空间数据和属性数据结合起来的特性,将矿井系统的多种数据结合起来,可提供直观的查询统计界面,并具有事故的统计、分析、预测等强大功能[37]。

9.4.1 GIS 技术的基本功能

GIS 的发展动力在于它具有强大的识别空间关系和分析空间数据的能力,其基本功能如下:

(1)多渠道获取数据信息。根据数据来源的不同,可分为地图数字化采集、遥感数据获取和 GPS 数据转换等。其中地图数字化采集,主要有数字化仪输入的矢量数据、扫描输入的栅格数据以及 CAD 等软件制作的图形信息;

(2)支持几十种不同数据格式的转换及对相关信息进行初步处理;

(3)建有大型数据库系统,并进行严格有效的组织管理,不同的表格数据间可以通过相关项连接,增加了其灵活性;

(4)具有缓冲区分析功能,可进行要素之间的关系计算和空间信息的搜寻与分析;

(5)通过可视化的地图、影像、多媒体等直观地表达信息。

9.4.2　GIS 技术在采矿中的应用优势及相关特性

GIS 中的信息处理不仅可以利用 DBMS(数据管理系统)的传统数据运算方法,还可以运用数据的拓扑结构和矢量结构等方式来表示空间几何关系。不仅可以对自身所存信息进行分析,还可以对外来数据进行综合处理。因此,GIS 能更好地寻找和分析信息并将其表现出来。GIS 在采矿应用中拥有很多的有利特性,包括数据的可靠与整合性、信息的统一共享、高质量的可视化模式等。具体特性如下:

(1)GIS 具有一个单独的数据库,能为应用者提供不断更新的信息,并能保证用于产生地图的数据的整体性;

(2)GIS 能时刻保持数据的整体连接。采矿的各个生产部门在运用共享数据库时都能同时得到最新的信息,而运用一些普通的平台工具进行设计或决策时,会碰到数据丢失而引起的麻烦;

(3)高质量的可视化输出是 GIS 的突出优势,尤其是在处理一些受限物体时;

(4)可实施内插(通过对空间的调查)的能力是 GIS 的另一特性。该特性不仅对采矿过程的目标确立方面起到很大作用,还可以对矿体进行三维模型化,因而不仅能产生高质量的可视化模型,而且还能提高信息分析能力,可用于开拓模型及前景分析模拟等;

(5)GIS 还具有产生主干地图、实际照片及三维数据地形模式的能力。

9.4.3　采矿工程中 GIS 技术的应用

9.4.3.1　资源勘探

GIS 是一种很好的矿床勘察辅助工具,可反馈符合勘察标准的多种数据,进而准确地完成矿床储量计算。GIS 可以快速获得并进行数据统一分析,因此可以用于储存、操作和显示钻孔数据,并对地质情况进行分析。这些信息可以形成数字化三维模型、储量估计图表等集成信息。勘察人员可以利用 GIS 在空间和表格数据间的链接作用进而得到关于地形轮廓、地层延伸、矿藏等级分布、岩层类型、地表的植被、耕地、野生物、斜坡以及地层性质等明确信息。另外,勘察人员还能运用 GIS 的三维功能,实现对地质构成的可视化。

9.4.3.2　采矿设计

传统的开采设计是采用手工或 CAD 设计,这些方法在设计过程中要不时的对照地质图进行人工纠偏,即便如此也很难保证设计的高度可靠性。任何采矿方法设计的起点,都是由勘探所得资料开始,运用这些资料可以进行地质分析并确定成矿区域的储量及等级。GIS 参与到开采设计过程中能够直接同勘探资料建立连接,就可以实时对设计进行纠正与分析。采矿过程中也会产生大量的数据信息,通过对这些信息的合理组织,能为后期设计提供更可靠的依据。

9.4.3.3 开采设施优化布局与设计

矿山生产过程中，由于 GIS 可以对有关的生产服务设施进行定位并反馈它们的信息，因此当开采情况发生变化时，GIS 可以为工程设计人员提供应变的决策支持。主要有以下几个方面：

（1）确定矿石通道位置、弯道、门柱、运输路线等并使其分布在满足生产要求的范围内；

（2）反馈采场危险气体、地面不稳定因素和围岩移动等的影响；

（3）能够在确定合适的勘探孔、中段水平、人行通道和通风构筑物位置等方面为设计者提供帮助；

（4）在服务和辅助系统中，设计者能够运用 GIS 来确定最近设施的位置，寻找花费最小的路径为工作区运输材料；

（5）GIS 能应用在机械和电力设施、炸药库、水仓、泵站和供给室等工作场所的定位及布置上。

9.4.3.4 井下安全管理

安全管理是采矿工业中最重要的环节之一。为达到生产安全、高效的目的，可利用 GIS 辅助构建一个安全的工作环境，通过执行网络分析进而确定合适的地点，建立紧急躲避硐室以帮助灾害发生时井下工人的快速疏散。通过 GIS 的数据缓冲近似化分析，可以在采矿工作点的安全距离内确定紧急躲避硐室的位置，能为大量的井下工人提供足够的安全空间和急救设施，进而形成一个紧急躲避网络。GIS 可以寻找最近的出口并通过产生距离系统网络来确认不同工作中心的最短撤离路线。GIS 的这些功能还可以帮助确认出没有达到企业规定和政府要求的安全标准的地区，包括设施分布不合理、紧急躲避硐室容纳能力不足等。

空区处理也是地下开采安全的重要内容，GIS 可以帮助设计人员掌握空区的分布及空区的变形等特征，根据不同的岩石特征和空区的特点制定相应的处理方法。

9.4.3.5 基于 GIS 的采矿设计软件开发

GIS 对多种空间数据的处理和分析能力，不仅为采矿设计提供了对地理、地质、物探、化探及遥感等资源地学的信息，还提供了进行综合分析解释的强有力的工具，还可以对整个开采过程进行跟踪，进而随时调整方案以适应实际情况。商业化 GIS 允许使用者运用多种程序语言进行再开发，因此传统的指令可以被发展且能提高和扩展 GIS 数据库的平台运作能力。将自行开发的设计程序设置在 GIS 内具有诸多优势：

（1）更好的数据整合性；

（2）消除了软件间的不兼容情况；

（3）在源程序可应用的情况下，GIS 具有支持使用者修改程序的能力；

（4）支持使用者编写符合自身需要的程序；

（5）节省软件购买和员工培训方面的费用。

开采过程所产生的大量数据资料，经过合理组织再次运用于整个系统，进一步增加了开采设计所用资料的可靠性，为采矿操作提供配套的 GIS 信息，可以使采矿设计软件同 GIS 数据库发生直接的作用，从而优化采矿设计[38]。

GIS对采矿空间信息的高效处理、采矿工程设计及采矿过程优化等方面都是一种理想的工具。GIS独特的空间特性,将使其在采矿决策和设计中成为强大的辅助工具。当前GIS发展的方向是多维、动态、集成、智能化,通过与实际应用相结合建立满足应用要求的三维、动态、可视化的露采矿山地理信息系统,使得由传统的二维平面图向三维立体图过渡,对露采矿山生产、管理及决策提供更加直观、有效的支持,服务于矿区的可持续发展[39]。

9.5 虚拟与仿真技术

9.5.1 虚拟现实技术

20世纪90年代在计算机领域发展起来的虚拟现实技术(简称VR),是以模拟方式为使用者创造一个实时反映实体对象变化与相互作用的三维图像世界,在视、听、触、嗅等感知行为的逼真体验中,使参与者可以直接参与和探索虚拟对象在所处环境中的作用和变化,仿佛置身于一个虚拟的世界中,产生沉浸感。VR并不是真实的世界,也不是现实,而是一种可交替的环境。人们可以通过计算机的各种媒体进入该环境,并与之交互。从不同的应用背景看,VR技术是把抽象的、复杂的计算机数据空间表示为直观的、用户熟悉的事物。它的技术实质在于提供了一种高级的人机接口。

虚拟现实技术已经和理论分析、科学实验一起,成为人类探索客观世界规律三大手段。

9.5.2 虚拟现实技术在采矿中的应用

虚拟现实技术是一种实时三维图形生成技术、多传感器交互技术以及高分辨率显示技术。它最大的特征便是通过给用户提供视觉、听觉、触觉等各种直观而又自然的实时感知交互手段,逼真地再现现实世界中的各种过程。虚拟现实技术在采矿中的应用主要体现在以下几个方面:

(1)VR在矿山系统设计中的应用。应用虚拟现实技术可以即时生成矿山系统的开拓、运输、通风、压供排等大系统的三维虚拟模型,并且这些模型可以与设计者们实现自然交互,设计者可以进入该交互环境中,断定并校验设计的结果,对于令人不满意的地方或设计不合理的地方可及时调整参数和进行修改,并马上在虚拟环境中再现。

(2)VR在矿山施工工艺研究中的应用。虚拟现实技术在矿山施工工艺的研究主要着眼于对采矿作业进行模拟,即通过桌面VR软件生成一系列虚拟作业场景,工程师可以"亲临现场"进行操作,以确定矿井施工工艺的最佳参数和最佳施工过程。

(3)VR在矿山爆破工程中的应用。利用VR系统模拟矿山特定的地质、水文及岩石条件,爆破工程师在这种地质和岩石条件下,对设计的爆破方案在VR系统中进行预演,并将所得的结果与预期的结果进行比较,从而确定最佳的爆破参数。

(4)VR在矿山管理中的应用。在矿山管理的应用主要着眼于生产调度、安全环保、设备管理等方面,实现这些方面的功能主要利用VR的实时监控、动态生成场景的能力。矿山企业管理者可利用VR生成的实时场景对当前的生产进度、矿山规划等进行评估决策。

(5)VR在矿山培训中的应用。应用VR系统虚拟井下各种复杂的作业环境,供采矿工程技术人员的实习训练,可降低培训费用,缩短培训时间;使用 VR 系统进行矿山安全培训时,受训者被置于同样存在大量危险的相似环境下,当接近危险处时,危险的对象不是被强调显示,而是由用户主动通过点击鼠标或操纵杆按钮确定所存在的危险,并进一步选择一系列的选项以评价其潜在的严重性和危险发生的概率。

(6)VR 在特殊采矿环境中的应用。对于深部开采,可通过地质勘探获取地下相应深度的水文地质资料、地压地温状况资料,利用 VR 建立相应的虚拟环境,采矿工程师可在这个环境中进行交互式的设计,以确定适合这种环境的特殊采矿方法、巷道布置方式、通风方式及矿井开采参数,并虚拟确定矿山施工工艺参数。对于海洋采矿和太空开采环境,同样可以利用 VR 技术对海洋和太空的特殊的地理环境信息进行模拟,以确立海洋和太空环境下的开采方式和开采参数。

9.5.3 系统仿真技术

目前系统仿真技术已经广泛地应用于机械设计与制造、物料处理、交通运输、飞行训练、商业服务、计算机与通讯、建筑、工艺美术等各个方面。系统仿真不仅发展成为重要的学科领域,而且形成了一个不断扩大的工业领域,向社会提供日益完善的系统仿真及虚拟现实软件产品和技术服务。

近年来,微机技术得以突飞猛进,在运行速度、存储容量、面向对象的设计(OOD),可视化(Visualization)与图形界面、开放数据结构(ODBC)以及对象连接与嵌入(OLE)等方面皆取得了巨大进展,对系统仿真技术亦相应地产生了广泛而深刻的影响,旨在解决模块可重用性、计算机辅助建模、可视化仿真、图形界面以及与其他系统的集成性等问题,面向对象的可视化仿真及虚拟现实技术与系统,便应运而生[40]。

9.5.3.1 矿床仿真及开采 CAD

矿床仿真指用计算机对有关矿床的地质采样数据进行处理,进而建立矿床模型的技术。矿床模型主要包括数值矿床模型和几何矿床模型等两大类。

数值矿床模型有块段模型、网格模型和断面模型等,主要用于解决矿床品位估值问题,在表示矿床地质构造和矿体边界方面存在着一定的缺陷,尤其是在复杂矿床和开采环境下,表达地质界线的能力明显不足。

几何矿床模型主要有线框模型、边界模型、实体模型等。这些几何模型的实质都是应用计算机几何造型技术对矿床的空间几何形态进行描述,即通过表面信息来描述三维矿体。几何矿床模型一般不直接涉及矿体内部即矿床的物理属性信息,如品位、岩性等,但几何模型除可以描述矿体形态外,还有助于表达矿床内的巷道等工程,为采矿 CAD 系统的建立奠定基础。

近年来,体视化技术的迅速发展,为矿床仿真与采矿 CAD 系统的建立,提供了更先进的、更有效的手段。利用体视化技术,可以建立矿床、地质构造和采矿工程的体模型,并通过体数据所蕴涵的信息,揭示体内结构及属性,使人们能够观察到通常情况下看不到的体内结构及属性,展现矿床、地质构造和采矿工程的位置特征、属性特征和空间关系特征,比起传统矿化模型对矿床几何描述和对矿体属性描述的分离来,具有明显的优越性。

9.5.3.2　矿业物流系统可视化仿真

矿业物流系统是应用仿真技术的重要领域之一。特别是从20世纪80年代后期开始，伴随可视化技术的出现，系统仿真在矿业物流系统中的应用研究又得以复苏。

美国采矿工程师较早地认识到系统仿真对采矿计划和设计的重要性。多年来美国矿业仿真技术应用非常成功，一直居于此领域的前沿。具体的应用实例包括阿拉斯加 Greens Creek 矿的斜井运输系统，某炼铜厂的物流处理系统，明尼苏达 Hibbing 露天铁矿的调度系统，怀欧明 Cabillo 和 Rawhide 露天煤矿的矿山中长期计划，Falconbridge 公司几处矿山与冶炼厂之间的由矿仓、卡车、铁路以及码头构成的物料处理系统，等等。

欧洲是最早在矿业领域应用仿真技术的地区，自瑞典矿山的手工仿真开始至今，系统仿真技术在欧洲矿山一直在缓慢而稳定的发展，而且被广泛应用于为新建矿山设计和已有矿山的改进与优化分析。例如，德国 Wilke 曾用仿真方法验证地下运输系统调度规则对提高运输系统效率的影响；英国 Hancock 给出了英国煤炭局在地下煤矿生产系统的仿真方面的研究成果；瑞典 Vagenas 等开发了 METAFORA 仿真系统，并用于 AITIK 露天铜矿的电铲卡车装运系统等。

在我国，系统仿真技术在矿业工程系统中的应用始于20世纪70年代，马鞍山矿山研究院与中科院数学研究所建立的卡车－电铲运输系统的仿真模型，可以认为是矿业系统仿真的经典之作。20世纪80年代阜新矿业学院等单位开展的地下煤矿生产及运输系统的仿真研究和中国矿业大学等单位开展的露天矿卡车调度系统的仿真研究，也具有一定的代表性。近年来，北京科技大学在矿山运输系统可视化仿真及矿床体视化仿真方面的研究工作，得到了国家自然科学基金的资助。

另外，南非、加拿大、亚洲和南美洲在矿业系统仿真方面也有着广泛的应用和先进的经验。

9.5.3.3　仿真与虚拟现实

传统的仿真模型主要基于逻辑分析，一般不表现仿真过程，只是最后给出有关系统的一系列统计数据和状态参数。这种数字罗列，往往难于理解。而把虚拟现实技术引入到仿真的各个阶段，例如，使其辅助系统建模或以其表现仿真结果，则会充分利用人对图像、声音等感官信息的理解能力，促进仿真模型的建立与验证。仿真与虚拟现实(Virtual Reality)技术的结合，可能产生采矿设计与计划的全新虚拟环境。在此环境中，矿山系统仿真工具与其他应用软件诸如矿山地质构模、采矿设计与生产计划系统的有效集成，能够将矿体模型、采掘工程、设备以及工作人员的一切开采活动情况尽揽其中。采矿工程设计和计划将据此在投入时间与资金付诸实施之前便得到证实，带来采矿工程设计与计划手段的深刻变革。

9.6　机器人技术

机器人技术作为20世纪人类最伟大的发明之一，自20世纪60年代初问世以来，经历50余年的发展，取得了长足的进步。机器人技术综合了多学科的发展成果，代表了高技术的发展前沿。它在人类生活应用领域的不断扩大，正引起国际上重新认识机器人技术的作用和正视其影响。

9.6.1 机器人的定义

1987年，国际标准化组织对工业机器人进行了定义：工业机器人是一种具有自动控制的操作和移动功能，能完成各种作业的可编程操作机。我国科学家对机器人的定义为：机器人是一种自动化的机器，所不同的是这种机器具备一些与人或生物相似的智能能力，如感知能力、规划能力、动作能力和协同能力，是一种具有高度灵活性的自动化机器[41]。

9.6.2 机器人的功能及其在矿山开采中的作用

（1）采掘机器人：采掘机器人在机器人化采矿中的功能，是根据控制中心的规划完成采掘矿石并将矿石装载给运输机械。它是机采工作面的关键设备。采掘机器人的控制系统可以实现采掘速度控制、姿态控制和换向操作的自动化，并配以故障诊断和工况信息采集及传输技术，使采掘机器人更能适应现代化的采矿要求。美国卡特彼勒公司生产的铲运机，不仅装备有低污染、低噪声的柴油发动机，还采用电控喷油和STIC系统（即微机控制的转向、变速集成控制系统）。STIC系统集转向、变速于一个操纵手柄上，大大简化了操作。并可通过遥控装置，准确指挥无人驾驶的装载机进入危险地带实施作业。

（2）掘进机器人：随着回采工作面机械化水平的提高，回采速度大大加快，巷道掘进和回采工作面的准备工作也必须相应加快。为了加快巷道掘进速度，采用掘进机法施工是一项有效措施。掘进机器人装备了有关地下掘进方向的测控系统，使掘进速度和效率得到大幅度的提高，更能适应现代化采矿技术的发展。

（3）支护机器人：回采工作面支护设备用于支撑工作面顶板，阻挡岩石窜入作业空间，以保证工作面内设备和人员的安全。目前的液压支护多为液压支架支护和锚杆支护。液压支护机器人可以视工作面的情况自行调整，将液压支架向前推移；顶板配有压力测试系统，可以根据顶板上方的压力情况来实现自适应控制的功能，进而提高液压支护的可靠性和支护速度。支护作业的发展趋势是研制自动化支护系统和机器人。

巷道支护一般分为锚喷支护和锚杆支护，两者各有所长。锚杆支护是通过机器人手臂，可以实现钻孔、装配、锚固、测试等连续作业。对于锚喷支护，山东科技大学已研制出PJR－2喷浆机器人，是我国自行研制的第一台煤矿机器人。它作为井下巷道或地下工程隧道的混凝土喷射专用设备，具有结构简单、操作方便、可靠性高等优点。经过井下现场试验表明，该机器人喷射均匀，工程质量高，完全能满足混凝土喷射工艺要求。

（4）运输机器人：运输机器人分为井下运输机器人、地面运输机器人以及提升机器人。2003年7月，我国研制成功的自主驾驶轿车在正常交通情况下，在高速公路上行驶的最高稳定速度为130km/h，最高峰值速度为170km/h。

矿山运输机械也是如此，采用自动化驾驶技术，使无人化矿车、智能化输送机已逐渐变为现实。提升机器人也是矿山运输不可或缺的设备，其主要作用是运送矿石、人员以及设备。

（5）流体机械系统：流体机械系统包括通风系统、排水系统以及压气系统等，完成矿井的通风、排水以及为小型设备提供动力源等工作。

（6）维修机器人：维修机器人的主要功能是在接到控制中心或支援机器人的指令后，对故障机械进行诊断、维修,或做出暂时无法维修的结论。由支援机器人现场协调并将故障信息传送给控制中心。

(7) 支援机器人:支援机器人主要责任是在现场监视、协调各种机器人之间的工作。

9.6.3　矿山设备机器人化需解决的问题

虽然近些年来我国机器人技术在各个领域中取得了飞速的发展,如深水油气开发中的水下机器人、反恐机器人、医疗机器人以及应用在国防中的各种机器人。但矿山机器人尚未形成系统化,仍处于单个机器人独立研究试制阶段。要使其完善,还需一个逐步发展的过程。矿山设备机器人化需要解决以下几个问题:

(1)成套设备的可靠性保障系统。要提高综采设备的液压元件的寿命,解决漏油严重的问题,并对关键设备进行工况监测和故障诊断。

(2)尽快施行机器人零部件的标准化,努力提高各个设备之间零部件的通用性,以简化维修工作,降低生产及维修成本。

(3)加快矿井信息网络、监测和通信系统的建设,主要解决现有移动通信、救灾通信系统性能不稳定、可靠性差、传感器使用寿命短、维护量大等问题[42]。

矿山设备及机械的机器人化,是指针对传统的矿山工程机械用机器人技术进行改造,给其引入先进的控制方法,以提高整体性能,适应井下特殊的作业环境。有"中国机器人之父"之称的蒋新松院士认为:"传统机械的机器人化,是继机电一体化后,更为完整的一个发展方向"。矿山设备及机械的机器人化是矿业开采发展的必然趋势[43]。

9.7　数字矿山

数字矿山是由数字地球的定义延伸而来,即在矿山范围内以三维坐标信息及其相互关系为基础而组成的信息框架,并在该框架内嵌入所获得的信息的总和。

数字矿山信息平台的构建就是在网络环境下,在井田范围内统一的三维空间坐标参考下,展示和利用矿山每一个特征点的固有信息和动态信息,再现矿井的本来面目。

9.7.1　数字矿山的基本特征

(1)数据的获取、存储、传输和表述智能化、精确化、快速化。利用现代技术(如GIS、GPS、RS等)获取更具时效性、更准确的有关数据,对矿区的空间、属性和管理数据实行全方位的存储、管理和限定传输,并能根据数据的性质和需要提供各种必要的表述形式。

(2)矿山生产与经营决策优化。数字矿山应该使分析、预测和优化方法与矿山实际相结合,生产优化与科学决策能为矿山带来巨大的经济效益。

(3)各种设计、计划工作和生产指挥的计算机化。所有生产中的设计和计划工作(包括把方案优化转为可执行方案)在计算机上完成,实现主要生产设备运营的计算机调度等。

(4)生产工艺流程和设备的自动控制。可实现遥控采掘,选厂、冶炼厂工艺流程自动控制;设备远程操作或全自动驾驶;全自动机器人化验室等。建设数字矿山,目标是要最大限度地开发和利用信息资源,为企业的生产和经营管理服务,促进企业的可持续发展。

9.7.2 数字矿山的技术背景

当前信息技术中计算机处理速度和处理能力得到了极大的提高。硬件、软件、网络技术飞速发展，为数字矿山建设提供了强大的技术支持。1m分辨率卫星遥感数据的快速处理及3S技术，多分辨率海量数据的存贮技术、数据挖掘技术、互操作互运算技术、多维可视化与虚拟现实技术以及信息高速公路的建设等等，都在各个行业发挥着巨大的作用，极大地提高了传统产业的生产水平。同时，各种类型的矿业软件，如SURPAC、MAPTEK、DATAMINE、METECH等相继问世，并投入实际应用。通过这些成熟软件的支持以及其他矿业应用软件，可以把几十年来积累的地质成果以及相关矿山开采资料数字化，逐步建立起矿山地、测、采数据库。将通过数码航测、多维数字地震勘探等一整套数据采集系统或设备取得的矿山资料集在一起，可形成海量矿山数据库。同时，现代设备和技术可对矿山的空间位置进行精确描述和刻画，并将矿床属性和空间位置密切关联。另外，大型扫描设备、矢量化图形工作站、宽幅真彩色大型绘图仪等硬件设备的应用，使得矿山数据库的建立和数字化成图显得更方便、更精确。现代矿山各部门可通过互联网达到信息互联互动。另外，各种新型采掘设备、选冶设备及相关控制管理系统的出现，为数字矿山的实现做好了硬件铺垫。大型ERP软件的推广与使用，为矿山信息系统建设提供了强有力的软件平台支持[44]。

数字露天矿（简称DM）总体结构设计采用先进的数据矿山构架技术，并主要考虑了露天矿生产管理需求及当前具体条件，既要实现生产管理中各类不同系统的数据交换与共享，又将各类系统中大量异质信息存储到核心系统的数据仓库中，实现信息的综合管理、分析和利用。针对国内露天煤矿的特点及信息化建设中存在的问题，结合数字矿山技术的最新进展，确定数字露天矿山的建设原则如下：

（1）根据露天矿具体条件及发展需要，结合国内外技术的最新进展情况，分层次建立开放式数字露天矿总体框架，对各层次的系统范围和内容可进行扩充，也可扩充更多层次；

（2）系统建设应与露天矿主要业务信息化管理相适应，既保证各业务系统的独立运行，又实现各业务系统的有效集成和整合；

（3）系统建设要充分考虑到技术的先进性、成熟性、实用性、规范性和可扩展性，使各组成部分易于开发和实施，并可方便地纳入到数字矿区、数字行业、数字国家中。

数字矿山总体构架（见图9－1）几乎包括了当前多数露天矿生产、管理等全部业务工作。采用数字矿山构架技术将这些分散系统有机合理地联系起来，使各分系统信息的一致性、实时性、共享性大为加强，并形成统一完整的露天矿生产管理系统。

9.7.3 数字矿山的核心系统

DM核心系统由数据仓库（包括数据采集软件、生产决策数据库、MIS系统数据库、调度监控系统数据库、数据提取软件）、模型库（矿床模型库、地形模型库、边坡分析模型库、工程地质模型库、水文地质模型库、三维地学仿真模型库、生产过程模拟分析模型库）、应用软件（MGIS系统、综合数据查询统计及报表制作系统、综合分析系统、动态图显示系统、三维地学仿真系统、生产过程模拟分析系统）三部分组成。采用矿山地理信息系统（MGIS）建立统一的时空框架，科学合理地组织各类矿山信息，将矿山各类系统中的大量异质信息资源进行全面、高效、有序的管理和整合。建立数据仓库及模型库，主要实现如下功能：建立DM数据

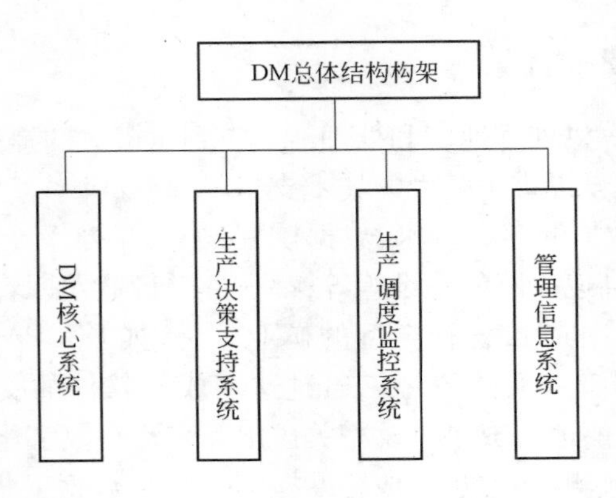

图9－1　数据露天矿（DM）总体构架[45]

仓库和模型库；依据数据仓库及模型库，建立各类数据分析、矿山三维地学仿真显示、开采过程模拟分析等组合式软件；实现生产决策支持系统中各分系统数据综合管理与交换，实现各类系统数据共享。

9.7.3.1　生产决策支持系统

生产决策支持系统一方面实现露天矿地质、测量、生产计划等的自动化，另一方面又将矿山中的固有信息（与空间位置直接有关的相对固定信息，如地面地形、煤田地质、开采方案等）数字化，按三维坐标组织成一个数字矿山，全面、详尽地刻画矿山及矿体，在此基础上可进行矿山三维地学仿真显示、开采过程模拟分析等工作。生产决策系统主要包括以下子系统：矿床地质模型系统、生产计划编制系统、测量验收系统、边坡安全管理系统、工程地质与水文地质系统。

9.7.3.2　生产调度监控系统

生产调度监控系统可实现生产过程自动化调度和监控，并在生产决策系统提供的三维数字矿山的基础上，将生产调度监控系统中的位置、状态等信息按三维坐标嵌入到数字矿山上，实现生产过程及生产设备的真三维显示。生产调度监控系统主要包括以下内容：卡车电铲优化调度系统、疏干排水系统、供电保护与电铲参数监控系统、3.5万伏移动变电站运动系统、在线监控系统。

9.7.3.3　管理信息系统（MIS）

管理信息系统（MIS）实现其他信息管理（与生产决策、生产监控等空间位置间接相关的信息管理，如计划管理、设备管理、财务管理、材料管理等），并将这些相关信息嵌入到数字矿山三维框架内，从而形成意义更加广泛的多维数字矿山。原MIS系统功能及网络结构不变，MIS服务器与数据仓库之间进行数据交换。管理信息系统主要实现以下业务信息化管理：安全管理、调度管理、计划管理、设备管理、供电管理、采矿管理、水文地质管理、质量标准化管理、文档管理、财务管理、材料管理。数字矿山的系统构成如图9－2所示。

数字矿山是未来矿山的发展方向。矿山应根据企业的实际情况，整体规划矿山的数字

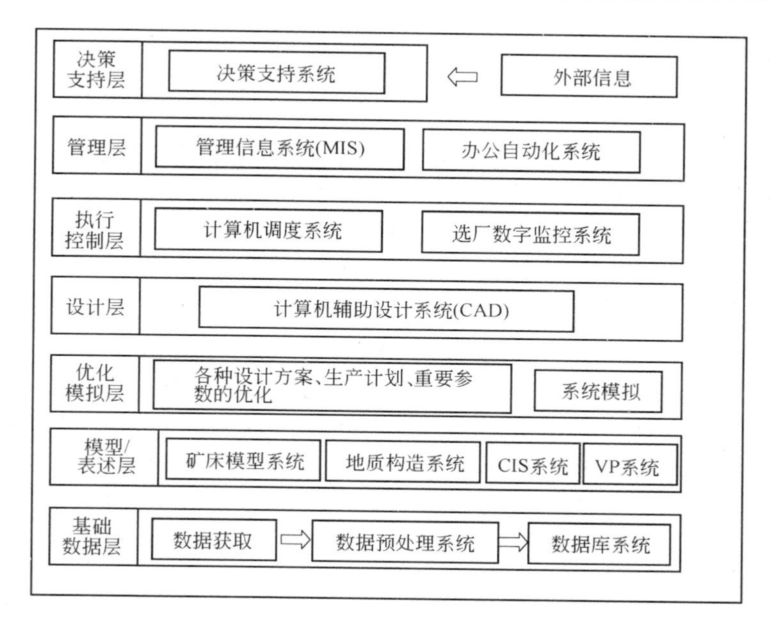

图 9-2 数字矿山的系统构成[2]

化建设,有重点、分步骤地实施。建立矿山信息管理系统,为矿山数字化搭建软硬件网络平台,实现矿山管理信息化。开发或引进各种专业软件,完成矿山数据库建设和资源模型的建立。建立智能化、数字化的矿井综合信息系统,实现矿山生产和监测的自动化、智能化。最后,建立矿山综合信息网,实现矿山的数字化。

9.7.4 微震与环境监测系统

9.7.4.1 微震监测

微震是指在受外力作用以及温度等的影响下,岩体等材料中的一个或多个局域源以顺态弹性波的形式迅速释放其能量的过程。微震起源于材料中的裂纹(断层)、岩层中界面的破坏、基体(或夹杂物)的断裂。采用微震监测仪器来采集、记录和分析微震信号,并据此来推断和分析震源特征的技术,称为微震监测技术。微震监测技术是在地震监测技术的基础上发展起来的,它在原理上与地震监测、声发射监测技术相同,是基于岩体受力破坏过程中破裂的声、能原理。从频率范围可以看出地震、微震与声发射之间的关系,如图 9-3 所示。

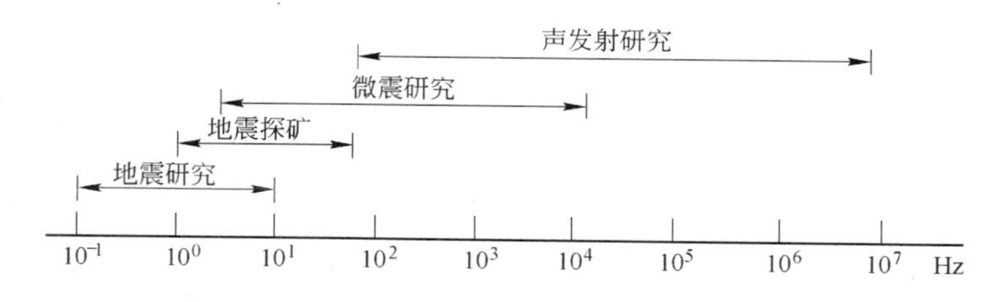

图 9-3 地震、微震与声发射技术研究的频率关系[45]

9.7.4.2　环境监测

露天开挖和井工开采沉陷会引起含水层水位下降、地表喀斯特塌陷和井泉干涸，进而改变地表土壤的灌溉性、持水性和水土平衡，致使表土疏松、裸岩面积扩大，加剧矿区水土流失，加快土地荒漠化趋势[46]。利用矿区植被遥感监测方法对矿区环境进行动态监测与有效评估，可为矿区环境灾害预警及环境政策制定提供决策参考[47]。

第9章参考文献

[1] 李淑芝，陈道贵. 地下矿山信息化应用综述[J]. 金属矿山，2005(12)：51～53.

[2] 杨志勇，佟德君. 数字矿山在露天矿的应用研究[J]. 露天采矿技术，2003(1)：60～73.

[3] 杜培军，郭达志，周廷刚. 人工智能和专家系统在测绘科学中的应用[J]. 四川测绘，2000，23(1)：6～9.

[4] 张幼蒂，等. 综合集成化人工智能技术及其矿业应用[M]. 北京：中国矿业大学出版社，2004.

[5] 苏海云，秦秀婵. 矿山专家系统的应用现状及展望[J]. 矿业工程，2005，3(1)：54～56.

[6] R Rene. Knowledge engineering techniques and tools in the PROSPECTOR Environment[M]. Menio Park, California, 1981.

[7] U S Kizil, B Denby. Geotechnical risk assessment using expert systems for surface mine design[C]. Proceedings of Mine Planning and Equipment Selection, Singhal & Vavra(edit), 1990.

[8] B Denby, D Schofield. Application of expert systems in equipment selection for surface mine design[J]. IJSMR, 1990(4)：165～171.

[9] 云庆夏，等. 确定露天矿开拓运输方案的专家系统[C]. 第三届全国采矿会议论文集，1989：565～570.

[10] 姚建国. 适用于采矿工程专家系统的不确定性推理方法[C]. 第二届北方岩石力学会议论文集，1992：199～205.

[11] 张清，等. 铁路隧道围岩分类的专家系统[C]. 第二届全国岩石力学与工程学术会议论文集，1989.

[12] 冯夏庭，王泳嘉. 采矿工程智能系统[M]. 北京：冶金工业出版社，1994.

[13] 徐竹云，王英敏. 用PCEST开发事故预测与原因分析专家系统[J]. 东北工学院学报，1989(增刊).

[14] 张瑞新，张幼蒂，张先尘. 露天煤田开发条件的综合评价[J]. 中国矿业，1993(4)：9～14.

[15] 王国立，申英锋，郭冰若. 人工神经网络预测爆破效果[J]. 矿冶，2002，11(2)：12～15.

[16] E Clarici, D B Owen, S Durucan, et al. Recoverable reserve estimation using a neural network[C]. 24th APCOM Proceedings, Canada：Montreal, 1993.

[17] I Bauda, J Moody, R Nutter. Neural networks for autonomous robot navigation[C]. Manufacturing Systems Development and Application Repairement Conference Record －IAS Annual Metting, 1993.

[18] B Denby, C C H Burnett. A neural network based tool for grade estimation[C]. 24th APCOM Proceedings, Canada：Montreal, 1993：153～160.

[19] 冯夏庭. 地下采矿方法合理识别的人工神经网络模型[J]. 金属矿山，1994(3)：7～11.

[20] 冯夏庭，王丽娜. 利用神经网络学习的岩体分级[J]. 东北工学院学报，1993，14(3)：226～230.

[21] 冯夏庭，张奇志，林韵梅. 人工神经网络在矿岩设计参数预报中的适应性[J]. 东北工学院学报，1993，14(增刊)：163～166.

[22] 李新春. 基于综合人工智能技术的露天采矿工艺系统优化研究[D]. 徐州：中国矿业大学，1999.

[23] 韩万林. 矿产资源预测及开采条件评价的综合智能方法研究[D]. 徐州：中国矿业大学，2000.

[24] 题正义，周云鹏，张春. 遗传算法及其在采矿工程中的应用[J]. 煤炭工程，2004(11)：61～62.

[25] S Clement, N Vagenas. Use of genetic algorithms in a mining problem[J]. IMM, Section A, 1994：131～136.

[26] B Denby, D Schofield. Open－pit design and scheduling by use of genetic algorihms[J]. Trans. Instn Min.

Metall. (Sect. A:Min. industry),1994.
[27] A D Haidar,S G Naoum. Opencast mine equipment selection using genetic algorithms[J]. IJSMR, 1996(10):61 ~67.
[28] B Denby,D Schofield. The use of genetic algorithms in underground mine scheduling[C]. 25th APCOMP, Proceedings,The Australian Institute of Mining and Metallurgy,Australia,Carltor,1995.
[29] 云庆夏,毋建宏,王占权.矿石品位优化的遗传算法[J].金属矿山,1997(5):13~16.
[30] 李新春,张幼蒂.应用遗传算法优化露天矿设备[J].化工矿物与加工,1999,28 (11):10~12.
[31] 云庆夏,卢才武,陈永峰.计算智能及其在采矿工程中的应用[J].金属矿山,2005(增刊):6~9.
[32] 席红胜.GPS定位技术在矿山中的应用[J].轻金属,2007(4):8~10.
[33] 张志霞,陈永锋,顾清华.基于GPS技术的露天矿生产调度系统研究[J].金属矿山,2007(8): 58~60.
[34] 邵金强,罗斐.GPS-RTK技术在矿山测量中的应用[J].贵州地质,2007(4):332~334.
[35] 罗旭,韩明新. GPS在露天矿的应用研究与探讨[J].露天采矿技术,2003(2):31~33.
[36] 任文静,温春齐.基于GIS的中国铜矿资源信息系统设计构想[J].中国矿业,2007,16(2):24~37.
[37] 王超,沈斐敏.基于GIS的矿井安全管理信息系统的研究[J].中国矿业,2008,17(2): 81~83.
[38] 杨彪,罗周全,刘晓明,刘望平,吴亚斌.地下资源开发中的GIS应用[J].采矿技术,2006,6(2): 62~65.
[39] 杭邦明,华建伟,徐雷,李泉,唐海燕.三维GPS技术在露采矿山环境管理中的应用[J].江苏地质,2006,30(4):275~279.
[40] 张能福,何新矿,阎旭骞.虚拟现实技术及其在采矿中的应用[J].金属矿山,2002(11):23~25.
[41] 李东晓,黎彦学.机器人与全矿山自动化[J].工矿自动化,2007(5):40~42.
[42] 王玉,王得胜,程钊.矿山机械的机器人化[J].矿山机械,2007(3):26~27.
[43] 李宪华,张军,翟宏新.浅谈矿山机械的机器人化[J],矿山机械,2005(11):88~89.
[44] 潘冬.我国矿山数字化建设的探讨.长沙矿山研究院建院50周年院庆论文集,2006(10): 36~39.
[45] 李庶林.试论微震监测技术在地下工程中的应用[J].地下空间与工程学报,2009,5(1):122~128.
[46] 吴立新.西北矿业开发与水资源矛盾分析及其对策[J].南水北调与水利科技,2003,1(1):35 ~37.
[47] 吴立新,李德仁.未来对地观测协作与防灾减灾[J].地理与地理信息科学,2006,22(3):1~8.

10 特殊地区矿产资源开发

10.1 月球矿产资源开发

10.1.1 引言

人类的活动，正在以未知世界的探索及利用为目标而扩大。目前，正在向地球上的海洋开发以及向地壳深部的扩展，还要向无限广阔的、无重力的、真空的宇宙探索，也许还能找到一些意想不到的资源。由于从地球发射到太空所需费用中的95%，是用于脱离地球引力所耗的燃料上，所以在美国宣布新的国家宇宙空间探测计划（SEI）中，要把月球作为永久性基地——中间站，用来载人探索火星和其他行星，故把在月球上采矿和矿物加工以获取燃料、建筑材料以及维持生命的物质（水和氧）作为这次计划的主要内容。

自从1967年美国非载人航天探测器“探测者Ⅲ号”（Surveyor－Ⅲ），第一次取回并分析了月球上的土壤，并于1969年7月20日，美国太空人首次登月成功。在首次登月任务中，“阿波罗（Apollo）号”的太空人于7月24日安全返回地球，带回了21.7 kg的月球岩石和砂土；并在同年9月底，将月球的岩石和砂土分发到全球约百位研究人员进行分析化验。根据阿波罗计划，迄今总共带回了381.69 kg月球岩石和砂土。前苏联月球16号登月飞行器从费敢底特地斯（Fecunditatis）海带回月球泥土100g，月球20号又从阿波罗高地带回30g。20年后，美国航空与航天总局披露了一个探测外层空间计划，即2001年再次登陆月球，2003年建成有人操作的核动力月球永久基地，再派遣宇航员到火星探索开发，可惜由于种种原因，这一计划至今未能实现[1,2]。

宇宙开发是人类一项尖端高科技活动，它主要包括宇宙科学探测（先驱者号、航行者号、马座号等）、位置的利用（通讯、广播、地球观测、资源勘查、天体观测、宇宙科学等）及环境利用（新材料、药物、生物、生命科学、发电、医疗等）。根据日本的宇宙开发远景设想，20世纪90年代中期以后，开始运用宇宙空间站，并开发各种工作平台和宇宙往返运输系统，以便扩大宇宙利用范围，见图10－1。宇宙空间的利用，并不局限于位置和环境的利用，还要向宇宙资源开发和利用阶段扩展，就宇宙的矿物资源对象来说，除月球和行星之外，小行星及星球间的物质也可以开发利用[2]。

空间技术的进步与成就，已经使人类进入了宇宙。由于宇宙的失重、近似真空、充足的太阳能源、超低温，以及无尘、无菌等特殊环境，可以制造出一些在地球上无法得到的尖端产品。这些条件非常适合于制造高纯的材料及药物。在地面，由于重力的存在，引起流体的沉淀、对流及静压，在宇宙中，飞行实验室内的重力，只有地面的十万分之一，因此不存在上述不利材料加工的流体现象。在微重力条件下，能生产杂质分布均匀、晶体完整的半导体材料；还能生产出新型的记忆合金、超导合金、光导材料及高分子泡沫材料。空间制药，以生物

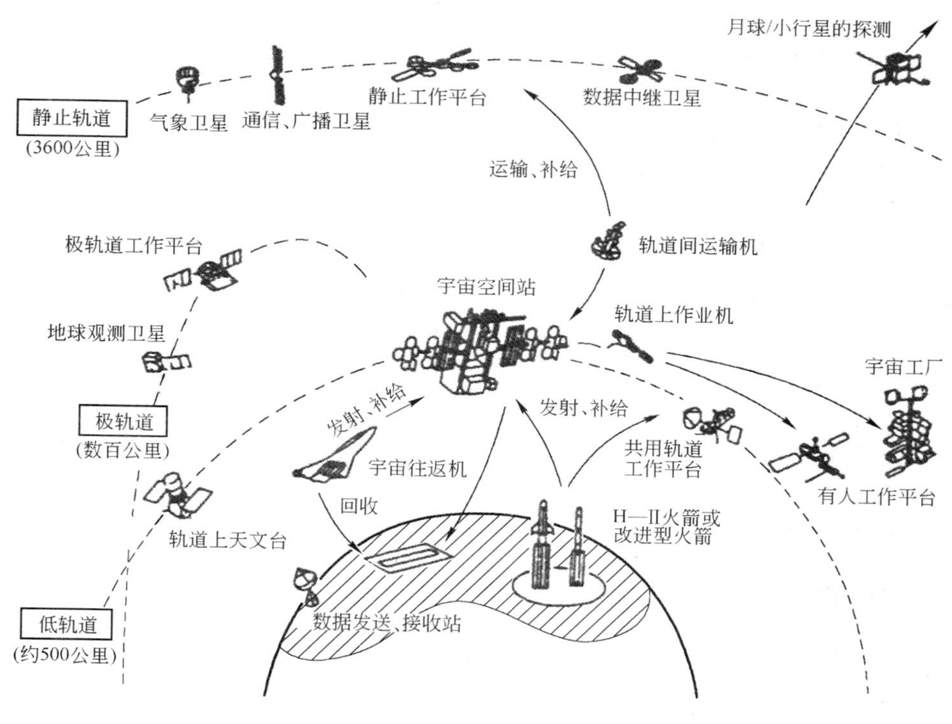

图 10－1 21 世纪宇宙活动情况[2]

类药物为例,在空间进行纯化分离,其纯度可比地面高千倍,而生产速度还会高 700 倍,其主要原因是在地面由于重力作用,电泳法分离不能达到预想的效果。而在宇宙微重力的条件下,就能制造出很多的药物,中草药在地面无法找出它们的成分,可以带到空间去分离,得出成分,再在地面用合成的方法去制造。科学家们已经在空间成功地培育出 100 多种地球上的植物,其中有小麦、大麦、玉米、燕麦、黄豆、绿豆、黄瓜、西红柿、烟草、青椒、萝卜、甜菜、向日葵、亚麻和棉花等,在失重情况下发芽率反而更高,生长得更快。

在这活跃的 21 世纪,建立永久性基地是人类文明向地球以外空间扩展的目标。月球表面基地和月球表面工厂,作为人类向宇宙飞跃的基地,占有很重要的位置。

10.1.2 月球环境

月球距地球约 38.4×10^4km。在月球上缺乏大气,真空度为 $133.322\times10^{-8}\sim133.322\times10^{-12}$Pa,会造成用于润滑剂与密封件中的许多材料脱气和分解。月球又受到来自宇宙的陨石、粒子和能量的直接撞击,每年有 100 ~ 1000kg 的陨石与月球表面碰撞 70 ~ 150 次;这些微陨石都是球形宇宙尘粒,质量通常为 $10^{-7}\sim10^{-4}$g,运动速度平均为 20000m/s。还有月球的昼夜循环时间长,一个循环相当于 28 个地球日;昼夜之间或日照与阴暗之间的辐射热波动大,在 －170 ~ ＋110℃之间,这样大的温度波动会使裸露物体产生严重的热应力。又由于太阳辐射强度大,耀斑能量强,有银河系宇宙射线,就要解决要求严格的防辐射屏蔽问题。另外,月球重力仅为地球重力的六分之一,会造成人体运动的反常动态,在物料运搬作业中产生异常效应。而且低真空会造成设备出现异常故障;而且还会出现能见度的问题。由于在月球形成的早期,受流星陨石的撞击频繁,留下很多坑洞,后来有大量岩浆(玄武岩)从内部喷出,盖满了低洼地;而被岩浆所覆盖的低洼地,就是所见到的月球表面阴影般的黑暗部分,称为“月海”。月海和月高地的成因虽然有所不同,但基本上都被破碎和粉状的物质所覆盖,其形成是由于太阳风长年吹打月球表面,不断磨损腐蚀而成。这些破碎和粉状物质由平均粒度为40~130μm的细土,到直径达数米的大小不等的石块和巨砾组成。覆盖层的平均厚度:在月海区为5m,在月高地为10m。除不含水分外,更不带有碳氢有机物,当然,其他生物与病菌更不可能生存。但是,月面上没有像地球那样被大气覆盖和尘埃污染,地震较少,是设置天文望远镜进行天体观察的理想场所。又因其真空度比在地球轨道上运转的空间站高出100万倍,且又没有磁场和振动,所以是进行电粒子的加速、超高速碰撞、核聚变研究等的天然物理和化学的研究场所[2,3]。

月球的一般特征是:总质量为7353×10^{23}kg,视在密度为3.343(±0.004)g/cm^3,视在半径为1738.09km,表面重力加速度为162cm/s^2,中心压强为4.2GPa,地震释放能量小于10^{-8}J/h,表面热通量为2μW/cm^2,赤道表面温度为120~400K,表面积为37.9×10^6km^2,脱离月球速度为2.37km/s。

10.1.3　月球资源

月球有其独特的物质、元素与化学成分,与太阳或其他陨石相比,其所含成分不同,大体上月球的物质成分与地球较为接近,只是低熔点高挥发性物(钾、钠、铋、铅等)少,而高熔点低挥发性物(钙、铝、钛、铀等)较多[1]。

月球的主要成分有:辉石($MgSiO_3\cdot CaSiO_3\cdot FeSiO_3$),橄榄石($Mg_2SiO_4\cdot Fe_2SiO_4$),斜长石($CaAl_2Si_2O_8\cdot NaAlSi_3O_8$),钛铁矿($FeTiO_3\cdot MgTiO_3$),尖晶石($Fe_2TiO_4\cdot FeCr_2O_4\cdot FeAl_2O_4\cdot MgCr_2O_4\cdot MgAl_2O_4\cdot Mg_2TiO_4$)等。月海的玄武岩与月高地的岩石化学成分明显不同;月海玄武岩富含铁和钛,但铝含量较少[3]。

在月岩分析中,发现月球表面的砂土与岩石均含有相当数量的小圆粒状的“纯铁”,约占细砂土重量0.5%,是由来自太阳的带氢粒子(又称太阳风)长年吹打月球表面不断磨损腐蚀而成[4]。月球表土密度为1~1.7g/cm^3,粒径98%在10mm以下,其中25%的粒径还小于0.02mm。月高地表土的铝和钙含量高,月海表土有较高的铁、铬、锰、钛元素的含量。月海的喷出物则在两者之间,只是钾和磷的含量较高[2]。但是氧、硅、镁、铁、铜、铝和钛七种元素,构成近99%的月球物质成分[3]。

在月球岩石中,几乎不含氢、碳、氮、氧和稀有等气体。但吸附有由太阳风所带来的气体,被吸附的气体在200~900℃时会脱离扩散。月球表面有氦-3约1Mt,在木星上更达到7×10^{19}t之多,而地球上可能被利用的氦-3只有500kg。1t氦-3与重氢进行核聚变反应,所产生的能量为6×10^{17}J,且中子所产生的废弃物,仅在百分之几以内,不带放射性。据估计,6t氦-3就可以满足日本当前一年的电能需要[2]。

在月球的资源中,当前所考虑的矿床有两种。一种是氧化物,存在于月岩和岩屑层中,有FeO,SiO_2,Al_2O_3和TiO_2。对制氧来说,主要是钛铁矿($FeO\cdot TiO_2$)比较集中的矿床。虽然在岩屑层中,含氧有45%,其中只有10%是钛铁矿,估计在开采时,平均可回收氧3%。另外,岩屑层中的岩块,在烧结后可用作建筑材料。而另一种矿床则是氢、氦和氦-3,由太阳风带到月球表层,通常是富集在小于100μm的颗粒表面,好在月球表层土壤中80%是

8～125μm颗粒，可采深度达2～3m，其中主要是氢，含量为$(20 \sim 300) \times 10^{-6}$，预计可回收含量为$50 \times 10^{-6}$的氢。但是在温度达到400℃时才能扩散出来，况且在真空中如何收集，尚属难题。至于氦－3在试样中，氢与氦－3之比为8.5:1，非常低；但有些地方，氦－3含量可达$(7 \sim 30) \times 10^{-6}$[4]。

10.1.4 月球资源开发系统

随着月球和宇宙活动的扩大，月球资源开发利用的重要性日益增大。月球资源开采的任务是：向居住在月球上的人们供应物资，提供推进剂(O_2，Al，Mg)，供给在月球上建筑构筑物所需的器材，制造在开发活动中使用的设备和装置，向宇宙工厂、火星基地供给器材以及回收氦－3等。月球工厂的任务是加工、组装、修理、废弃物处理和高价值制品的生产等[2]。

虽然认为在月球上可进行的采矿、选矿、冶炼、加工、处理、再循环等系统，基本上都可以用地球上的已确立的技术，但尚待解决的问题是如何克服月球表面环境及月球资源的特殊性，选择最佳方法，建立无需保养的系统，这是一个重大的研究课题。例如，对于宇宙射线、太阳爆发、陨石及温差，用2m厚的表土屏蔽是有效的，见图10－2。对无保护屏蔽的露天作业设备及大型系统，需要加以特殊的保护，可使测量仪器及动作部件功能不致受影响。此外，由于月球表面无空气，处于真空状态，装置产生热量的扩散方法和接地处理方法等都存在问题；再加上低温，会造成材料疲劳，出现延展性，以及在超高真空中，表面摩擦要比在正常地球环境中高出5倍等新的问题；还会有密封件和润滑剂的污染与变质；又因为月球的重力很小，为适应重力选矿与熔化炉的炉渣分离及蒸馏分离等需要，对设施要求加以改善；车辆质量中心，也应设计得比地球上的低[2]。所有这些问题，都是针对月球环境条件，而必须对地球现用的设备进行改造，才有可能用在月球。依据这样的月球环境，目前所能提供的开采设想方案，可分露天和地下进行阐述。

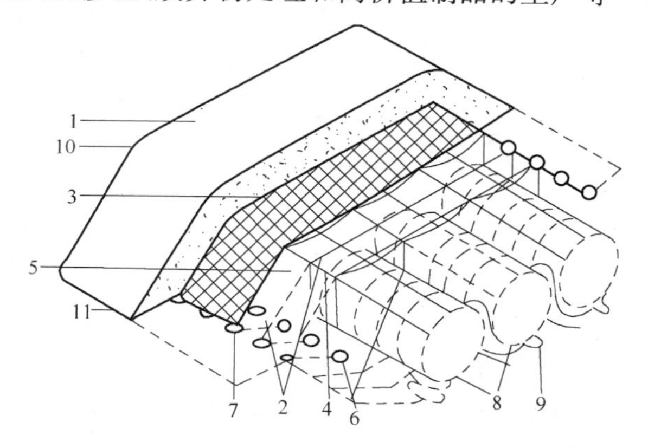

图10－2 屏蔽系统剖视图[2]

1—表土屏蔽；2—主矩形梁；3—石墨丝网；4—纵支柱；5—斜梁；6—伸缩套管柱；7—脚垫；8—连接的居住场所/实验室/车间舱；9—舱的月面支架；10—坡顶；11—坡底

10.1.4.1 露天开采

迄今已有多项研究内容，都考虑采用露天开采方案，而运用现代化的遥控挖掘、装载与运输设备，为钛铁矿还原制氧过程提供月球岩屑层的岩土，见图10－3。其生产工艺，包括松动、铲挖和装载岩土，并将其运到加工厂，以及回收所需要物质时的各种必要作业。这些作业也可以同样用在月基地的建设中。早期的露天采矿与挖掘作业，会使用既适合用于开采月球岩屑层，又可用于其他各种基地施工任务的简单机械。主要有扒矿机或前端式装载机；也可以用装运分开的反铲或挖掘机配卡车；有时还须配有松土器，以便于铲装；甚至还要采用爆破松动岩屑层。这些设备都是根据当今在地球上使用方便而提出来的，如果在月球工作环境下,还需解决:采矿设备的能源供应,运行方式,低重力下的稳定性,自动化、遥控和机器人的应用,微陨石碰撞的防护,关键部位防止灰尘的沉积,设备操作的简便性,适应在真空和极端温度环境下工作的性能等主要问题[1]。

图 10－3　露天开采设想示意图[1]

10.1.4.2　地下开采

在密封环境下进行地下开采,可以克服上述某些不利的影响。因为地下作业是在加压介质中进行的,而且离开了月球的表面,不会受到辐射,也没有超真空造成的危害等条件,所以使采掘作业简而易行。此外,地下玄武岩中的钛铁矿富集度,估计比月球岩屑层中会高出约一倍[3]。不管采用何种采掘技术,都必须将坑道侧壁密封起来,并安装空气隔绝装置,以创造一个切合实际的工作环境。可选择包括微波熔化和化学涂层密封方式。在采矿工作结束后,坑道可改造成为加工场所、居住地段、工作站或维修车间。美国矿山局所推荐利用微波封闭的地下硐室,见图 10－4。在地下挖掘中,可能需要采用某些创新的岩石爆破方案和岩石破碎方法。目前看起来最可能获得成功的方案有:支臂式凿岩劈裂装置、岩石热力破碎以及凿岩爆破。具体有:冲击锤、连续采矿机、巷道掘进机、螺旋钻、破大块的激光割槽法和机械楔、微波破碎、声震动和电磁抛射式“轨道枪”[1]。

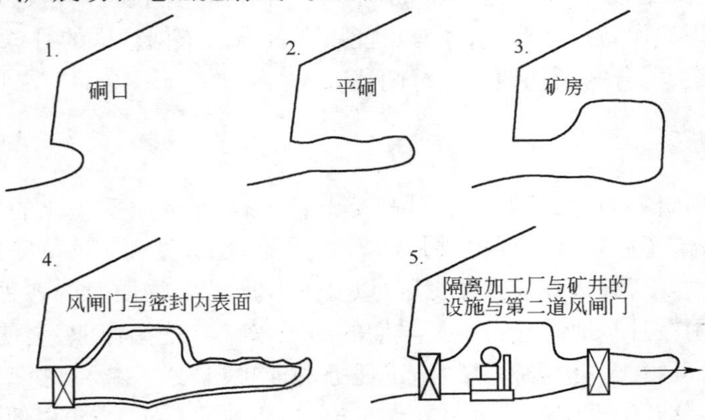

图 10－4　月球地下采矿施工方案示意图[2]

在月球资源利用上，首先是回收氧，保证人们的生活所需。再就是制造氢，以便能提供水和航空器所需的推进剂。还有回收氦-3，作为未来的能源。图10-5所示，是有关月球资源开发利用所建议的加工处理流程图。它与地球上的工艺流程大致相同，但必须考虑在前述月球环境条件下进行，还应作大量的研究和改进的工作[2]。

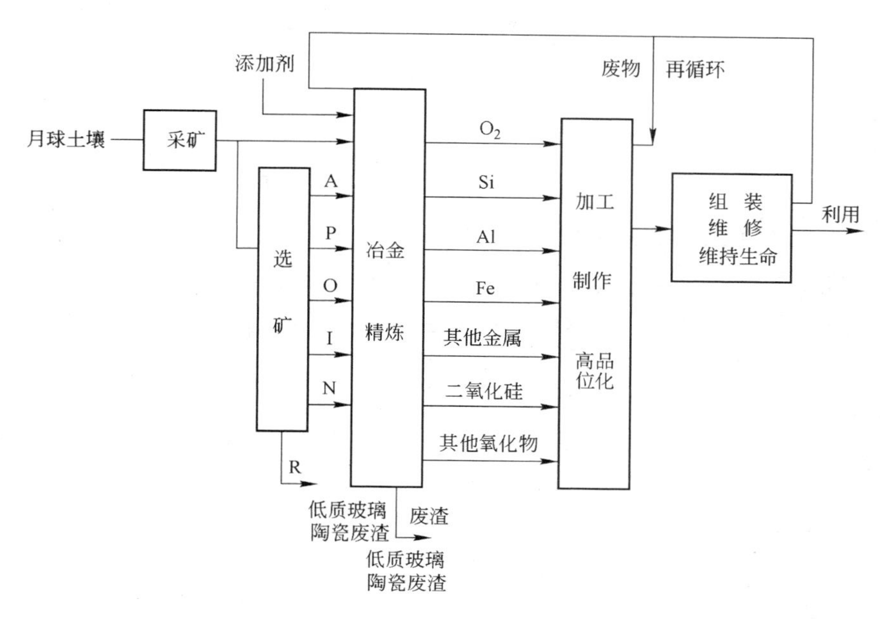

图10-5　月球资源开发利用工艺流程[2]

O—橄榄石；A—斜长石；P—辉石；I—钛铁矿；N—自然铁；R—废物

图10-6所示的是从钛铁矿中回收氧的方法，同时也回收了氢[2]，关于氢和氦-3的回收方法，可能要采用加热处理，排出岩屑层中的气体，但目前尚未明确的方案。

在以月球作为前哨站、基地和驻地时的各个阶段所需月球资源的需要量，见表10-1。

关于表10-1中的氧、氢的需要量，对于建设月球基地，每年需60t氧，如果是用钛铁矿还原的方法取氧，在假设月屑土中含钛铁矿4%，其中8%可以用来提取氧，则需要19000t月屑土或9000t月岩石。至于回收氢，因其在月屑土中含量为50×10^{-6}，那么每年回收15t氢，就需要开采300000t月屑土。这样的采矿作业，将和中等规模的露天砾石采场差不多[1]。至于氦-3，因为要获得1kg氦-3，就必须开采1.37×10^5t的月屑土，这就需要规模极大的采矿系统，还要对动力、运输、选矿、提取、气体分离、储存等各类工艺方法，进行大幅度改进。在回收这些气体时，会破坏月球表面，就需要研究出不会破坏月球表面的新回收方法[2]。

至于月球上所用建筑材料，可以利用开采氧、氢和氦-3时的废石加以烧结制成石块，还可以加工制造水泥。美国伊利诺依(Illinois)州建筑技术实验室从美国国家航天和航空局得到40g的月球砂土，掺进一定的水后，制成的水泥块可承压200MPa，强度是地球上水泥的2倍左右。对月球上的玄武岩进行气化，也可制成性能相似的水泥。另外，月球上常见的钛铁矿，在蒸发时会产生大量的氧，再补充氢(太空中可以收集到液态氢)，便可得到生产水泥所需的水。至于生产水泥所需要的能源，可充分利用太阳能，通过聚光镜集中太阳光。月球宇航员或机器人还可在一个密闭舱内,完成对玄武岩和钛铁矿的混合与气化,最后制成月球基地所需要的水泥柱。

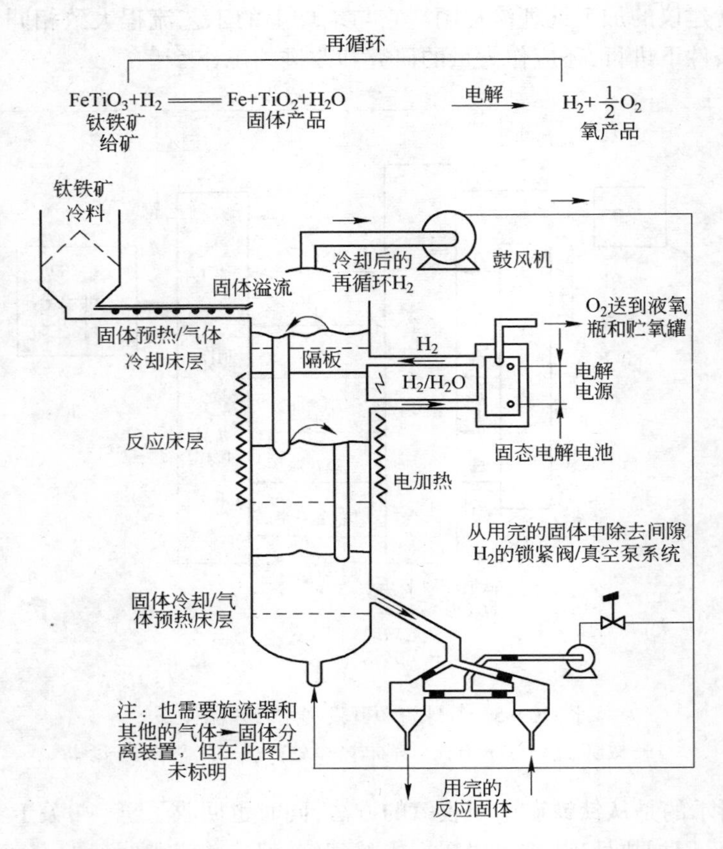

图 10－6　流态化床钛铁矿还原－制氧连续工艺流程图[2]

表 10－1　月球资源生产需要量[3]

项　目	前哨站	基　地	驻　地
产　品	氧	氧	氧、氢
副产品	氢	氢、建筑材料	氢、建筑材料
生产能力	5～15t/a,氧	60t/a,氧 15t/a,氢	150t/a,氧

总之,月球的开发是建立宇宙空间站的需要;而月球中氦－3 的大量存在,是宇宙中的宝贵的清洁能源,对人类很有吸引力。在宇宙资源和月球资源开发研究方面,目前美国处于领先地位,俄罗斯也很重视,日本已有所注意。因其投资大,短期难见成效,其他国家仍在观望。未来的太空开发,将直接有益于行星采矿。许多太空计划都提出了要研究自动化高的采矿方法。人类将来到太空中去生活,只是一个时间问题。像人类在历史上其他地方一样,采矿工作者都将领先一步[5]。

10.1.5 我国月球探测的进展与科学目标

我国在发展人造地球卫星和载人航天之后，适时开展了以月球探测为主的深空探测。这是我国科学技术发展和航天活动的必然选择。近期我国的月球探测以不载人月球探测为宗旨，可分为三个发展阶段：

第一是环月探测阶段：时间为2004～2007年（一期）研制和发射我国第一个月球探测器——月球探测卫星，对月球进行全球性、整体性与综合性探测。

第二是月面软着陆器探测与月球车月面巡视勘察阶段：时间为2013年前后（二期），发射月球软着陆器，试验月球软着陆和月球车技术，就地勘测月球资源，开展月球基地天文观测，并为月球基地的选择提供基础数据。

第三是月面巡视勘察与采样返回阶段：时间为2020年前（三期）发射小型采样返回舱，采集关键性月球样品返回地球。我国在基本完成不载人月球探测任务后，根据当时国际上月球探测发展情况和我国的国情国力，可进一步研究拟定我国载人月球探测战略目标和发展规划，择机实施载人登月探测以及与有关国家共建月球基地[6]。

我国的月球探测工程已经排出了时间表：2007年完成绕月工程，2013年前后完成落月工程，2020年完成返回。我国的航天科研人员凭借自己的国力和拥有的科学技术能力，将为月球探测做出应有的贡献[7]。

“嫦娥一号”月球探测卫星于2007年10月24日在西昌卫星发射中心由“长征三号甲”运载火箭发射升空。运行在距月球表面200km的圆形极轨道上执行科学探测任务。

中国首次月球探测工程四大科学任务：

（1）获取月球表面三维立体影像，精细划分月球表面的基本构造和地貌单元，进行月球表面撞击坑形态、大小、分布、密度等的研究，为类地行星表面年龄的划分和早期演化历史研究提供基本数据，并为月面软着陆区选址和月球基地位置优选提供基础资料等。

（2）分析月球表面有用元素含量和物质类型的分布特点，主要是勘察月球表面有开发利用价值的钛、铁等14种元素的含量和分布，绘制各元素的全月球分布图，月球岩石、矿物和地质学专题图等，发现各元素在月表的富集区，评估月球矿产资源的开发利用前景等。

（3）探测月壤厚度。

（4）探测地球至月球的空间环境。

“嫦娥一号”月球探测卫星的成功发射，将带动信息、材料、能源、微机电、遥感科学等其他新技术的提高，对于促进中国社会经济的发展和人类社会的可持续发展具有重要意义。2010年10月1日我国成功发射“嫦娥二号”探月卫星，其主要任务是获得更清晰、更详细的月球表面影像数据和月球极区表面数据，为“嫦娥三号”实现月球软着陆进行部分关键技术试验，进一步探测月球表面元素分布、月壤厚度、月球物质成分及地月空间环境等。

10.2 极地资源及其开发

10.2.1 南极资源

南极洲地域广阔，蕴藏着丰富的矿产资源，大陆其他地质构造和地质历史相同的板块中发现的各种矿藏,南极洲均有发现,南极是人类陆地资源开发尚未涉足的唯一圣地。

铁矿是南极大陆所发现的储量最大的矿产,主要位于东南极洲;煤是南极洲常见的矿物,科学考察表明,南极大陆二叠纪煤层广泛分布于东南极洲的冰盖下的许多地方,其蕴藏量约5000亿吨;根据各国地质调查,南极洲的有色金属矿产可能有900处以上,其中在无冰区有20多处。已发现的100多处矿床、矿点中,除铁和煤之外,有南极半岛的铜、钼以及少量的金、银、铬、镍和钴,南极横贯山脉地区的铜、铅、银、锡和金,东南极洲的铜、钼、锡、锰、钛和铀等有色金属;石油和天然气:根据近20年在南极大陆周围海域的海洋地质和地球物理调查,南极大陆潜在的油气资源的沉积盆地有7个,它们是威德尔海盆、罗斯海盆、普里兹湾海盆、别林斯高晋海盆、阿蒙森海盆、维多利亚地海盆、维尔克·斯地海盆[8]。

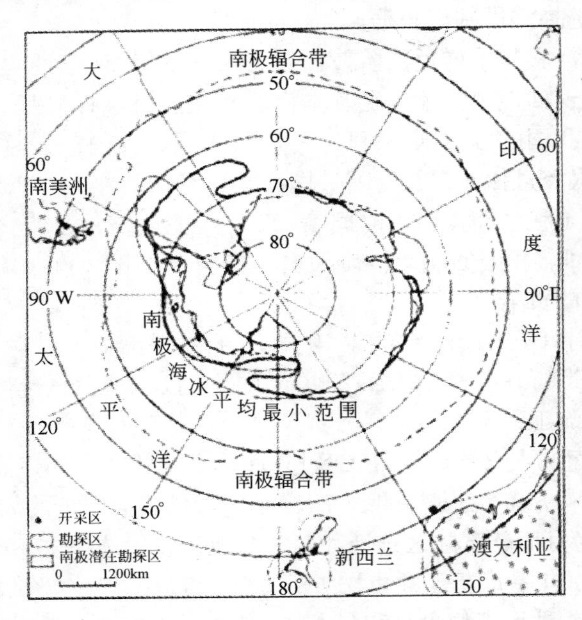

图10-7　南极大陆及其毗邻地区的石油开采区、勘探区和潜在勘探区

10.2.2　北极资源

北极同样是人类资源的巨大宝库。除了水资源、生物资源、土地资源、太阳能、风能、水电资源外,还有石油、天然气、煤、金属和非金属矿产等。

北极阿拉斯加西北部煤田是煤炭资源丰富且尚未开发的地区之一,资源储藏约4000亿吨。北极不仅煤炭资源丰富,而且煤质优良。经过1亿年的地质过程,进化为一种高挥发性烟煤,平均热值超过2.80×10^7J/kg,而且低硫(0.1%~0.3%)、低灰(10%)、低湿(含水5%)。北极的煤大多是世界最洁净的煤,具有极高的蒸气和炼焦质量,能直接作为能源和工业原料。

北极的金属资源同样丰富,在俄罗斯西北部的科拉半岛,北纬66°~77°与南纬相对称的查尔斯王子山,有世界级储量大铁矿,享誉世界的芬诺斯堪的亚和科拉半岛大铁矿就是其中之一。

除铁矿外,北极还有世界上最大的铜-镍-钚多金属矿,诺里尔斯克矿产基地就是其中之一。在俄罗斯著名的科累马地区，蕴藏着丰富的贵金属和金刚石等；在美国阿拉斯加科策布北部，有丰富的红狗矿，矿中含锌17%，铅5%，银75g/t，储量达8500万吨。

除上述矿产资源外，北极还有丰富的铜、铅、锌、石棉、钨、磷矿和铀、钚等放射性元素，如威尔士王子岛上盐矿中就蕴藏有28.5万吨钚矿石。

10.2.3 极地资源的开采与环保

无论是南极还是北极，其自然条件十分恶劣，气温常年较低，此外，运输距离大，远离工业城市，物质供应紧张，给两极资源的开发带来了难以想象的困难。

虽然人类对于南极资源开发制定了一个全球性公约，将南极视为人类共同的财富，禁止在南极洲上进行有危害、有环境伤害的商业性开采，但事实上由于开采和运输方面的巨大困难，在世界其他主要资源尚未枯竭或代替资源找到之前，南极洲不大可能成为世界的可用资源。

相对南极情况，北极则大不一样，北极资源早已为邻近北极的各国所瓜分，北极极地资源不再是人类所共同拥有的财富。1930年以前，虽然北极有冰晶石开发和圣匹茨堡采煤，美国阿拉斯加掠夺式开采和淘金热，但北冰洋和北极的绝大部分陆地仍然保持原样，北极基本上是安静的。

第二次世界大战后，北极地区在经历了简短的过渡后，现代的众多先进技术与工业涌入北极，使北极从石器时代一下子跳到了太空时代，从而给北极自然环境及文化带来了难以估量的危害。苔原上留下的无法复原的破坏痕迹，融化了的冻土层、侵蚀的土壤及人造垃圾，都是大规模钻油活动与资源开采带来的，它对北极生态、生物、环境造成的灾害，人类近期是难以抚平的。

随着国际社会对环境保护的日益重视，北极环保意识萌发，对资源开发的要求越来越严格。自从1992年6月巴西世界环发大会后，人们愈发认识到地球系统是一个整体，它的每一部分的微小变化都可能导致全球环境的变化，特别是像北极这样一个生态脆弱的地球的巨大冷源，对全球环境的影响比其他地区更大。因此北极周边所属各国在对北极的开发上更为慎重，除了制定法规，采取措施，保护苔原、冻土、生态、野生动物外，还严格了资源开发的环保审批制度，通过强化资源开发与环保的研究论证，加大环保投资力度，确保资源开发与环境保护的完美协调。

10.2.4 中国的极地资源开发政策与资源供应

作为全球发展最快的经济体，面对南北两极资源宝库，中国应该如何解决矿产资源与人口增长及经济增长之间的矛盾。众所周知，我国矿产资源总量大，人均量少，供给品种参差不齐，人均拥有资源量不到世界人均一半。煤、钨、铂、锡、锑、稀土等20多种矿产资源丰富，可以长期满足需要，铁、锰、铝、锌、铅、镍、磷、硫、铀、石棉等矿产已近枯竭，铬、铂、钴、钾盐、金刚石等为我国急需短线产品，探明储量远不能满足建设需要；石油、天然气、铜、金、银等矿产属急需材料。总之，我国矿产品的供需形势持续紧张，除煤、钨、铝等部分有色金属矿产、稀土矿产以及建材非金属矿产能基本保证需要，铁矿和磷矿能部分保证需要之外，其他主要矿产几乎都缺乏储量保证，特别是石油、天然气的缺口最大。

中国矿产资源的劣势，恰恰是北极地区的优势。在环北极国家中，近邻俄罗斯是我国资源贸易最有利的国家，利用和发挥两国的人力资源与矿产资源的互补作用，开展劳务输出和技术合作，可以以北极丰富的资源来发展我国经济，以我国的轻工产品和农副产品换取需要的矿产资源，特别是西伯利亚的石油、天然气、铅、锌、铜、金刚石等，这对我国经济的发展无疑是有远见的和极富战略眼光的。

10.3　高原高寒地区矿产资源开发

随着中国经济长时间的快速发展，对矿产品需求量一直呈快速增长之势。我国铜、铅、锌、镍、锡等主要金属矿产资源消费量从1980年的136万吨，增加到2008年上半年的2360.52万吨，成为全球第一消费大国，矿产资源的供需矛盾非常突出，原料短缺的形势日益严峻。

我国地处中纬度地区，西部10省（区）占全国总面积的57%，矿产资源丰富，有171种矿产资源，其中15个矿种的保有储量占全国一半以上，45种矿产资源潜在的总值达43.87万亿元，占全国的50.3%。这些地区中，海拔2500m以上的高山高原地区占1/6，这些地区蕴藏着金、铜、锡、铅等丰富的矿产资源，这些丰富的矿产资源对解决供需矛盾、原料短缺，乃至对国民经济的发展具有重要意义[9]。因此，我国必须加快开发利用高原地区矿产资源的步伐，解决高原采矿面临的固有难题，为国民经济的发展奠定基础。

10.3.1　我国青藏高原矿产资源丰富

具有“世界屋脊”之称的青藏高原，平均海拔3000m以上，矿产资源丰富，已发现的有83种，已探明储量的为59种，储量居我国前十位的有37种，其中居首位的有锂、钾盐、池盐、镁盐、溴、化工灰岩、云石、石棉等8种；居第二位的有自然硫、硼、压电水晶、玻璃用石英岩4种；第三位的有钴、铟、硒、天然碱4种。其他具有开采价值的还有银、镉、芒硝、云母、铬铁矿、铅、锡、汞、金、锗、锌、镍等数十种。特别是有一批青海得天独厚的资源，规模大、品位高、质量好。如氯化钾储量占我国总储量的96.8%，钠盐占一半以上，石棉占40%以上。

青藏高原复杂的地质结构及演化过程，各时代不同类型的沉积盆地，多期次特别是中新生代强烈的岩浆活动等，为矿产资源形成创造了有利的条件。目前基本查明数十条规模巨大、具有重要工业前景的铁、铜等多金属矿找矿远景区，包括尼雄富铁矿、日阿铜多金属矿、库木库里盆地砂岩铜矿、伦坡拉盆地油页岩矿以及阿牙克库木湖石膏矿等[10]。加速青藏高原优势矿产资源的勘查与开发，对缓解我国面临的部分矿产资源供应危机问题，确保我国经济安全和东部地区的发展后劲，都将起到举足轻重的作用[11]。

青藏高原地处我国西南边陲，跨西藏、青海、新疆、甘肃、四川、云南6个省（区），共计260万平方千米，蕴藏着丰富的矿产资源。根据《西藏自治区矿产资源对2010年国民经济建设保证程度论证》，西藏矿产资源的潜在价值在6000亿元以上。西藏从东到西数千公里长的唐古拉山脉，是国际上最为知名的“铜墙铁壁”矿化带。其中亿吨级潜在储量铁矿若干个，千万吨级的玉龙铜矿名列亚洲前三强。西藏冈底斯山脉和雅鲁藏布江沿线成矿带都是世界上著名的矿化区，其中潜藏的特大型铁矿和驱龙铜矿及斑岩型铜矿石储量比唐古拉山成矿带还要多。目前西藏已发现矿种达90多种，有26个矿种探明了储量，其中11种的储量名列全国前五位（以铜、铅、锌、锑为主）；铬铁矿矿点分布面积约2500km^2，集中在藏北班戈湖至怒岷江大断裂与雅鲁藏布江深大断裂两个岩带上，已探明的储量居全国之首[12]。

10.3.2 高原采矿面临的问题

由于高原地区复杂的气候、地理地质条件，使得矿床开发中产生了许多特殊问题需要解决[13]。

(1)工作人员的工作效率和健康问题。矿床开采时，在气候条件上，高原地区的气压低，空气稀薄，氧压低，恶劣的气候条件不仅使矿山工人的工作能力下降，甚至容易使人患高原职业病。

(2)耗氧型矿山机械设备的效率和寿命问题。高原地区日夜温差大，阴阳坡温差亦大，紫外线辐射强，风、雪、雨、冰、雹等自然气候给高原矿山露天运输带来的困难也极大，对于耗氧设备会使其寿命缩短、效率降低。

(3)采矿技术难题。在地理、地质条件上，高原地区山高、谷深、坡陡，造山运动活跃，地震活跃；褶皱、裂隙、节理发育，地质构造复杂，含矿带破碎严重，往往会给高原高寒地区的矿产开采暗藏危机。

(4)生态环境保护问题。由于高原高寒矿区的生态环境非常脆弱，生态植被一旦受到破坏则难以恢复，特别是三江源地区的矿产资源的开发，对下游的生态环境影响巨大，如何减少对高原生态环境的影响显得至关重要。

10.3.3 高原地区矿床开采现状

由于充填采矿法安全性高、回采率高、对地表生态环境破坏小等一系列不可替代的优点，将成为高原高寒地区地下矿床开采中的最主要的采矿方法和发展方向。如位于雪域青藏高原南缘的云南羊拉铜矿就是采用的尾砂和废石充填处理采空区的采矿工艺。为了防止山体的滑坡，采矿方法主要采用底盘漏斗空场法、房柱法和全面法，采区范围内不致因开采而发生大的顶板冒落和地面塌陷而引起的山体滑坡。采矿工程可能加剧的地质灾害为引发矿段古滑坡体的复活，危岩体进一步变形破坏；诱发的地质灾害类型主要为采空区导致的顶板冒落，地表岩石移动；一同形成的滑坡，崩落和滚石，坡面碎屑流，主要对采矿范围内的人员设施，井下采矿人员及设施；里农大沟下游的尾矿设施、羊拉乡公路，金沙江等构成威胁和危害。

高原采矿应尽量采取如下的生态环境保护措施：

(1)生产期60%左右的废石尾矿以及30%的尾矿用于充填采空区，有利于控制地表下沉。

(2)废石堆场均修建拦渣坝和沟底排水涵洞(管)，以防止废石排入河道。

(3)废石堆场采取经常喷洒水等措施，可有效地减少扬尘对周围环境的影响。

(4)废石还可考虑综合利用，用于筑路，加工成建筑石料加以利用，这样可以有效地减少地面废石堆放量，减少对周围环境的污染。

(5)尾矿坝库周围设有截洪沟，另采用坝内坡反滤及库底、坝下水平排渗及堆坝体内排渗等措施，降低尾矿库对周围环境的影响。

(6)少量生活垃圾送废石堆场填埋。

西藏玉龙铜矿矿区位于西藏自治区昌都地区江达县青泥洞乡觉拥村境内，海拔4000~5000m，矿区气候属高寒地区。西藏玉龙铜矿以露天采矿为主，对露天采矿实行分层剥离－分层堆放－分层回填；内排土工艺。

玉龙铜矿露天开采设计了以下的生态环境保护措施：

(1)采场、排土场、低品位矿石堆场外围均设截水沟，排土场、低品位矿石堆场下游设拦石坝，在排土场顶面形成一定的面积后，进行复垦，随着排土场表面积的扩大，逐步复垦。

(2)尾矿坝筑坝尽量利用矿区施工时产生的弃土、弃石，且在尾矿坝后设计了截渗坝，将尾矿库的渗透水收集后抽回至尾矿库，具有很好的水土保持功能。

(3)设备冷却水全部循环利用，减少新水耗量，节约能源。

(4)设置余热锅炉及余热发电站，充分利用铜精矿、硫精矿焙烧的余热[14]。

为了确保高原高寒地区矿床开采的可持续发展，积极开展高原矿井通风技术研究，研究并探索适合高原矿山开采的缺氧环境条件下矿井通风的关键技术参数，具有十分重要的意义。北京科技大学承担的“十一五”国家科技支撑计划项目“高寒地区矿山深部通风防尘技术研究”课题组，通过模拟 2000～4000m 海拔高度的低氧环境，研究高原缺氧环境下人的工效问题，并据此提出在锡铁山铅锌矿采掘工作面实施集中增氧通风技术。研究并提出高原高寒地区矿井通风防尘的建议修改指标，以改善矿井作业人员的缺氧环境，提高劳动效率，减少发生高原病的潜在风险，以期改善高原矿井作业人员的职业健康。为实时监测高原矿井工作环境，课题组还研发了高原矿井空气环境参数实时监测系统，对 O_2、CO、CO_2、NO_2、温度、湿度等多参数进行监测、监控和预警，并及时发现隐患以采取合理的防治措施[15～17]。

第 10 章参考文献

[1]张伯伦等. 太空采矿的设想和问题[C]//冶金工业部矿山司. 第十五届世界采矿大会论文集 . 1992: 15～20.

[2] 大内日出夫等. 月球资源的开发[J]. 矿业工程,1990(10):2～7.

[3] 高斯. 月球采矿—矿业尖端科技的新领域[J]. 国外金属矿山,1993(10):72～75.

[4] P G Chamberlain, et al. Chapter 22. 9, Other Novel Lunar and Planetary Mining. Mining Engineering Hand book[M], 2nd Edition, SME, Inc. , Littleton, Colorado, 1992:2042～2045.

[5] 太空采矿的前景[J]. 世界采矿快报,1992(1):2～3.

[6] 欧阳自远,等. 月球探测的进展与我国的月球探测[J]. 中国科学基金,2003(4):196.

[7] 欧阳自远,邹永廖. 月球的地质特征和矿产资源及我国月球观测的科学目标[J]. 国土资源情报,2004(1):36～38.

[8] 古德生,李夕兵等. 现代金属矿床开采科学技术[M]. 北京:冶金工业出版社,2006(4):228～232.

[9] 蔡忠旺 . 高山高寒地区矿床开采中的若干问题[J]. 金属矿山,1990(3):33～34.

[10] 李德威 . 青藏高原及邻区三阶段构造演化与成矿演化[J]. 中国地质大学学报(地球科学版),2008(6):730～739.

[11] 除多 . 青藏高原与西藏气候[J]. 华夏地理,2007(2):140～141.

[12] 陈有顺,房后国等 . 青藏高原矿产资源的分布、形成及开发[J]. 地理与地理信息科学,2009,25(6):45.

[13] 吕波,高道平 . 如何安全进行高海拔、永冻层中矿体的开采[J]. 新疆有色金属, 2006(3):13～14.

[14] 吕秉财 . 实施可持续发展战略,构建和谐矿山[J]. 有色冶金节能,2007(3):53.

[15] 唐志新,等. 基于指标预处理的高原地下矿工作环境灰色聚类评价[J] . 北京科技大学学报,2009,3.

[16] 卫欢乐 . 高原某铅锌矿矿井通风环境参数监测系统研究[D]. 北京:北京科技大学,2009.

[17] 唐志新 . 高原非煤矿山井下空气环境关键参数及通风系统优化研究[D]. 北京:北京科技大学,2010.

冶金工业出版社部分图书推荐

书名	作者		定价(元)
中国冶金百科全书·采矿卷	本书编委会	编	180.00
现代金属矿床开采科学技术	古德生	等著	260.00
采矿工程师手册(上、下册)	于润沧	主编	395.00
中国典型爆破工程与技术	汪旭光	等编	260.00
深井硬岩大规模开采理论与技术	李冬青	等著	139.00
矿山事故分析及系统安全管理	招金集团公司	编	28.00
现代矿山企业安全控制创新理论与支撑体系	赵千里	主编	75.00
地下金属矿山灾害防治技术	宋卫东	等著	75.00
矿山废料胶结充填(第2版)	周爱民	著	48.00
数学规划及其应用(第3版)(北京市精品教材)	范玉妹	主编	49.00
运筹学通论(本科教材)	范玉妹	主编	30.00
矿产资源开发利用与规划(本科教材)	邢立亭	等编	40.00
矿业经济学(本科教材)	李祥仪	等编	15.00
地质学(第4版)(国规教材)	徐九华	主编	40.00
采矿学(第2版)(国规教材)	王　青	主编	49.00
金属矿床露天开采(本科教材)	陈晓青	主编	28.00
矿山充填力学基础(第2版)(本科教材)	蔡嗣经	编著	30.00
安全学原理(本科教材)	金龙哲	主编	25.00
安全评价 (本科教材)	刘双跃	主编	20.00
安全系统工程(本科教材)	谢振华	主编	26.00
燃烧与爆炸学(本科教材)	张英华	等编	30.00
矿山安全工程(国规教材)	陈宝智	主编	30.00
矿井通风与除尘(本科教材)	浑宝炬	等编	25.00
矿山环境工程(第2版)(国规教材)	蒋仲安	主编	39.00
冶金企业环境保护(本科教材)	马红周	等编	23.00
矿冶概论(本科教材)	郭连军	主编	29.00
岩石力学(高职高专教材)	杨建中	等编	26.00
矿井通风与防尘(高职高专教材)	陈国山	主编	25.00
矿山企业管理(高职高专教材)	戚文革	等编	28.00
矿山地质(高职高专教材)	刘兴科	主编	39.00
矿山爆破(高职高专教材)	张敢生	主编	29.00
采掘机械(高职高专教材)	苑忠国	主编	38.00
金属矿地下开采(高职高专教材)	陈国山	等编	39.00
井巷设计与施工(高职高专教材)	李长权	等编	32.00
矿山提升与运输(高职高专教材)	陈国山	主编	39.00